中国地震局地震科普图书精品创作工程

地震浅说

A CONCISE INTRODUCTION OF EARTHQUAKES

陈运泰 著

地震出版社

图书在版编目（CIP）数据

地震浅说 / 陈运泰著 . -- 北京：地震出版社，2019.5（2023.7重印）

ISBN 978-7-5028-5026-5

Ⅰ . ①地 … Ⅱ . ①陈 … Ⅲ . ①地震—普及读物 Ⅳ . ① P315-49

中国版本图书馆 CIP 数据核字（2018）第 059922 号

地震版 XM5589/P(5741)

地震浅说

陈运泰　著

责任编辑：董　青

责任校对：刘　丽

出版发行：**地 震 出 版 社**
　　　　　北京市海淀区民族大学南路 9 号　　　　邮编：100081
　　　　　发行部：68423031　68467993　　　　传真：88421706
　　　　　总编室：68462709　68423029
　　　　　http ://seismologicalpress.com
经销：全国各地新华书店
印刷：河北文盛印刷有限公司

版（印）次：2019 年 5 月第一版　2023 年 7 月第二次印刷
开本：787×1092　1/16
字数：400 千字
印张：18.75
书号：ISBN 978-7-5028-5026-5
定价：128.00 元

郭宗汾
（John T. Kuo, 1922– ）

国际著名华裔地球物理学家、地震学家
美国哥伦比亚大学教授

陈运泰院士教授先生邀我为他大作《地震浅说》作序，盛情难却，我在受宠若惊下允诺矣！我身居异邦凡七十余载，对祖国文字难免生疏，不周不妥之处，尚请宽宥。

我们有着同胞手足之情，同仁共事之谊，四十年前相识，经过中美合作，互切互磋，得益良深！

中国地震局真是慧眼识才，赐撰写本书重任于陈运泰院士教授。

读前言，阅目录，读者大有"风吹草低见牛羊"巧意，然而在现今阶段，地震一事仅能远眺，不允近追近捕牛羊，大自然！谜，谜，谜！

祖国位于地震频繁、复杂地带，滇、川、贵、青、藏、疆诸省（自治区），华北京、津、唐、张及台湾诸地区，大震频发，震灾深重，回想当年周恩来总理先生对地震的远见、关怀和重视，他切望国人来日能可靠地预测预报地震，防灾减灾，造福祖国和世界！

陈运泰院士教授承继了地球物理、地震元老傅承义、顾功叙、曾融生诸先生大业，不负周恩来总理先生之遗志，他自考进北大攻读地球物理后，一心一意，献身于地震工作，脚踏实地，孜孜不倦，奋发努力，由理论到实践，深入苦学，可敬可佩！

《地震浅说》内容丰富，深浅相融，从大陆漂移假说和全球板块构造*学说开端，简介地震与地球息息相关现象、特性、活动性、分布，转至全球中海洋脊扩张，大陆板块构造和运动，浅、中、深层地震的成因和机制，地震震级由地区性至矩震级，特大与大地震，海啸灾害，及地震预测预报之展望。

他陈述了不但地球物理、地震，同时其它有关科学领域包括弹性力学、流体力学、破裂动力学，以及信息学等多学科，本书虽命名为《地震浅说》，实际是一册地震权威、经典性的代表作，莫大贡献。

1975 年海城地震预报成功后，备受世人注目和赞誉，海城地震预报成功归之于富有典型短期临震前兆，但是仅是一个特例，而不是一个一般性实例。次年，几乎没有前兆，1976.05.29 龙陵，1976.07.28 唐山，1976.08.16 松潘平武大震爆发；三十年后，又没有显明短期前兆，2008.05.12 汶川大地震继发，震级大至 M_S =8.0 和 M_W =7.9。生命、财产和国家的建设大受影响，重伤祖国。

特大与大地震的震源往往紧锁，临震前平静及 / 或加速。能量巨大，例如汶川大地震，从震距估计其震源内储能可达至 10^{16} ~ 10^{17} 焦耳，瞬时（几十秒钟内）释放如此极大量内储应变能，确是惊天动地、难以想象的大灾祸！

短期预报牵及何处、何地（至少几十千米范围之内），何大震级，何时（至少何月、何周、何日、何小时，甚至于何分钟），才有真正地震预测预报价值，确实是一件天下难事，然而"天下无难事，只怕有心人！"人是最关键的衡量，人！人！人！

半世纪来，祖国是得天独厚世界上仅有的一个国家建有政府直属专攻地震机构，拥有人才和最完善、最丰富地震宝藏资库，温故知新，有待国人基于物理的原理和科学的背景，悉心悉意寻觅地震前兆，全国性、统一性、综合性地探索、研究、归纳多种前兆现象，包括前震、余震、应力、应变、地温、重力、标高、倾斜、大地电磁异常、地下水起落、化学元素变化、天空云彩、卫星检示，甚至于牛、羊、马、鸡、犬等动物，以及爬虫不正常活动性，并发掘其它未知有用的前兆。

陈运泰院士教授之累积地震理论实践，理解与创新经验为来者带来了无限启发与挑战，唯愿国人在陈运泰院士教授先生，地球物理、地震暨多种学科界同仁带领下，更上一层楼，近追近捕"风吹草低的牛羊"。大自然，妙，妙，妙！！！

郭宗汾 敬撰

2019 年 3 月 31 日于美国纽约

---

* 中文没有相似于"TECTONICS"一字，"PLATE TECTONICS"翻成"板块构造"。"TECTONICS"和"构造"同是名词，但是"TECTONICS"含有动词之意！据我了解之，"TECTONICS"定义：
"TECTONICS" is the dynamic process of space and time, and regional and global scale dependence that governs globally the Earth's crust, lithosphere and internal constitution and their evolution thereto.

刘嘉麒

国际著名地质学家、火山学家，中国科学院院士
中国科普作家协会荣誉理事长，中国科学院大学教授

震撼的科学——《地震浅说》

地球是一个质量为 5.9736×10^{24} 千克、赤道半径为 6378.14 千米的巨大球体，承载着数以亿计的人类和精灵，对任何人来说，它似乎是稳定的、不变的，更无法想象能撼动它；但在自然界却有一种巨大的能量，不仅能撼动地球，甚至能把它搞得天翻地覆，这就是地震！ 地震的震撼力是其它任何力量难以比拟的。

地震不仅震撼地球，也震撼人类，是人类经受的最惊心动魄的自然灾难，以致著名的英国科学家达尔文 1835 年 3 月 4 日来到刚刚发生过强烈地震的智利康塞普西翁市，看到满目疮痍的城市，不由地感慨道："人类用了无数时间与辛勤劳动建立起来的城市与文明，只在 1 分钟内就被彻底毁灭了。"1920 年 12 月 16 日，中国甘肃海原（今宁夏海原）一带发生的 8.5 级特大地震，震中烈度Ⅻ度，有感面积达 251 万平方千米，共造成 28.82 万人死亡，约 30 万人受伤，是人类有史以来记录的最高烈度地震，那次地震释放的能量相当于 11.2 个唐山大地震，当时世界上有 96 个地震台都记录到了这场地震，被称为"环球大震"。

地震给人类留下了深刻的印象，人们对地震充满恐惧。什么是地震？ 为什么会发生地震？ 发生了地震又该怎样应对？ 能否预测和防范地震？ ……这一系列问题都是人们常想的。

由国际著名地球物理学家陈运泰院士撰写的《地震浅说》，以其高瞻远瞩的视野，博大精深的学识，简洁明了的语调，精彩细腻的画面，深入浅出的论述，全面系统地介绍了地震的来龙去脉。全书通过 50 个专题，把地震这个神奇的自然现象，有声有色地回归到地球系统之中，又从整个地球系统的有机联系演绎地震的发生、发展，既揭示了地震的形成机理，又展现了它的行为特征，为监测预报地震提供了先进的理论和方法，为防灾减灾指明了方向和措施，是了解地震、研究地震、防范地震灾害的百科全书，也是探究地球动力学、地球系统科学的经典之作。地震虽然能给世界带来灾难，也是认识地球的重要窗口，它是地球的灵魂，是地球有生命力的象征，没有地震，地球也就趋于死亡。

　　陈先生的这部巨著，不仅是对地震科学的重要贡献，也会对整个地球科学发展产生积极的促进作用；更难能可贵的是有力地推动了科学普及，并为大科学家投身科普树立了榜样。

　　衷心祝愿《地震浅说》早日与读者见面。

中国科学院院士
国际单成因火山委员会联合主席
中国科普作家协会荣誉理事长

陈运泰

地球物理学家、地震学家，中国科学院院士、发展中国家科学院院士
中国科学院大学教授，中国地震局地球物理研究所名誉所长、研究员

2018 年元旦刚过、春节即将来临之际，"邻居"（地震出版社与地球物理研究所比邻，故有此语）地震出版社张宏社长就落实中国地震局相邀我写一本有关地震的通俗读物一事到访办公室，交流对地震科学技术知识普及工作的重要性的认识，见解十分一致，相谈甚为融洽。我虽日常有许多事务如科研、教学任务需要完成，但鉴于地震科学技术知识普及对于弘扬科学精神、传播科学思想的重要性，遂慨然允诺，并立即着手撰写。

可能是时值元旦刚过、春节将至，各种杂事较少，起先效率甚高，进展亦较快，一周数篇，春节过后不久即已完成任务过半，按计划于 2018 年 5 月前交稿似指日可待。孰料春节过后，各种"计划外"任务纷至沓来，应接不暇，撰写进度遂减慢下来，大约两周一篇，到了今日，才得以封笔交卷。

无论是从探索大自然奥秘的角度，还是出自于预防与减轻地震灾害、地下资源勘探、国防建设以及国家安全的强烈社会需求，地震始终是广大公众关心的热点话题。地震科学家，与广大地球科学家一样，他们仰视星空，浮想联翩，上穷碧落，希望这或许能增进人类对于其赖以生存的行星——地球的认识；他们俯察大地，下至黄泉，入海登极，力图对发展起来人类文明的地球上包括地震在内的种种现象做出科学解释。地震科学与技术领域虽无多少吸引人们眼球的新闻可供猎奇，但仍有不少脚踏实地的进展可以奉告。这本小书的目的就在于试图用通俗浅显的语言向读者介绍一些相关的资讯或知识，包括地震及其相关现象、地震成因与机制、地球内部结构、地震预测预报……直至防震减灾、减轻地震灾害风险，等等议题，内容广泛。虽然如此，限于篇幅、时间与知识面，仍有许多重要议题，诸如地震层析成像、地震破裂过程反演、地震预警、慢地震、地震噪声……未能涉及，希望读者予以理解；所述内容，也会有不当之处，恳请不吝指正。

在本书撰写过程中，参考了中外一些有关论著，也从国际、国内相关网站搜集了一些资讯。但为方便阅读，均只在参考文献中列出而未能在正文中详尽标注。在此，作者谨向有关论著的作者与网站表示衷心的感谢与歉意。

国际著名华裔地球物理学家、地震学家，美国哥伦比亚大学教授郭宗汾（John T. Kuo, 1922– ）先生十分关注祖国地球物理学、地震学科学事业的发展，以及地球物理学、地震学知识的科学普及工作，对于本书的撰写给予热忱的鼓励、支持与帮助，虽年届百岁，仍精神矍铄并欣然命笔为本书作序，在此作者谨向郭先生表示崇高的敬意与衷心的感谢。

国际著名地质学家、火山学家、科学普及作家、中国科学院大学教授刘嘉麒院士十分关注科学普及工作，特意为本书作序，在此作者谨向刘院士表示衷心的感谢。

在本书撰写过程中，得到孙福梁司长、张宏社长、欧阳飙研究员，以及许多专家学者的指教与帮助，他们是：陈章立研究员，程仁泉编审，董青编审，樊钰副编审，李世愚研究员，林邦慧研究员，刘瑞丰研究员，刘新美编审，宋晓东教授，肖承邺编审，杨智娴研究员，郑斯华研究员，周硕愚研究员，周云好研究员，以及关注地震科学技术普及工作的其他一些专家学者（恕不具名），在此谨向他们表示衷心的谢意。

陈运泰

2018 年 12 月 31 日

目 录
CONTENTS

1　地震·地震学·地震科学

地震

我们脚下的大地并不是平静的。有时，地面会突然自动地振动起来，振动持续一会儿便渐渐地平静下来，这就是地震。地震引起的地面振动称为"地震动"。如果地震动很强烈，便会造成房倒屋塌、山崩地裂，给人类生命与财产带来巨大危害。

很多地震，在相当广阔的区域内可同时感觉到，但最强烈的地震动只限于某一较小的范围内，并且离这个范围越远，地震动变得越弱，以致在很远的地方就感觉不到了。这是因为在地震动最强烈处的地下，发生了急剧的变动，由它产生的地震动以波动形式向四面八方传播开来而震撼大地。这种波动称为地震波。所以地震即大地震动，是能量从地球内部某一有限区域内突然释放出来而引起的急剧变动，以及由此而产生的地震波现象。

在古希腊的神话中，主管地震之神称为"$\Sigma \varepsilon \iota \sigma \mu \acute{o} \varsigma$（塞依斯莫斯）"。在希腊文中，地震称为"$\sigma \varepsilon \iota \sigma \mu \acute{o} \varsigma \ \tau \varepsilon \sigma \ \gamma \varepsilon \sigma$（seismos tes ges）"，意为大地震动；在拉丁文中称为"terrae motus"，也是大地震动之意。在欧美及俄国的语言文字中，"地震"一词均来自与"大地"、"震动"这两个单词构成的"大地震动"意义相当的词。

地震学

顾名思义，地震学是研究地震动及其相关现象的一门科学。"地震学（seismology）"一词源自两个希腊文单词，"$\sigma \varepsilon \iota \sigma \mu \acute{o} \varsigma$（seismos）"（地震动）和"$\lambda o \gamma o \sigma$（logos）"（科学），是现代地震学的奠基人之一、工程师、地震学家爱尔兰罗伯特·马利特（Robert Mallet，1810–1881，图 1.1）于 1858 年

图 1.1　现代地震学的奠基人之一，
爱尔兰工程师、地震学家
罗伯特·马利特
(Robert Mallet，1810–1881)

1

引入的。从而地震学 $\sigma\varepsilon\iota\sigma\mu o\lambda o\gamma\iota\alpha$（seismology）一词意为大地震动的科学，即地震的科学。在欧美语言文字及俄文中，与地震学（seismology）[英，美]一词类似的词（如 Sismologie [法]，sismología [意]，seismologie [德]，sismología [西]，sismologia [葡]，seismologie [荷]，сейсмология [俄]，等等）也是从 19 世纪中叶起才开始使用的。

从地震震源辐射出、经过地球介质传播到地震台的地震波，既携带着地震震源的讯息，也携带着震源至地震台之间的地球介质的讯息（图 1.2）。因此，传统上，作为固体地球物理学的一个重要分支，作为研究地震的一门科学，地震学所研究的问题有两个：一个是研究地震的震源，另一个是研究地球的结构。前者即研究发生地震的源（"震源"）本身的发生、发展与活动规律，地震震源的物理过程，地震波的辐射等问题及其在地震预测、预防和减轻地震灾害以及国防建设和国家安全（如侦测地下核爆炸）等方面的应用（"避害"）；后者即研究震源辐射出的地震波在地球内部的传播，以及利用天然地震或人工方法激发的地震波作为一种探测手段，探测、研究地球内部结构、组成和物理状态，地球作为一颗行星的历史，地球的构造演化以及勘探地下油气等自然资源等问题（"兴利"）。地震学是汇集强烈的社会需求（防震减灾、资源勘探、公共安全、保卫和平等）驱动与探索大自然奥秘的好奇心驱动于一身的一门应用物理学。

由地震所引起的地面位移的幅度，其数量级小至纳米（nm），大至数十米（$\sim 10^1$ 米），跨越 11 个数量级（1 纳米 $=10^{-9}$ 米）。

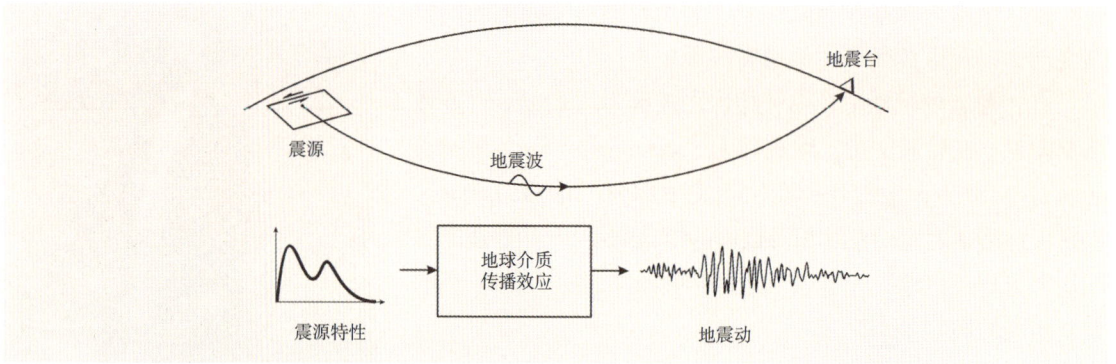

图 1.2 地震波携带着震源与震源至地震台之间的地球介质讯息示意图

由地震所引起的地面运动的加速度的幅度，其数量级小至 $10^{-7}g$，大至 $1g$，跨越 8 个数量级（g 是重力加速度，$1g=9.81$ 米／秒^2）。

与地震有关的形变与波动现象涉及很宽的尺度范围、波长范围与周期范围。图 1.3 按照与地震有关的形变的周期或持续时间（若是周期性现象则指周期，若不是周期性现象则指持续时间）由短至长增加的顺序表示与地震有关的各种不同尺度的形变（称为"与地震有关的形变的谱"）。可以看出，与地震有关的形变短至 10^{-3} 秒，长至百年（$\sim 10^9$ 秒），跨越 12 个数量级。

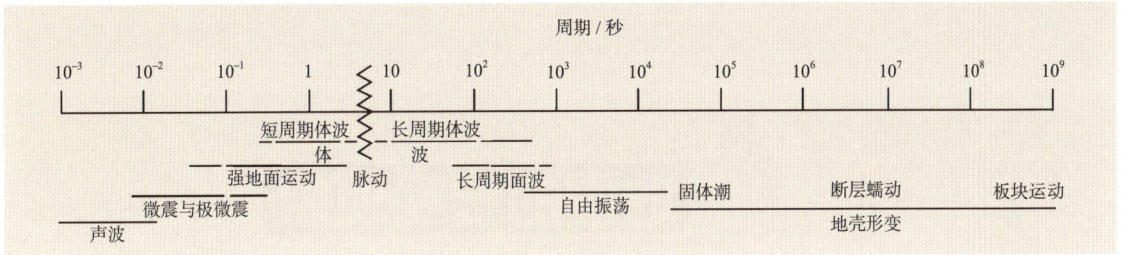

图 1.3 与地震有关的形变的谱

地球介质的非均匀性和流变性按照形变的时间尺度的不同以多种方式影响着这个形变和波动，出现于地震轮回的不同阶段中，即：在两次大地震之间以及大地震前的长期的板块运动中，应力缓慢地积累（称为"震间阶段"和"震前阶段"）；通过一次或多次地震及其余震突然释放能量，应力因发生地震破裂而重新分布（称为"同震阶段"）；应力和形变在震后至下一个轮回开始之前通过中期时间尺度的物理过程进行缓慢的调整（称为"震后调整阶段"）。

地震科学

和地球科学中的许多学科一样，对地震及其相关现象的研究具有多学科相互渗透、交叉融合的性质。作为物理学与天文学、地质学、大地测量学、工程科学、岩石力学、复杂系统科学、信息科学技术等诸多自然科学与技术科学的边缘科学，地震学产生了诸如月震学、金星震学、行星震学、地外震学、日震学、地震构造学、地震地质学、零频地震学（大地测量学中的相应分支学科称为"地震大地测量学"）、数字地震学、计算地震学、地震水文学、工程地震学（工程学中的相应分支学科称为"地震工程学"）等新兴交叉学科。作为一门自然科学，地震学与诸如经济学、政治学、法学、管理科学甚至哲学等社会科学乃至心理学的相互渗透与交叉融合，产生了诸如社会地震学（社会学中的相应分支学科称为"地震社会学"）、法律地震学等交叉学科。当前，地震学已从以研究地震震源本身以及地球内部结构为主的"传统的"、"经典的"地震学（seismology）演化为现代的地震科学（earthquake science）。与此同时，"传统的"、"经典的"地震学也因地震观测技术的进步、数字技术的引进、计算技术的快速发展与高性能计算机的广泛应用，在地球内部结构与震源破裂过程反演、地震波场模拟、地震参量测定等地震学传统的研究领域取得了革命性的进步。地震学在地球内部精细结构探测、地震危险性评估、工程地震设防、核爆炸地震监测等领域起着越来越重要的作用，在地球物理学乃至地球科学广阔领域中占有显著的地位。

2 地震的宏观现象

微观地震学·宏观地震学

在地震学中，微观地震学（microseismology）指的是主要通过仪器观测与数理方法研究地震的地震学分支学科。宏观地震学（macroseismology）是相对于微观地震学而言的，指的是在地震现场采用宏观方法（即不借助仪器的方法）对人的感官能直接感知的地震现象，即地震所造成的各种破坏及地震前后出现的其他各种现象（如建筑物与基础设施的损坏、地貌变化、地裂缝、烟囱倒塌、喷砂、冒水、山崩、滑坡、井泉变异、湖震、海啸等）进行考察、调查研究的地震学分支学科。

地震的影响：直接影响与间接影响

地震的影响（earthquake effect）指与地震有关的宏观现象。地震的影响包括直接影响与间接影响两种。直接影响又称为原生地震影响（primary earthquake effect），主要指与地震成因直接有关的宏观现象，例如地震成因断层（又称"发震断层"）的断裂错动（图 2.1），区域性的翘曲，大块地面的倾斜、升降或变形（图 2.2，图 2.3，图 2.4），悬崖、地面裂缝、海岸升降、海岸线改变以及火山喷发等对地形的影响。直接影响往往在极震区才能见到。研究地震的直接影响具有很重要的意义，它有助于我们认识地震的成因与过程，推断并解释构造运动。

间接影响又称为次生地震影响（secondary earthquake effect），主要指由于地震产生的弹性波传播时在地面上引起的震动而造成的一切后果，如山崩、地滑、建筑物的破坏毁坏、湖水激荡、滞后性滑坡、泥石流、砂土液化、地面沉陷、地下水位变化、火灾、人的感觉等；以及由于地震造成的社会秩序混乱、生产停滞、家庭离散、生活困苦等等所引起的人们心理损伤等影响。

图 2.1 发震断层出露到地表面
1957 年 12 月 4 日蒙古国戈壁阿尔泰地震（矩震级 $M_W8.1$，面波震级 $M_S8.0$，震中位置：45.2ºN，99.2ºE）中，作为地震震源的地下大块岩体的断裂错动（发震断层）出露到地表面

图 2.2 发震断层穿过水坝
1999 年 9 月 21 日我国台湾集集地震（$M_W7.6$，$M_S7.7$）的发震断层穿过台中县的石冈水坝，水坝隆升错断，北部（图左）隆升约 2.1 米，南部（图右）隆升约 9.8 米，南、北落差约 7.7 米

图 2.3 发震断层将水坝震裂
1999 年 9 月 21 日中国台湾集集地震（$M_W7.6$，$M_S7.7$）的发震断层穿过台中县的石冈水坝，将水坝震裂，水库蓄水一夜间全部流光，水库见底

图 2.4 发震断层穿过操场将跑道拱起
1999 年 9 月 21 日中国台湾集集地震（$M_W7.6$，$M_S7.7$）的发震断层穿过南投县雾峰乡光复国中与光复国小共用的操场，将操场的跑道拱起，造成了地面大规模的扭曲，跑道的一边相对于另一边拱起约 1.7 米高

　　一般在极震区以外所观察到的现象大都属于间接影响。间接影响对于说明地震的成因虽非主要依据，但它们与人民生命、财产的安全都有密切关系，因此也同样为人们所重视，特别为工程建设人员所重视。直接影响与间接影响有时并不是一眼就可以区别的，例如地裂，既可以是直接影响，也可以为间接影响。在野外实地调查中如何鉴别直接影响与间接影响，是一个非常重要的问题，地震学家需要与地质学家互相配合。原生影响与次生影响混淆不清，是野外地震工作中常遇到的问题之一。

构造地震的直接影响

构造地震是地壳内大块岩体的断裂与错动所造成的，因此断层的形成与活动是构造地震最主要的原生现象。识别断层的方法有：根据各种地质构造或地貌的形态；对比岩层岩相；遥感（航空摄影等）；识别断层湖；对比植物生长情况等。

在地质学中，通常将断层分为正断层（normal fault）、逆断层（reverse fault）、冲断层（thrust fault）、走滑断层（strike-slip fault）等。在地震学中，采用与地质学相同的术语（图 2.5）。所谓正断层即"正滑断层（normal-slip fault）"，或称"张性断层（tension fault）"、"重力断层（gravity fault）"，系指上盘沿断层面倾斜方向相对于下盘向下滑动的倾滑断层。所谓逆断层即"逆滑断层（reverse-slip fault）"，或称"压性断层（compressional fault）"，系指上盘沿断层面倾斜方向相对于下盘向上滑动的倾滑断层。"冲断层（thrust fault）"又称"逆冲断层"，即倾角小于或等于 45º 的逆断层。需要说明的是，国际上以冲断层表示倾角小于或等于 45º 的逆断层，但在我国过去的文献中，有人把它用于表示倾角 30º 左右或更小的逆断层（又称为"低角度逆断层"）；也有人用它表示倾角大于 45º 的逆断层。走滑断层即"平移断层、扭断层（wrench fault）"，"横断层（lateral fault）"，或称"撕裂断层、掠断层（tear fault）"，系指断层面的两盘沿水平方向相对滑动的断层。走滑断层又可分为左旋走滑断层（left-lateral slip fault）与右旋走滑断层（right-lateral slip fault）。所谓左旋走滑断层，意即人站在断层的一盘观察另一盘的运动方向，向左（或者说，反时针方向）的为左旋走滑断层；反之，向右运动则为右旋走滑断层。兼具水平方向与垂直方向滑动的断层称为"斜滑断层（oblique fault）"，包括左旋－正断层、左旋－逆断层、右旋－正断层、右旋－逆断层等 4 类。实际的地震断层（如图 2.6）很少像教科书上所画的（如图 2.5）那样整齐。与地震成因有关的断层常常很长，而且在很大

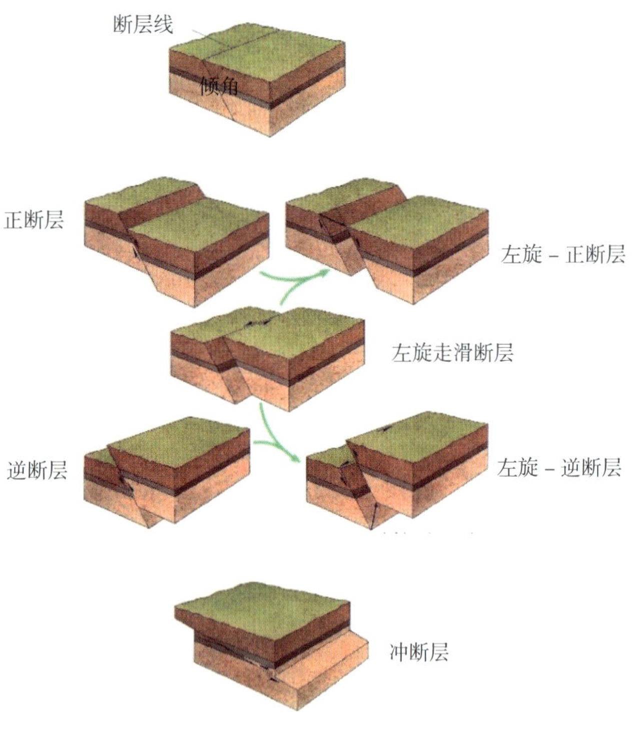

图 2.5 地震断层分类
地震断层分为正断层、逆断层、冲断层、走滑断层等

（图中标注：断层线、倾角、正断层、左旋－正断层、左旋走滑断层、逆断层、左旋－逆断层、冲断层）

图 2.6 实际的地震断层

（a）正断层：1954 年 12 月 16 日美国内华达州狄克谢谷—好景峰（Dixie Valley-Fairview Peaks）地震正断层；（b）逆断层；（c）冲断层：1999 年 9 月 21 日中国台湾集集地震（$M_W 7.6, M_S 7.7$）冲断层；（d）走滑断层：2001 年 11 月 14 日中国昆仑山口西地震（$M_W 7.8, M_S 8.1$）左旋走滑断层

距离上有相当一致的走向。例如，1906 年 4 月 18 日美国旧金山地震的矩震级 $M_W 7.9$（面波震级 $M_S 8.3$）是因为圣安德烈斯（San Andreas）断层的重新活动而引起的。这条断层的长度在 435 千米以上，走向几乎是一条直线，地震时，断层的水平移动最大处有 7 米，但上下移动却很小。又如，1897 年 6 月 12 日印度阿萨姆（Assam）$M_S 8.3$ 地震 [发震时间 11:06 UTC（协调世界时），震中位置 26.0ºN，91.0ºE，死亡 1500 人] 时，最大断层的长度在 20 千米以上，走向也几乎呈一直线，上下错动最大达 12 米，但水平位移并不显著。实际上，一个大地震的发生往往是与整条断层带相联系的，判别大的断层带主要靠地质工作。大块地层的倾斜和移动有时也与地震的发生有关，最著名的一个例子是 1923 年 9 月 1 日日本关东大地震（$M_W 7.9, M_S 8.3$）。远在关东大地震前数年就已观测到有缓慢的地面倾斜运动；临到地震时倾斜运动的速度加快；震

后，地倾斜仍持续了一个时期。然而大块地层的倾斜与地震之间是否有普遍联系，因观测不够多，还不能肯定。地面高度的变化可用大地测量方法来测定，不过这种测量需要高度的精密性。在地震的原生现象中还有由于地层的挤压形成的土岗或地歪（earth lurche）现象，有时还会形成"蚯蚓状土壤（mole track）"。另外，大地震后在某些非火山地区也会出现温泉，但这也可能是间接效应，其成因尚不清楚。

地震对建筑物的影响

地震对建筑物以及各种基础设施（如桥梁、管线、铁道、篱笆、道路、沟渠等）的影响是工程地震学的主要课题。图 2.7 是 1906 年 4 月 18 日美国旧金山地震（$M_W7.9$, $M_S8.3$）造成建筑物倒塌的情况。图 2.8 是 1976 年 7 月 28 日（北京时间）中国河北唐山地震（$M_W7.6$，$M_S7.8$）造成建筑物倒塌的情况。在唐山地震中，唐山市 97% 以上的建筑物倒塌。图 2.9 是 1988 年 12 月 7 日亚美尼亚 $M_W6.8$ 地震在基洛瓦坎（Kirovakan）西南约 10 千米的阿利瓦尔（Alivar）石块承重墙建筑部分倒塌的情况。石块承重墙建筑在亚美尼亚的城镇中十分普遍，这种类型的建筑由于侧向缺乏或没有连接物和桁条将整个建筑连为一体，极不抗震。图 2.10 是 1964 年 3 月 28 日美国阿拉斯加 $M_W9.2$ 地震在特纳根高地（Turnagain Heights）引发山体大滑坡的情景。由于山体滑坡，放多房屋被摧毁。图 2.11 是 1999 年 9 月 21 日中国台湾集集地震（$M_W7.6$, $M_S7.7$）中，地壳缩短致使房屋底部靠近、歪斜倒塌破坏的情况。图 2.12 是 2001 年 1 月 26 日印度古杰拉特（Gujarat）地震（$M_W7.8$, $M_S7.8$）造成整幢大楼倒塌的情况。

图 2.7　1906 年 4 月 18 日美国旧金山地震（$M_W7.9$, $M_S8.3$）造成建筑物倒塌

图 2.8　1976 年 7 月 28 日中国河北唐山 $M_W7.6$
（$M_S7.8$）地震

地震中，唐山市 97% 以上的建筑物倒塌

图 2.9　1988 年 12 月 7 日亚美尼亚 $M_W6.8$ 地震

在基洛瓦坎（Kirovakan）西南约 10 千米的阿利瓦尔（Alivar）
石块承重墙建筑部分倒塌的情况。石块承重墙建筑在亚美尼
亚的城镇中十分普遍，这种类型的建筑由于侧向没有连接物
与桁条将整个建筑连为一体，极不抗震

图 2.10　1964 年 3 月 28 日美国阿拉斯加 $M_W9.2$ 地震

地震在特纳根高地（Turnagain Heights）引发山体大滑坡，摧
毁了许多房屋

图 2.11　1999 年 9 月 21 日中国台湾集集
$M_W7.6$（$M_S7.7$）地震

地壳缩短致使房屋底部靠近、歪斜倒塌破坏

图 2.12　2001 年 1 月 26 日印度古杰拉特（Gujarat）
$M_W 7.8$（$M_S7.8$）地震

地震将整幢大楼震垮

图 2.13　1964 年 6 月 16 日日本新潟 $M_W7.6$ 地震

地震致使砂土液化、地基失效、楼房歪斜倒下

地震对建筑物及基础设施的影响与许多因素有关。首先，与建筑物以及基础设施的类型和结构有关，譬如对土房与木房其影响就各异。一般说来，房屋建筑在垂直方向耐震性较强，而水平方向较弱，因而房屋的毁坏往往是水平力作用的结果。其次，与建筑物以及基础设施的地基和所在的环境有关，例如在疏松的土上与在坚固岩石上的建筑物，受地震的影响显然不同；在平地抑或是在山坡，建筑物的稳定性也是有差别的。

地震还会引起砂土的液化，使得房屋或建筑物的地基失效。图2.13是1964年6月16日日本新潟 $M_W7.6$ 地震致使砂土液化、地基失效、大楼歪斜倒下的情况。新潟地震是比阪神地震（$M_W6.9$）还要大的一个地震，震级达到了 $M_W7.6$。新潟市在20世纪60年代建的高层楼房考虑了抗震问题，楼房的整体性都比较好，在这次地震中，没有因地震而坍塌，但是有些楼房却出现了地基失效问题。含水砂土在地震波的晃动下变得像流沙一样能够滑动，这种现象称为砂土液化。地下水位较高也是砂土液化的原因之一。由图2.13可以看到，照片中的楼房因为砂土液化，地基失效，像火柴盒一样整体地歪斜倒下，使当时在这座楼房里的人得以幸运地从窗子里爬出，成功地逃生。有的楼房虽然没有完全倾倒，但已转过 $20°\sim30°$ 的角度，不能再居住。

地震对建筑物的影响与地震本身的大小，以及位移、速度、加速度等都有关，但其中究竟哪个因素是主要的，已争论多年，目前还有争论；除此而外，还与地震的持续作用时间、地震重复次数有关。

地震的间接影响

地震的间接影响按照其持续特性可以分为持久性（以前称为永久性）间接影响与暂态性间接影响两类。

持久性间接影响包括：山崩、地滑、滑坡（滑塌、流动、崩落、倾倒）、砂丘、柱子或管道抬升等；对建筑物、烟囱、窗户、墙壁灰泥的毁坏；未固定的物件位移、旋转、翻倒、掉落、沿水平或垂直方向抛出、湖水激荡；人的感觉、时钟停摆或变速、冰川受影响、水中的鱼死亡、缆线断裂等。一般在极震区以外所观察到的现象大都属于这一类。

在次生的、持久性的间接影响中，最常见的是崩滑（图2.14，图2.15）和地裂。崩滑可以有几种不同的情况：

①在坡度很大的地方或峻峭的山崖上，崩滑是因为地震使土、石的位置超过了它的休止角。我国西北黄土高原地带常有这种现象。

②地震有时使某处的水源大量增加，从而使山坡上疏松的土、石在浸水后发生流动，产生泥石流。

图 2.14 在 1999 年 9 月 21 日中国台湾集集地震
（$M_W7.6$, $M_S7.7$）中台中县太平市虎头山崩滑

图 2.15 2008 年 5 月 12 日中国四川汶川地震
（$M_W7.8$, $M_S8.0$）造成的滑坡
北川陈家坝后山的滑坡掩埋了半个镇子，致使 1000 多人遇难

③地震所产生的挤压也可以使表面覆盖层发生滑动和变形，在铁道经过的地方可以使铁轨发生弯曲。

图 2.16 显示在 1995 年 1 月 16 日日本阪神地震（$M_W6.9$, $M_S6.8$）中，铁轨严重扭曲的情况。图 2.17 是 1992 年 6 月 28 日美国加州兰德斯（Landers）地震（$M_W7.3$, $M_S7.5$）发生后在地面上看到的地震引起的地表破裂。地表破裂也有许多种类。除了原生的宽大裂缝外，更多的地表破裂是地震所产生的结果。在河岸两边，特别是湿地，地震后常会出现与河岸大致平行的断续裂缝，这种裂缝是河岸的特殊地形造成的。远离山边或河岸的平地上也可能发生裂缝，它们长度较大，而且大致平行地排列，可能是大振幅面波所造成的。裂缝产生的原因很多，未必都是由于地震，特别是在流水侵蚀的地方，虽无地震也

图 2.16 1995 年 1 月 16 日日本阪神地震（$M_W6.9$,
$M_S6.8$）致使铁轨严重扭曲

图 2.17 1992 年 6 月 28 日美国加州兰德斯地震（M_W7.3,
M_S7.5）引起地表破裂

可能发生裂缝。因此在利用地裂缝估计地震强度时，需特别小心。

除了地裂缝外，地震后还常出现喷砂、冒水的现象（图 2.18）。这是冲积层受挤压的结果。大地震后常出现海底电缆折断的现象。海底电线折断可能是断层所致，也可能是浊流所致。其他诸如地震时的声光现象、人的感觉、器皿的动摇等，均属间接影响。

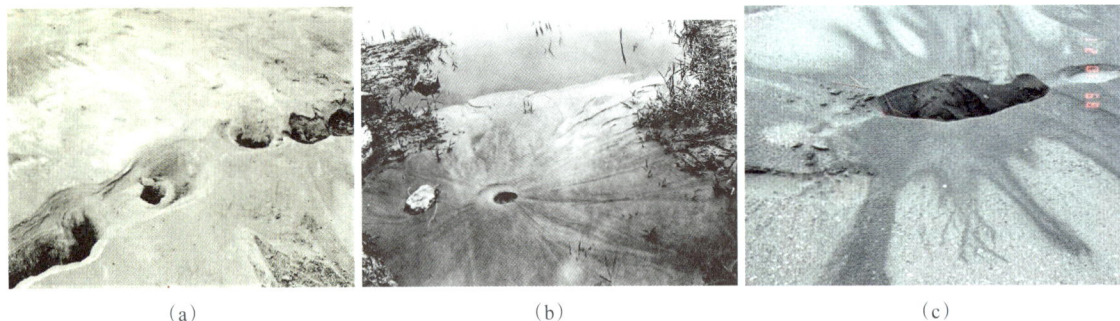

(a)　　　　　　　　　　　(b)　　　　　　　　　　　(c)

图 2.18 地震引起的喷砂、冒水现象

(a) 1966 年 3 月 8 日河北邢台隆尧 M_S6.8 地震时出现的冒水口沿北东方向展布；(b) 1966 年 3 月 22 日河北邢台宁晋 M_S7.4 地震时在同一地点又发生了冒水现象；(c) 1989 年 10 月 17 日（当地时间）美国洛马普列塔（Loma Prieta）地震（M_W6.9, M_S7.1）时出现喷砂、冒水现象

还有一个值得注意的现象为海啸。海啸又称为津波，也是地震的一种间接影响。海啸在海湾的狭口处由于速度降低常形成高达数十丈的波峰，以致冲击上岸造成巨大的危害。日本和美国夏威夷常受海啸之害。2011 年 3 月 11 日日本东北 M_W9.2 地震引发了特大海啸（图 2.19），极

具破坏性的海浪在震后 15 ~ 20 分钟就到达最近的海岸，浪高（海啸高度）超过 7 米，有的地方达到 30 米，在部分海岸地区海水向内陆入侵了 5 千米，造成了毁灭性的破坏。

关于海啸形成的机制，到目前为止仍在争论中，一般的看法认为海啸是地震时海底大块地壳发生错动所引起的，但这种看法还有问题。事实上，有些地震如 1922 年 11 月 11 日智利 $M_W8.7$ 地震和 1939 年 12 月 26 日土耳其埃尔津詹（Erzincan）$M_W7.7$ 地震，它们的震中均位于大陆上，但却伴随着海啸。也有些地震其震中在海底但并没有观测到海啸。在海啸来到前，近海岸处常有海水后退现象，在日本，人们有时就借此作为海啸即将来临的信号；在近年发生的大地震引发的大海啸中，例如在 2004 年 12 月 26 日印度尼西亚苏门答腊—安达曼 $M_W9.2$ 特大地震引发的印度洋特大海啸中也有由于掌握了这一知识而免受大海啸灾难的生动实例。不过，不可将这一认识绝对化。理论与实践均表明，也有海啸来到之前不出现海水后退的情况。

(a)　　　　　　　　　　　　　　　　(b)

图 2.19　地震引发海啸

2011 年 3 月 11 日日本东北 $M_W9.2$ 地震引发的特大海啸。极具破坏性的海浪在震后 15 ~ 20 分钟就到达最近的海岸，浪高（海啸高度）超过 7 米，有的地方达到 30 米，在部分海岸地区海水向内陆入侵了 5 千米，造成了毁灭性的破坏。（a）海啸前，风平浪静；（b）海啸袭来，排山倒海

暂态性的间接影响，如地面上肉眼可见的波动（称为可见波）、感觉得到的摇动，门窗的框架吱吱嘎嘎作响、桥梁和高层建筑摇动、倾斜；未固定的物件强烈摇动、格格作响；以及感觉恶心、惊吓、恐怖；动物（例如鸟）惊吓和树摇动、静止以及行驶中的汽车受到扰动；地声、地光、地震云、闪光，等等。

可见波是可见地震波（visible earthquake wave）的简称，系目击者报告称在大地震震中区看到的长周期的缓慢地面波动。

地震声（earthquake sound），又称地声（earth sound），地鸣（rumbling），系地震发生时传入空气中的一小部分地震波能量转换成人能听得见的气压波能量而形成的声音。

地震云（earthquake cloud）系与地震的发生可能有关联的特殊云层现象。

地光系地（震）光现象（earthquake light phenomena, earthquake luminous phenomena）的简称，是与地震的发生可能有关联的、可能是由于地震过程中应力的积累与释放引起的震前或震时、以及在地震序列期间人们用肉眼观察到的天空异常发光现象。类似的现象在地震危险区也曾观测到过，但没有随即发生与之相联系的地震活动。这些现象可能是由于地壳中局部的高应力水平引起的，高应力水平可能随后以不发生灾难性的岩石破裂而释放，也可能通过发生地震而释放，但因地震太远或太迟发生，与观测到的地（震）光联系不上。

目前地震学家对地震光、地震云等现象及其物理机制以及与其相关的电磁现象尚无共识。

地震灾害

地震是一种会给人类造成巨大的人员伤亡和财产损失的自然现象。1976 年 7 月 28 日在我国河北唐山地区发生了 $M_W7.6$（$M_S7.8$）地震，造成了 24.2 万余人死亡，16.4 万人受重伤（仅唐山市区终身残疾的就达 1700 多人）；毁坏公产房屋 1479 万平方米，倒塌民房 530 万间；唐山市 97% 以上的建筑倒塌，几乎夷为平地（图 2.20），约 60% 的人员死亡是抗震能力差的砖石结构房屋倒塌造成的，全市交通、通讯、供水、供电中断，直接经济损失高达人民币 100 多亿元。

我国是一个多地震的国家，1920 年 12 月 16 日发生在甘肃海原（今宁夏海原）的 $M_W8.3$（$M_S8.5$）地震，造成了大约 23 万余人死亡，震惊朝野。1966 年 3 月 8 日，在我国河北省邢台地区隆尧县发生了 $M_S6.8$ 地震。接着，在 3 月 8 日隆尧 $M_S6.8$ 地震震中稍北的宁晋县境内于 3 月 22 日又发生了 $M_S7.2$ 地震；3 月 26 日在宁晋县的百尺口一带再次发生

图 2.20　1976 年 7 月 28 日中国河北唐山 $M_W7.6(M_S7.8)$ 地震

地震中唐山市 97% 以上的建筑倒塌，约 60% 的人员死亡是抗震能力差的砖石结构房屋倒塌造成的

M_S6.2 地震。邢台地震是 1949 年中华人民共和国成立后发生在我国人口稠密地区的地震。地震造成了 8064 人死亡，38451 人受伤，倒塌房屋 508 万余间，受灾面积达 23000 平方千米，经济损失达 10 亿人民币。图 2.21 是河北邢台地震造成的公路桥梁破坏的情况。

图 2.22 是 1995 年 1 月 16 日日本阪神地震（M_W6.9, M_S6.8）造成高速公路桥倾倒破坏的情况。图 2.23 是 1989 年 10 月 18 日 00 时 04 分 15 秒协调世界时（UTC）、当地时间（美国太平洋时间）10 月 17 日 17 时 04 分 15 秒，美国加州洛马普列塔（Loma Prieta）地震（M_W6.9, M_S7.1）造成的高速公路桥崩塌破坏的情况。

图 2.21 1966 年 3 月 22 日河北邢台 M_W7.4(M_S7.2)
地震将桥梁震垮
宁晋县耿庄桥北滏阳河上的后辛庄桥被震断坠毁

1999 年 9 月 21 日我国台湾发生了 M_W7.6（地方性震级 M_L7.3）地震，这次地震的震中在台湾中部的集集镇，所以称作集集地震（图 2.24）。地震致使整个台湾地区都发生了剧烈的地震动。图 2.24(a) 是集集地震震中位置图，图 2.24(b) 是我国台湾地区地震（1900—1999）震源分布与大地构造图。研究表明，台湾地区地震的发生是菲律宾板块和欧亚板块相对运动、相互作用的结果。

图 2.22 1995 年 1 月 16 日日本阪神地震 (M_W6.9, M_S6.8)
地震造成 6432 人死亡，经济损失估计为 1000 亿～2000 亿美元，此为地震造成高速公路桥倾倒破坏的情况

图 2.23 1989 年 10 月 17 日 (当地时间) 美国加州
洛马普列塔（Loma Prieta）地震 (M_W6.9, M_S7.1)
地震造成高速公路桥崩塌破坏

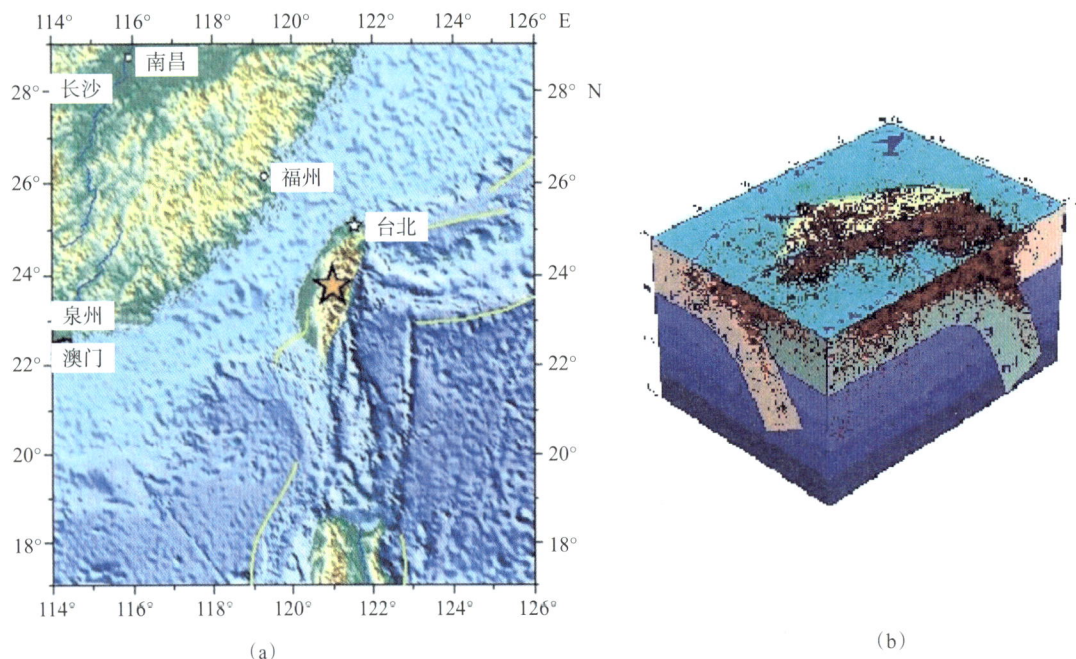

图 2.24 1999 年 9 月 21 日中国台湾集集 $M_W7.6$（地方性震级 $M_L7.3$）地震
（a）主震震中（星号）位置图；（b）台湾地区地震（1900—1999）震源分布与大地构造图

　　台湾集集地震造成了 2470 余人死亡，8700 余人受伤，房屋倒塌 1 万多栋，无家可归人员多达 60 多万人，经济损失高达 140 亿美元。它是 100 多年来发生在台湾的、震中位于台湾岛内的震级最大的一次地震。1935 年 4 月 20 日 UTC（当地时间 4 月 21 日）在台湾苗栗发生过一次地震，震级 $M_S7.1$。在那次地震中，有 3276 人死亡，12000 多人受伤。与苗栗 $M_S7.1$ 地震相比，1999 年集集 $M_W7.6$ 地震灾情更为严重。地震造成了震区公共设施的严重破坏。图 2.14 是台中县太平市虎头山在 1999 年 9 月 21 日集集地震（$M_W7.6, M_S7.7$）中山体崩滑的情况。图 2.11 是集集地震造成的房屋破坏倒塌的情况。图 2.2 与图 2.3 是它所造成的台中县石冈水坝破坏的情况。地震将长达 700 多米的水坝震垮，使这个水坝的北部（图左）抬升了约 2.1 米，而南部（图右）却抬升了约 9.8 米，南、北落差约 7.7 米。水坝的 18 个闸门中有 3 个闸门断裂，致使供应台湾中部地区 200 多万居民生活用水的水库蓄水在一夜间全部流光，水库见底，造成了台湾中部地区 200 多万居民用水的困难（图 2.3）。集集地震的发震断层通过台湾中部的南投县雾峰乡光复国中与光复国小共用的操场，造成了地面大规模的扭曲，使跑道的一边相对于另一边拱起了大约 1.7 米高（图 2.4）。地震具有巨大的破坏力，它可以使得公路、铁路遭到破坏。例如，在 1995 年 1 月 16 日日本阪神地震（$M_W6.9, M_S6.8$）中，地面隆升、错动致使铁轨严重扭曲（图 2.16）。

地震不但会造成人员伤亡与财产损失，而且还会引发火灾，进一步加重人员伤亡与财产损失。地震引发火灾加重灾情的例子屡见不鲜。如 1906 年 4 月 18 日美国旧金山 M_W7.9（M_S8.3）地震（图 2.25），1995 年 1 月 16 日日本阪神 M_W6.9（M_S6.8）地震（图 2.26），以及 1989 年 10 月 17 日（当地时间）美国洛马普列塔 M_W6.9（M_S7.1）地震（图 2.27）便是地震引发火灾的著名例子。1906 年 4 月 18 日发生的旧金山 M_W7.9（M_S8.3）地震在旧金山地区 60 多处

图 2.25　1906 年 4 月 18 日美国旧金山 M_W7.9（M_S8.3）地震
地震引发火灾加重灾情

引发了大火，造成了巨大的经济损失。图 2.25 是旧金山地震后、火势蔓延前萨克拉门托大街的俯视图。图片显示，虽然一些建筑物在地震中遭受严重损坏，但在火势蔓延之前多数建筑物并无可见的严重损坏，是地震引发火灾加重灾情的典型例子。

在 1923 年 9 月 1 日发生的日本关东 M_W7.9（M_S8.3）大地震中遇难的 14 万人中，约 10 万人死于地震引发的大火。1995 年 1 月 16 日，在日本的大阪和神户地区发生了地震（M_W6.9，M_S6.8），震中在兵库县南部，按照震中位置称为"兵库县南部地震"。地震在大阪和神户地区造成了巨大的人员伤亡和财产损失，所以又称为"阪神地震"。阪神地震在多处引发火灾，加重了人员伤亡与财产损失（图 2.26）。

1989 年 10 月 18 日 00 时 04 分 15 秒协调世界时（UTC，当地时间则为美国太平洋时间 10 月 17 日 17 时 04 分 15 秒）在美国旧金山湾区洛马普列塔发生了 M_W6.9（M_S7.1）地震，震中（北纬 37.04°，西经 121.88°）位于圣克鲁斯山洛马普列塔山峰所在地区，震源深度 18 千米，即位于圣克鲁斯（Santa Cruz）东北 14 千米，旧金山南南东 96 千米。洛马普列塔地震是自 1906 年 4 月 18 日美国旧金山 M_W7.9（M_S8.3）地震以来在旧金山湾区发生的最大地震。地震使正在旧金山湾区举行的世界棒球锦标赛第三场洛斯加托斯（Los Gatos）、沃森维尔（Watsonville）和圣克鲁斯比赛未能按期举行，故又称"世界（棒球）锦标赛地震"。震中区包括洛斯加托斯，长约 50 千米、宽约 25 千米，地震烈度（修订的麦卡利烈度即 MM 烈度）为 VIII 度。烈度最大的地区位于震中北西—北北西面的旧金山和奥克兰，达 IX 度。震中区内 2500 余座建筑物倒塌，约 4000 余座严重受损，好几条高速公路多处被震断毁坏，一些立交桥坍塌，通向洛杉矶市区及其他地区的 11 条主干道被迫关闭，直接与间接死亡 63 人（其中多数是因为高速公路被震断毁坏所致），9000 多人受伤，25000 人无家可归。

地震还造成煤气管和自来水管爆裂，火灾四起。该市大部分地区断电停水，约 4 万户住宅断水，5.2 万户断电，3.5 万户断煤气。地震还造成电讯中断，使通讯网络出现严重阻塞。累计经济损失高达 60 多亿美元（有的研究者的估计甚至高达 300 亿美元）。图 2.27 显示 1989 年 10 月 18 日 UTC（当地时间 10 月 17 日）美国洛马普列塔地震（M_W6.9，M_S7.1）引发火灾的情况。

图 2.26 1995 年 1 月 16 日日本阪神 M_W6.9（M_S6.8）地震引发火灾

图 2.27 1989 年 10 月 17 日（当地时间）美国洛马普列塔 M_W6.9（M_S7.1）地震引发火灾

图 2.28 国际著名的地球物理学家、勘探地球物理学家顾功叙院士（1908—1992）

图 2.29 国际著名的地球物理学家、工程地震学家谢毓寿先生（1917—2013）

表 2.1 列出了公元前 2222 年至公元 2019 年全球著名的一些破坏性地震。地震资料参考了国际著名的地球物理学家、勘探地球物理学家顾功叙院士（1908—1992）、国际著名的地球物理学家、工程地震学家谢毓寿先生（1917—2013）、闵子群、宇津德治（T. Utsu）、恩达尔（E. R. Engdahl）和维拉塞诺 (A.Villasenor) 等著名专家学者编纂的地震目录以及国内外一些网站的地震资讯。这些地震各具特点，或者是最早有历史记载，或者是伤亡人数巨大，或者是造成了重大经济损失或社会影响，等等。历史地震的发震时间，统一使用格里哥里历（Gregorian calendar）。格里哥里历是公元 1582 年 10 月 5 日开始实施的。为读者使用方便起见，在此之前的地震，加括号附注相应的儒略历 (Julian calendar)。儒略历是公元前 46 年朱利斯（旧译"儒略"）·凯撒（Julius Caesar）即凯撒大帝制定的、用于取代古罗马使用的阴历的历法。儒略历规定每 4 年一闰，即闰年比平常年份多一天，为 366 天，以计及实际上一年是 $365\frac{1}{4}$ 天，若每年按 365 天算，4 年多出 1 天引起的问题。历史地震的震中烈度，通常由宏观地震资料予以估计，其震级（M）则由震中烈度与震级的经验关系推算，具有相当大的不确定性，能够精确到 $\frac{1}{4}$ 级就已经很不错了。所以通常以 $\frac{1}{4}$ 为级差，如 6 级至 7 级分为：6 级、$6\frac{1}{4}$ 级、$6\frac{1}{2}$ 级、$6\frac{3}{4}$ 级、7 级，等等。有仪器记录以来的地震一般列出其面波震级；在有矩震级测定结果时，则列出其矩震级。

表 2.1　公元前 2222 年至公元 2019 年全球著名的一些破坏性地震

编号	时间 (UTC) 年.月.日	地区 经度, 纬度	震级 M	震中 烈度	地震死亡 人数/人	说明
1	公元前 2222.-.-	中国山西永济蒲州 34.9ºN, 110.4ºE	5	VII		帝舜三十五年（公元前 2222 年），地震泉涌。 最早有历史记载但未指明地点的地震
2	公元前 1831.-.-	中国山东泰山 36.3ºN, 117.1ºE				夏帝发七年，泰山震（据《竹书纪年》）。最早有历史记载并指明了地点的地震
3	公元前 780.-.-	中国陕西歧山 34.5ºN, 107.8ºE	≥ 7	≥ IX		周幽王二年西周（都镐，今长安西北）三川（泾、渭、洛）皆震。……是岁，三川竭，歧山崩（据《史记·周本纪》）。烨烨震电，不宁不令。百川沸腾，山冢崒崩。高岸为谷，深谷为陵
4	公元前 225.-.-	希腊罗德岛 (Rhodes)			75000	
5	公元前 33.-.-	巴勒斯坦		IX	30000	
6	公元 19.-.-	叙利亚			120000	
7	63.-.-	意大利维苏威附近				地震持续了 16 年，以著名的、掩埋了庞贝和赫丘兰尼姆 (Herculaneum) 城的公元 79 年维苏威火山喷发而告终
8	342.-.-	土耳其			40000	安提奥奇 (Antioch) 毁灭
9	365.7.21	地中海东部阿亚历山大，塞浦路斯科里恩 (Kourion)		X	50000	古罗马城科里恩全部毁灭。地中海巨大海啸
10	844.9.18	叙利亚			50000	大马士革毁灭
11	856.12.-	希腊科林斯			200000	死亡人数一说 45000 人。自突尼斯至伊朗，许多城市毁坏
12	893.3.-	印度			180000	死亡人数一说 150000 人。大范围毁坏
13	1038.1.9	中国山西定襄、忻州间 38.4ºN, 112.9ºE	7¼	X	32300	忻、代、并三州地震，地裂涌水，坏庐舍城郭，覆压官民。死 32300 余人，伤 5600 余人；死牲畜 50000 余头。弥千五百里而及都下（开封），随后十年震动不止。太原以北地区许多村镇毁坏
14	1057.3.30 (1057.3.24)	中国河北幽州 （北京市） 39.7ºN, 116.3ºE	6¾	IX	25000	坏城郭。覆压死者数万人。雄州（今河北雄县）北界、幽州（治今北京西南）地大震
15	1068.3.18	巴勒斯坦		IX	25000	许多村镇被毁坏
16	1138.9.8	叙利亚阿勒颇		XI	230000	阿勒颇毁灭
17	1202.5.20	中东			30000	130 多万平方千米地区有感
18	1268.-.-	小亚细亚西里西亚		IX	60000	
19	1290.10.4 (1290.9.27)	中国内蒙古 41.6ºN, 119.3ºE	6¾	IX	100000	地陷，黑沙水涌出，人死伤数万（有说数十万）。辽宁武平（今宁城）尤甚。大明塔顶崩，塔身裂。坏仓库局 480 间，民居不可胜数。压死官民 7200 余人
20	1293.5.20	日本镰仓			30000	镰仓遭受巨大破坏

编号	时间 (UTC) 年 . 月 . 日	地区 经度, 纬度	震级 M	震中 烈度	地震死亡 人数 / 人	说明
21	1303.9.25 (1303.9.17)	中国山西赵城—洪洞 36.3ºN, 111.7ºE	8.0	XI	15000	洪洞及邻近区域遭受巨大破坏。地裂成渠，泉涌黑砂，孝义、赵城村堡陟移，汾州城陷，坏官民庐舍十万计，宫观摧圮者一百四十余所，道士死伤千余人，人民压死不可胜计
22	1356.10.18	瑞士巴塞尔		XI	300	大范围内的 80 多个城堡毁灭，厨房壁炉炉膛倒塌，引发火灾，延烧多日
23	1455.12.5	意大利那不勒斯			40000	那不勒斯严重破坏
24	1531.1.26	葡萄牙里斯本 39.0ºN, 8.0ºW		XI	30000	
25	1556.2.2 (1556.1.23)	中国陕西华县 34.5ºN, 109.7ºE	$8\frac{1}{4}$	IX	830000	已知历史上最大的自然灾害。秦晋之交，地忽大震，声如万雷，川原坼裂，郊墟迁移，道路改观，树木倒置，阡陌更反。五岳动摇，寰宇震殆遍。陵谷变迁，起者成阜，下者成壑。或岗阜陷入平地，或平地突起山阜。涌者成泉，裂者成涧。地裂纵横如画，裂之大者水文涌出。或壅为岗阜，或陷作沟渠，水涌沙溢，河渭泛。城垣、庙宇、官署、民庐倾颓摧圮十居其半。军民因压、溺、饥、疫、焚而死者不可胜数，其奏报有名者八十三万有奇，其不知名未经奏报者复不可数计
26	1627.7.30 10:50	意大利那不勒斯 41.7ºN, 15.4ºE	6.8	X~XI	5000	
27	1663.2.5 22:30	加拿大魁北克沙勒沃伊—卡穆拉斯卡 (Charlevoix-Kamouraska) 47.6ºN, 70.1ºW	7	0		当地时间 5:30
28	1667.11.18	阿塞拜疆撒马尔罕 37.2ºN, 57.5ºE	6.9		12000	
29	1668.7.25	中国山东郯城 34.8ºN, 118.5ºE	$8\frac{1}{2}$	≥ XI	47615	北京时间 20:00。山东全省遭受巨大破坏，鲁、苏、浙、皖、赣、鄂、冀、晋、辽、陕、闽诸省及朝鲜有感。山东郯城、沂州、莒州破坏最重。地裂泉涌，地裂处宽不能越，深不可探，泉涌高喷二三丈，地陷塌如阶级，有层次。城楼、仓库、衙署、民房并村落、寺观倒塌如平地。震塌房屋约数十万间。郯城、莒县压死 3 万余人
30	1668.8.17	土耳其安那托利亚 40.5ºN, 35.0ºE	8		8000	
31	1692.6.7	牙买加皇家港 17.8ºN, 76.7ºW	8.0		3000	大范围砂土液化引发皇家港约 1/3 沉入海平面以下 4 米
32	1679.9.2	中国河北三河—平谷 40.0ºN, 117.0ºE	8.0	XI	45500	当地时间 11:00。震之所及，东至辽宁沈阳，西至甘肃岷县，南至安徽桐城，凡数千里，而三河平谷最惨，远近荡然一空，了无障隔，山崩地陷，裂地涌水，土砾成兵，尸骸枕籍，官民死伤不计其数，有全家覆没者。四面地裂，黑水涌出，地陷数尺，北京德胜门下裂一大沟，水如泉涌。城堡房屋，存者无几，北京坏房屋数万间，死者以万计。三河县地震死亡 2677 人，平谷县死亡 1 万余人

续表

编号	时间 (UTC) 年.月.日	地区 经度，纬度	震级 M	震中 烈度	地震死亡 人数/人	说明
33	1693.1.11 13:30	意大利卡拉布里亚 (Calabria) 37.1ºN，15.0ºE	7.4	XI	54000	
34	1700.1.26	喀斯喀迪亚俯冲带 加拿大北部至温哥华岛	9			
35	1715.8.5	阿尔及利亚			20000	阿尔及尔毁灭
36	1755.6.7	波斯北部 34.0ºN，51.4ºE	5.9		1200	
37	1755.11.1 10:16	葡萄牙里斯本 36.0ºN，11.0ºW	8.5	XI	62000	科学地描述了一些地震效应。整个大西洋海啸，为有史以来最大海啸，海啸浪高超过 20 呎。海啸后大火。$1.6×10^6$ 平方千米有感。阿尔及尔毁灭。虽然在过去的 500 年里有好几个意大利地震的死亡人数数目比这个大，超过了 150000 人，但这次地震是欧洲有史以来有详尽报告的死亡人数最多的一次地震
38	1783.2.5 12:00	意大利卡拉布里亚 38.4ºN，16.0ºE	6.9	XI	35000	第一个由科学委员会研究的地震
39	1797.2.4 12:30	厄瓜多尔基多 1.7ºS，78.6ºW	8.3		40000	
40	1811.12.16 8:15	美国密苏里州新马德里 36.6ºN，89.6ºW	7.7	X	许多	当地时间 02:15。当天 13:15(当地时间 07:15) 与 1812 年 1 月 23 日 15:15（当地时间 9:15）、1812 年 2 月 7 日 9:45 (当地时间 3:45) 又分别发生 $M6.8～7.0$、$M7.5$ 与 $M7.7$ 地震。240 千米 ×60 千米面积下沉了 1～3 米，密西西比河改道，4 次大震（1811 年 12 月 16 日两次；1812 年 1 月 23 日与 1812 年 2 月 7 日）连续发生。垂直向移动达 7 米。大范围砂土液化。$5×10^6$ 平方千米范围有感
41	1819.6.16 2:00	印度卡其 23.3ºN，70.0ºE	8.3		1440	最早详尽报道观察到伴随地震的断层，形成 6 米高、80 千米长的断层崖（"阿拉邦德"断层崖）
42	1822.9.5	小亚细亚阿勒颇 35.0ºN，36.0ºE			22000	
43	1823.6.2 8:00	美国夏威夷基拉韦 南麓 19.3ºN，155ºW	7			
44	1828.12.17 20:00	日本三陆越后 37.6ºN，138.9ºE	6.9		1681	当地时间 12 月 18 日 07:00
45	1835.2.20 15:30	智利康塞普西翁 36.0ºS，73.0ºW	8.1		许多	查尔斯·达尔文详细描述过这个地震。引发海啸
46	1836.6.10 15:30	美国加州旧金山湾区南部 36.96ºN，121.37ºW	6.5			

续表

编号	时间 (UTC) 年.月.日	地区 经度，纬度	震级 M	震中 烈度	地震死亡 人数 / 人	说明
47	1838.6.-	美国加州旧金山半岛 37.27ºN, 122.23ºW	6.8			
48	1843.1.5 02:45	美国阿肯色马克特特利 35.5ºN, 90.5ºW	6.3			
49	1857.1.9 16:24	美国加州特洪堡	7.9	X	2	圣安德烈斯断层上最大的两次大地震之一
50	1857.12.16 21:15	意大利那不勒斯 40.4ºN, 15.9ºE	7.0	X	10939	现代地震学发端于马利特的野外工作，他写了著名的报告《观测地震学第一原理》
51	1868.8.16 06:30	厄瓜多尔与哥伦比亚 0.3ºN, 78.2ºW	7.7	X	40000	
52	1868.10.21 15:53	美国加州海沃德 37.7ºN, 78.2ºW	6.8		30	
53	1871.2.20 08:42	美国夏威夷州莫洛凯 (Molokai) 21.2ºN, 156.9ºW	6.8			
54	1872.3.26 10:30	美国加州欧文斯谷 36.5ºN, 118.0ºW	7.4		27	
55	1872.12.15 05:40	美国华盛顿州喀斯喀德 北部 47.9ºN, 120.3ºW	6.8			
56	1873.11.23 05:00	美国加州—俄勒冈州 海岸 42.2ºN, 124.2ºW	7.3			
57	1886.9.1 02:51	美国南卡罗莱纳州 查尔斯顿 32.9ºN, 80.0ºW	7.4	X	60	当地时间1886年8月31日21:51。美国东部的最大地震。该地区在1680年至1886年从未观测到有地震。有感范围$5×10^6$平方千米。14000处烟囱损坏或破坏，90%建筑物损毁或损坏
58	1890.4.24 11:36	美国加州科拉利托斯 36.96ºN, 121.78ºW	6.3			
59	1891.10.27 21:38	日本美浓—尾张 35.6ºN, 136.6ºE	8.0		7273	当地时间1891年10月28日06:38。建筑物全坏142177间，半坏81840间。自此地震起，日本开始系统地研究地震
60	1892.4.19 10:50	美国加州瓦卡维尔 38.50ºN, 121.82ºW	6.3			
61	1896.6.15 10:32	日本本州三陆冲 39.5ºN, 144.0ºE	8.2		22000	当地时间19:32。海啸浪高达35米，吉滨为24.4米，绫里为21.9米。席卷三陆冲海岸10000余间房屋

编号	时间 (UTC) 年.月.日	地区 经度，纬度	震级 M	震中 烈度	地震死亡 人数/人	说明
62	1897.6.12 11:06	印度阿萨姆 26.0 ºN，91.0ºE	8.3	XII	1500	迄今最大的、极强烈有感地震，在有些地方地面运动加速度超过 $1g$，2.8×10^6 平方千米有感。奥尔德姆 (R. D. Oldham) 详细研究过这个地震
63	1902.4.19 02:23	危地马拉的克察尔特南戈和圣马科斯之间 14.0 ºN，91.0ºW	7.5		2000	这次地震在墨西哥恰帕斯州的塔帕丘拉也造成了破坏。远至哈拉帕、韦拉克鲁斯和墨西哥城都有感。地震在墨西哥的持续时间估计为 1 分钟至 1 分半钟
64	1902.12.16 05:07	乌兹别克斯坦安集延 (Andizhan) 40.8 ºN，72.3ºE	6.4	IX	4725	在安集延—马尔兰 (Margilan) 地区，41000 座建筑物被摧毁。安集延火车站一辆列车被抛出轨道。主震后约 40 分钟的一个强余震加重了破坏与损失
65	1903.4.28 23:39	土耳其马拉兹吉尔特 (Malazgirt) 39.1 ºN，42.7ºE	7.0		3500	在马拉兹吉尔特—帕特诺斯 (Patnos) 地区，大约 12000 座房屋被摧毁，20000 头牲畜死亡。远至埃尔祖鲁姆与比特里斯都有轻微破坏
66	1903.5.28 03:57	土耳其（奥斯曼帝国）古尔 40.9ºN，42.8ºE	5.4	VII~ VIII	1000	多个村庄被毁。死亡人数可能被高估了，如阿姆布拉塞斯 (N. N. Ambraseys) 所说，这次地震"据称死了1000 多人"
67	1905.4.4 00:50	印度坎格拉 (Kangra) 33.0 ºN，76.0ºE	7.8	X	20000	相距 250 千米的坎格拉与德赫拉顿 (Dehra Dun) 两地均遭受破坏
68	1905.7.9 09:40	蒙古国 49.0ºN，99.0ºE	8.5			
69	1906.1.31 15:36	厄瓜多尔埃斯梅拉达斯 (Esmeraldas) 近海 1.0ºN，81.5ºW	8.6		1000	地震和海啸在哥伦比亚的图马科—厄瓜多尔的埃斯梅拉达斯地区造成了破坏。地震破坏发生在内陆从卡利（哥伦比亚）到奥塔瓦洛（厄瓜多尔）约 100 千米范围内。远至委内瑞拉的马拉开波湖区均有感。在图马科观测到海啸的浪高达 5 米，幸运的是一部分海浪在到达城市前被近海的岛屿驱散了。在哥伦比亚的谷阿皮 (Guapi) 地区，约 450 间房屋被 6 个成串的海浪所摧毁，其中最大的海浪高如大树。在厄瓜多尔的曼塔港和哥伦比亚的布韦那文图拉港观测到海岸抬升，最高达 1.6 米。布韦那文图拉与巴拿马之间多处海底电缆被折断。在波多黎各近海，也发生了电缆被折断事件，表明加勒比海也可能激发了海啸
70	1906.3.16 22:42	中国台湾嘉义 23.6ºN，120.5ºE	6.8		1258	当时时间 1906 年 3 月 17 日 06:42。6700 多间房屋被摧毁，半毁 3600 间，全市几毁灭。出现了约 13 千米长、2.4 米宽的地面断裂，最大垂直错距为 1.8 米。地裂喷沙。死 1258 人，重伤 745 人。3 月 26 日、4月 6 日、7 日和 13 日的余震，增加了伤亡和破坏

续表

编号	时间 (UTC) 年.月.日	地区 经度，纬度	震级 M	震中 烈度	地震死亡 人数／人	说明
71	1906.4.18 13:12	美国加州旧金山 38.0ºN, 123.0ºW	7.9	XI	3020	当地时间05:12。M_W 7.9，M_S 8.3。在450千米长的圣安德烈斯断层上发生4米的滑动，最大至7米。极震区位于沿圣安德烈斯断层的破裂长达10千米量级的范围内。在马丁 (Martin) 县，篱笆错开2.6米。有感范围南北总长度约1170千米，约100万平方千米。地震引发大火燃烧3天3夜。烧毁521街区，28188幢房屋。火灾造成的损失比地震造成的大十余倍。地震造成315人死亡，700余人失踪。根据对这次地震的研究，雷德 (H. F. Reid) 提出弹性回跳理论
72	1906.8.17 00:40	智利瓦尔帕莱索 33.0ºS, 72.0ºW	8.5		3760	瓦尔帕莱索大部分被摧毁。许多报告称地震持续了4分钟。智利中部从伊拉佩尔 (Illapel) 到塔尔卡 (Talca) 遭受严重破坏。自智利塔克纳 (Tacna) 到蒙特港 (Pueto Montt) 有感。产生海啸。从萨帕拉 (Zapalla) 到伊科 (Llico) 大约250千米长的海岸隆起。据巴特 (M. Båth) 报告，死亡人数为20000人；但据智利大学提供的数据，死亡人数为3882人
73	1907.1.14 21:36	牙买加金斯敦皇家港 18.2ºN, 76.7ºW	6.5		1000	金斯敦的每一座建筑物都遭受了这次地震和后来的大火破坏。有报告称，在牙买加北海岸有一次最大浪高约2米的海啸
74	1907.10.21 4:23	塔吉克斯坦卡拉托格 (Qaratag) 38.0ºN，67.0ºE	7.2		15000	两次地震摧毁了塔吉克斯坦卡拉托格，以及乌兹别克斯坦的吉萨尔 (Gissar) 和迭纳乌 (Denau) 地区的许多山村
75	1908.12.28 4:20:24.0	意大利墨西拿 38.00ºN，15.50ºE	7.0	XI	82000	据1901—1911年的人口统计，这次地震的死亡人数为72000人，但也有一说110000人。由于建筑物质量粗劣与地基土质条件差，墨西拿与卡拉布里亚 (Calabria) 的雷焦 (Reggio) 全部被地震摧毁，墨西拿40%的居民与卡拉布里亚25%的居民因地震、海啸、(在墨西拿还有) 火灾而死亡。沿墨西拿以南的西西里海岸，海啸浪高6～12米，沿卡拉布里亚海岸，海啸浪高6～10米。余震延续至1913年
76	1909.1.23 02:48:18.0	伊朗 (波斯) 33.00ºN，53.00ºE	7.0		5500	大约60个村庄被地震摧毁或遭到严重损害。130个村庄死人。在杜鲁德 (Dorud) 断层上可见40千米长的表面破裂。余震持续近6个月
77	1912.8.9 01:29:00.0	土耳其 (奥斯曼帝国) 穆莱夫特 (Murefte) 40.50ºN，27.00ºE	7.6		2836	穆莱夫特至加利波利地区的580多个村、镇，大约有25000间房屋被摧毁，15000间房屋遭破坏，致80000多人无家可归。从沙罗斯 (Saros) 海湾到马尔马拉海，横穿盖利波卢半岛北端，出现了长约50千米、位错约3米的地面断层。从震中向外200千米范围内，可看到砂土液化现象

编号	时间 (UTC) 年 . 月 . 日	地区 经度，纬度	震级 M	震中 烈度	地震死亡 人数 / 人	说明
78	1914.10.3 22:06:34.0	土耳其布尔杜尔 (Burdur) 37.50°N，30.50°E	7.1	IX~X	4000	布尔杜尔—埃利迪尔 (Egridir)—蒂纳尔 (Dinar) 地区 17000 多座房屋被摧毁。从维尔 (Vear) 地区远至安塔利亚 (Antalya)、博尔瓦丁 (Bolvadin) 和代尼兹利 (Denizli) 都有破坏。沿布尔杜尔湖东南岸沉陷约 23 厘米，表明这可能是断层带
79	1915.1.13 6:52	意大利阿韦扎诺 (Avezzano) 42.0°N，13.7°E	7.0	XI	32610	阿韦扎诺—佩西纳 (Pescina) 地区遭受严重破坏。估计大约有 3000 人死于几个月后的地震间接效应中。整个意大利中部从威尼托 (Veneto) 至巴斯利卡塔 (Basilicata) 有感
80	1917.1.20	印度尼西亚巴厘岛 8.3°S，115.0°E	6.5		1300	伤亡大多是巴厘岛滑坡造成的。很多房屋遭到破坏。有一个报告称，伤亡达 15000 人。但对照破坏的分布图可见这一数值好像太大了
81	1918.2.13 06:07:14.0	中国广东南澳 23.54°N，117.24°E	7.2		1000	北京时间 14:07。南澳绝大多数房屋被摧毁，石山峰峦倾落山下，海水腾涌，滨海马路裂一大缝，喷热水。全县屋宇夷为平地。人民死伤十之八。汕头约 1000 人死亡或受伤。广东揭阳—福建云霄地区，超过 90% 的房屋被摧毁或受损。远至福州都有破坏。死亡人数可能高达 10000 人，但计数很困难，因为，消息来源把死亡人数与受伤人数合并在一起，常常只给出死亡人数与受伤人数的比例，而不是两者的确切数值。安徽、福建、广东、广西、湖北、湖南、江苏、江西、台湾和浙江省有感
82	1920.12.16 12:05:54.7	中国甘肃海原 (今宁夏海原) 36.60°N，105.32°E	8.3	XII	235502	北京时间 20:05。M_w8.3，M_S8.5。东六盘山地区村镇埋没，地面或成高陵，或陷深谷，山河变异，山崩地裂，黑水喷涌。大规模砂土液化引发滑坡下滑超过 1.5 千米。海原固原等四城全毁。海原全城房屋荡平，倒塌房屋 53610 间，仅海原一县即死 73027 人，全部地震死亡人数超过 200000 人。对海原地震的研究是中国近代地震学的发端
83	1922.11.11 04:32:45:2	智利阿塔卡马 (Atacama) 28.55°S，70.75°W	8.7		1000	M_w8.7，M_S8.3
84	1923.3.24 12:40:19.9	中国四川炉霍—道孚 30.55°N，101.26°E	7.2		3500	北京时间 20:40。炉霍—道孚地区严重破坏与滑坡，山坡到处崩塌，地裂很多。城墙、教堂、庙宇、官民房屋概行倒塌成废墟。乾宁有破坏与伤亡。死人 3000 以上
85	1923.5.25 22:21	伊朗（波斯）托巴特·海达里耶 (Torbat-e Heydariyeh) 35.3°N，59.2°E	5.5		2219	在托巴特·海达里耶西南，有 5 个村庄被完全摧毁

续表

编号	时间 (UTC) 年.月.日	地区 经度，纬度	震级 M	震中 烈度	地震死亡 人数 / 人	说明
86	1923.9.1 02:58:37.0	日本关东 35.40ºN，139.08ºE	7.9		142807	当地时间 11:58。M_W7.9，M_S8.2。又称东京大地震。死亡 142807 人，伤 103733 人，失踪 43476 人。经济损失约 28 亿美元。震中位于东京南面 80 千米的骏河湾。房屋倒塌，烟囱折断，公路开裂，铁轨变形。陆地最大沉降 1.4 米，最大隆起（东南部沿海地区）1.8 米。该区内河川、港湾、公路、铁路、供水系统等均遭受严重破坏。东京 134 处大火，汇集成火暴。地震与随后发生的大火致使东京与横滨遭受严重破坏，东京旧市区房屋烧毁约 50%，横滨 80%。房屋倒塌 128266 幢，部分倒塌 126233 幢，房屋被大火完全烧毁大约 447128 幢，房屋部分或完全毁坏 694000 幢。房总半岛和伊豆半岛以及大岛也遭受破坏。骏河湾北岸有近 2 米的持久上升，房总半岛测到大至 4.5 米的水平位移。骏河湾海啸，在大岛海啸波高高达 12 米，在伊豆、三浦与房总半岛 6 米，在本所（Honjo）出现冒砂与高达 3 米的间歇性喷泉。关东地震促进日本近代地震研究的发展，东京大学地震研究所因此于 1925 年创立
87	1925.3.16 14:42:18.8	中国云南大理 25.69ºN，100.49ºE	7.0		5808	当地时间 22:42。点苍山低陷数米，山顶裂缝，平地裂缝涌黑水。塔顶、铁栅震倒，桥梁截断，城楼被摧毁，城垣坍塌，全城官署、民房、庙宇同时倾圮，震后起火，震倒和烧毁房屋 76000 余间。大理地区有 76000 多房屋倒塌或被烧毁，3600 人死亡，72000 人受伤；死牲畜五六千头；凤仪、弥渡、宾川、邓川等县也有破坏和伤亡。昆明有感
88	1927.3.7 09:27:42.1	日本丹后 35.80ºN，134.92ºE	7.1		2925	当地时间 18:27。又称北丹后地震。死 2925 人，房屋全坏 12584 间，烧失 3711 间。蜂山 1100 余人与 98% 的房屋被地震与火灾所摧毁。地震在鹿儿岛至东京有感。在鄉村（Gomura）断层与山田断层上观测到两条断层在丹后半岛的基底正交的断裂
89	1927.5.22 22:32:48.0	中国甘肃古浪 37.39ºN，102.31ºE	8.0		41419	当地时间 1927 年 5 月 23 日 06:32。普遍地裂，有的成深沟，有的成阶地，有的裂缝长达 14 千米。山头开裂或崩陷、滑坡。河水干涸或出新泉。建筑几乎全部倒塌，窑洞全塌，房屋倒塌十之九。压死 4000 余人；死牲畜 3 万余头。震中位于连接中国与中亚的丝绸之路的祁连山脚下的古浪—武威地区。古浪—武威地区遭受严重破坏，40900 人死亡，250000 头家畜死亡。滑坡掩埋了古浪附近的一个村庄，使武威县的一条小溪断流，形成堰塞湖。出现大的地裂缝与喷砂。从兰州经民勤、永昌到景泰均有破坏，远至距震中 700 千米的西安有感
90	1929.5.1 15:37:37.1	伊朗科佩赫 (Coppeh) 37.96ºN，57.69ºE	7.1		3257	在伊朗—土库曼斯坦边界区域造成了伤亡与严重破坏，在伊朗的巴汉 (Baghan)—吉凡 (Gifan) 地区死亡人数为 3250 人，88 个村庄被摧毁或损坏。在土库曼斯坦的吉尔马布 (Germab)，几乎所有的建筑物都被毁灭。土库曼斯坦包括阿什哈巴德有 57 个地方有破坏，阿什哈巴德有伤亡。在巴汉—吉尔马布断层上大约有 50 千米长的断层段上出现表面断裂。余震一直延续到 1933 年

编号	时间 (UTC) 年.月.日	地区 经度，纬度	震级 M	震中 烈度	地震死亡 人数／人	说明
91	1930.5.6 22:34:27.8	伊朗（波斯）萨尔马斯 (Salmas) 38.15ºN，44.69ºE	7.1	IX~X	2514	在萨尔马斯平原及周边山区，大约有 60 个村庄毁灭。人口为 18000 人的迪尔曼 (Dilman) 房屋全部夷为平地，但因为在 07:03UTC 时有一个 5.4 级的前震，致使主震的死亡人数为 1100 人。前震导致了 25 人死亡，但可能却因此拯救数千性命，因为当天晚上许多人选择睡在户外。在萨尔马斯和代里克 (Derik) 断层观测到断裂，萨尔马斯断层最大垂直错距为 5 米，最大水平错距为 4 米。震后在废墟的西面重建迪尔曼，称为斯哈赫普尔 (Shahpur)，现在则称为萨尔马斯
92	1930.7.23 00:08	意大利皮尼亚 (Irpinia) 41.1ºN，15.4ºE	6.7		1404	大部分破坏分布在阿韦利诺省、波坦察省和福贾省的阿里亚诺·伊尔皮诺 (Ariano Irpino)—梅尔菲 (Melfi) 地区。破坏远至那不勒斯。从波河河谷 (Po Valley) 到卡坦扎罗省和莱切省，都有感。有报告称在震中区有地光
93	1931.3.31 16:02	尼加拉瓜马那瓜 12.2ºN，86.3ºW	6.0		1000	地震与大火摧毁了马那瓜大部分
94	1931.4.27 16:50	亚美尼亚与阿塞拜疆交界处的赞格祖尔 (Zangezur) 山区 39.4ºN，46.0ºE	6.4		390	在亚美尼亚的锡西安至戈里斯 (Goris) 地区，有 57 个村庄被摧毁或遭严重破坏。在阿塞拜疆的奥尔杜巴德 (Ordubad) 地区，有 46 个村庄被摧毁或遭严重破坏
95	1931.8.10 21:18:47.7	中国新疆富蕴 46.57ºN，89.96ºE	7.9		10000	北京时间 1931 年 8 月 11 日 05:18。富蕴—青河遭受严重破坏，地裂隙、滑坡、喷砂和下陷。阿尔泰有些矿井塌陷，乌鲁木齐轻微破坏
96	1932.12.25 02:04:32.0	中国甘肃昌马 39.77ºN，96.69ºE	7.6		275	北京时间 1932 年 12 月 26 日 10:04:32.0。严重破坏。地裂普遍，有巨大的隆起、塌陷、山崩等。裂缝涌水，并泉干涸。疏勒河绝流数日。民房倒塌十之八九。昌马堡乡 800 户全毁。死 270 人，伤 300 余人
97	1933.3.2 17:31:00.9	日本三陆冲 39.22ºN，144.62ºE	8.4		3064	当地时间 1933 年 3 月 3 日 02:30。死 3064 人。由于这次地震发生在距离本州海岸大约 290 千米海中，大多数的伤亡与损失是由次生的海啸、而不是原生的地震造成的。日本大约 5000 间房屋被毁坏，其中几乎有 4917 间是被海啸扫掉的。倒 2346 间，浸水 4329 间。在本州里奥里湾观测到最大浪高达 28.7 米。海啸还引起夏威夷轻微破坏，在纳波瓦 (Napoopoo) 记录到最大浪高约为 2.9 米
98	1933.8.25 07:50:32.5	中国四川茂汶叠溪 31.9ºN，103.4ºE	7.3		6865	北京时间 1933 年 8 月 25 日 15:50。叠溪与该地区大约 60 个村庄完全被摧毁。成都也有破坏与伤亡。重庆、西安有感。滑坡在岷江造成 4 个堰塞湖。震后 45 天，堰塞湖崩溃造成滑坡，洪水淹没了村庄
99	1934.1.15 08:43:25.4	印度比哈尔—尼泊尔 26.77ºN，86.76ºE	8.0	X	10700	M_S8.3。比哈尔平原出现裂缝、砂土液化

续表

编号	时间 (UTC) 年 . 月 . 日	地区 经度，纬度	震级 M	震中 烈度	地震死亡 人数 / 人	说明
100	1935.4.20 22:02:02.9	中国台湾苗栗 24.36°N，120.61°E	7.1		3276	北京时间 1935 年 4 月 21 日 06:02:02.9。伤 12000 余人。在新竹—台中地区，39000 座房屋毁坏或铁道下陷多至 2 米。铁桥毁坏，隧道开裂，严重毁损。几乎全台湾与福建福州有感。在两处发现地表断裂。北部断裂以垂直向位移占优势，最大达 3 米，南部断裂水平向位移为 1 ~ 1.5 米，垂直向位移最大达 1 米
101	1935.5.30 21:32:56.8	印度俾路支斯坦 (Baluchistan) (今巴基斯坦奎塔) 28.89°N，66.18°E	8.1	X	60000	奎塔城几乎全部被摧毁。多处地表断裂与滑坡
102	1935.7.16 03:32	中国台湾新竹 24.6°N，120.8°E	6.5		2740	新竹地区 6000 人受伤，数千房屋毁坏。远至福建福州有感。可能是 1935 年 4 月 20 日中国台湾苗栗 M7.1 地震的余震
103	1939.1.25 03:32:00.0	智利奇廉 (Chillán) 36.2°S，72.2°W	7.7	X	28000	考古内斯 (Cauquenes)—奇廉地区严重破坏。阿里卡 (Arica) 至艾森港 (Puerto Aisen) 有感
104	1939.12.26 23:57:22.6	土耳其埃尔津詹 39.77°N，39.53°E	7.7	XI~XII	32700	埃尔津詹平原与凯尔基特 (Kelkit) 河谷严重破坏。图尔詹 (Turcan) 附近遭受可能是由 11 月 21 日发生的前震引起的破坏，西至阿马西亚 (Amasya)，由锡瓦斯 (Sivas) 起，北至黑海海岸。在塞浦路斯的拉纳卡 (Larnaca) 强烈有感。在北安那托利亚断层带出现长达 300 千米的地裂缝，水平位移大至 3.7 米，垂直位移大至 2.0 米。在土耳其的黑海海岸的法斯塔 (Fasta) 观测到小规模的海啸
105	1940.11.10 01:39:08.4	罗马尼亚弗朗恰 45.77°N，26.66°E	7.3		1000	在布加勒斯特—加拉茨地区，许多建筑物被毁，数千人受伤。在普拉霍瓦河谷和普洛耶什蒂市，几乎所有建筑物被毁或严重受损，部分归因于炼油厂突发的大火。在摩尔多瓦的基希讷乌，发生了严重破坏。在保加利亚和乌克兰的切尔尼夫齐、第聂伯罗彼得罗夫斯克和敖德萨，也发生了破坏。从法国马赛到俄罗斯莫斯科和圣彼得堡，至少南到土耳其伊斯坦布尔都有感
106	1942.12.20 14:03:11.1	土耳其埃尔巴 40.67°N，36.45°E	7.2		3000	在埃尔巴—尼克萨尔地区，约 5000 座建筑物被毁或受损。在安那托利亚断层区北部，从凯尔基特河谷中的尼克萨尔，至埃尔巴北部的叶西里马克河，发生了地面破裂，水平向位错量达 1.7 米。请注意：这次地震的破裂区位于 1939 年埃尔津詹地震破裂区的西面，与其紧邻
107	1943.9.10 08:36:53.0	日本鸟取 35.25°N，134.00°E	7.0		1083	当地时间 1943 年 9 月 10 日 17:36。在鸟取地区，约 7500 间房屋被毁。从新潟到九州熊本都有感。在鸟取西南，能看到在两条相距约 3 米、几乎平行的断层上有地表破裂。最长的一段地面破裂长约 8 千米，兼有水平向与垂直向位错

续表

编号	时间 (UTC) 年.月.日	地区 经度, 纬度	震级 M	震中 烈度	地震死亡 人数 / 人	说明
108	1943.11.26 22:20:36.0	土耳其拉迪克 (Ladik) 41.0ºN, 34.0ºE	7.5		4020	拉迪克—维齐尔科普鲁 (Vezirkopru) 地区大约 75% 房屋被摧毁或损坏。萨松姆 (Sumsun) 也有破坏。在北安纳托利亚断层带从埃尔巴 (Erbaa) 西面的代斯泰克 (Destek) 峡谷到菲利约斯 (Filyos) 河约 285 千米的地段观测到地表断裂，水平向位移约 1.5 米，垂直向位移约 1 米
109	1944.1.15 23:49:30.0	阿根廷圣胡安 31.25ºS, 68.75ºW	7.1		8000	阿根廷历史上死亡人数最多的一次地震。有人估计死亡人数可能高达 10000 人。圣胡安市严重损毁，至少 12000 人受伤。门多莎省也有损害。阿根廷的高多巴 (Cordoba)、拉里奥哈 (La Rioja) 和圣路易斯 (San Luis) 省，智利的圣菲利佩 (San Felipe)—佩托尔卡 (Petorca) 地区强烈有感 (VI 度)。圣胡安北部的拉拉贾 (La Laja) 出现 7 千米长的表面断裂。这个地区紧邻着 1942 年埃尔巴 (Erbaa) 地震的破裂带以西
110	1944.2.1 03:23:36.0	土耳其盖雷代 (Gerede) 41.50ºN, 32.50ºE	7.2		4000	在北安那托利亚断层区，从博鲁 (Bolu)，穿过盖雷代，到库桑鲁 (Kursunlu)，大约有 50000 间房屋被摧毁或遭严重破坏。烈度为 VI 度的破坏发生在萨卡里亚 (Sakarya)—宗古尔达克 (Zonguldak)—卡斯塔莫努 (Kastamonu) 地区。安卡拉有强烈震感。从贝拉莫伦 (Bayramoren) 到阿班特 (Abant) 湖，能看到最大水平向位错达 3.5 米、最大垂直向位错达 1 米的地表断层。该地震的破裂区位于 1943 年拉迪克 (Ladik) 地震破裂区的西面，与其紧邻。在 4 年多一点的时间段内，从埃尔津詹 (Erzincan) 到阿班特湖，北安那托利亚断层区总共破裂了大约 800 千米
111	1945.11.27 21:56:50.0	巴基斯坦莫克兰 (Makran) 海岸 24.50 ºN, 63.00 ºE	8.0		4000	在帕斯尼 (Parsni) 和奥尔马拉 (Ormara) 地区造成严重损害。产生的大海啸在卡拉奇造成损失，在印度孟买造成损失和伤亡。靠近欣格拉 (Hingla) 海岸的近海，新出现 4 个岛。远至德拉伊斯梅尔汗 (Dera Ismail Khan) 和沙希华 (Sahiwal) 都有感
112	1946.4.2 12:28:54.0	美国阿拉斯加阿留申 52.75ºN, 163.5 ºW	7.4			当地时间 1946 年 4 月 1 日 02:28:54.0。大海啸毁坏一电站，夏威夷希洛 (Hilo) 海啸高达 7 米，经济损失 2500 美元
113	1946.5.31 03:12	土耳其乌斯特克兰 (Ustukran) 40.0ºN, 41.5ºE	6.0	VII~ VIII	1300	多个村庄被毁
114	1946.11.10 17:42	秘鲁安卡什 (Ancash) 8.5ºS, 77.5ºW	7.3		1400	在安卡什大区的锡瓦斯 (Sihuas)—基齐斯 (Quiches)—孔丘科斯 (Conchucos) 地区，几乎所有建筑物被毁或严重受损。发生了很多滑坡：有一个滑坡掩埋了阿科班巴村，另一个滑坡堵塞了佩拉加托斯 (Pelagatos) 河。从厄瓜多尔的瓜亚基尔到秘鲁的利马都有感。从基齐斯到哈西达玛雅，在一个长约 18 千米的区域内，能看到好几段纯倾滑（垂直向的）断裂，滑移量达 3.5 米

续表

编号	时间 (UTC) 年.月.日	地区 经度，纬度	震级 M	震中烈度	地震死亡人数 / 人	说明
115	1946.12.20 19:19	日本南海道 33.0°N, 135.6°E	8.0		1330	当地时间 1946 年 12 月 21 日 04:19。在本州南部和四国岛，2600 多人受伤，102 人失踪，36000 余间房屋被摧毁或严重受损。另有 2100 间房屋被海啸冲走。这次海啸，在本州纪伊半岛的东海岸，以及四国岛的东海岸和南海岸，浪高达 5 ~ 6 米。这些地区发生了滑坡、地面裂缝、隆升和下陷。从本州北部到九州都有感
116	1948.6.28 07:13:30.0	日本福井（Fukui） 36.50°N, 136.00°E	7.0		3769	当地时间 16:13:30.0。有一些报告说，死亡人数高达 5390 人。福井地区因地震与火灾有 67000 座房屋被毁坏。在冲积土地区，破坏特别严重。这个地区可以看到一些地裂缝。由茨城府、新潟府、本州到四国的宇和岛都有感。在主震后的一个月，有 550 个有感余震。迄今仅有的一例：一个人跌入地震产生的地裂缝
117	1948.10.5 12:12:05.0	土库曼斯坦阿什哈巴德 37.50°N, 58.00°E	7.2		110000	阿什哈巴德及临近村庄遭受极严重的破坏，几乎所有砖建筑物全都倒塌，混凝土建筑物严重毁坏，货运列车脱轨。伊朗达雷加兹（Darreh Gaz）地区也有破坏与伤亡，阿什哈巴德西北与东南均出现地表破裂，许多来源报道死亡人数为 10000 人或 19800 人，但 1988 年 12 月 9 日公布的新数据显示死亡人数为 110000 人
118	1949.7.10 03:53:36.0	塔吉克斯坦哈伊特（Khait） 39.00°N, 70.50°E	7.6		12000	在长 60 ~ 65 千米、宽 6 ~ 8 千米的地带几乎所有的建筑物都被地震与滑坡所摧毁。一个长 20 千米、宽 1 千米的巨大的滑坡将哈伊特镇掩埋在 30 米以下，在其上以 100 米 / 秒的速度滑行。亚斯曼（Yasman）河谷的这个滑坡与其他滑坡还掩埋了 20 个村庄。死亡人数仅是个估计
119	1949.8.5 19:08	厄瓜多尔安巴托（Ambato） 1.5°S, 78.3°W	6.8	XI	6000	大约为安巴托市人口 2/3 的瓜诺（Guano）等村镇完全被地震所毁灭。滑坡阻塞道路、阻断河流。昆卡（Cuenca）、瓜亚基尔（Guayaquil）和基多有感（IV 度）
120	1950.8.15 14:09:30.0	中国西藏察隅 28.5°N, 96.5°E	8.6	XI	4000	中—印边界区域遭受严重破坏，极为激烈的地面运动。在西藏东部的林芝—昌都—扎木地区，至少死亡 780 人，很多建筑物倒塌。该地区出现了喷砂、地面裂缝和大的滑坡。墨脱地区，叶东村滑入雅鲁藏布江，并被冲走。这次地震在中国西藏拉萨、四川和云南有感。在印度阿萨姆邦锡伯伽—萨地亚（Sibsagar-Sadiya）地区和周围山区，也造成了严重破坏（烈度为 X 度）。在阿波（Abor）山区，大约有 70 个村庄被摧毁（主要是被滑坡摧毁的）。大滑坡堵塞了苏班西里河。8 天后，这一天然水坝破裂，激发了 7 米高的浪，淹没了多个村庄，淹死 536 人。这次地震，远至印度的加尔各答都有感（烈度为 VI 度）。挪威的许多湖和峡湾以及英国的至少 3 个水库发生了湖震
121	1951.8.3 00:23	尼加拉瓜科西吉纳（Cosiguina） 13.0°N, 87.5°W	6.0		1000	这次地震揭开了科西吉纳火山的一边，从火山口释放出水。随后的泥石流摧毁了波托西镇。8 月 3 日 00:23，在同一地区发生了一次较大地震（6.0 级）。有些报告认为，泥石流是这次地震触发的

编号	时间 (UTC) 年.月.日	地区 经度, 纬度	震级 M	震中 烈度	地震死亡 人数 / 人	说明
122	1953.3.18 19:06:13.0	土耳其耶尼杰 (Yenice) – 戈嫩 (Gonen) 40.00°N, 27.30°E	7.2		1103	在克恩 (Can)—耶尼杰—戈嫩地区, 成千座建筑物受损。萨卡里亚 (阿达帕勒)、布尔萨、埃迪尔内、伊斯坦布尔和伊兹密尔均有感 (烈度 VI 度)。爱琴海群岛和希腊本土的大部分地区均有感。保加利亚也有感。耶尼杰东部出现了长约 50 千米的地面破裂, 水平走滑错动量达 4.3 米。经济损失估计为 357 万美元
123	1954.9.9 01:04	阿尔及利亚谢利夫 36.3°N, 1.5°E	6.7		1409	在奥尔良维尔 (Orleansville) 地区 (该地区重建后改名为阿斯南, 现名为谢利夫), 造成了严重破坏, 约 3000 人受伤。从穆斯塔加奈姆, 向东到提济乌祖, 向南到提亚雷特都有感。在达赫拉地块南部边缘的一个 16 千米长区域内, 发生了断裂和裂缝。地震后, 地中海海底电缆被震断, 电讯中断了好几个小时。发生了很多余震。9 月 16 日 22:18 发生的一次强余震, 加重了破坏 (参见 1980 年 10 月 10 日阿斯南地震)
124	1957.7.2 00:42:28.5	伊朗马赞达兰省桑柴 (Sang Chai) 附近 36.07°N, 52.69°E	7.1		1200	在厄尔布尔士山脉北边的奥比—伊·加尔姆 (Ab-e Garm)—曼葛乐 (Mangol)—泽拉布 (Zirab) 地区, 几乎所有村庄都被摧毁。很多滑坡和落石堵塞了阿莫勒—德黑兰公路, 滑坡和落石在一些村庄造成的损失几乎和地震造成的损失一样多。德黑兰震感强烈
125	1957.12.13 01:45	伊朗萨涅 (Sahneh) 34.5°N, 48.0°E	7.2		2000	在克尔曼沙阿省和哈马丹省的萨涅—桑戈—阿萨达巴德地区, 约 900 人受伤, 211 个村庄被毁或遭严重破坏。沿着萨涅断层, 在沉积层中能看到一些裂缝
126	1958.7.10 6:15:58.2	美国阿拉斯加州利图亚 (Lituya) 湾 58.47°N, 136.28°W	7.8		5	大滑坡滑入当地海湾, 引发海啸, 高达 60 米的波浪将一座山的山麓扫至 540 米远
127	1959.8.18 6:37:19.9	美国赫伯根湖 44.57°N, 110.65°W	7.3		28	当地时间 1959 年 8 月 17 日。大面积滑坡, 其中之一使河流成堰塞湖。160 个黄石间歇泉复活。垂直向位移达 6.5 米
128	1960.2.29 23:40	摩洛哥阿加迪尔 (Agadir) 30.5°N, 9.6°W	5.7		13100	地震持续时间少于 15 秒。是 20 世纪最具破坏性的"中等"大小的地震 (震级小于 6 级的地震)。与 1957 年 12 月 4 日蒙古国 8.1 级地震形成对照, 该地震虽大, 但人员死亡极少。而在阿加迪尔地震中, 阿加迪尔有 1/3 人口死亡, 1/3 人口受伤, 准确死亡人数难以统计, 因为出于健康与安全考虑, 大多数废墟均已被铲平, 废墟中无一幸存者。"中等"大小的地震造成大损失的原因是震源浅, 并且正好在城市下方。此外, 只有少数房屋是按照抗震规范建造的, 因为人们认为该地区不会有严重的地震灾害风险, 忘了在该地曾有一个叫做桑塔克鲁斯·德·阿盖尔的城镇于 1731 年毁于一次地震

续表

编号	时间 (UTC) 年.月.日	地区 经度, 纬度	震级 M	震中 烈度	地震死亡 人数 / 人	说明
129	1960.5.22 19:11:17.5	智利南部康塞普西翁附近特木科 (Temuco)—瓦尔迪维亚 (Valdivia) 地区 39.29ºS, 74.05ºW	9.6	XI	5700	有史以来记录到的最大地震, 断层面面积 800 千米 ×200 千米, 滑动量 21 米, 触发普耶韦 (Puyehue) 火山喷发, 导致安第斯山大滑坡, 引发大海啸。远至瓦尔迪维亚—波托 (Puerto) 地区由于震动出现严重损坏。大多数的伤亡和损失都是因为巨大的海啸, 海啸引起沿智利海岸从莱布 (Lebu) 至艾森港 (Puerto Aisen) 和太平洋许多地区的破坏。萨维德拉港 (Puerto Saavedra) 完全被海啸波所毁灭, 海啸波高达 11.5 米, 携带废墟向着内陆侵入 3 千米。高 8 米的大浪在科拉尔造成了许多破坏。海啸在夏威夷 (主要是在希洛) 造成了 61 人死亡和严重破坏。在那儿, 海啸波浪上涌高达 10.6 米。地震后大约 1 天, 浪高达 5.5 米的海啸袭击了日本本州北部, 毁灭了 1600 多个家庭, 致使 185 人死亡或失踪。这次海啸袭击那些岛屿后, 在菲律宾有 32 人死亡或失踪。在复活节岛、萨摩亚岛和加利福尼亚, 这次海啸也造成了破坏。沿智利海岸, 从阿劳科半岛南端到奇罗岛上的奎隆, 发生了 1 ~ 1.5 米的下沉。在瓜福岛 (Isla Guafo), 发生了高达 3 米的隆升。在智利湖区, 从维拉里察湖到托多斯桑托斯 (Todos los Santos) 湖, 发生了很多滑坡。5 月 24 日, 普耶韦火山爆发, 喷出的灰和气高达 6000 米。这次火山爆发持续了好几周时间。这次地震前, 发生过 4 次震级大于 7.0 的前震 (包括 5 月 21 日发生的、在康塞普西翁地区造成严重破坏的 7.9 级地震)。11 月 1 日发生了多次余震 (其中有 5 次 7.0 级或更大震级的余震)。这是 20 世纪最大的一次地震。这次地震的破裂区从莱布至波多埃森, 估计约为 1000 千米长。请注意: 由海啸造成的智利以外的死亡人数已包括在 1655 人的总数里了。这个人数明显少于某些人给出的最高达 5700 人的估计数。但是, 罗特 (J. P. Rothé) 和其他人说, 最初的那些报告远远高估了死亡人数。这次巨大地震的死亡人数实际上少于可能的死亡人数是因为: 很多建筑物做了抗震设计; 地震发生在下午的中间时段; 再加上发生了很多次强前震使人们提高了警惕
130	1962.9.1 19:20	伊朗北部 35.6ºN, 49.9ºE	7.2		12225	91 个村庄被摧毁, 23 个遭受损害, 21000 余座几乎全是由质量低劣的建材建造的房屋毁坏。德黑兰轻微破坏。远至大不里士 (Tabriz)、伊斯法罕 (Esfahan) 和亚兹德 (Yazd) 有感。根据对老建筑物的破坏所做的研究, 这次地震可能是该地区至少自 1630 年以来的最大地震。在长约 100 千米的东—西向的伊帕克 (Ipak) 断层带, 发现有小错距的表面断裂。有滑坡与喷砂。在鲁达克 (Rudak) 地区, 地震前许多人看到 (红色至橘红色) 地震光

编号	时间 (UTC) 年.月.日	地区 经度,纬度	震级 M	震中烈度	地震死亡人数 / 人	说明
131	1963.7.26 04:17	南斯拉夫马其顿共和国斯科普里 42.0°N, 21.4°E	6.1		1070	斯科普里市约75%的建筑物被毁或严重受损,4000多人受伤。建在阿尔达河谷淤积层上的建筑物遭受了最严重的破坏。斯科普里市以外的建筑物很少受损,表明这次地震的震源很浅,几乎恰恰位于这座城市下面。伊利里亚人建的城市斯库皮被公元518年发生的一次地震推毁了。他们在原来那座城市附近重建了一座城市,命名为贾斯汀娜·普里玛,但时间很短暂,后来很快就改名为斯科普里。在奥斯曼帝国的一个时期,曾称之为乌斯库布。那座城市又被1555年发生的一次地震推毁了
132	1964.3.28 03:36:12.7	美国阿拉斯加 61.02°N, 147.63°W	9.2		125	当地时间 1964 年 3 月 27 日 17:36。有史以来记录到的美国最大地震,迄今全球排行第二的大地震。断层面面积 200 千米×3200 千米,滑动量 7 米,大范围砂土液化,$2×10^5$ 平方千米地壳表面形变
133	1964.6.16 04:01:40.1	日本新潟 38.44°N, 139.23°E	7.6		26	当地时间 1964 年 6 月 16 日 13:02。房屋全坏 1960 间,半坏 6640 间,浸水 15297 间。砂土液化的突出例子
134	1965.10.8 20:46	美国加州圣何塞 37.21°N, 121.86°E	6.5			
135	1966.3.7 21:29:14	中国河北隆尧东部 37.35°N, 114.92°E	6.8			北京时间 1966 年 3 月 8 日 05:29:14。参见 1966.3.22 中国河北宁晋东南地震
136	1966.3.22 08:19:46	中国河北宁晋东南 37.53°N, 115.05°E	7.4	IX	8064	北京时间 1966 年 3 月 22 日 16:19:46。M_W7.4,M_S7.2。与 1966 年 3 月 7 日 M_S 6.8 地震两次地震共造成 8064 人死亡,38000 人受伤,毁坏房屋 500 多万间,直接经济损失 10 多亿元人民币。在河北省,180000 多间房屋倒塌,276000 间严重受损,宁晋—新河地区受灾最为严重,房屋几乎全部夷为平地。在山东省,至少 10000 间房屋倒塌,超过 22000 间严重受损。在山西省,超过 6000 间屋和窑洞倒塌。在河南省安阳地区,有一些房屋倒塌。在北京和天津,发生了一些破坏。远至呼和浩特和南京都有感。在震中区,山石崩落。大规模地裂,喷砂冒水。地面陷落。井水普遍外溢。河堤坍塌。大的地面裂缝纵横交错,并出现了很多喷砂现象。堤岸垮塌到了滏阳河里
137	1966.8.19 12:22	土耳其瓦尔托 (Varto) 39.2°N, 41.6°E	6.8	IX	2517	瓦尔托遭受严重破坏。在宾戈尔 (Bingol)、埃尔祖鲁姆 (Erzurum) 和穆斯 (Mus) 省,由于地震,大约有 1500 人受伤,108000 人无家可归。在靠近北安纳托利亚断层带和东安纳托利亚断层带交汇处,出现滑坡和表面断裂
138	1967.12.10 22:51	印度柯依纳 17.7°N, 73.9°E	6.5		180	
139	1968.4.3 02:25	美国夏威夷州东南希勒阿 (Hilea) 19.2°N, 155.5°W	7.9		77	
140	1968.8.13	秘鲁和玻利维亚	8.5		25000	引发海啸

编号	时间 (UTC) 年.月.日	地区 经度，纬度	震级 M	震中 烈度	地震死亡 人数 / 人	说明
141	1968.8.31 10:47:40.0	伊朗达什泰·贝亚兹 (Dasht-i Biyaz) 34.0ºN，59.0ºE	7.2	X	15000	在达什泰·贝亚兹地区，5 个村庄完全被摧毁，由卡克洪 (Kakhk) 至萨拉扬 (Salayan) 的另外 6 个村庄至少有半数村庄的建筑物毁坏。9 月 1 日的强余震毁坏了费尔道斯 (Ferdows) 镇。在科拉森 (Khorasan) 这个人口比较稀疏的地区，总计 175 个以上的村庄毁灭或损坏。这个地区的大多数建筑物是由黏土与很厚的 (1 ~ 2 米厚) 的拱形屋顶建成。墙倒塌时，成吨重的物质倾倒在房屋里面的人身上。这便是为什么这次地震造成严重破坏、伤亡惨重的主要原因。这次地震如果发生在午夜，死亡人数还得更大，因为会有更多的人在户内。在这个地区，新的钢结构或砖与砂浆结构的建筑物一般只有小至中等的破坏，致使难以评定这次地震的最大烈度。这次地震的最大烈度的评定结果从 VIII 度到 X 度都有。表面断裂发生在约 80 千米的条带上。在达什泰贝亚兹附近，最大走滑错距约为 4.5 米，垂直向错距约为 2 米。在主断裂带南部，萨拉扬东部的林布鲁克 (Limbluk) 谷，发生了大规模的地表破裂与喷砂
142	1969.7.25 22:49:28	中国广东阳江 21.75ºN，111.75ºE	6.4		33	北京时间 1969 年 7 月 26 日 06:49:28。地震造成 33 人死亡，1000 余人受伤。山石崩落，大量地裂，喷砂冒水。阳江县倒塌房屋 10700 余座，严重损坏者大约 36000 座，堤围破坏数十处。广东新余—余南地区与广西滕县—荣县地区也有破坏。香港轻微破坏。沿该地区的海岸线与一些河流，出现地裂缝、滑坡与喷砂
143	1970.1.4 17:00:40.3	中国云南通海 24.15ºN，102.46ºE	7.2	X	15621	北京时间 1970 年 1 月 5 日 01:00:35。M_W7.2，M_S7.8。地震造成 15621 人死亡，19845 人受伤；大牲畜死亡 16638 头。山崩地裂，地面大量变形，裂缝带长达数十千米，喷水冒砂普遍。房屋倒平十之九，仅残存个别木架
144	1970.3.28 21:02:25.7	土耳其盖迪兹 (Gediz) 39.17ºN，29.55ºE	7.4	IX	1086	在库塔亚省盖迪兹—埃梅特地区，12000 多间房屋被毁或严重受损。这一地区的 53 个村庄中，超过 50% 的建筑物遭到破坏。大量破坏是由滑坡和地震引起的大火造成的。布尔萨和亚洛瓦发生了一些破坏。安卡拉、伊斯坦布尔、伊兹密尔和远在东部的埃尔津詹都有感。希腊的希俄斯岛和莱斯沃斯岛也有感。强余震明显加重了破坏。在盖迪兹地区的好几个区域内（总长度达 61 千米），发生了显著的正断层（垂直、张性或"拉开"）断裂，在阿伊卡亚西断层上，最大位错量为 275 厘米。很大一部分断层位移，可能归因于地震后的蠕动，而不是地震本身造成的。在震中区发生了很多滑坡和热膨胀变化
145	1970.5.31 20:23:32.2	秘鲁奇博特 (Chibote) 9.25ºS，78.84ºW	m_b 7.5		66794	大约 50000 人死亡，20000 人失踪，150000 人受伤。近海地震引发大滑坡。巨大滑坡 1.0×10^8 米^3 的岩石和冰滑落到安第斯山山脚下的尤盖 (Yugai) 镇，掩埋了大约 20000 人，直接经济损失达 5.3 亿美元

编号	时间 (UTC) 年.月.日	地区 经度，纬度	震级 M	震中 烈度	地震死亡 人数 / 人	说明
146	1970.7.31 17:08:06.1	哥伦比亚 1.49ºS，72.56ºW	m_B 7.5		1	
147	1971.2.9 14:01	美国加州圣费尔南多 34.4 ºN，118.4ºW	6.4		58	2×10^5 平方千米范围有感
148	1971.5.22 16:43	土耳其 38.8ºN，40.5ºE	7.0		995	这次地震大约位于安卡拉东南 410 哩处。宾戈尔城几乎被毁。死亡 1000 余人，90% 宾戈尔城的建筑物被毁，该城居民中有 15000 人无家可归。这次地震发生在安那托利亚断层的最东端
149	1972.4.10 02:06	伊朗南部 28.4ºN，52.8ºE	6.8		5010	伊朗南部的法尔斯 (Fars) 省。死亡 5000 人，受伤 1700 人。地震将这个地区的黏土房及粗岩石房击个粉碎。人口 5000 人的吉尔 (Ghir)67% 的人口死亡，80% 房屋夷为平地。受难者多为妇女与儿童，因为男人正好离家去地里干活。45 个大小村庄毁坏，有一些夷为平地。虽然有许多余震报道有感，增添了人们的忧虑，但没有超过 5.1 级的地震
150	1972.12.23 06:29	尼加拉瓜马纳瓜 12.3ºN，86.1ºW	6.2		6000	强震毁坏尼加拉瓜首都马纳瓜的大部分建筑物，成千人受伤。初步估计马纳瓜大约 8 亿财产损失。报告有成百个余震，但只有 2 个超过 5 级，这两个较大余震都发生在主震后 1 小时内
151	1974.5.10 19:25:15.5	中国云南昭通 永善—大关 28.2ºN，104.1ºE	7.1		1541	北京时间 1974 年 5 月 11 日 03:25:15.5。受伤 1600 人。大滑坡体毁坏村庄，阻塞河道，形成湖泊。崩塌、滑坡、裂缝普遍。道路、农田和水渠严重毁坏。墙承重房屋半数倒塌，其他类型房屋破坏也较严重
152	1974.12.28 12:11	巴基斯坦巴坦 (Pattan) 35.0ºN，72.8ºE	6.2		5300	1974 年最具破坏性地震。5300 人死亡，17000 人受伤，受影响人口 97000 人。巴坦村与附近的小村庄全部被毁
153	1975.2.4 11:36:07.1	中国辽宁海城—营口 40.67ºN，122.65ºE	7.0	IX	1328	北京时间 1975 年 2 月 4 日 19:36:07.1。M_W7.0，M_S7.3，受伤 16980 人。山区裂缝带断续延伸十余千米。地面大量裂缝，喷砂冒水普遍，并有陷穴出现。铁路路基变形，护坡塌陷，铁轨弯曲。乡村民居倒塌十之五或倒塌。城镇砖木结构的平房与楼房大多数破坏或倒塌落架。工业烟囱大多数破坏。桥梁破坏严重。成功预报的地震，估计拯救了约 10 万人的性命
154	1975.9.6 09:20	土耳其莱斯 (Lice) 38.5ºN，40.7ºE	6.7	IX	2370	这次破坏性地震袭击了土耳其东部。震中位于迪亚巴克尔省。有报告称，这次地震死亡 2000 多人，伤 3400 人，在莱斯地区造成了严重财产损失。地震发生在吃中饭时间，大多数人在屋里，孩子们已放学回家。报告指出，大多数学校没遭受严重破坏。地方政府报告称，受地震袭击最严重的哈兹罗 (Hazro)、哈尼 (Hani)、库尔帕 (Kulp) 和莱斯几乎完全被毁灭。主震后发生了很多强余震，致使本来已经部分受损的房屋倒塌，让幸存的居民们非常惊恐
155	1975.11.27	美国夏威夷州喀拉帕纳 (Kalapana)	7.1		148	基拉伊 (Kilaea) 火山南麓滑入海中。1868 年以来夏威夷最大地震，引发波高最大达 22 米的海啸。在夏威夷海岸，波高达 14.6 米

续表

编号	时间 (UTC) 年.月.日	地区 经度,纬度	震级 M	震中 烈度	地震死亡 人数/人	说明
156	1976.2.4 09:01	危地马拉 15.2ºN, 89.2ºW	7.5	IX	22870	震中在危地马拉城东北160千米。死亡23000人,伤数千人。大范围破坏。危地马拉城偏远地区的大多数黏土坯型房屋完全毁坏,致使成千人无家可归。该地区交通因多处滑坡受阻,食物与水的供应严重困难,有些地区断电与通讯数日。主震后发生数千个余震,一些较大余震进一步造成生命与财产的损失
157	1976.5.6 20:00	意大利东北部 46.3ºN, 13.3ºE	6.1	XI~X	965	有报告称,地震死亡人数1000人,至少伤1700人,震中区发生了严重破坏。报告称整个欧洲都有感。主震约前约1分07秒,发生过一次4.6级前震。主震后发生了一些余震,至少一次余震的强度达5级,造成了附加的破坏和人员伤害
158	1976.7.27 19:42:55.9	中国河北唐山 39.60ºN, 117.89ºE	7.6	XI	242769	北京时间1976年7月28日03:42:55.9。M_W7.6,M_S7.8。主震后于当日18:45:34.3,又在唐山附近的滦县发生M_S7.1地震。巨大人员伤亡与经济损失。242769人遇难,16.4万人重伤,经济损失100亿元人民币
159	1976.8.16 16:11:11.9	菲律宾棉兰老岛 6.29 ºN, 124.09ºE	8.0	X	8000	震中位于马尼拉南950千米的棉兰老西海岸。引发摩洛(Moro)湾海啸,造成相当大的损失与人员伤亡。估计地震与海啸致使5000～8000人死亡,大量人员受伤,许多人无家可归。主震后12小时大的余震造成附加的损失。主震后发生许多6.0级及6.0级以下的余震
160	1976.11.24 12:22:17.1	土耳其—伊朗 边界地区 39.08 ºN,44.03ºE	7.0	X	3900	地震发生于土耳其—伊朗边界地区,估计至少死5000人,伤无数。靠近伊朗边界的卡尔迪拉(Caldira)、穆拉迪耶(Muradiye)与周围的村庄完全损毁。风雪严寒的天气妨碍救援队伍到达深山里的许多村庄。伊朗北部也伤亡与破坏。在亚美尼亚的埃里温地区也有感
161	1977.3.4 19:21:55.6	罗马尼亚弗朗恰 45.78ºN, 26.70ºE	7.5	X	1581	这次地震的震中位于布加勒斯特东北约170千米处。在罗马尼亚的布加勒斯特和其他地方,死亡1500人,受伤约10500人,并造成了严重破坏。保加利亚报告称有20人死亡,165人受伤。南斯拉夫报告称有一些人受伤,并遭受了一些损失。莫斯科报告称,苏联的摩尔达维亚共和国遭受了一些损失。从罗马到莫斯科,从土耳其到芬兰都有感
162	1978.9.16 15:35:53.5	伊朗中部塔巴斯(Tabas) 33.24 ºN, 57.38ºE	7.4		18220	震中位于德黑兰东南600千米的塔巴斯附近。死亡人数18220人,许多人受伤,大范围破坏。人口13000人的塔巴斯有70%(约9000人)死亡;人口3500人的德塞克(Dehesk)有约2500人死亡;人口3500人的库里克(Kurit)有约2000人死亡;幸存者是周围地区的人
163	1980.10.10 12:25:25.5	阿尔及利亚阿斯南 36.14 ºN, 1.40ºE	7.1		5000	阿斯南地区遭受巨大破坏,有感范围遍及阿尔及利亚西北部与西班牙东南部。至少死5000人,伤9000人。大断层崖。观察到约42千米长的断裂带

编号	时间 (UTC) 年.月.日	地区 经度，纬度	震级 M	震中烈度	地震死亡人数 / 人	说明
164	1980.11.23 18:34	意大利南部 40.9°N, 15.3°E	6.7		2483	据官方统计，2735 人死亡，约 9000 人受伤，39400 人无家可归。好几个大地震。在巴西利卡塔 (Basilicate)、坎帕尼亚 (Campania) 和部分普利亚 (Pulia) 地区造成广泛破坏（最大烈度 X 度），康萨城堡 (Castelnuovo di Conza)、康萨德拉坎帕尼亚 (Conza della Campania)、拉维亚诺 (Laviano)、利奥尼 (Lioni)、圣安吉洛埃·隆巴迪 (Sant'Angeloei Lombardi) 和桑多梅纳 (Santomenna) 几乎全部毁灭。巴西利卡塔和坎帕尼亚共有 77000 座房屋被毁灭，755000 座房屋被毁坏。滑坡导致许多房屋倒塌，在该地区可见地裂缝。从西西里至波河河谷 (Po Valley) 有感。在卡拉伯里托 (Kalabritto) 造成巨大破坏
165	1981.6.11 07:24	伊朗南部克尔曼 (Kerman) 附近 29.9°N, 57.7°E	6.7		3000	3000 人死亡，多人受伤。在克尔曼省造成了大范围的破坏，戈尔巴弗 (Golbaf) 镇被毁灭
166	1981.7.28 17:22:24:1	伊朗南部克尔曼 (Kerman) 附近 29.99°N, 57.77°E	7.3		1500	在克尔曼地区，死亡 1500 人，伤 1000 人，50000 人无家可归，并造成大范围破坏
167	1982.12.13 09:12	也门扎马尔 (Dhamar) 14.7°N, 44.4°E	6.0		2800	未经证实的报告称，在也门，地震致使 2800 人死亡，1500 人受伤，700000 人无家可归，约 300 个村庄被毁或遭严重破坏。在达兰 (Dawran) 至里萨巴 (Risabah) 地区，最大烈度为 VIII 度。地震断层横穿也门和沙特阿拉伯的纳吉朗 (Najran) 地区。在震中区出现了滑坡。在最长达 15 千米的一些区域内，出现了北北西走向的张性地面裂缝。这是也门扎马尔地区第一个由仪器测定震源位置的地震
168	1983.10.30 04:12	土耳其纳尔曼 (Narman) –霍拉桑 (Horsan) 40.3°N, 42.2°E	6.9		1400	在埃尔祖鲁姆省和卡尔斯省，至少死亡 1342 人，伤很多人，534 人严重受伤，25000 人无家可归，50 个村庄完全被毁灭
169	1985.9.19 13:17:49.6	墨西哥米却肯 (Michoacan) 18.45°N, 102.37°W	8.0	IX	9500	死亡人数可能高达 35000 人。由于沉积物盆地振荡，强烈地震动持续了 3 分钟，死亡近 1 万，伤 3 万，10 多万人无家可归。经济损失达 30 亿美元。墨西哥城一些部分与中墨西哥一些州损失严重。受地震严重影响的地区约 825000 平方千米，经济损失 30 亿 ~ 40 亿美元。2000 万人有感。墨西哥城 430 座建筑物倒塌，3124 座严重受损
170	1986.10.10 17:49	萨尔瓦多 13.8°N, 89.1°W	5.4		1500	在圣萨尔瓦多地区，因地震至少死亡 1000 人，伤 10000 人，200000 人无家可归，发生了严重破坏和滑坡。在洪都斯特古西加尔巴，发生了一些破坏。在危地马拉和洪都拉斯的一些地方，有强烈震感

续表

编号	时间 (UTC) 年.月.日	地区 经度，纬度	震级 M	震中烈度	地震死亡人数/人	说明
171	1987.3.6 04:10:44.8	厄瓜多尔—哥伦比亚 0.08°N, 77.79°W	7.2		5000	在厄瓜多尔的纳波省和基多 (Quito)—图尔坎 (Tulcan) 地区，约死亡 1000 人，失踪 4000 人，20000 人无家可归，并发生了严重破坏、滑坡和地面裂缝。厄瓜多尔境内的 (在拉戈·阿格里亚和巴劳之间) 大约 27 千米输油管被毁或严重受损。哥伦比亚的帕斯托—马考地区，发生了滑坡。秘鲁的伊基托斯有感 (烈度 IV 度)。厄瓜多尔的很多地方和哥伦比亚西南部有强烈震感。哥伦比亚中部和秘鲁北部也有震感
172	1988.8.20 23:09	尼泊尔—印度 交界地区 26.8°N, 86.6°E	6.8		1450	在尼泊尔东部 (包括加德满都山谷)，因地震死亡 721 人，伤 6553 人，64470 座建筑物受损。最大烈度为 VIII 度。在尼泊尔南部的一个 5500 平方千米区域内，观察到了砂土液化现象。在印度比哈尔北部，尤其是在达尔彭加—马杜巴尼—瑟赫尔萨地区，至少死亡 277 人，伤数千人，发生了严重破坏。在锡金甘托克地区和印度大吉岭地区，都发生了破坏。印度北部的大部分地区 (从德里到印—缅边界) 和孟加拉国大部分地区有感
173	1988.12.7 07:41	亚美尼亚斯皮塔克 41.0°N, 44.2°E	6.8	X	25000	两次事件相距 3 秒钟接连发生。在苏联的亚美尼亚北部的列宁纳罕—斯皮塔克—基罗瓦罕地区，20 个城镇、342 个村庄受影响，其中 58 个完全毁坏。经济损失 162 亿美元。破坏最大的地区 (X 度区) 在斯皮塔克，IX 度区在列宁纳罕、基罗瓦罕、斯杰潘纳万地区。表面断裂长 10 千米，地面隆升最大达 1.5 米。在震中区，输电线严重受损，滑坡掩盖了铁轨。由于建筑物质量差，至少 25000 人死亡，19000 人受伤，500000 人无家可归
174	1989.10.18 00:04:15	美国加州洛马普列塔 37.0°N, 121.9°E	6.9		63	当地时间 1989 年 10 月 17 日 17:04:15。M_W6.9, M_S7.1。沿旧金山南圣费尔南多段的滑动，死 63 人，大多由于奥克兰高速公路的高架桥倒塌。经济损失达 60 亿美元。第 5 届世界杯足球锦标赛被迫中断
175	1990.6.20 21:00:13.2	伊朗西部卡斯皮翁 (Kaspian) 群岛 37.01°N, 49.21°E	7.4	VII	35000	估计死亡人数可能高达 40000 ~ 50000 人，伤 6 万人，40 余万人无家可归。表面断裂，大规模滑坡。10 万建筑物损坏或毁坏。700 个村庄全部被毁，300 个损坏。经济损失达 52 亿美元
176	1990.7.16 07:26:36.0	菲律宾吕宋岛 15.72°N, 121.18°E	7.7	VII	2430	在迪格迪格 (Digdig) 出现大破裂。引发多处滑坡与大的表面断裂，大范围砂土液化。在碧瑶 (Baguio)—甲万那端 (Cabanatuan)—达古班 (Dagupan) 地区，至少死亡 1621 人，伤 3000 多人，并发生了严重破坏、滑坡、砂土液化、地面下沉和喷砂。在巴丹省和马尼拉，也发生了破坏。震中区出现了大的裂缝。沿菲律宾断层和迪格迪格断层出现了地表位错。马尼拉地区有感 (RF 烈度 VII 度)，Santa 有感 (RF 烈度 VI 度)，楚比点 (Cubi Point) 有感 (RF 烈度 V 度)，卡亚俄洞穴 (Callao Caves) 有感 (RF 烈度 IV 度)
177	1992.6.28 11:57:38.4	美国加州兰德斯 34.18°N, 116.53°W	7.3		1	M_W7.3, M_S7.5。观测到的最大的表面逆冲断层崖。沿 70 千米长的一段断层水平位移最大达 6 米，垂直位移最大达 2 米。死 1 人，伤 400 人

编号	时间 (UTC) 年.月.日	地区 经度，纬度	震级 M	震中 烈度	地震死亡 人数 / 人	说明
178	1992.12.12 05:29:28.6	印度尼西亚弗洛里斯 (Flores) 群岛 8.49ºS，121.83ºE	7.8		1740	毁坏建筑物3万。在弗洛里斯地区，至少2200人死亡或失踪，包括毛梅雷 (Maumere)490人和巴比 (Babi)700人。500多人受伤，40000人无家可归。在卡劳托阿岛 (Kalaotoa)，19人死亡，130座房屋毁灭。毛梅雷遭地震和海啸严重损坏，约90%建筑毁灭；弗洛里斯50%～80%的建筑物损坏或毁灭。桑巴 (Sumba) 和奥洛 (Alor) 也有破坏。在弗洛里斯海啸爬高达300米，波高25米，环岛多处滑坡和地面裂缝，海岸线大范围遭破坏。在弗洛里斯的拉兰图卡 (Larantuka) 有感 (V度)；在苏拉威西的外加坡 (Waingapu)、桑巴 (Sumba) 和望加锡 (Ujung Pandang)，IV度；在帝汶的古邦 (Kupang)，II度
179	1993.9.29 22:25	印度拉图尔 (Latur) — 基拉里 (Khillari) 18.1ºN，76.5ºE	6.2	VIII	9748	在稳定的大陆地区发生的最致命的地震，也是这个地区发生的已知最大的地震。由于建筑物质量低劣造成巨大人员死亡。至少9748人死亡，30000人受伤，拉图尔—奥斯马纳巴德 (Osmanabad) 地区大面积破坏。基拉里村几乎所有的建筑都毁坏。印度中部与南部大部分地区有感。发生大量余震，有些大余震大到足以造成附加的损失与死亡
180	1994.1.17 12:30	美国加州北岭 34.2ºN，118.5ºW	6.7		60	在洛杉矶一盲断层上破裂。地裂缝，砂土液化。伤7000人，20000人无家可归。经济损失达200亿美元
181	1994.6.9 00:33:17.5	玻利维亚北部 13.88ºS，67.53ºW	8.2			最大深震。深度达635千米。有感范围远至加拿大
182	1995.1.16 20:46	日本大阪—神户 34.6ºN，135.0ºE	6.9	VII	6432	当地时间1995年1月17日05:46。M_W6.9，M_S6.8。迄今经济损失最大地震，估计为1000亿～2000亿美元。36896人受伤，310000人无家可归，世界第三的港口遭受巨大破坏：193000座建筑物损坏或损伤。震中区多处火灾，煤气管道、水管破裂，断电。在淡路岛北部，可观测到9000米长的右旋表面断裂，水平位移1.2～1.5米
183	1997.5.10 07:57:31.9	伊朗北部 33.83ºN，59.80ºE	7.2		1572	在伯尔詹德 (Birjand) —恰营 (Qayen) 地区，死亡1567人，伤2300人，50000人无家可归，10533间房屋被毁，5474间房屋遭破坏，并发生了滑坡。在阿富汗赫拉特地区，死亡5人，并造成了一些破坏。在伊朗的克尔曼 (Kerman)、霍拉桑 (Khorasan)、赛姆南 (Semnan)、锡斯坦·瓦·俾路支斯坦 (Sistan va Baluchestan) 和亚兹德 (Yazd) 地区有感。野外调查工作证实，这次地震发生在阿比兹断层上。这个断层位于阿拉伯板块与欧亚板块碰撞带的北部。阿比兹断层在这一地区由好几个小断层组成，构造上非常活跃。最显著的区域性地震是1968年达什特—巴伊兹7.3级地震（该地震造成12000~20000人死亡）。阿米兹地震和达什特—巴伊兹地震都是左旋走滑断裂
184	1998.2.4 14:33	阿富汗兴都库什地区 37.1ºN，70.1ºE	5.9		2323	至少死亡2323人，伤818人，8094间房屋被毁，死亡6725头牲畜。阿富汗罗斯塔格 (Rostag) 地区发生滑坡。塔吉克斯坦杜尚别有感
185	1998.3.25 03:12:28.3	巴罗尼 (Ballony) 群岛西北 62.90ºS，149.61ºE	8.1			迄今最大的海洋板块地震。发生于澳洲—太平洋—南极洲三个板块间、以前无震地区的三联点

续表

编号	时间 (UTC) 年.月.日	地区 经度，纬度	震级 M	震中 烈度	地震死亡 人数/人	说明
186	1998.5.30 06:22	阿富汗—塔吉克斯坦 边界区域 37.1ºN，70.1ºE	6.6		4000	在阿富汗巴达赫尚 (Badakhshan) 省和塔哈尔 (Takhar) 省，4000 余人死亡，数千人受伤与无家可归。阿富汗马扎里沙里夫 (Mazar-e Sharif) 强烈有感。阿富汗喀布尔、巴基斯坦伊斯兰堡、白沙瓦、拉瓦尔品第与塔吉克斯坦杜尚别均有感
187	1998.7.17 08:49:14.3	巴布亚新几内亚 2.97ºS，142.69ºE	7.0		2700	在锡萨诺地区激发的海啸，导致 2183 人死亡，数千人受伤，约 9500 人无家可归，500 人失踪。最大浪高估计为 10 米。有好几个村庄完全被毁，另有几个村庄遭严重破坏。几个验潮站记录到的最大浪高（波峰至波谷的二分之一）如下：日本三宅岛站，20 厘米；日本主要岛屿四国岛的石木津站，15 厘米；日本主要岛屿四国岛的室户站，13 厘米；日本奄美大岛的名濑站，12 厘米；日本种子岛站，10 厘米；日本本州的串本町站，10 厘米。记录到的另外几个浪高数据（波峰至波谷）如下：加拿大杰克逊湾站，6 厘米；新西兰凯库拉站，4.7 厘米；密克罗尼西亚雅浦岛站，5 厘米，巴布亚新几内亚北部的大部分海岸有感
188	1999.1.25 18:19	哥伦比亚 4.5ºN，75.7ºW	6.2		1900	至少 1185 人死亡，超过 700 人失踪和被认为已死亡，超过 4750 人受伤，250000 人无家可归。受影响最大的城市是阿曼吉亚，在那里，死亡 907 人，约 60% 的建筑物被毁，包括警察局和消防局。在卡拉尔卡，约 60% 的建筑物被毁。在佩雷拉，约 50% 房屋被毁。滑坡堵塞了好几条公路（包括马尼萨莱斯—波哥大公路）。在卡尔达斯、乌伊拉、金迪奥、里萨拉尔达、托利马、考卡山谷省，都造成了破坏
189	1999.8.17 00:01:40.6	土耳其伊斯坦布尔科贾 埃利 (Kocaeli) 萨卡里亚 (Sakarya) 40.75 ºN，29.94 ºE	7.6		17118	在伊斯坦布尔、科贾埃利和萨卡里亚省，至少 17118 人死亡，近 50000 人受伤，数千人失踪，500000 人无家可归，经济损失估计为 30 亿～65 亿美元
190	1999.9.20 17:47:19.7	中国台湾集集 23.79ºN，120.95ºE	7.7		2470	北京时间 1999 年 9 月 21 日 01:47:19.7。M_W7.6，M_S7.7。滑动量大至 10 米的巨大表面断裂。2470 人死亡，8700 人受伤，600000 人无家可归，大约有 82000 间房屋遭到这次地震及其余震破坏。损失估计达 140 亿美元。最大 JMA 烈度（Ⅵ度）位于南投县和台中县。有半个村庄沉入大安溪。滑坡阻塞了清水溪，造成了一个堰塞湖。震中附近后来的地面变形造成了另外两个湖。地面位错沿 75 千米长的车笼埔断层发生。嘉义和宜兰有感（JMA 烈度 Ⅴ度）；高雄、台北和台中有感（JMA 烈度 Ⅳ度）；兰屿和澎湖岛有感（JMA 烈度 Ⅳ度）；花莲有感（JMA 烈度 Ⅲ度）。福建、广东和浙江省有强烈震感。香港有感（JMA 烈度 Ⅵ度）。日本西表岛与那国岛也有感（JMA 烈度 Ⅱ度）；日本石垣岛、宫古岛和琉球群岛有感（JMA 烈度 Ⅰ度）。这是一次复杂地震：一次小地震事件发生 11 秒后，接着发生了一次较大地震事件

续表

编号	时间 (UTC) 年.月.日	地区 经度，纬度	震级 M	震中 烈度	地震死亡 人数/人	说明
191	2001.1.26 03:16	印度古杰拉特 (Gujarat) 23.39ºN，70.23ºE	7.8		20085	在 Bhuj-Ahmadabad-Rajkot 地区和古杰拉特的其他地区，至少 20085 人死亡，166836 人受伤，大约 339000 座建筑物损坏，783000 座建筑物遭受破坏。在古杰拉特，许多桥梁与道路损坏。复杂地震，大事件后大约 2 秒紧跟着一小事件
192	2002.3.25 14:56	阿富汗兴都库什地区 36.06ºN，69.32ºE	6.1		1000	在巴格兰省，至少死亡 1000 人，伤数百人，数百人无家可归。在纳赫林镇，至少有 1500 间房屋被毁或受损。在巴格兰省的其他地区，多损毁数百间房屋。在震中区，滑坡堵塞了很多公路。阿富汗北部的大部分地区有强烈震感。巴基斯坦的伊斯兰堡—白沙瓦地区和塔吉克斯坦的杜尚别也有感
193	2003.5.21 18:44	阿尔及利亚北部 36.96ºN，3.63ºE	6.8		2266	至少死亡 2266 人，伤 10261 人，约 180000 人无家可归。在阿尔及尔 (Algiers)—布米尔达斯 (Boumerdes)—德利斯 (Dellys)—蒂尼亚 (Thenia) 地区，43500 座楼房遭破坏或被毁 (烈度 X 度)。发生了水下电缆被切断、滑坡、喷砂和砂土液化现象，出现了地面裂缝。在凯达拉 (Keddara) 记录到了 0.58g 的最大地面加速度。破坏 (或损失) 估计在 6 亿和 50 亿美元之间。从穆斯塔加奈姆 (Mostaganem) 到盖尔马 (Guelma)，甚至南到比斯克拉 (Biskra)，都有感。西班牙东部的马略卡岛有感 (烈度为 III 度)，西班牙伊比沙岛和梅诺卡岛有感 (烈度为 II 度)。西班牙阿尔瓦塞特 (Albacete)、阿尔坎塔里利亚 (Alcantarilla)、阿利坎特 (Alicante)、巴塞罗那、卡塔赫纳 (Cartagena)、普莱纳城堡 (Castellon de la Plana)、埃尔达 (Elda)、塞古拉河畔莫利纳 (Molina de Segura)、穆尔西亚 (Murcia)、萨贡托 (Sagunto) 和法国巴黎别墅 (Villafrance del Panades) 也有感 (烈度为 II 度)。摩纳哥、法国南部和意大利撒丁岛都有感。沿阿尔及利亚海岸，在雷哈尼亚 (Reghaia) 和泽莫利·艾尔·巴赫里 (Zemmouri el Bahri) 之间，观测到了约 40～80 厘米的海底抬升。最大估计浪高为 2 米的一次海啸对停泊在西班牙巴利阿里群岛港口的船只造成了破坏。尤其是在马洪港 (Puerto de Mahon)，那儿有 10 艘船沉没。验潮计记录如下最大浪高 (波峰至波谷)：在西班牙马略卡岛帕尔马 (Palma de Mallorca)，最大浪高为 1.2 米；在法国尼斯，最大浪高为 10 厘米；在意大利热那亚，最大浪高为 8 厘米。在西班牙的阿尔坎特海岸、卡斯特利翁 (Castellon) 海岸和穆尔西亚海岸，也观测到了这次海啸
194	2003.12.26 01:56	伊朗巴姆 (Bam) 28.99ºN，58.31ºE	6.6		31000	约 31000 人死亡，30000 人受伤，75600 人无家可归，在巴姆，80% 建筑物遭受破坏或损坏。巴姆最大烈度为 IX 度，在巴拉瓦特 (Baravat)，最大烈度为 VIII 度，在克尔曼有感 (V 度)，经济损失估计为 3270 万美元。在巴姆与巴拉瓦特间，观测到与巴姆断层有关的表面断裂。巴姆记录到的最大加速度为 0.98g。是该地区 2000 多年来最大的地震

续表

编号	时间 (UTC) 年.月.日	地区 经度，纬度	震级 M	震中 烈度	地震死亡 人数 / 人	说明
195	2004.12.26 00:58	印度尼西亚苏门答腊— 安达曼 3.30ºN，95.87ºE	9.2		227898	1900 年以来第三大地震，1964 年阿拉斯加地震以来第二大地震。约 170 万人无家可归，波及南亚、东非 14 国。死亡与失踪人数最初（2005 年元月）估计为 286000 人，后来 (2005 年 4 月)，印度尼西亚政府降低失踪人数 50000 人。地震在苏门答腊的班达亚齐 (IX 度)、米拉务 (Meulaboh) (VIII 度) 与棉兰 (Medan) (IV 度)，以及孟加拉、印度、马来西亚、马尔代夫、缅甸、新加坡、斯里兰卡、泰国的部分地区 (III ~ V 度) 有感。海啸引起的死亡人数为有史以来之最。印度洋、太平洋、大西洋、全世界的验潮站几乎都记录到海啸。印度洋、美国观测到湖震 (seiche)，在苏门答腊观测到沉陷与滑坡，靠近安达曼群岛的巴拉唐 (Baratang)，有一座泥火山在 12 月 28 日复活，在缅甸的阿拉肯 (Arakan) 有关于气体排放的报道
196	2005.3.28 16:09	印度尼西亚苏门答腊北部 2.07ºN，97.01ºE	8.6		1313	在尼亚斯岛，至少死亡 1000 人，伤 300 人，300 座建筑物被毁；在锡默卢岛，死亡 100 人，伤很多人，好几座建筑物受损，在班尼亚克群岛，死亡 200 人，在苏门答腊米拉务地区，死亡 3 人，伤 40 人，发生了一些破坏。锡默卢岛上的港口和机场遭到了一次 3 米高的海啸破坏。在尼亚斯岛的西海岸，观测到海啸涌高达 2 米；在苏门答腊的辛吉尔和米拉务，观测到海啸涌高达 1 米。在斯里兰卡海岸撤离期间，至少死亡 10 人
197	2005.10.8 03:50	巴基斯坦克什米尔 34.53ºN，73.58ºE	7.6		86000	巴基斯坦北部大规模破坏。86000 人死亡，69000 人受伤。最严重破坏发生于克什米尔穆扎法拉巴德 (Muzaffarabad) 地区，该地区全部村庄毁灭；乌里 (Uri) 地区 80% 城镇毁灭
198	2006.5.26 22:53	印度尼西亚爪哇 7.961ºS，110.446ºE	6.3		5749	在班尤尔 (Banyul)—日惹 (Yogyakarta) 地区，至少有 5749 人死亡，38568 人受伤，600000 人无家可归。127000 座房屋倒塌，451000 座房屋损坏。全部经济损失估计为 31 亿美元。远至爪哇有感。巴厘登巴萨 (Denpasar) 也有感
199	2007.1.13	东千岛群岛	8.1			
200	2007.8.15	秘鲁中部近海	8.0		519	
201	2007.9.12 11:10	印度尼西亚南苏门答腊 4.44ºS，101.37 ºE	8.5		25	
202	2008.5.12 06:28	中国四川汶川 31.002ºN，103.322ºE	7.9		87587	北京时间 2008 年 5 月 12 日 14:28。$M_w7.9$，$M_s8.0$。死亡 69195 人，失踪 18392 人，受伤 374177 人。10 个省与地区共 4550 万人受影响。1500 万人撤离居住地，500 万人失去住所。估计有 536 万座建筑倒塌，在四川，以及在重庆、甘肃、湖北、陕西与云南部分地区共有 2100 万建筑物倒塌，全部经济损失估计为 860 亿美元

续表

编号	时间 (UTC) 年.月.日	地区 经度，纬度	震级 M	震中 烈度	地震死亡 人数／人	说明
203	2009.9.30 10:16	印度尼西亚苏门 答腊南部 0.720°S，99.867°E	7.5		1117	在巴东—帕里亚曼地区，至少死亡 1117 人，伤 1214 人，18165 座建筑物被毁或遭破坏，约 451000 人被转移。滑坡影响这一地区的供电和通讯。巴东有感 (烈度 VII)；武吉丁宜有感 (烈度 VI 度)；明古鲁、杜里、木库莫科和锡博尔加有感 (烈度 IV 度)；北干巴鲁有感 (烈度 III 度)。尼亚斯岛的贡古斯塔利 (烈度 IV 度) 和爪哇岛的雅加达 (烈度 II 度) 也有感。整个苏门答腊和爪哇的大部分地区都有感。新加坡和马来西亚的乔治市、新山市、吉隆坡市、必打灵查亚市、沙阿兰市和 Sungai Chua 市都有感 (烈度 III 度)。马来西亚半岛的大部分地区有感。遥远的泰国清迈市也有感。在苏门答腊的巴东，记录到一次 27 厘米高 (中点至波峰) 的局部海啸
204	2010.1.12	海地太子港 18.443°N，72.571°W	7.0		316000	官方估计 316000 人死亡，300000 人受伤，130 万人无家可归，97294 座房屋倒塌，188383 座房屋损坏。引发海啸
205	2010.2.27 06:34	智利康塞普西翁 35.83°S，72.67°W	8.8		577	
206	2010.4.13 23:49	中国青海玉树 33.165°N，96.548°E	6.9		2968	在玉树地区，2698 人遇难，失踪 270 人，伤 12135 人，15000 座楼房遭破坏。拉萨、嘎托 (Qiatou) 和西宁有感 (烈度为 IV 度)；豹子山、兰州和乌鲁木齐有感 (烈度为 II 度)。阿克苏、达州、金昌、雅安、玉门和张掖有感。不丹首都廷布有感 (烈度为 II 度)。不丹中北部城市普那卡也有感。印度迪布鲁格尔和 Gezing 有感。尼泊尔加德满都和泰国清迈也有感
207	2011.3.11	日本东北部 38.297°N，142.373°E	9.2		20896	至少 15550 人死亡，5344 人失踪，5314 人受伤，130927 人无家可归，地震与海啸造成沿整条本州东海岸从千叶到青森，至少 332395 座建筑、2126 条公路、56 座桥和 26 条铁道损坏或毁坏。在岩手、宫城和福岛，大多数人员死亡与损失是由于太平洋大范围海啸，宫城的海啸最大爬升高度是 37.88 米。全部经济损失估计为 3090 亿美元，电、气和水的供应，以及电讯与铁道交通中断，大傩附近的核电站好几处的核反应堆严重受损。千叶与宫城多处火灾。在福岛，由于一水坝遭破坏，至少有 1800 座房屋毁坏。在筑馆，记录到的地面运动加速度为 2.93g。观测到地面水平位移与下沉。宫城发生滑坡。千叶、御台场、东京、浦安观测到砂土液化
208	2011.1.23	土耳其—伊朗边境	7.3		1000	
209	2013.4.20 00:02	中国四川芦山	6.8		196	北京时间 08:02。196 人遇难，21 人失踪，13486 人受伤 (其中重伤 1063 人)。灾区房屋损毁严重，交通、电力、供水、通讯等设施遭受不同程度的破坏，滚石、崩塌、滑坡严重
210	2014.8.3 08:30	中国云南鲁甸	6.5		617	北京时间 16:30。617 人遇难，112 人失踪，3143 人受伤，22.97 万人紧急转移，108.84 万人受灾，8.09 万间房屋倒塌。地震导致乐红乡红石岩地区形成堰塞湖

3 地震的特点——猝不及防的突发性 与巨大的破坏力

作为一种自然现象，地震最引人注目的特点是它的猝不及防的突发性与巨大的破坏力。关于这一点，古人根据经验早已认识到。早在两千多年前，《诗经·小雅·十月之交》中就有关于地震的突发性及其破坏力的生动描述：

烨烨震电，不宁不令。百川沸腾，山冢崒崩。

高岸为谷，深谷为陵。哀今之人，胡憯莫惩？！

据古诗词专家考证，诗的题目中的"十月"系"七月"之误。诗中，"不宁"指地不宁，即地动；"不令"是不预先通告人们周知，即突如其来。翻译成白话文，就是：

耀眼的雷霆闪电，

地震突如其来。

无数江河在沸腾，

山峰碎裂崩塌。

高耸的崖岸陷落为山谷，

深邃的山谷隆升为丘陵。

可怜今天的人啊，

为何竟不知自省？！

诗中惊叹地震突如其来，势如闪电，力足以令山川变易。是地震猝不及防的突发性及巨大的破坏力的生动写照。

我国的古人如此，外国的古人亦然。这里举一个例子。1835 年 3 月 5 日，伟大的博物学家、进化论的创始人查尔斯·达尔文（Charles Darwin,1809–1882，图 3.1a）在他乘坐贝格尔（H. M. S. Beagle）号（又称小猎犬号，图 3.1b）轮船进行的著名环球旅行中，途经智利康塞普西翁，经历了半个月前（1835 年 2 月 20 日）发生的智利康塞普西翁（Concepción）—瓦尔帕莱索（Valparaíso）$M8.1$ 地震（表 3.1，图 3.2）的多次余震。达尔文以进化论的创始人闻名于世，但可能由于进化论耀眼的光辉使得他也是现在称为"地震地质学"的先驱者之一这件事鲜为人知。康塞普西翁—瓦尔帕莱索大地震破坏的景象给予达尔文强烈的震撼。达尔文惊叹道："通常在几百年才能完成的变迁，在这里只用了一分钟。这样巨大场面所引起的惊愕情绪，似乎还甚于

图 3.1 查尔斯·罗伯特·达尔文（Charles Robert Darwin, 1809–1882）

（a）达尔文；（b）达尔文进行著名的环球旅行时所乘坐的贝格尔号轮船

（a）

（b）

图 3.2 1835 年 2 月 20 日智利康塞普西翁—瓦尔帕莱索 M8.1 地震震中图

作为参考，图中还显示了 2010 年 2 月 27 日智利马乌莱比奥—比奥 M_W8.8 地震的震中位置

对于受灾居民的同情心……"。

表 3.1　智利康塞普西翁—瓦尔帕莱索地震[①]

年-月-日	发展时刻 (UTC)[②] 时：分：秒	纬度 /°	经度 /°	深度 /千米	震级 M	死亡人数 /人	备注
1835-02-20	15:30	−36.0	−73.0		8.1	不计其数	智利康塞普西翁—瓦尔帕莱索
1939-01-25	3:32	−36.3	−72.3		7.8	28000	智利；震中烈度 I_0=X
2010-02-27	06:34:11	−36.122	−72.898	22.9±9.2	M_W8.8	523	智利马乌莱比奥—比奥

①纬度、经度正号分别表示北纬、东经，负号分别表示南纬、西经；②UTC: 协调世界时

4 地震的一些特征

地面是不平静的，总在发生着微小的震动，称为脉动。脉动的周期由百分之几秒到几十秒。产生脉动的原因很多，有自然的原因，如天气或气压的变化，海浪对海岸的冲击等等；也有人为的原因，如交通运输或工业振动等等。地震是在这样的脉动背景上发生的。地震大小相差悬殊，可小到人们不能感觉，也可大到震撼山岳。天然地震所释放的震动能量可相差十几个数量级。震动的频率范围也很宽。大地震低频成分的周期可达一小时，小地震的高频成分与脉动很难区别。但一般来说，地震的频率主要是在几十赫兹（Hz）至几十分之一赫兹的范围。振幅可小于光波的波长。地震的频谱组成和地震的大小有关：地震越大，低频成分越多。

大地震有时仿佛是突如其来的，造成严重的灾难。唐山大地震就是一例。但有些大地震是有前震或其他前兆的。中等强度以上的地震之后多数有余震。一般认为这是因为一大块地层在地震时发生断错，由一种平衡状态转到另一种平衡状态时，必然要经过一个调整阶段。余震就是这种调整的结果，不过这个调整过程的具体物理机制现在还没有弄清楚。

地下发生地震时最先发生破裂的点称为震源，震源在地面上的投影称为震中（图 4.1）。震源其实不是一个点，而是一个区域，所以震中也不是一个点而是一个区域，称为震中区。地面上震动最厉害的地方称为极震区。极震区常常就是震中区，但因为地面震动的程度除了与震源的特性有关以外，还与地面的土质条件有关，极震区也可能不在震中区，或不单是在震中区。地震大多数发生在 0 至 70 千米（60 至 80 千米）的深度，叫做浅源地震，简称浅震。浅震可以浅到几千米深。地震也可以发生在深度 70 千米（60 至 80 千米）以下，直到 700 千米的深度。发生在 70 至 300 千米（或 350 千米）深度范围内的地震称为中源地震；发生在 300 至 700 千米（或 680 千米）深度范围内的地震称为深源地震，简称深震。破坏性最大的一般是浅震。

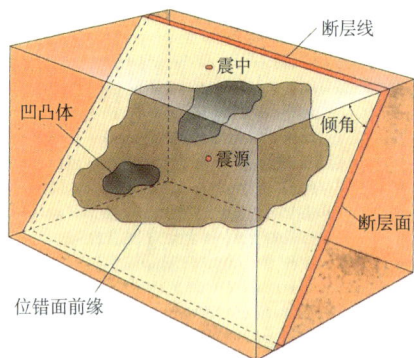

图 4.1 地震断层面、断层面倾角、震源、震中及断层面上的凹凸体等地震参量

5 全球地震活动性

地震在全球的分布是不均匀的，但也不是随机的，有的地方地震多，有的地方地震少，从长时期看，地震活动程度各地大有差别，地震多的地区称为地震区。地震区的震中常呈带状分布，所以也称为地震带。地震区（带）的划分现在还没有公认的定量标准，所以它们的边界多少带有任意性。

图 5.1 是经过国际地震中心（International Seismological Centre, ISC）重新定位的 1964—2014 年全球地震活动性图。图中，经过重新定位的地震按照震源深度 h 着色：红—黄色表示浅源地震（$h<70$ 千米）；黄—绿色表示中源地震（70 千米 $<h<350$ 千米）；绿—蓝色表示深源地震（$h \geqslant 350$ 千米）。

全球性的地震带有三条：环太平洋地震带和欧亚地震带（又称阿尔卑斯地震带）是众所熟

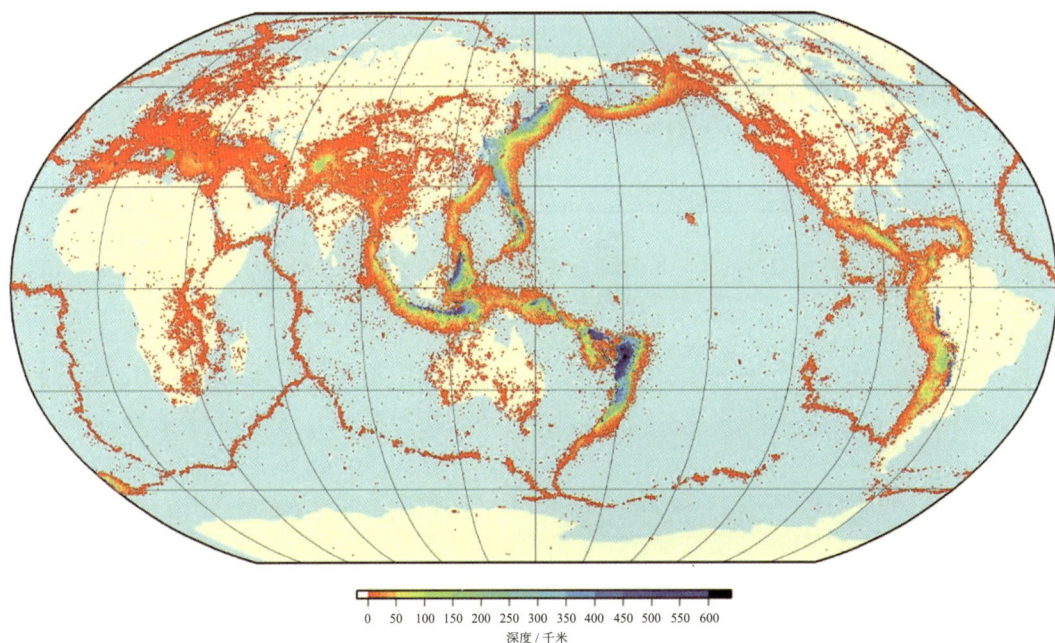

0 50 100 150 200 250 300 350 400 450 500 550 600
深度 / 千米

图 5.1 全球地震活动性图（1964—2014 年）

知的。后来又发现沿各大洋中脊（又称海岭）也有密集的地震活动，但最强的洋中脊地震不超过 7 级。这条地震带称为大洋中脊地震带，又称海岭地震带，它在大洋里绵亘 8 万千米以上，是地球上最长的一条破裂带。在全球地震震中分布图上，这三个条带是非常触目的。它们与地震的成因显然有关系。

地震在时间上的分布也是不均匀的。通常用地震频次（又称地震频度、地震频率）表示地震的分布。地震频次是单位时间内某一地区、某一震级范围内的地震数。根据对全球地震频次 – 震级的最新统计（表 5.1），在 1900—1999 年的 100 年期间，全球的地震频次（年均地震数）是（表 5.1 第 3 列）：震级 $M \geq 8.0$ 的地震 0.7 个（或者说，平均约 3 年 2 个），$7.5 \leq M < 8.0$ 的地震 3 个，$7.0 \leq M < 7.5$ 的地震 12 个，$6.5 \leq M < 7.0$ 的地震 22 个，$6.0 \leq M < 6.5$ 的地震 62 个，$5.5 \leq M < 6.0$ 的地震 164 个，等等。全球的累计地震频次（年均累计地震数）是（表 5.1 第 5 列）：震级 $M \geq 8.0$ 的地震 0.7 个（或者说，平均约 3 年 2 个），$M \geq 7.5$ 的地震 4 个，$M \geq 7.0$ 的地震 16 个，$M \geq 6.5$ 的地震 38 个，$M \geq 6.0$ 的地震 100 个，$M \geq 5.5$ 的地震 264 个，等等。需要特别说明的是，在表 5.1 中，震级 $M < 6.5$ 的地震数是根据 1964—1999 年的资料计算得出的，因为 1964 年后，由于世界标准地震台网（World Wide Standard Seismograph Network，缩写为 WWSSN）的建立，全球震级 $5.5 \leq M < 6.5$ 的地震才得到较好的记录。

全球每年发生的地震数颇有起伏（图 5.2）。若按时间间隔为 1 年计算（图 5.2a）每年发生的地震数起伏较大。尤其是起算震级越小，起伏越大。在图 5.2 中，按照起算震级为 $M \geq 6.5$，$M \geq 7.0$，$M \geq 7.5$，颜色依次为浅紫色、紫色、深紫色，起伏由最大变为较大、最小。但是，若按 10 年时间间隔计算的年均地震数，起伏便比按时间间隔为 1 年计算的平均每年的地震数小（图

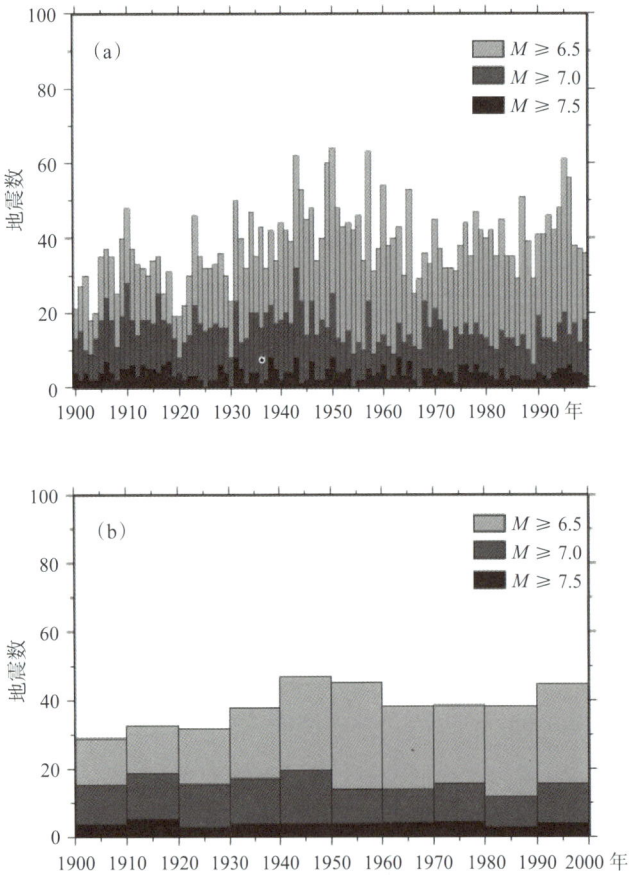

图 5.2 全球每年地震数

（a）1 年时间间隔的年均地震数；（b）10 年时间间隔的年均地震数

5.2b）。这说明，在论及某个地区或全球地震活动性强弱时，应当明确所涉及的时间间隔的长短，以及所论及的地震震级的大小。时间间隔越短、震级越小，起伏越大；反之，起伏越小。

表 5.1　1900—1999 年全球地震频次—震级分布统计

地震频次			累计地震频次	
≤ M<		地震数 / 年	M ≥	累计地震数 / 年
5.5	6.0	164	5.5	264
6.0	6.5	62	6.0	100
6.5	7.0	22	6.5	38
7.0	7.5	12	7.0	16
7.5	8.0	3	7.5	4
8.0		0.7	8.0	0.7

图 5.3（a）与图 5.3（b）分别表示历史（1900—1963）与现今（1964—1999）地震活动性的地震频次与震级的关系图。其中，空心圆圈是震级 $M \pm \delta M/2$ 的年地震频次（每年的地震次数）的对数，δM 为震级区间，实心圆圈是震级大于、等于 M 的年地震频次（称为累计地震频次）的对数。这里，震级区间 δM 取 0.1 级。

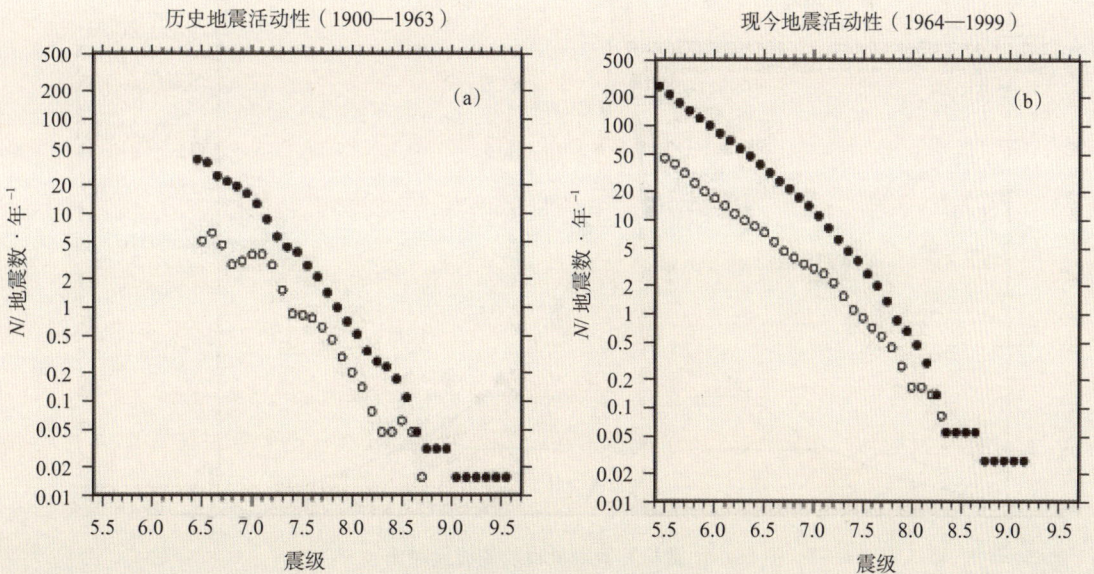

图 5.3　地震频次与震级的关系

（a）历史（1900—1963）地震频次与震级关系；（b）现今（1964—1999）地震频次与震级关系。空心圆圈表示震级 $M \pm \delta M/2$ 的年地震频次（年地震数）的对数，实心圆圈表示震级 ≥ M 的年累计地震频次（年累计地震数）的对数。震级区间 δM 取 0.1 级

　　除了全球每年释放的地震波能量有起伏外，各个地区的地震活动性随时间的变化也很大。在有些地区，较大地震会在原地点附近重复发生，但时间间隔并不均匀。地震活动具有间歇性，但并无固定的周期。许多大地震都伴随着地面上可见的断层，其中有的是新产生的断层，有的是旧断层复活。断层若发生在覆盖层，也可能是地震震动的结果；但若发生在基岩，这就与地震的成因有联系，所以通常称为地震成因断层。也有些地震并不伴随着地震断裂。根据断层成因假设，常被解释为断层没有达到地面，是"盲断层（blind fault）"。不过，这种说法是不严格的。有无不伴随断层的地震？实尚可存疑！

　　一次 M_S=8.0 地震的辐射能［"地震辐射能（seismic radiated energy）"的简称］约为 6.3×10^{16} 焦耳（J）。在核爆炸地震学中，通常用与三硝基甲苯（TNT）炸药（俗称"黄色炸药"）等价的千吨（kt）或百万吨（Mt）表示核爆炸所释放的能量。一次 1 千吨（1kt）TNT 炸药爆炸所释放的能量为 4.2×10^{12} 焦耳，或者说，一次 1 百万吨（1Mt）级的核爆炸所释放的能量为 4.2×10^{15} 焦耳。作为比较，一次 5 百万吨级的核爆炸［如 1971 年阿拉斯加（Alaska）阿姆契特加（Amchitka）的核爆炸］所释放的能量为 2.1×10^{16} 焦耳，相当于一次面波震级 M_S7.7 地震。

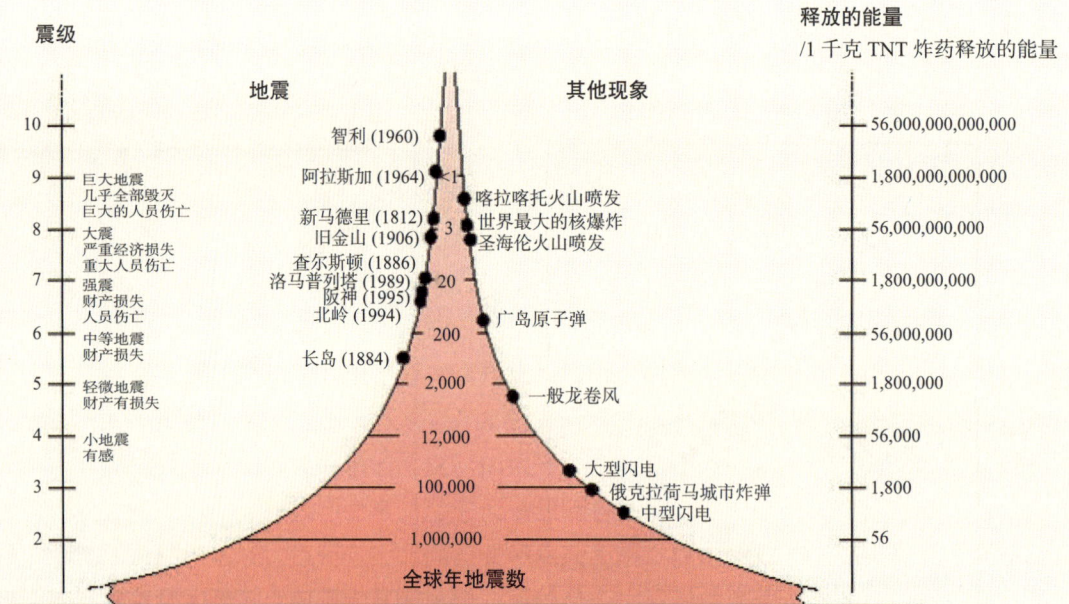

图 5.4 地震与其他现象释放的能量对比

图左面的纵坐标表示震级，以矩震级 M_W 为标度；图右面的纵坐标以对数
尺度表示释放的能量，以 1 千克 TNT 炸药释放的能量为单位

1906 年旧金山大地震的地震辐射能约为 3×10^{16} 焦耳，这个能量相当于一次 7.1 百万吨的核爆炸释放的能量，远远大于 1945 年投掷在广岛的原子弹（0.012 百万吨，即 12 千吨）的地震辐射能。迄今记录到的最大地震是 1960 年智利大地震（矩震级 M_W9.6），其地震辐射能约为 10^{19} 焦耳，相当于一次 2400 百万吨的核爆炸。这个数字比迄今为止全世界发生过的所有核爆炸所释放能量的总和（其中最大的一次达到大约 58 百万吨）还大得多。大约 90% 地震的辐射能是由 $M_S \geqslant 7.0$ 大地震释放出来的。全球在一年内发生的地震的辐射能约为 10^{18}~10^{19} 焦耳。近年来，人类所消耗的能量增长很快，人类在一年内所消耗的能量的最新估计值约为 3×10^{20} 焦耳，这个数值已经超过了全球在一年内发生的地震辐射能的总和。

地震辐射能的对数与震级成正比。震级增加 1 级，地震辐射能增加约 32 倍；震级增加 2 级，地震辐射能增加约 1000 倍。但是，如图 5.3 所示，地震的频次则随震级的增大而减小，其对数与震级呈斜率为负的线性关系（斜率接近于 -1）。这样一来，地震主要是通过大地震释放能量的。一次 8.5 级大地震所释放的能量相当于一年内所有震级比它小的其他地震释放能量的总和。从图 5.4 可很清楚地、直观地看清这点。图 5.4 将地震与其他现象释放的能量做了对比，图左面的纵坐标表示震级，以矩震级 M_W 为标度，图右面的纵坐标以对数尺度表示释放的能量，以 1 千克 TNT 炸药释放的能量为单位。可以看出，与诸如大规模的火山喷发 [如 1883 年印度尼西亚喀拉喀托（Krakatoa）火山喷发、1980 年 5 月美国圣海伦火山（Mt. St.Helen）火山喷发]、大型闪电、一般规模的龙卷风等相比，特大地震（如 1960 年 5 月 22 日智利 M_W9.6 地震、1964 年 3 月 28 日阿拉斯加 M_W9.2 地震）所释放的能量都远远超过它们，也远远超过全世界发生过的最大的一次核爆炸（大约 58 百万吨）所释放的能量。

6 中国地震活动性

与全球地震活动不同，我国大陆大部分地区（除了台湾地区及青藏高原以外），既不在环太平洋地震带上，也不在欧亚地震带上，更不在它们的交汇处（欧亚地震带与环太平洋地震带在南亚、东南亚缅甸弧，巽他岛弧以东相连接或交汇）。环太平洋地震带位于我国大陆东面，其西支经我国台湾岛；欧亚地震带位于我国南面，经我国青藏高原南部直到南亚、东南亚缅甸弧，巽他岛弧，与环太平洋地震带相连接。除了台湾地区及青藏高原的地震外，我国的地震主要属板内地震。受太平洋板块、印度板块和菲律宾板块作用的影响，我国大陆华北、西北、西南以及东南沿海等地区地震断裂带十分发育，地震活动比较活跃。我国大陆地震的地震活动具有弥散性的特点，但破坏性地震大都聚集在一定的狭窄地带（图 6.1）。在这些地带内大小地震发生的时间、强度和空间分布都有一些共性，并与地质构造有些关系，特别是强烈地震活动与板块内部的构造带有关。在我国，除了构造地震外，还有诱发地震（触发地震）与矿山地震。

我国地震活动的特点

我国的地震活动具有频次高、分布广、强度大、震源浅、地震活动时空分布不均匀等特点。

图 6.1 与图 6.2 分别是公元前 780 年—公元 2010 年 12 月我国震级 $M \geqslant 6.0$ 地震震中分布图与 2009 年 1 月 1 日—2017 年 12 月 31 日我国 $M \geqslant 2.0$ 地震震中分布图，它们清楚地显示出我国是一个多地震与多强烈地震的国家，具有频次高与分布广的特点。

自公元前 1831 年起我国有地震的历史记载或记录以来，至今共记到 $M \geqslant 6.0$ 地震 800 多次，是地震活动频次相当高的国家。自 20 世纪有仪器记录以来，我国平均每年发生 $M \geqslant 6.0$ 地震 6 次，其中 $M \geqslant 7.0$ 地震 1 次，$M \geqslant 8.0$ 地震平均 10 年左右 1 次。我国大陆地区，平均每年发生 $M \geqslant 5.0$ 地震 19 次、$M \geqslant 6.0$ 地震 4 次，$M \geqslant 7.0$ 地震每 3 年发生 2 次。

我国的地震活动具有分布广的特点，6 级以上地震遍布于除浙江、贵州和香港、澳门特别行政区以外的所有省（自治区、直辖市），其中 18 个省（自治区、直辖市）均发生过 $M \geqslant 7.0$ 地震，约占全国省（自治区、直辖市）$M \geqslant 7.0$ 地震的 60%。即使是浙江、贵州两省，历史上

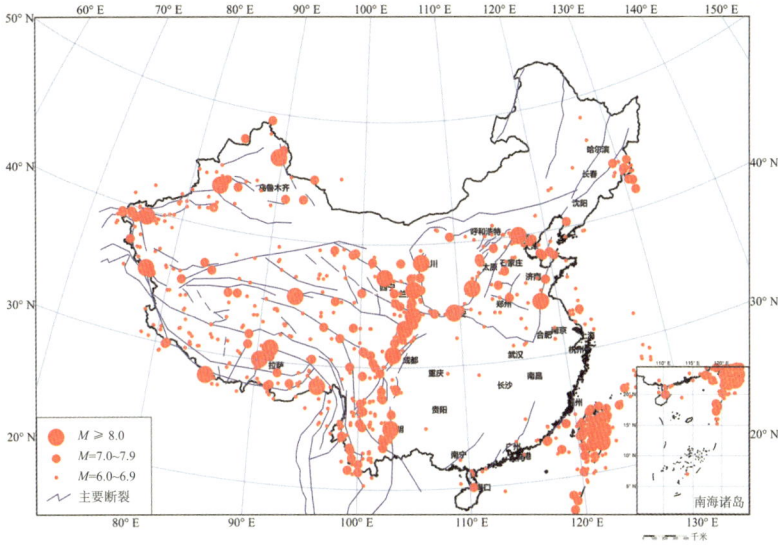

图 6.1 公元前 780 年—公元 2010 年 12 月我国震级 $M \geqslant 6.0$ 地震震中分布

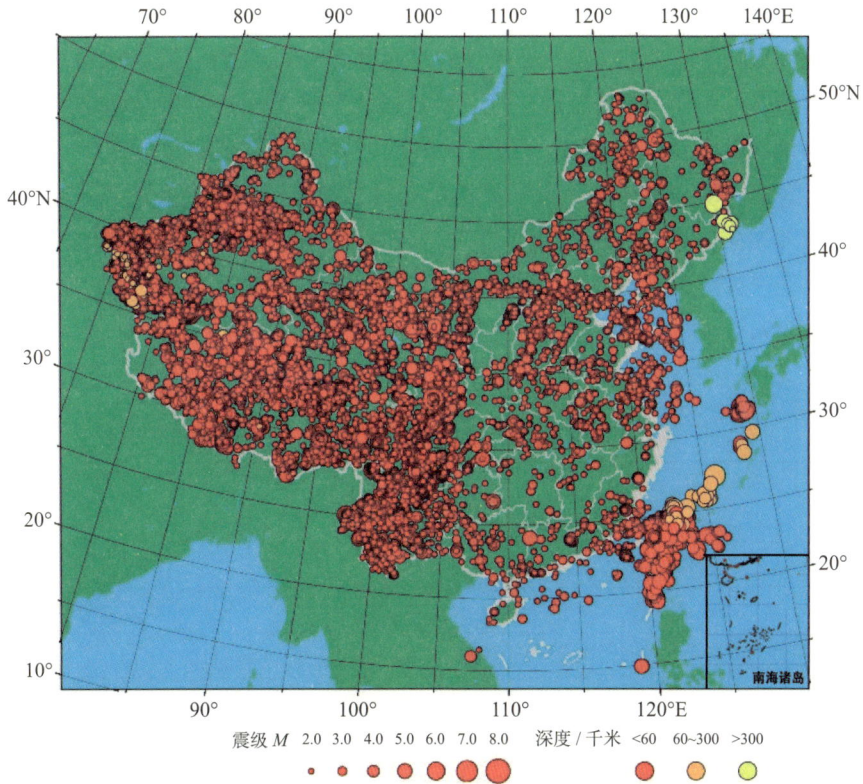

图 6.2 2009 年 1 月 1 日—2017 年 12 月 31 日我国震级 $M \geqslant 2.0$ 地震震中分布

也都发生过 $M \geqslant 6.0$ 地震。

我国大陆地区的地震活动主要分布在青藏高原、新疆及华北地区，而东北、华东、华南等地区分布较少。台湾地区是我国地震活动最频繁的地区，1900—1988 年全国发生的 548 次 $M \geqslant 6.0$ 的地震中，台湾地区就有 211 次，占 38.5%。

我国地震在全球地震活动中占有重要地位，地震活动不仅频次高，分布面积广，而且强度亦大。自公元 1687 年至 2016 年，全球共发生 23 个矩震级 $M_w \geqslant 8.5$ 的特大地震，1950 年 8 月 15 日我国西藏察隅 $M_w 8.6$ 地震便名列其中，按大小顺序，排名第 13（参见表 23.1）。

我国地震还具有震源浅的特点。除东北、台湾和新疆的帕米尔地区有少数中源地震与深源地震以外，我国绝大部分地区、绝大多数地震震源深度都在 40 千米以内，属浅源地震。尤其是我国大陆东部地区，震源更浅，深度一般在 30 千米以内，西部地区则在 50 ~ 60 千米以内。中源地震则分布在靠近新疆的帕米尔地区（100 ~ 160 千米）和台湾附近（最深达 120 千米）；深源地震很少，只发生在吉林、黑龙江东部的边境地区。

我国大陆的地震活动，在空间分布上具有明显的不均匀性，强震分布具有西多东少的突出特点。我国大陆地区的绝大多数强震主要分布在 107ºE 以西的西部广大地区，而东部地区则很少。西部地区由于受印度板块碰撞的影响，地震活动的强度和频次都大于东部地区。表 6.1 给出 1900—1980 年我国 $M \geqslant 7.0$ 地震的分区统计。从表中可以看到，我国大陆内部的地震活动是不均匀的，各地震区（带）有明显的差别。就我国大陆地区而言，近 90% 的 $M \geqslant 7.0$ 地震发生在西部，西部地区释放的地震能量占我国大陆地区释放的地震能量的 95% 以上。在全国各省（自治区、直辖市）中，地震活动水平最高的是台湾地区，$M \geqslant 7.0$ 地震发生率占全国总数的 40% 以上，$M \geqslant 6.0$ 地震发生率占全国总数的 53% 以上；在其他各省（自治区、直辖市）中，发生 $M \geqslant 6.0$ 地震次数大于 5 次的还有西藏、新疆、云南、四川、青海、河北等，以上 7 个省（自治区）集中了 1949 年以来发生的绝大多数强震，其中 $M \geqslant 6.0$ 地震占 90% 以上，$M \geqslant 7.0$ 地震占 87% 以上。

表 6.1　中国分区震级 $M \geqslant 7.0$ 地震频次统计（1900—1980 年）

地区 ＼ 震级	7.0 ~ 7.4	7.5 ~ 7.9	8.0 ~ 8.4	8.5 ~ 8.9	总和
大陆东部	5	1	0	0	6
大陆西部	22	11	5	2	40
台湾地区	22	3	2	0	27
其他地区	1	1	0	0	2

地震活动空间不均匀性最明显的表现是地震成带分布。按照地震活动性和地质构造特征，

可以把我国划分成 23 条强震活动带（图 6.3）。其中，"南北地震带"由滇南的元江往北经过西昌、松潘、海原、银川直到内蒙古嶝口；"华北坳陷地震带"由河南安阳往东北经过邢台、北京直到三河；"汾渭地震带"沿着汾河和渭河，是我国文化发达最早、地震历史资料最为丰富的地区。至于其他的地震带，包括众所熟知的郯城—庐江地震带（简称郯庐地震带），其划分范围，各家有不小的分歧。

我国的地震活动在时间分布上也是不均匀的。表现为地震活动高潮和地震活动低潮在时间上交替出现。

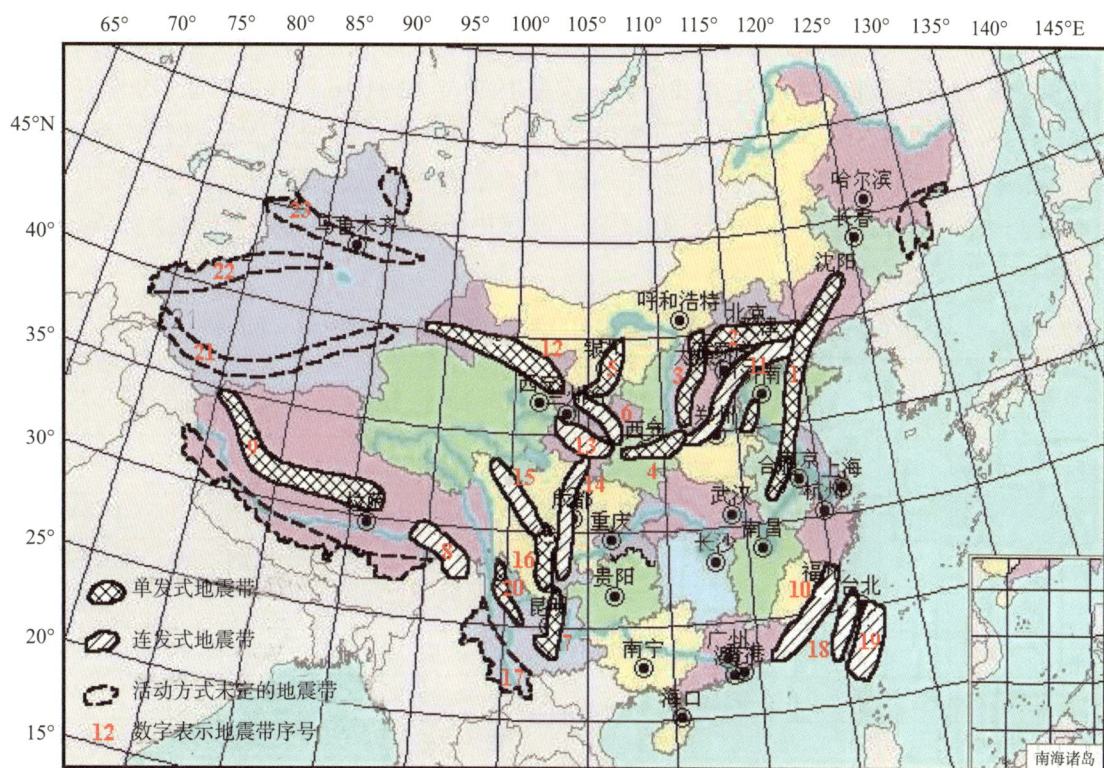

图 6.3 我国地震活动带的分布

单发式地震带：1. 郯城—庐江带；2. 燕山带；3. 山西带；4. 渭河平原带；5. 银川带；6. 六盘山带；7. 滇东带；8. 西藏察隅带；9. 西藏中部带；10. 东南沿海带

连发式地震带：11. 河北平原带；12. 河西走廊带；13. 天水—兰州带；14. 武都—马边带；15. 康定—甘孜带；16. 安宁河谷带；17. 腾冲—澜沧带；18. 台湾西部带；19. 台湾东部带

活动方式未定的地震带：20. 滇西带；21. 塔里木南缘带；22. 南天山带；23. 北天山带

因此，我国的地震活动，可用频次高、强度大、分布广、震源浅、地震活动时空分布不均匀等特点予以概括。显而易见，对我国地震活动频次高、强度大、分布广、震源浅、地震活动时空分布不均匀等特点的研究，对于预防与减轻地震灾害具有重要的意义。

我国地震灾害的特点

我国地震活动频次高、强度大、分布广、震源浅、地震活动时空分布不均匀等特点，使我国成为世界上地震灾害最为严重的国家之一。我国的陆地面积仅占全球陆地面积的 1/15，即 6% 左右；人口占全球人口的 1/5，即 20% 左右，然而发生于我国陆地的地震竟占全球陆地地震的 1/3 左右，即 33% 左右。

我国地震灾害的基本特点是：成灾的地震多、灾害重、预报难、设防差、易麻痹。我国是一个震灾严重的国家。根据统计（表 6.2），自公元 856—2016 年全球因地震造成的人员死亡超过 11 万人的 10 次地震中，我国竟占了 3 次（图 6.4）；在 20 世纪，全球发生两次导致 20 万人及以上死亡的强烈地震都发生在我国，一次是 1920 年 12 月 16 日甘肃海原（今宁夏海原）M_W8.3（M_S8.5）地震，造成了 23 万余人死亡；一次是 1976 年 7 月 28 日（北京时间）河北唐山 M_W7.6（M_S7.8）地震，造成 24.2 万人死亡，16.4 万人重伤。在地震引起的人员伤亡方面，与国际上发达国家的"零伤亡"相比，我国也是处于发展中国家水平。从造成人员死亡来看，地震灾害堪称是群灾之首。

表 6.2 公元 856—2016 年全球因地震造成死亡人数超过 11 万的地震

序数	日期 年.月	位置	构造背景	震级 M_W	死亡人数 / 人
1	1556.1	中国陕西华县	板块内部	$M_S 8\frac{1}{4}$	830000
2	2010.1	海地太子港	转换断层	7.0	316000
3	1976.7	中国河北唐山	板块内部	7.6（M_S7.8）	242769
4	1138.9	叙利亚阿勒颇	碰撞 / 转换边界		230000
5	2004.12	印度尼西亚苏门答腊—安达曼	孕震带	9.2	227893
6	856.12	希腊科林斯	板内 / 碰撞边界		200000
7	1920.12	中国甘肃海原（今宁夏海原）	板块内部	8.3	235502
8	893.3	伊朗阿尔达比勒	板内 / 碰撞边界		180000
9	1923.9	日本关东	孕震带	7.9（M_S8.2）	142807
10	1948.10	土库曼斯坦阿什哈巴德	板内 / 碰撞边界	7.2	110000

在我国，自 1949—2007 年，共有 100 多次破坏性地震袭击了 22 个省（自治区、直辖市），涉及东部地区 14 个省份，造成 27 万余人丧生，占全国各类灾害死亡人数的 54%，地震成灾面积达 30 多万平方千米，房屋倒塌达 700 万间。地震灾害造成的损失令人触目惊心。我国 60% 以上的国土处于地震烈度 Ⅵ 度以上的地区，有 8 亿人口居住在农村，其中 6.5 亿人居住在高

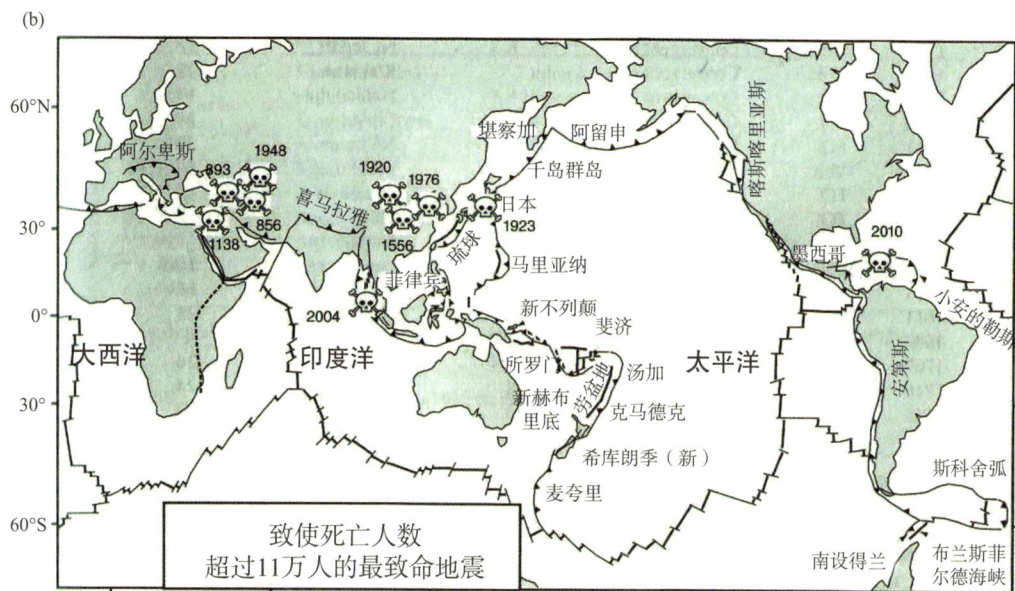

图 6.4 公元 856—2016 年全球致使死亡人数超过 11 万人的最致命地震震中位置
图中年份表示表 6.2 第 2 列所示的地震发生的时间

地震烈度区。迄今遭受过 $M \geq 8.0$ 地震袭击的城市有北京、银川、天水、临汾、临沂等 5 个城市；遭受过 $M \geq 7.0$ 地震袭击的城市有台北、唐山、兰州、昆明、海口、西昌、泉州、丽江、包头、喀什、东川、康定、大理、库车等 14 个城市；遭受过 $M \geq 6.0$ 地震袭击的城市有乌鲁木齐、天津、太原、淄博、咸阳、西安、厦门、汕头、大同、大连、白银、安阳、丹东、保山、绵阳、三门峡、漳州、扬州等 18 个城市。我国城市 50 千米范围内发生过 $M \geq 5.0$ 地震的有 71 个，占全国城市数的 10%。

在 20 世纪的后 50 年，全国共发生 $M \geq 8.0$ 地震 3 次；我国大陆地区共发生 $M \geq 7.0$ 地震 35 次，平均每年发生约 0.7 次；$M \geq 6.0$ 地震 194 次，平均每年发生约 4 次。与近 100 年的地震活动平均水平（$M \geq 7.0$ 的年均值为 0.66 次，$M \geq 6.0$ 的年均值为 3.6 次）相比较，20 世纪后 50 年强震活动水平高于前 50 年的活动水平。

我国地震灾害的上述基本特征为地震工作布局与确定监测预报及预防工作的重点地区提供了重要的事实依据。

7 地震成因概述

为什么会发生地震？也就是说，地震的成因是什么？

当前比较重要的地震成因假说有以下三种：断层成因说，相变成因说，岩浆冲击成因说。其中以断层成因说最为人所重视。

断层成因说

地震是地下某处在极短时间内释放出大量能量的结果。大块地层的断裂正好起到这样的作用。地下岩石受到长期的构造作用积累了应变能。岩石断裂时，应变能全部地或部分地释放出来，便产生地震。这种地震称为构造地震。由这种简单的基本概念出发，断层成因假说已经历了几个发展阶段，即由简单的弹性回跳理论发展到岩石断错理论，又进入到研究震源破裂的物理过程。

岩石在一定的外界条件下所能积累的应变能密度是有限的。超过这个限度就要发生破裂，至少对于浅层的脆性岩石是如此。一个地区构造应力场的变化是以地质的时间尺度来衡量的，所以在千百年间可以认为构造应力场是恒定的。即使一个大地震可以改变局部地区应力分布，但很难想象可以改变区域性的应力状态。这种情况必然导致以下的结果：首先，应力在某处集中，发生了破裂与地震，释放了相当的应变能；然后，断层又固结起来，应变能又重新积累，以后又发生地震。这就说明了地震的重复性和间歇性。地震发生后，局部地区的应力分布与应力集中的条件难免有所变化，又因为岩石强度各处不同，所以地震的重复时间和发生的地点一般是不相同的。这就说明了地震的非周期性，但原地重复和间隔相近的情况也不是不可能的，不过罕见而已。

由此看来，一个地震活动全过程可以显示出四个阶段：应力积累期，活动加速期，能量释放期，应力调整期。这几个阶段都可以实际观测到，不过在某个地区，不一定4个阶段全都表现得很明显。

相变成因说

在地面以下，温度和压强都是随深度而增加的。岩石在几十千米深度以下的温度、压强条件下，一般说是不能发生弹性断裂的。于是断层成因假说对于较深的地震就难以解释。相变成因说认为当地下的温度和压强达到一定的临界时，岩石所含矿物的结晶状态可能发生突然的变化，从而使岩石的体积也发生突然变化。这样就可以产生地震。然而这个假说有一定的困难，因为必须有极大块岩石同时发生相变，然后才可能产生这样的效果，而这是极不可能的。若各岩石的相变只是次第发生的，则只能产生岩层的变形，而不能产生地震。另一方面，地震仪记录到的深源地震的初动符号也表现有弹性断裂的迹象，说明深源地震也可能是弹性断裂产生的。这一点，自从板块大地构造学说提出后，已得到很好的解释。地震的相变成因说现正失去重要的依据。

岩浆冲击说

岩浆冲击说在日本比较受到重视，因为那个地区的岩浆活动相当普遍，而火山地震也可以说是岩浆冲击的一种结果。火山地震一般强度不大。有人认为较大的火山地震其实也是构造地震，不过由火山将其触发而已。断层地震与岩浆冲击的地震有一个基本不同之点：前者是内能的释放，后者则是外力的冲击，但对岩浆触发的构造地震来说，则两种方式兼而有之。岩浆的动能似乎并不很大。无论哪种成因的大地震，其所释放的震动能量主要都来源于岩层的应变能。

根据统计，地球每年所释放出的地震波能量其数量级约为 10^{25} 尔格（erg，1 尔格 $=10^{-7}$ 焦耳)，设地震波能量占地震总能量的 1%，则地球每年由于地震所消失的能量其数量级约为 10^{27} 尔格。但地球每年仅由放射性物质衰变所产生的能量至少比这个数值高一个数量级。所以地震的能源不难解释。地球不是僵死的。它不但受日、月的外力作用，其内力也在发展，因此产生各种运动。地球形状和重力场的观测表明地球内部不是处于静平衡状态，而是存在着应力差，即是说，存在着剪切应力，所以发生地震断裂和其他地质构造运动的条件是存在的。但是这个应力差在地球内部怎样分布及其产生的机制仍很不清楚。所谓的"力源"问题，在地球科学中还是一个很有争论的问题。许多作者曾提出一些定性的假说，但都经不起定量的考验。如果说地震的基本成因是由于板块构造运动，那么后者的力源也还是一个悬而未决的问题。

地震的地理分布

根据国际地震中心（International Seismological Centre, 缩写为 ISC）的报告，全球每年发生地震大约 30000 次。地球上到处都会发生地震，但不是到处都会发生大地震；地球上每天都有地震，但不是每天都有大地震。有的地震强烈到可以震撼山岳，造成极大的破坏和损失；有的地震则极其轻微，以致单凭感官觉察不出。小地震分布有时规律不明显，但较强的地震，特别是破坏性的强震，在地理上常呈带状分布，称为地震带。

图 8.1 与图 8.2 是 1964—1997 年期间震源深度分别为 0 ~ 70 千米与大于 70 千米、体波震级 $m_b \geqslant 4$ 的地震震中分布图。别的较长或较短时期的全球地震震中分布图显示的全球地

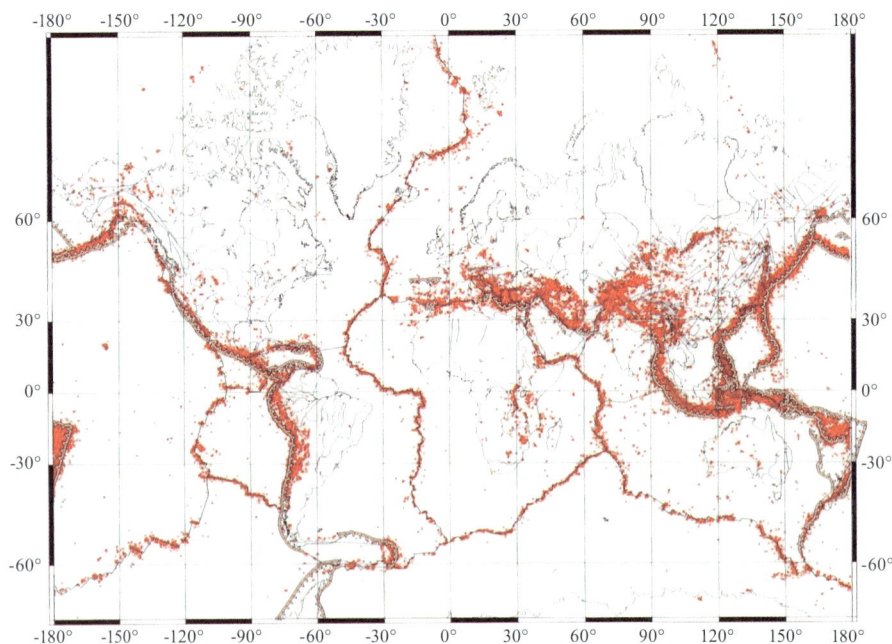

图 8.1 1997—2003 年期间震源深度为 0 ~ 70 千米、体波震级 $m_b \geqslant 4$ 的地震震中分布
从这幅图上可以看到震中分布勾画出相对而言比较稳定的板块轮廓的、连续的、狭窄的大地震带。在板块向外发散的地带，地震带很狭窄，有时呈阶梯状，地震活动水平中等。在板块汇聚地带，地震带较宽，地震活动水平很高。在大陆内部的一些地区，地震分布较分散，地震活动水平中等

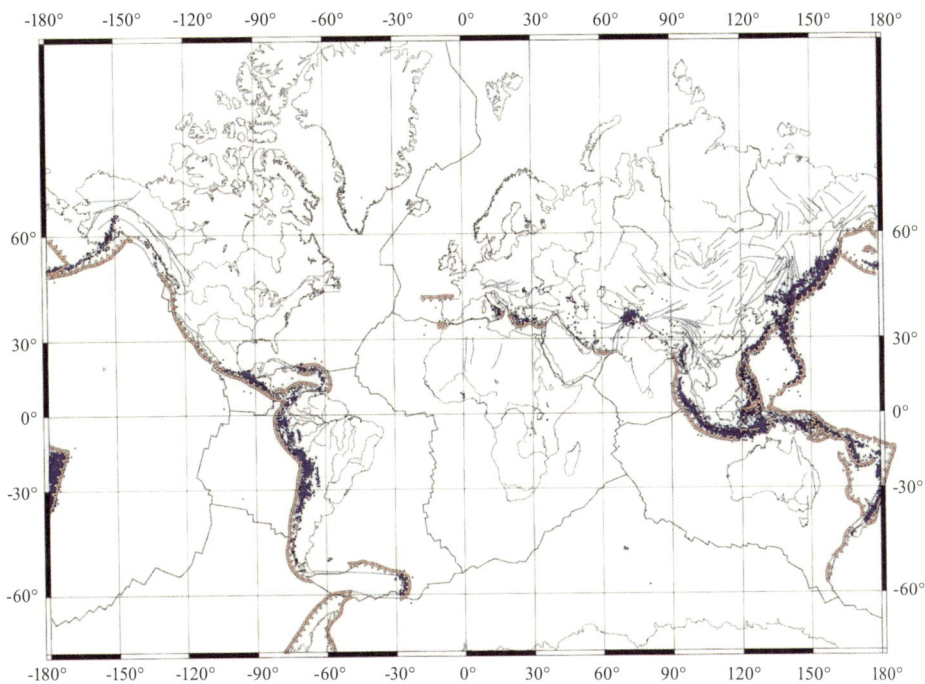

图 8.2 1997—2003 年期间震源深度大于 70 千米体波震级 $m_b \geq 4$ 的地震震中分布
从这幅图上可以看到中源地震和深源地震的震中分布勾画出了地震活动水平很高的板块汇聚带

震震中分布的图像与这两幅图基本上一样（参见图 5.1）。从全球范围看，大多数地震分布在三条地带。

环太平洋地震带

全球大多数地震都密集在太平洋周围的环太平洋地震带。环太平洋地震带环绕着太平洋周围，西起阿留申群岛，沿着亚洲和澳洲东海岸的岛弧，经千岛群岛、库页岛、日本东部。然后分成两支：西支经琉球群岛、我国台湾岛、菲律宾群岛；东支经太平洋西部边缘。东、西两支在新几内亚西端汇合，然后经新几内亚、所罗门北部、新赫布里底、斐济、汤加、克马德克，斜插至新西兰，并延伸到南极洲附近的马洞尼岛和巴勒尼群岛，然后沿太平洋东南部北上至复活节岛和加拉帕戈斯群岛。东起阿拉斯加，沿着北美、中美洲西海岸，经加拿大、美国加利福尼亚、墨西哥，与加勒比环相连，然后沿南美西海岸直至安第斯山脉南端与桑威奇群岛连接。环太平洋地震带是地球上地震活动最强烈的地带。全球约 75%～80% 地震能量的释放发生在这一地震带内，80% 浅源地震、80% 中源地震和几乎全部深源地震能量的释放都发生在这一地震带内。

欧亚地震带

许多地震发生在横贯欧亚的地震带。欧亚地震带是一条弯曲的地震带，它西起亚速尔群岛，北邻欧亚大陆，南邻非洲、阿拉伯半岛、印度次大陆、澳洲，经过直布罗陀海峡、北非地中海北岸，沿着阿尔卑斯山脉—第纳尔（Dinaride）山脉—喜马拉雅山脉，经意大利亚平宁半岛、西西里岛、土耳其、希腊、克里特岛、塞浦路斯、西班牙东南、阿尔卑斯山脉、喀尔巴阡山脉、亚美尼亚、高加索、伊朗扎格罗斯、阿拉伯海湾、厄尔布尔士、帕米尔—兴都库什、巴基斯坦俾路支、印度北部、我国青藏高原南部，直至南亚、东南亚缅甸弧、巽他岛弧，与环太平洋地震带相连接。全球约 15% ~ 20% 的地震能量的释放发生在这一地震带内。欧亚地震带是与阿尔卑斯褶皱带紧密联系的，所以也称为阿尔卑斯地震带；它始于地中海北岸，所以有时也称为地中海地震带。

洋中脊地震带

洋中脊（mid-ocean ridge）是大洋中脊的简称，又称中央海岭，海岭。大西洋中脊很早就已发现，其他的洋中脊和洋中脊的详细构造是由地震测深工作发现的。洋中脊有些地方由中间劈开，形成所谓的"中谷"。在中谷上方，热流比平均值要大得多。洋中脊其实就是海底的巨大破裂带。它隆起于洋底中部，呈线状延伸，并贯穿整个大洋，为地球上长的环球性的洋中山系。大西洋中脊呈"S"形，与两岸近于平行，向北可延伸至北冰洋。印度洋中脊分 3 支，呈"人"字形。其脊部通常高出两侧洋盆底部 1 ~ 3 千米，少数山峰出露于海面形成岛屿。洋中脊常被一系列与其正交或斜交的断裂带错开（称断错带），错动距离可达 1000 多千米。沿断裂带有狭长的沟槽、海脊和崖壁。在大西洋和印度洋中脊的轴部，一般有深约 1 ~ 3 千米，呈纵向分布的中央断裂谷地。

在北冰洋、大西洋、印度洋、太平洋东部和南极洲周边的海洋中，成带地分布着许多中小地震的震中。这一地震震中分布的条带绵亘 8 万多千米（早期的数据称约为 6 万多千米），与洋中脊位置完全符合。它从西伯利亚北岸靠近勒那河的河口开始，穿过北极经斯匹茨卑根群岛和冰岛，再经过大西洋中脊到印度洋的一些狭长的洋中脊带或海底隆起带，并有一分支穿入红海和著名的东非裂谷带。它是全球最长的一条地震带，称为洋中脊地震带。在这条地震带上，地震一般不超过 7 级。全球约 5% 的地震能量的释放发生在这条地震带以及其他稳定的大陆地区中。

上述三条地震带，除了地震活动性高以外，也是火山活动十分活跃的地带。不过，上述三条地震带的地震属构造地震。构造地震与火山地震之间并无直接的关联。火山地震是火山喷发引起的地震，是与火山活动有直接关联的地震，一般都很小，影响范围也较小。几乎所有重要地震都是构造地震。

为什么会发生地震？为什么全球大多数地震会分布在上面提到的三条地震带内？为什么全球的中源地震和深源地震只分布在环太平洋地震带、欧亚地震带这两条地震带内而不分布在洋中脊地震带内？

板块构造学说对全球地震的分布从全球尺度上给出了简单明了的解释，论证了地震与板块构造的关系。原来，板块的边界恰是地质作用活跃的地带，板块边界上、板块之间的相互作用是引起地震的基本原因，因此全球地震带的分布与板块边界非常一致，地震带就是板块边界。

详细情况还要从地球内部结构说起。

9 地球内部结构

为什么会发生地震？为什么全球大多数地震会分布在环太平洋地震带、欧亚地震带与洋中脊地震带这三条地震带内？为什么全球的中源地震和深源地震只分布在环太平洋地震带、欧亚地震带这两条地震带内，而不分布在洋中脊地震带内？这还要从地球内部结构说起。

19世纪末，现代地震学奠基人之一、在日本帝国工程学院任教的矿业工程师、地震学家英国的约翰·米尔恩（John Milne，1850–1913）在全球建立了一个由27个地震台构成的全球地震台网，开创了遥测地震的先河。到了1913年他逝世的时候，这个地震台网在全球已经拥有60个地震台。不久，地震学家惊奇地发现，地震仪不仅可以用于测定地震的位置和强度，而且还可以使我们了解到地球内部结构的情况。到了20世纪初，地震学家就已经掌握如何根据地面上不同震中距离的地震波到达时间（简称"到时"）的观测，计算地下不同深度的地震波传播速度。由地震波传播速度的分布，辅以其他资料，可以知道地球内部物质的化学组成。到第一次世界大战前，地震学家通过对地震波的研究已经了解了地球内部结构的情况：地核是被高密度岩石层和地幔包围着的，地壳厚度平均约35千米。不过，对于地球内核是液体还是固体，当时还没有一个一致的定论。

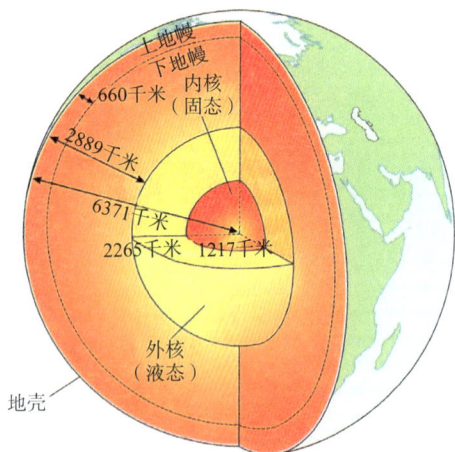

地球内部按照其物质化学组成的不同（图9.1），从地球表面至地心可以分成地壳（crust）、地幔（mantle）和地核（core）。地壳5 ~ 70千米厚，平均35千米厚。地壳厚度，在大陆地区约30千米；在海洋地区约6千米；在青藏高原地区厚达70 ~ 80千米。地幔又分成上地幔（深度自35 ~ 660千米）和下地幔（深度自660 ~ 2889千米）。地核又分为外核（深度自2889 ~ 5154千米）和内核（深度自5154千米至地心6371千米）。

地球的外核是流体，地震剪切波（横波）不能通过；内核是固体。内外核之间有一过渡层，厚约几百千米。

图 9.1 地球内部结构

地球内部按照其物质化学组成的不同，从地球表面至地心可以分成地壳、地幔和地核

10 岩石层板块

地球内部分成地壳、地幔和地核的分层结构，是按照物质化学组成的不同（主要依据地震波传播速度的分布）划分的。若是按照物理性质（主要是力学性质）的不同，地壳和地幔这两部分又可分成三层，这就是（图 10.1）：岩石层（lithosphere），软流层（asthenosphere）和中间层（mesosphere）。

岩石层自地面至 80 ~ 100 多千米，甚至达 150 ~ 200 千米的深度，平均约 100 千米，因地而异。岩石层包括地壳和上地幔的最上部。在以下的一些示意图中，将岩石层表示成等厚度的层，实际情形一般是：在大洋区，岩石层较薄；而在古老的大陆块下，岩石层较厚。在岩石层内，地震波速度较低、衰减很慢，在地质年代（10 万年至 1 亿年左右）的载荷下不发生塑性形变。

岩石层漂浮在软流层上。软流层是一个软弱的、温度接近于熔点的、炽热的、黏滞性较低、易于流动的塑性层。在软流层内，地震波速度较低、衰减比在岩石层中快。在以下的一些示意图中，岩石层和软流层的边界简单地表示成明显的界面，实际情形可能不是这样，这两层可能是逐渐过渡的。

软流层往下是难以流动、地震波速度高的中间层。

地球的岩石层并非是一完整的块体，而是被一些活动的构造如洋中脊、海沟、岛弧、平移大断层和山系所割裂，形成若干个有限的单元，这些单元称为"岩石层板块"（lithosphere plate），简称"板块"（plate）。地球岩石层最初划分为 6 大板块（major plate）：南极洲板块、欧亚板块、美洲板块、太平洋板块、印—澳板块、非洲板块。不久即发现，美洲板块可分为北美板块与南美板块；并且又发现，可从大板块中分出一些较小的板块，如阿拉伯板块等小板块（minor plate）。小板块又称微板块（micro plate）。这样一来，便有太平洋板块等 7 个大板块和阿拉伯板块等 13 个小板块。7 大板块是（图 10.2）：南极洲板块（AN）、欧亚板块（EU）、北美板块（NA）、南美板块（SA）、太平洋板块（PA）、印—澳板块（IN–AU）、非洲板块（AF）。13 个小板块是：阿拉伯板块（AR，红海、亚丁湾裂谷系与扎格罗斯褶皱山系之间）；婆罗洲板块（B）；加勒比板块（CA，中美海沟和西印度群岛之间）；加罗林板块（CL）；科科斯板块（CO，加拉帕戈斯海岭以北、东太平洋中隆与中美海沟之间）；印度支那板块（I）；胡安·德·富卡板块（JF）；

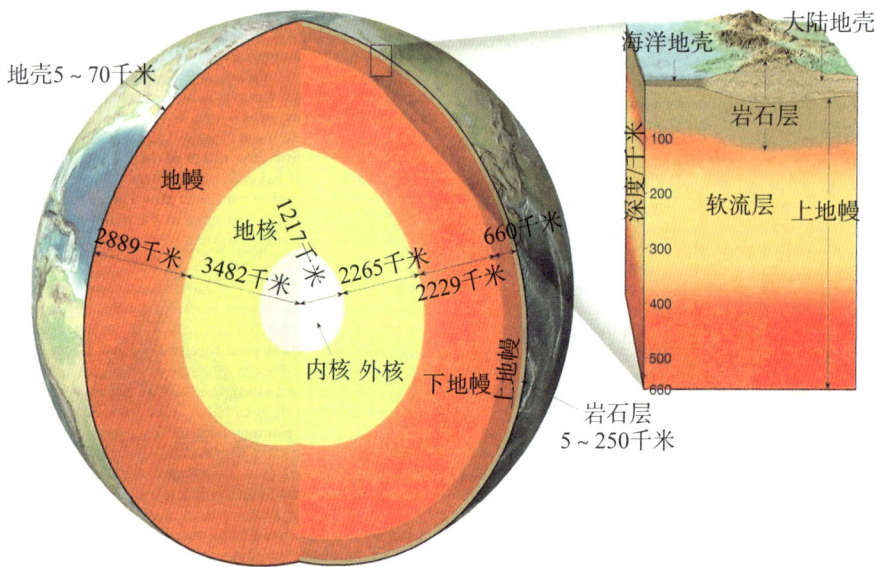

图 10.1 地球内部按照其物质化学组成（左）和物理性质（右）的不同分层

左边显示地球内部按照其物质化学组成的不同，从地球表面至地心可以分成地壳、地幔、地核；
右边显示按照物理性质的不同，地壳和地幔又可分成三层：岩石层、软流层、中间层

华北板块（NC）；纳斯卡板块（NZ，东太平洋海岭以东、秘鲁—智利海沟以西、加拉帕戈斯海岭和智利海岭之间）；鄂霍茨克板块（OK）；菲律宾板块（PH，琉球、菲律宾岛弧—海沟系与马利亚纳岛弧—海沟系之间）；斯科舍海板块（SC，南美洲与南极洲之间）和扬子板块（Y）。近年来，地球科学家将印—澳板块进一步划分为印度板块（IN）和澳洲板块（AU）；将非洲板块进一步划分为西非努比亚（Nubia）板块（NB）和东非索马里小板块（SM 或 SOM）。若按此新的划分法，大板块便有 8 个，小板块还应加上索马里小板块（SM），共 14 个小板块（图 10.2）。有的地球科学家甚至将阿拉伯板块、菲律宾板块、纳斯卡板块、科科斯板块也归为大板块。若按此分法，大板块便有 12 个。6 大板块、7 大板块，或者说 8 大板块、12 大板块，等等，系一级板块，其规模可大到 10000 千米的尺度，如太平洋板块；小可到 1000 千米，如菲律宾板块。尽管大板块大多是以大陆或大洋命名，但它们一般既包括陆地，也包括海洋。例如，太平洋板块基本上包括太平洋水域，但还包括北美圣安德烈斯断层以西的陆地和加利福尼亚半岛；南美板块既包括南美洲大陆，也包括大西洋中脊以西的半个大西洋的南部；北美板块既包括北美洲大陆，也包括大西洋中脊以西的半个大西洋的北部以及西伯利亚最东端的楚科奇地区；等等。

　　小板块是次一级的板块，其规模与作用均不及大板块。虽然如此，小板块相对于与其邻接的板块的运动还是相当显著的，在全球板块运动中具有不可忽视的作用。

图 10.2 是全球板块大地构造图。图中表示太平洋板块等 8 个大板块和阿拉伯板块等小板块。白色箭头的长度正比于假定板块相对运动保持现今速度 2500 万年（25Ma）不变时的位移。在发散带（洋中脊），两个板块的相对运动以互相背离的两个箭头表示。在汇聚带，向下俯冲的板块相对于上覆板块的运动以单箭头表示。在许多地方，板块的边界是由地震活动性、地形、断层活动等资料推知的范围相当广阔的形变带。

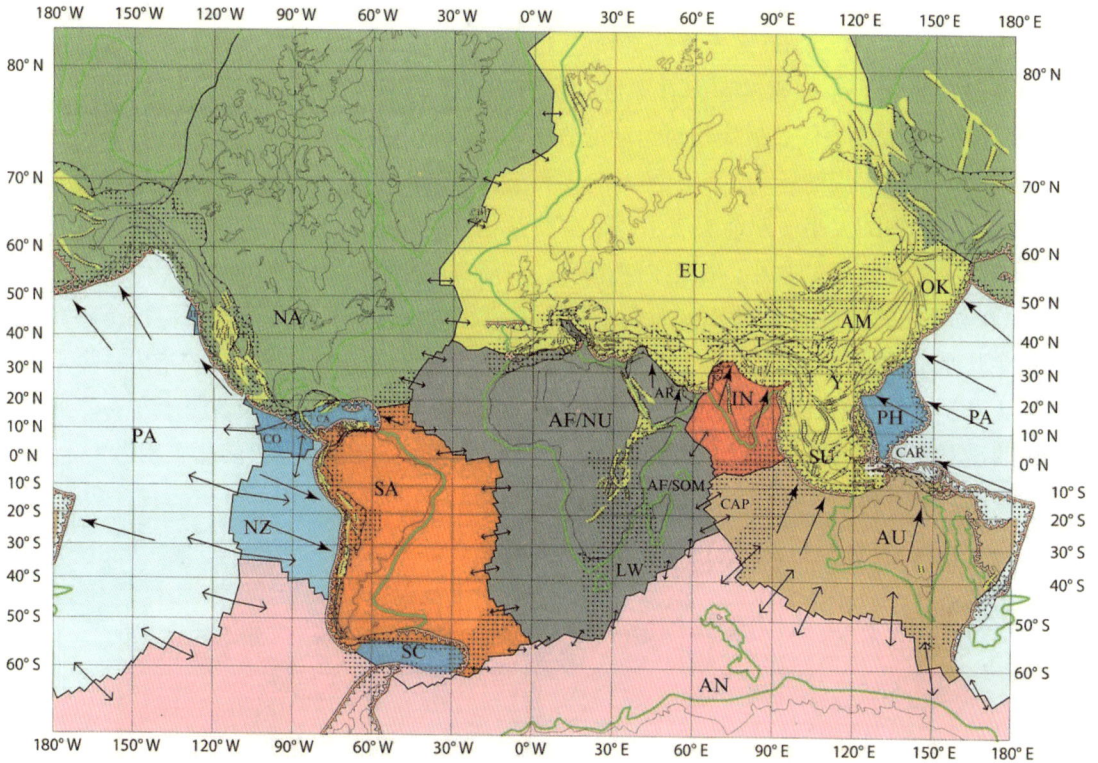

图 10.2 全球板块大地构造图

图中表示太平洋板块等 8 个大板块和阿拉伯板块等 14 个小板块。黑色箭头的长度正比于假定板块相对运动保持现今速度 2500 万年 (25Ma) 不变时的位移。在发散带（洋中脊），两个板块的相对运动以互相背离的两个箭头表示。在汇聚带，向下俯冲的板块相对于上覆板块的运动以单箭头表示。在许多地方，板块的边界是由地震活动性、地形、断层活动等资料推知的范围相当广阔的形变带

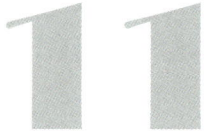

11 像指甲生长一样缓慢的板块运动

　　地球表面被二十几个大小不等的、准稳定的、接近刚性的岩石层板块（简称"板块"）所覆盖。板块厚度约 80 ~ 100 多千米、甚至达 150 ~ 200 千米，平均厚度约 100 千米。这些板块以每年几厘米至十余厘米的速率在厚度达数百千米的低黏滞性的软流层上运动（图 11.1）。在图 10.2 中，白色箭头代表板块相对运动的方向和大小。单箭头表示一个板块俯冲到另一个板块下方或两个板块汇聚的运动，箭头的方向代表了板块俯冲汇聚运动的方向，长度代表了板块俯冲汇聚运动速率的大小。双箭头表示两个板块互相背离的运动，两个箭头端部之间的长度代表了板块相对运动速率的大小。图中白色箭头（单箭头、双箭头）的长度是按照假定板块的运动在 2500 万年（25Ma）间保持不变时两个板块将会相对位移多长的距离画的。这个距离的长度与每年几厘米的运动速率相当。每年几厘米的板块运动速率是多大呢？人的指甲一个星期要长大约 1 毫米，一年有 52 个星期，一年内如果不剪指甲的话，指甲要长 5 厘米左右。所以指甲生长的速率是大约 5 厘米 / 年。这就是说，板块运动的速率与指甲生长的速率相当！

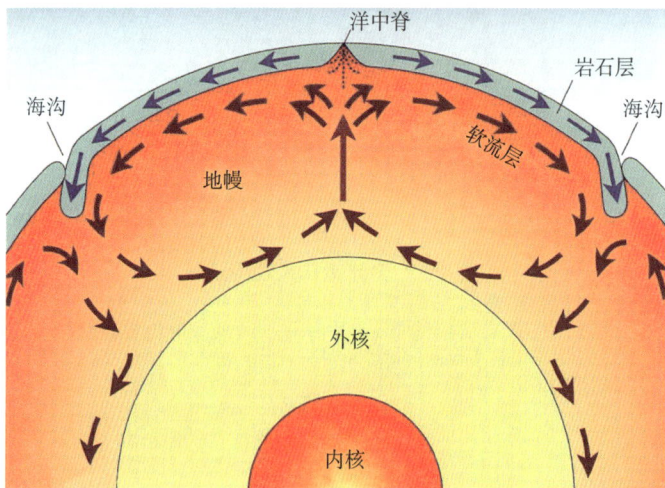

图 11.1 软流层对流循环示意图

板块运动速率与人的指甲生长的速率相当，其数量级平均是大约几厘米 / 年，但不同地区差别不小，有些地点可以快到 10 厘米 / 年，十几厘米 / 年，一般不超过 20 厘米 / 年。例如，在北冰洋洋脊（Arctic Ridge），速率最小，小于 2.5 厘米 / 年；在位于智利以西约 3400 千米的南太平洋中，靠近复活节岛的东太平洋中隆（East Pacific Rise），速率最大，约为 15 厘米 / 年。这样一个速率并不大，但时间长了累积起来的位移量却会非常可观。比如说，如果板块移动的速率是 5 厘米 / 年，经过 100 年，累积的位移量就是 5 米；经过 2500 万年（25Ma），那就是 250 千米！所以从图 10.2 可以看到，经过 2500 万年（25Ma），太平洋板块相对于欧亚板块，朝着北偏西方向要移动数量级为 1000 千米这么长的距离，非常可观。

板块与板块相互接触的地方称为"板块边界"。板块的相互作用主要发生在板块边界上。岩石层板块的强度很大，主要的变形只发生在其边缘部分。作为一级近似，板块基本上像刚体一样地彼此相对运动（图 10.2）。板块边界的岩石由于受到板块之间相互作用力的巨大影响，不断地产生物理的甚至化学的变化，因而板块边界是地质上发生巨大的和根本性的变化的地方，这些地方便是各种活动构造带，如洋中脊、海沟、岛弧、平移大断层和山系，等等。板块的边缘既然受力，这个力必定要向板块内部传递而使板块内部处于应力状态。各种大地构造活动（造山运动、地壳变动乃至地震）便是这些岩石层板块相互作用的结果。

板块大地构造并不是永恒不变的，而是处于缓慢但持续的变化之中（图 11.1）。由于软流层对流的带动，板块像一条巨大的传送带，以均匀的速率由洋中脊向两边扩张和移动，并在远离洋中脊的过程中，不断冷却和变化，在岛弧地区或活动的大陆边缘沉入软流层。下沉到软流层的岩石层板块随着深度的增加，温度不断升高，压强不断增大，从而逐渐变化，直至被地球深处的岩石吞并、完成对流循环为止。现今的非洲、南极洲、北美和南美板块等是正在生长的板块，而太平洋板块是正在缩小的板块。阿留申、日本和南美洲的安第斯山是俯冲板块边缘在地面的表现。因此，板块间发生的相对运动有三种方式：相互背离、相互靠近和相互平移（图 11.2）。一种是两个板块相互背离（图 11.2a），另一种是两

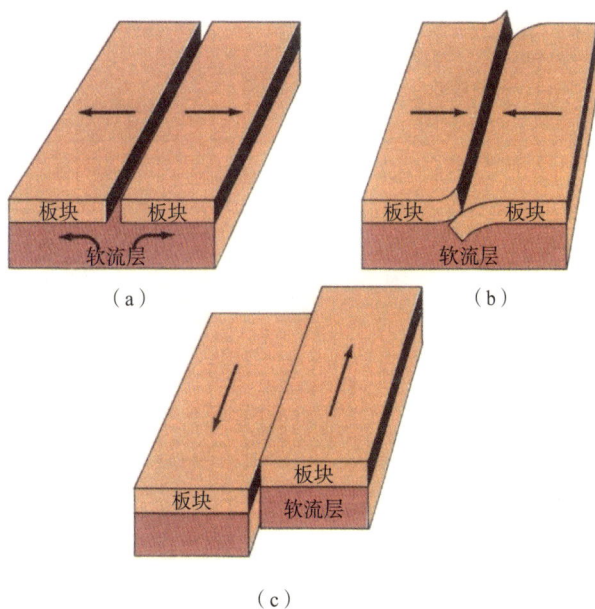

图 11.2 板块的相对运动
（a）相互背离；（b）相互靠近；（c）相互平移

个板块相互靠近（图 11.2b），再一种是两个板块相互之间作水平的移动（图 11.2c）。

板块间的三种运动方式，产生了三种不同类型的板块边界（图 11.3），分别称为发散边界（divergent boundary）、汇聚边界（convergent boundary）和转换边界（transform boundary）。这三种板块的相对运动方式发生在不同的板块边界上。在大洋的中脊（简称"洋中脊"）发生的是两个板块在相互离开（图 11.3a）。在俯冲带，是两个板块相互靠近，一个板块被迫俯冲到另外一个板块的下面，这种情况发生在诸如海沟的地方（图 11.3b）。在两段洋中脊错开的地方，两个板块沿水平方向错动（图 11.3c）。

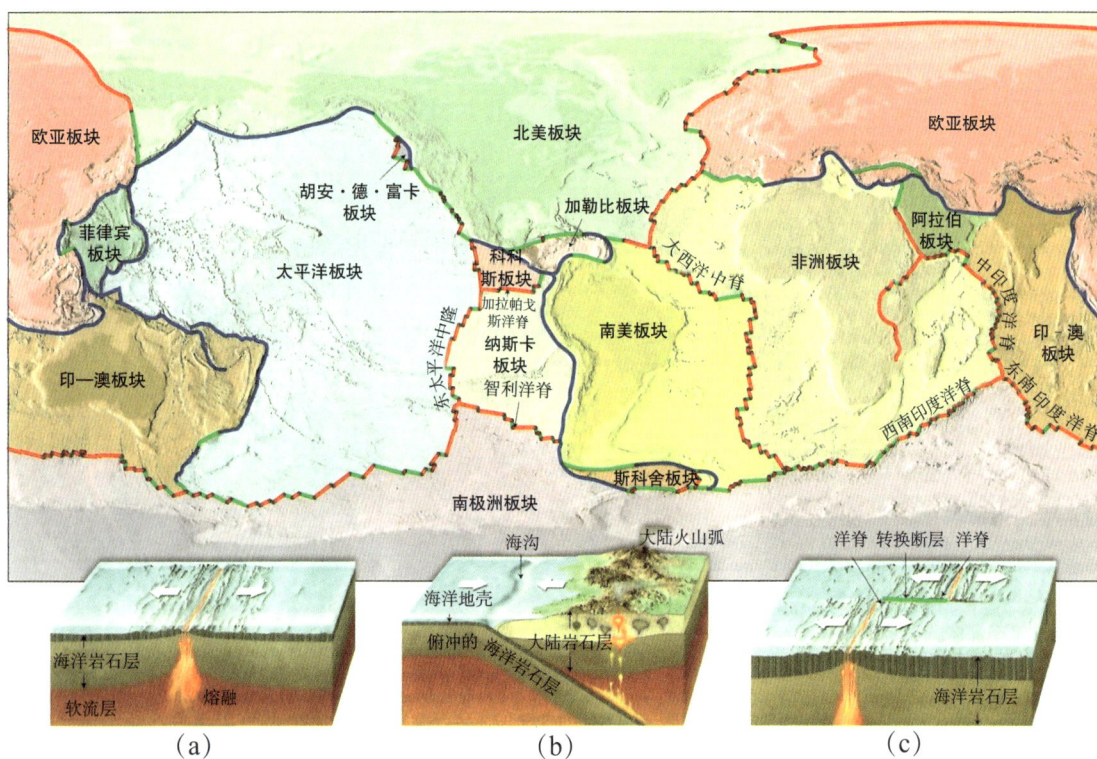

（a）　　　　　　（b）　　　　　　（c）

发散边界

所谓发散边界，指的是在大洋的中脊两侧两个板块相互离开，作背离的运动。这种边界，因为两个板块是相互分开的，所以称为发散边界。在发散边界下方，深部的热的物质上升，到达这两个板块分开的地方凝结后，形成新的板块。在洋中脊，两个板块是朝着相反的方向互相背离地运动的，所以新形成的海洋板块在洋中脊形成后附在原来的板块上随着板块向相反的方向背离地运动，逐渐地相互离开（图 11.4）。图 11.5 是一个例子。从这个例子可以看到，冰岛处在北美板块和欧亚板块这两个板块相互分开的地方，一系列的洋中脊以及把洋中脊错开的、作为走滑边界的转换断层从冰岛穿过。

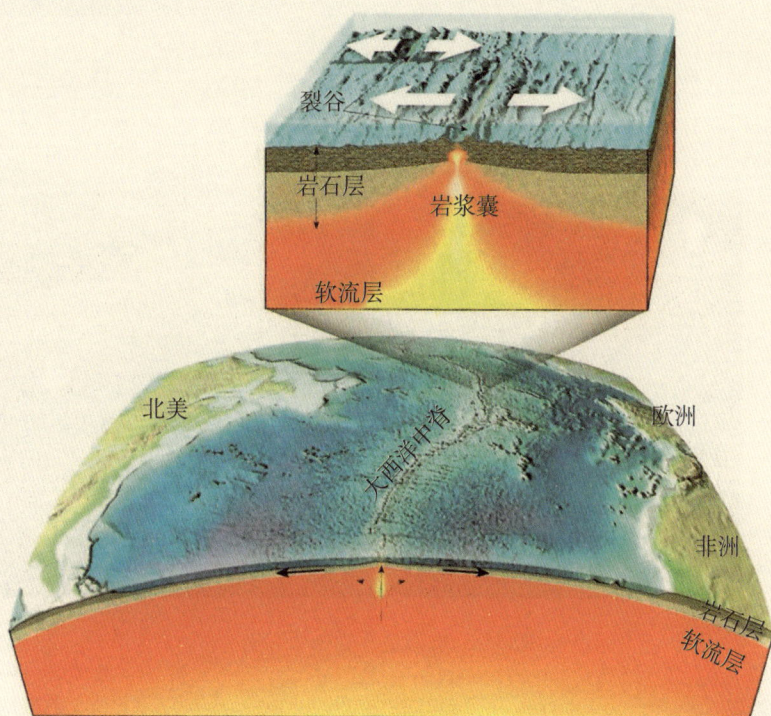

图 11.4 板块的发散边界
大多数板块发散边界都沿着洋中脊顶峰

发散边界可进一步分为：①海底扩张洋脊（seafloor spreading ridge）与②大陆裂谷（continental rift valley）两类。

（1）海底扩张洋脊

在板块的发散边界（图 11.4），两块薄的板块以洋中脊为界相互背离，因此，在其间产生空隙。来自软流层深部的炽热的熔岩上涌，缓慢地流经洋底，逐渐地冷却凝固，在洋中脊两边形成新的板块，填充了空隙并使洋中脊扩张。这就是海底扩张（seafloor spreading）。全球主要的海底扩张洋脊发散边界有：将大西洋一分为二的大西洋中脊、东太平洋中脊、印度洋中脊等。它们是位于水下约 2500 米的海底山脉。

图 11.5 发散边界的一个实例

（2）大陆裂谷

大陆内的发散边界称为大陆裂谷。在裂谷形成时，熔融的岩石由软流层深部上涌到地表面，迫使大陆破裂和分开。在大陆裂谷发散边界，受到由软流层深部上涌的熔融的岩石的作用，地壳伸展、地面向上翘曲（图 11.6a）。地壳因受到拉伸，便发生破裂、下陷，形成裂谷，如现在的东非裂谷（图 11.6b）。接着，海水侵入、淹没裂谷，形成长条形的海（图 11.6c）。最后，裂谷演化为洋中脊（图 11.6d）。

汇聚边界

两个板块相互靠近时便形成了板块的汇聚边界。汇聚边界可进一步分为：①海洋—大陆消减带，②海洋—海洋消减带与③大陆—大陆碰撞带。

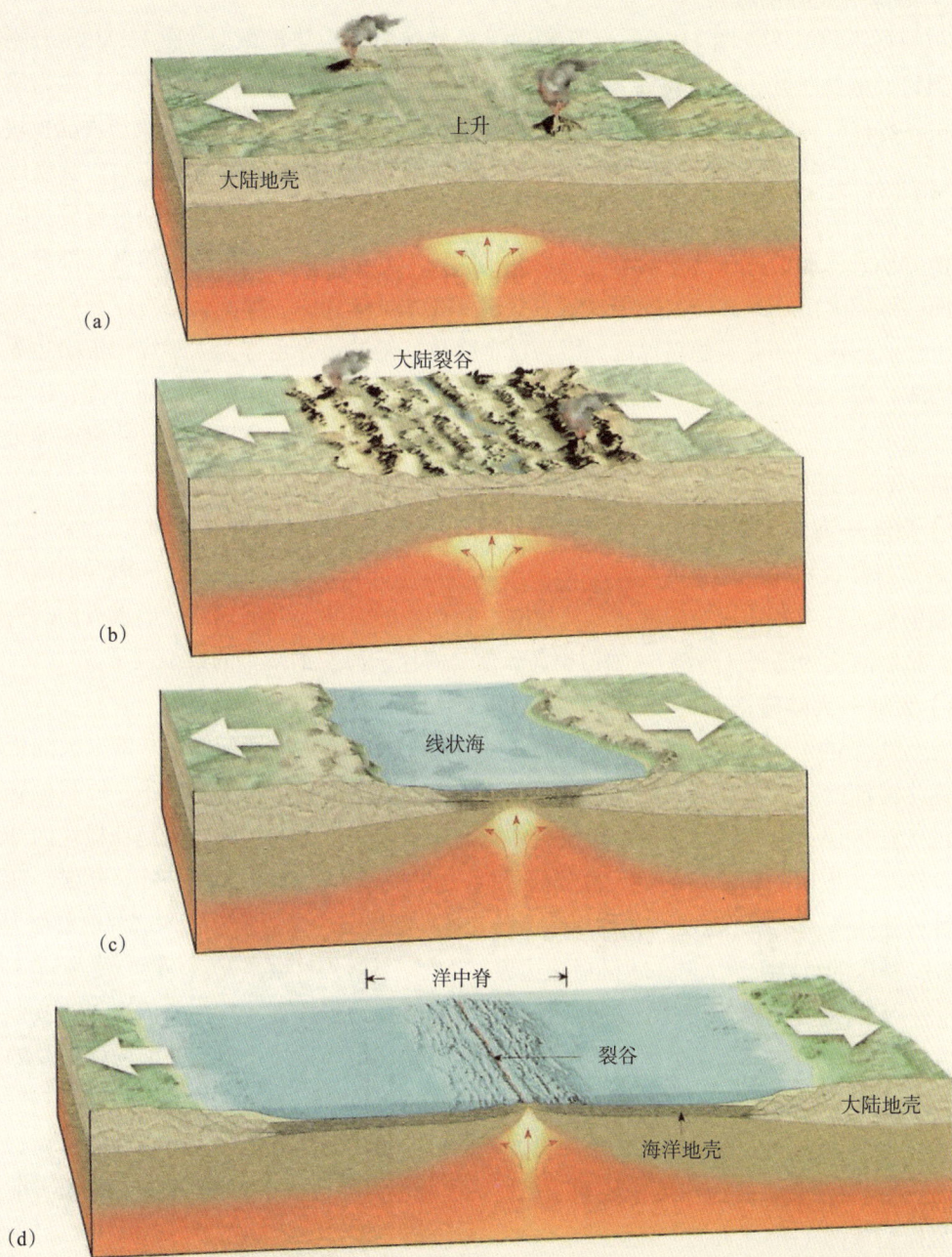

图 11.6 大陆裂谷

（a）地壳伸展，地面向上翘曲；（b）形成裂谷；（c）海水侵入，淹没裂谷，形成长条形的海（线状海）；
（d）裂谷演化为洋中脊

（1）海洋—大陆消减带

在板块的汇聚边界（图 11.7），当厚度近似相等的两大板块汇聚时（图 11.7a），一侧的板块俯冲到另一侧的板块下，这种现象称为俯冲。所以，汇聚带（convergent zone）称为俯冲带（subduction zone）。俯冲下沉到软流层的板块部分称为板片（slab）。当海洋板块与大陆板块汇聚时（图 11.7a），由于海洋板块较薄、其密度较大且位置又较低，而大陆板块较厚、其密度较小且位置又较高，所以，一般总是海洋板块俯冲到大陆板块下面，并在海洋板块被压到大陆板块下面的地方形成深海沟。在俯冲的海洋板块到达大约 100 千米深度时，地壳熔融，部分岩浆被推到地面，形成火山。海洋—大陆消减带主要发生在太平洋周缘，如南美西海岸秘鲁—智利海沟、太平洋西部汤加—克马德克地区。因为这个缘故，俯冲边界也称为太平洋型汇聚边界。沿着汇聚边界，海洋板块下沉到软流层中。由于地球内部的温度随深度的增加而升高，压强随深度的增加而增大，使下沉到软流层中的海洋板块逐渐潜没消亡于软流层之中，所以俯冲带又称为消减带（consumption zone）。

（2）海洋—海洋消减带

当两个海洋板块相互靠近时便形成海洋—海洋消减带（图 11.7b）。海洋—海洋消减带常导致岛弧系的形成。当海洋板块俯冲到软流层时，新产生的岩浆上升到地面，形成火山。火山逐渐生长，最后演化为岛弧（岛链）。阿留申岛弧便是海洋—海洋消减带的典型例子。

（3）大陆—大陆碰撞带

第三种类型的汇聚边界是大陆—大陆碰撞带（图 11.7c）。这种情况发生于两个大陆板块相互靠近发生碰撞时。在大陆—大陆碰撞的情况下，因为两个板块都是密度较小、质量较轻、易于漂浮的大陆板块，不可能发生一个板块俯冲到另一个板块下面的消减，而是在板块内部发生大范围的变形，板块的相对运动绝大部分通过嵌入侧的板块内部的大范围挤压、褶皱、变形和向上逆冲得到调整，从而形成大规模的褶皱山脉和逆冲断层与走向滑动断层，这种现象称为碰撞（collision），相应的边界称为大陆—大陆碰撞边界。

大陆—大陆碰撞边界常与发散边界、汇聚边界和转换边界并列，称为碰撞边界。按照这种分类方法，板块间的三种运动方式，产生的是四种不同类型的板块边界，除前面已提及的发散边界、汇聚边界和转换边界外，还有碰撞边界（collision boundary）。

两个大陆板块相互碰撞，会使得地壳增厚，同时使得山脉隆升。我国青藏高原号称"世界屋脊"，这个世界屋脊就是由印度板块和欧亚板块这两个大陆板块在 5000 万年（50Ma）前开始的相互碰撞造成的（图 11.8a）。

印度板块沿着北略偏东的方向与欧亚板块碰撞。现今的印度次大陆，位于图 11.8(b) 的最上方。但是如果追溯到 7100 万年（71Ma）前的话，它是在图 11.8(b) 的最下方。在 5500 万年（55Ma）前的时候，它到达图 11.8(b) 的由下往上数第二个位置；在 3800 万年（38Ma）前的时

大陆火山弧

海沟

海洋地壳

大陆地壳

大陆岩石层

俯冲的海洋岩石层

100千米

软流层

200千米

部分熔融

（a）

火山岛弧

海沟

海洋地壳

大陆地壳

海洋岩石层

俯冲的海洋岩石层

100千米

软流层

部分熔融

200千米

（b）

碰撞造山

缝合带

大陆岩石层

大陆岩石层

俯冲的海洋岩石层

100千米

软流层

200千米

（c）

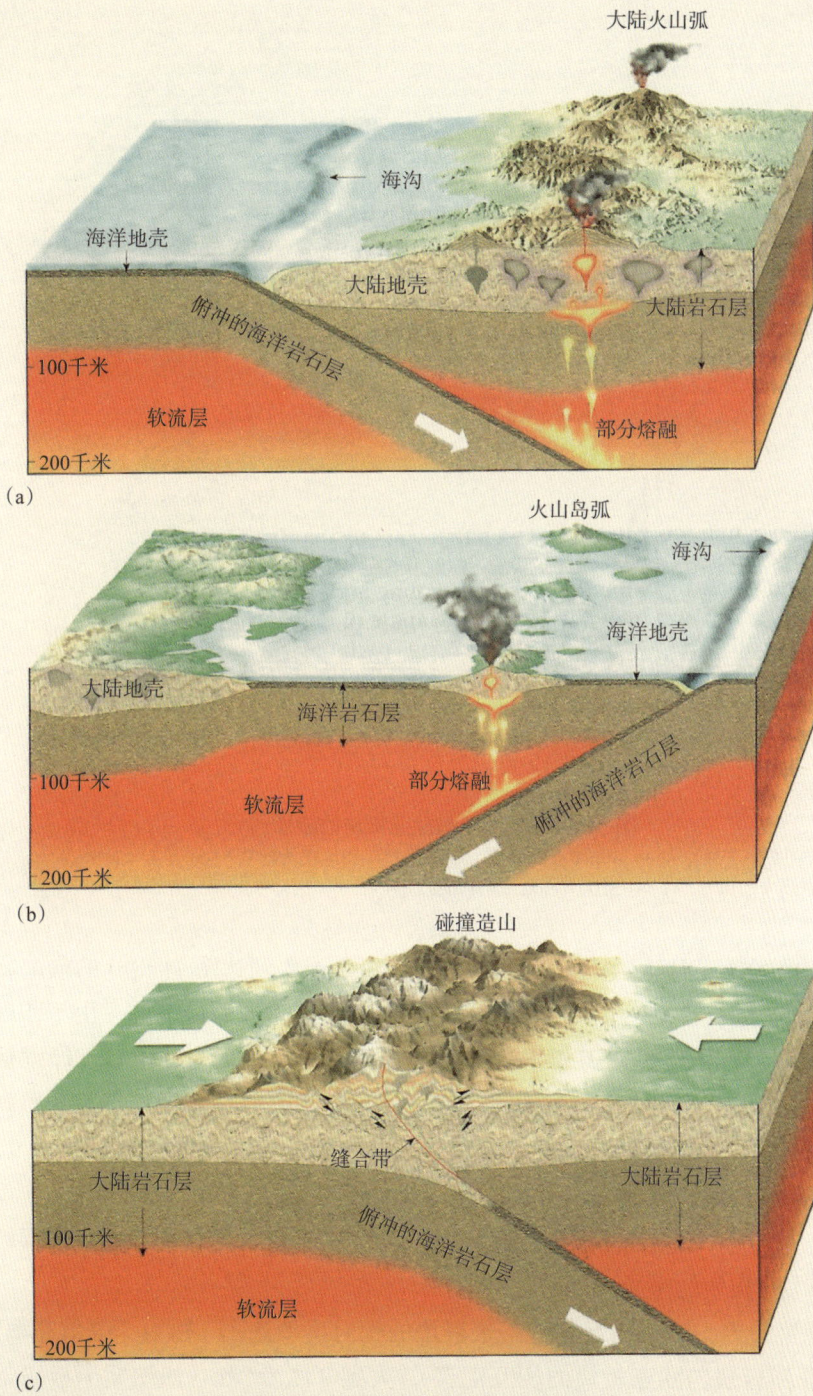

图 11.7　板块汇聚边界的三种类型
（a）海洋—大陆消减带；（b）海洋—海洋消减带；（c）大陆—大陆碰撞带

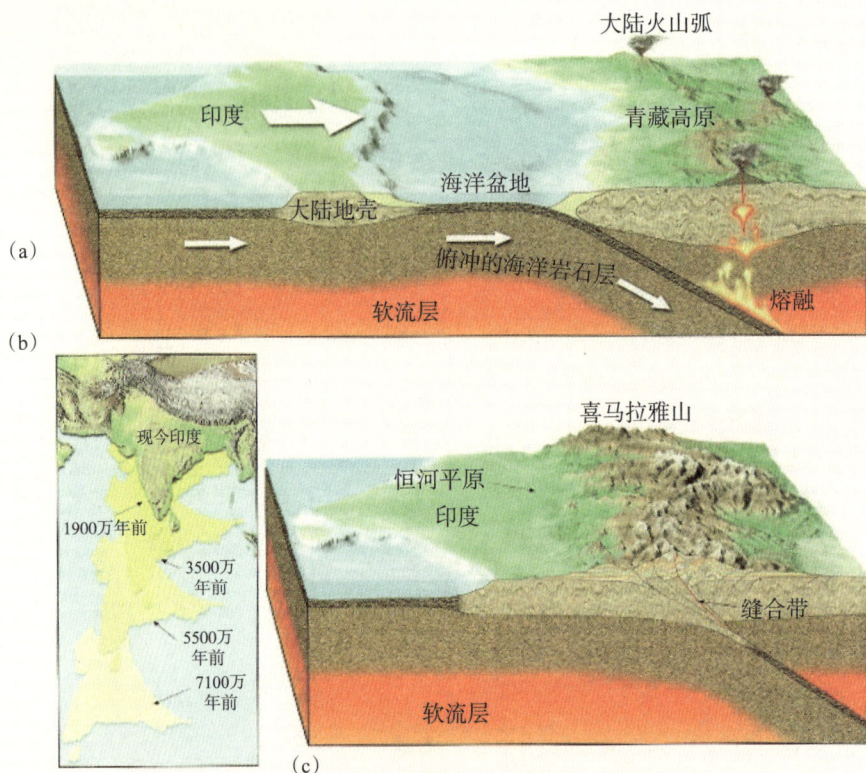

大陆火山弧

印度 青藏高原

海洋盆地

大陆地壳

(a)

俯冲的海洋岩石层

软流层 熔融

(b)

现今印度

1900万年前

3500万年前

5500万年前

7100万年前

喜马拉雅山

恒河平原
印度

缝合带

软流层

(c)

图 11.8 印度板块与欧亚板块的碰撞

（a）印度次大陆在 5000 万年（50Ma）前的位置；（b）印度次大陆从 7100 万年（71Ma）前到现今的位置；（c）印度次大陆现今的位置

候，到达图 11.8(b) 的由下往上数第三个位置……直到今天才到达图 11.8(b) 的最上方所示的位置。所以，印度次大陆在 7100 万年（71Ma）以前是在图 11.8(a) 的最下方，由于印度板块和欧亚板块的碰撞，才使得它从 7100 万年（71Ma）前的位置移动到现今的位置。印度板块和欧亚板块的碰撞，还造成了世界屋脊喜马拉雅山，造成了世界最高峰珠穆朗玛峰。青藏高原、喜马拉雅山、珠穆朗玛峰是印度板块和欧亚板块两个大陆板块相互碰撞的结果（图 11.9）。发生于喜马拉雅地区的印度板块与欧亚板块的碰撞及其所引起的大陆形变是碰撞边界的典型例子。此外，地中海地区（从土耳其至西班牙）的阿尔卑斯山、伊朗西南部和伊拉克东北部的扎格罗斯地区，也是两个大陆板块的碰撞边界。

在板块的汇聚边界，两个相互靠近汇聚板块的相对运动速率（称为"收敛速率"）可小到 1 厘米 / 年（如非洲板块与欧亚板块的相互汇聚），大到 8 厘米 / 年（如纳斯卡板块与南美板块的相互汇聚）。

图 11.9 珠穆朗玛峰——世界最高峰的壮丽景观
珠穆朗玛峰是印度板块和欧亚板块两个大陆板块相互碰撞的结果

转换边界

在板块的走向滑动边界（简称"走滑边界"），例如在两段洋中脊错开的地方（图 11.10a），相邻的两个板块沿边界的走向在水平方向滑动（图 11.10b）。大洋中脊的这种横向断裂带并非通常意义上的平移断层，沿着断裂带发生的不是一般的水平向错动，而是由于自洋中脊轴部向两侧的海底扩张所引起的相对运动。加拿大多伦多大学教授、地球物理学家、地质学家威尔逊（John Tuzo Wilson, 1908–1993）将这种断层命名为"转换断层（transform fault）"；相应的板块边界称为转换边界或走向滑动边界。转换边界发生于两个海洋板块之间或海洋板块与大陆板块之间。沿着大西洋中脊，可以看到洋中脊并不是连成一线，而是在多处被断裂带沿横向错开（图 11.10a）。被两段洋中脊所夹着的断裂带就是作为转换边界的转换断层。在北美西部，有一系列相当长的转换断层，它们是太平洋板块与北美板块的边界，沿着这些断层，太平洋板块相对于美洲板块向西北方向运动。著名的美国加利福尼亚州的圣安德烈斯断层就是这些断层中的一条。

（a）   （b）

图 11.10 转换断层的一个实例——圣安德烈斯断层

（a）圣安德烈斯断层平面图；（b）圣安德烈斯断层鸟瞰图。镜头朝向东南。线状瘢痕显示圣安德烈斯断层在卡里佐平原（Carrizo Plain）地区的迹线。从图的左面（东北方向）流入断层带的溪水的流动方向由于断层错动而拐弯，然后从图的右面（西南方向）流入卡里佐平原，显示出断层右旋走滑性质

12 地幔对流—板块构造系统

驱使板块不息运动的力

究竟是什么力量驱使板块不息地运动呢？现在我们知道，驱使板块运动的力主要有：①板片拖曳力（slab pull），②洋脊推力（ridge push），③板片吸力（slab suction）三种。

（1）板片拖曳力

俯冲下沉到软流层的板块部分称为板片（slab）。当冷的、致密的、老的海洋板片俯冲沉入到炽热的、密度比其小的软流层，拖曳着板块运动的现象称为板片拖曳（slab pull），板片拖曳着板块运动的力称为板片拖曳力（slab pull）。板片拖曳力是现在已形成共识的、对驱使板块运动起主要作用的力（图 12.1b）。

（2）洋脊推力

另一种重要的驱使板块运动的力称为洋脊推力（ridge push）。洋脊推力是一种重力驱动力。地幔中的炽热的岩石因体积膨胀、密度减小而缓慢地由洋中脊下方上涌，楔入到两个板块之间，推挤着板块，到达洋中脊后冷却形成新的板块。由于洋中脊的位置不断地抬升致使岩石

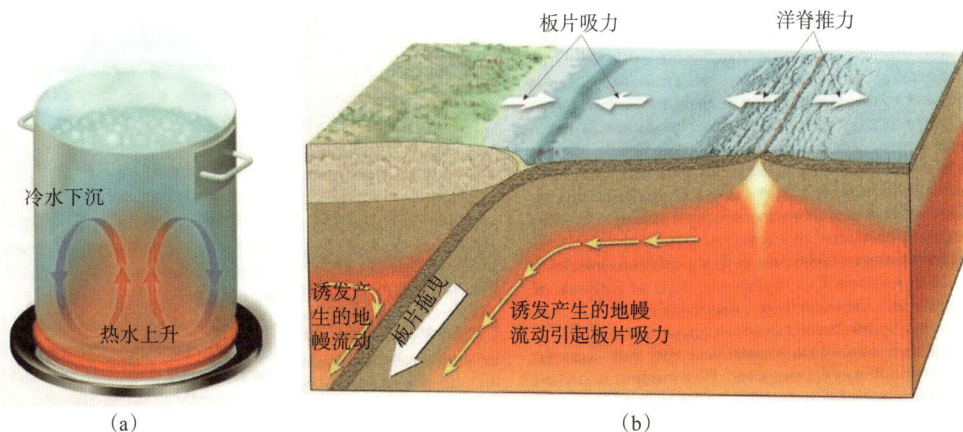

图 12.1 作用于板块的力

（a）驱使板块不息地运动的机制犹如沸腾水中的对流循环；（b）地球内部发生的对流比沸腾的水中的对流缓慢得多，但道理类似

层板片从洋中脊的侧面滑落，迫使它们分离（图 12.1b）。现在业已确认，洋中脊的推挤作用对板块运动的影响远不及板片的拖曳力作用对板块运动的影响大。例如，尽管大西洋中脊（Mid-Atlantic Ridge, 缩写为 MAR）平均（距海底的）高度比东太平洋中隆（East Pacific Rise, 缩写为 EPR）平均（距海底的）高度大得多，但其扩张速率却比东太平洋中隆的扩张速率小得多。这说明板片的拖曳作用对板块运动的影响比洋中脊推挤作用对板块运动的影响大。事实上，当板块的周缘有 20% 以上是俯冲带时，板块移动的速率就相当得快。例如，太平洋板块、纳斯卡板块、科科斯板块等板块均具有大于 10 厘米／年的扩张速率。

（3）板片吸力

再一种驱使板块运动的力系由俯冲板片对邻近地幔的拖曳作用引起的，称为板片吸力（slab suction）或板块吸力（plate suction）。由俯冲板片对邻近地幔的拖曳作用引发的地幔流动拖曳着俯冲板块和上覆板块都朝向海沟运动。由于地幔流动趋于吸入邻近的板块（犹如拔出盛水浴缸的塞子），故称为板片吸力或板块吸力（图 12.1b）。即使俯冲板块从与上覆板块接触处滑脱，当它下沉时仍会继续在地幔引发流动从而继续驱使板块运动。

地幔对流—板块构造系统

板块构造学说成功地解释了板块运动及其在产生和（或）改变地壳主要特征中所起的作用。不过，板块构造学说成立与否并不依赖于是否准确地知道是什么力量在驱使板块运动。幸好是如此！因为迄今为止，还没有哪一种模式能够解释板块构造运动的所有重要的方面。尽管如此，在以下几个方面地球科学家现在已有共识。

（1）地幔对流

地幔对流即软流层里的热对流，是板块运动的基本驱动机制。驱使板块不息运动的对流机制与沸腾水中的对流循环道理类似（图 12.1a），不同的是，地球内部发生的对流比沸腾的水中的对流缓慢得多（图 12.1b）。软流层深部的局部加热作用使得软流层的温度增高，从而岩石发生缓慢的塑性形变。炽热的岩石（岩浆）因体积膨胀、密度减小而缓慢地由洋中脊下方漂浮上升。随着炽热岩石的上升，其周围较重的岩石流向下方。软流层物质在岩石层板块下方作水平流动时逐渐失去热量而冷却，岩石层因变冷体积逐渐缩小、密度逐渐变大，在俯冲带向下俯冲沉落，在深部形成闭合的对流环。大的、俯冲下沉到软流层的那部分板块（即大的岩石层板片）下沉到软流层，与深部地幔重新混合。因为黏滞性，软流层内的热对流带动了岩石层的底部，驱使了板块的运动。

需要强调的是，在地幔中，维持对流运动的是从顶部开始变冷的作用而不是由下往上的加热的作用。岩石层板片一旦开始下沉，炽热的岩石（岩浆）便由地球内部深处缓慢上升，以平衡向下的流动。最后，上涌的炽热的岩石（岩浆）向两旁流动，冷却下沉。上升的炽热的岩石（岩浆）及其向两边的流动引起洋中脊火山活动以及洋盆和大陆漂移。

（2）地幔对流—板块构造系统

究竟是地幔对流驱使着板块运动？还是板块拖曳带动着地幔对流循环？地球科学家现在已形成共识的是，地幔对流和板块构造同属一个系统，它们都是地幔对流—板块构造系统（mantle convection-plate tectonics system）的组成部分。向下俯冲的海洋板块是这个系统驱使对流循环的、冷的、向下运动的一个分支或环节；在浅部沿着洋中脊上升的炽热的岩石（岩浆）以及上涌的地幔焰（mantle plume）则是这个系统驱使对流循环的、热的、向上运动的另一个分支或环节。

（3）板块和地幔的缓慢运动归根到底是由于地球内部存在温度差异造成的

板块和地幔缓慢运动以及驱使其运动的力归根到底是由于地球内部存在温度差异造成的，而地球内部的温度差异则是由于地球向空间辐射热量，同时又从岩石里的放射性物质发生衰变中获得热量所造成的。

地幔对流的热源主要来自放射性衰变（radioactive decay）和地球形成时的"余热（residual heat）"。铀、钍、钾等放射性元素自然发生的放射性衰变以热的形式释放能量。余热指的是 46 亿年前宇宙尘聚集在一块、受到压缩形成地球时残存的重力能。不过，地球内部的热为什么和如何逃逸并集中在某个区域形成对流以及地幔对流确切的具体情况迄今仍然是个谜或尚不十分肯定。

板块—地幔对流模式

任何一个板块—地幔模式都必须与观测到的地幔物理与化学特性相符合。在 20 世纪 60 年代海底扩张假说刚提出来直至 90 年代的时侯，地球科学家认为，地幔对流是由洋中脊下方地幔深处的热的物质向上流动所引起的。当这些物质流动到岩石层的底部时，便沿水平方向扩展，像传送带那样地拖曳着驮在它上方的板块分开。按照这个说法，板块是被地幔中的物质流动被动地拉开的。可是基于观测到的物理方面的证据，洋中脊下的热的物质上升只发生于浅部，并不与地幔深处的对流直接有关联。事实上是板块离开洋中脊的水平运动导致地幔物质上升，而不是反过来地幔物质上升引起板块离开洋中脊的水平运动。1994 年，日本上田诚也（Seida Uyeda, 1930– ）提出："俯冲……对于改变地球表面的面貌和板块构造的运转比海底扩张起着更为基本的作用。"现在大多数地球科学家倾向于认为，板块运动是引发地幔对流的主要力源，是板块构造运动的主要驱动力。当板块运动时，它拖曳着邻近物质，从而引发地幔对流。换句话说，板块构造运动与地幔对流是一个整体的两个组成部分；不仅如此，板块运动是这个整体的最为活跃、最为主动的一个组成部分。

板块—地幔对流目前最主要的模式有三种：①层饼模式（layer cake model），②全地幔对流模式（whole-mantle convection model）以及③深层模式（deep layer model）。

（1）层饼模式

有些学者认为地幔是分层对流的，认为地幔犹如一块在深度可能是 660 千米、但不深于 1000 千米处分开的"层饼（layer cake）"。如图 12.2(a) 所示，层饼模式由两个大部分不连接的对流层组成，以深度约 660 千米为界。上层是较薄的、比较活跃的动态对流层，为较冷的海洋岩石层下沉的板片所驱动；下层是较厚的对流层，与上层没有明显的混合，其下方的流动是由冷的、致密的海洋岩石层的俯冲所驱动。不过，这些俯冲板片穿透到不深于 1000 千米的深度，也就是没有到达下地幔。如图 12.2(a) 所示，"层饼"模式的上层充斥着各种年代的再生的海洋岩石层碎片。这些碎片的熔融是诸如夏威夷火山那样的、远离板块边界的火山活动岩浆的来源。与活跃的上地幔不同，下地幔比较不活跃，它不提供物质支持地表的火山活动。不过，在这一层内，很缓慢的对流携带着热量上升，在这两层之间几乎没有混合。

（2）全地幔对流模式

全地幔对流模式又称"热焰模式（plume model）"。在全地幔模式中，冷的海洋岩石层下沉到深处，搅动了整个地幔（图 12.2b）；同时，热的、由邻近核幔边界的地幔焰输运热量和物质到地面。最后，下沉的板片在核幔边界处消亡。这个向下的流动为朝地表面传输热量的物质向上浮起的地幔焰所平衡。根据全地幔对流模式，有两种类型的地幔焰。一种是狭窄的、管状的、大规模上涌的、能产生与夏威夷、冰岛和黄石相联系的那种类型的"热点火山活动性（hot-spot volcanism）"地幔焰。另一种则是如图 12.2(b) 所示的大型的、被认为是发生在太平洋盆地和南非的超级地幔焰。南非地幔焰的构造被认为可说明南非具有比预期的稳定大陆块海拔高程大得多的高程。这两种类型的地幔焰的热量被认为主要是来自地核，而深部地幔则提供化学上与其他不同的独特的岩浆来源。

地幔对流的真实的具体状况是目前地球科学界所研究的热门问题，在地球科学家中争议很大。可能将来会出现一种将"层饼（layer cake）"模式与全地幔模式结合在一起的模式。

（3）深层模式

深层模式认为分层对流发生在地幔深处。有一种深层模式描述地幔对流犹如一盏置于低处的熔岩灯（lava lamp，图 12.2d）。所谓对流指的是热量经由流体或气体传输的现象。当温度增加时引起液体或气体膨胀，密度变小，从而上升，便发生对流。熔岩灯中发生的对流是演示对流的一个很好的例子。灯的底部的光产生的热使其周围的混合物（油）中的彩色的蜡受热后发生膨胀、密度变小，以光怪陆离、形态各异的油滴或者是飘忽不定的、流动的火焰上升，离开底部的热源，当蜡上升到灯的顶部时释放热量给周围的油蜡，然后逐渐冷却、密度变大，开始

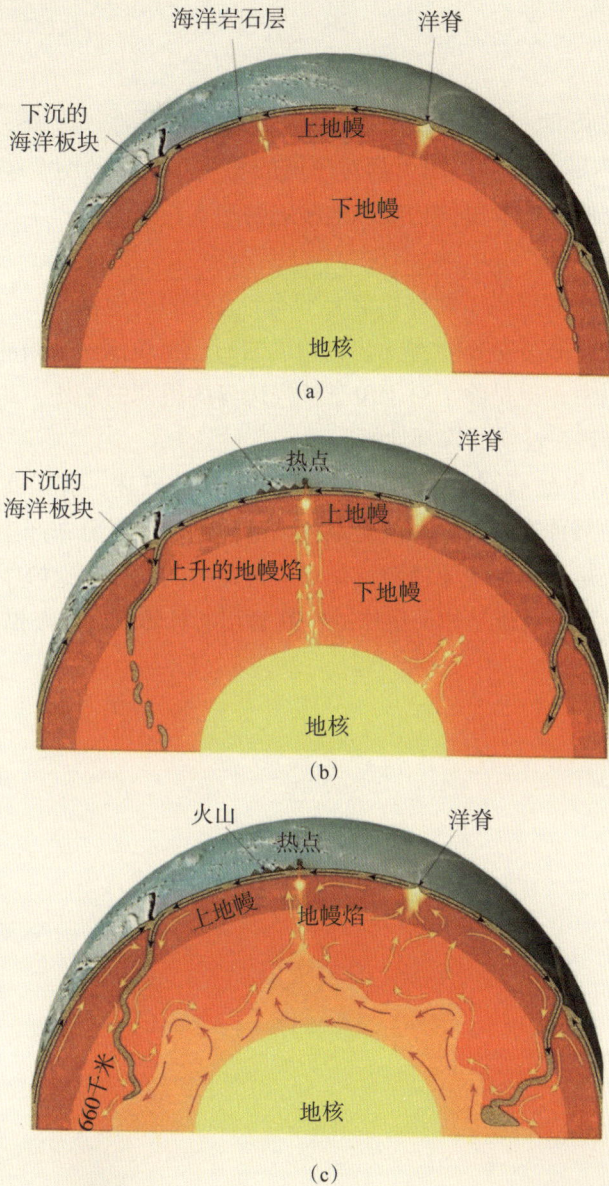

图 12.2 地幔对流模式

（a）层饼模式。层饼模式由两个大部分不连接的对流层组成，以深度约 660 千米为界。上层是较薄的、活跃的动态对流层，为冷的海洋岩石层下沉的板片所驱动。下层是较厚的对流层，与上层没有明显的混合；（b）全地幔对流模式。在全地幔对流模式中，冷的岩石层板片是对流元胞下沉到地幔深处的一支，地幔焰则是对流元胞从核幔边界传输热的物质到地表面的另一支；（c）深层模式。地幔对流犹如一置于低处的熔岩灯（lava lamp）。地球内部的加热作用引起这些对流层以复杂的图案缓慢地膨胀与收缩，但没有显著的混合。有些物质以地幔焰的形式由下向上流动；（d）熔岩灯

下沉，回到灯的底部。在灯的底部，蜡吸收热量，重复进行受热—膨胀—上升—冷却—收缩—下沉—再受热的过程。地球内部的加热作用引起对流层的物质以复杂的图案缓慢地膨胀与收缩，但没有显著的混合。由下层来的少量的物质以地幔焰的形式在地表面产生出热点火山活动（图 12.2c）。

这个模式为观测资料所要求的提供了两种化学上不同的玄武岩的地幔源。再者，它与地震层析成像（seismic tomography，缩写为 ST）显示出的冷的岩石层板块深深地俯冲入地幔是相一致的。尽管这个模式很有吸引力，但是除了对于位于核幔边界的很薄的层外，几乎没有什么地震学方面的证据表明存在具有这一性质的深部地幔。

关于引起板块运动的机制虽然有许多待研究的问题，但如前已述，有一些事实还是清楚的。即：最终驱使板块运动的某种类型的热对流是地球内部热的不均衡分布产生的。还有，向下俯冲到地幔深处的海洋板块是这个系统驱使对流循环、传输冷的物质到地幔中的一个活跃的组成部分。但是，具体地说，地幔对流是如何运作的？其确切的具体情况迄今仍不清楚。

13 地震成因——板间地震

板块的相互作用是地震的基本成因。

在中等深度或较深处，岩石层板块的相对滑动比较均匀和连续。但是在浅处，例如，从地面至 20 ～ 30 千米深的地方，就不是如此。在浅处，岩石层板块的相对滑动是一种称为黏滑的过程，即局部地区在经过一段时间的弹性应变积累之后突然滑动。这种突然滑动就是地震。浅源地震（震源深度 0 ～ 70 千米的地震）集中于板块的边缘，它们是板块相对运动和相互作用的表现。

发散带地震的成因

在发散边界（发散带）发生的地震是海底扩张或裂谷形成、板块增长的结果与表现。由于发散边界是板块新增长的地方，板块较薄，所以地震较小，一般不超过 7 级；震源较浅；地震带较窄；地质构造也较简单；震源表现出与海底扩张有关的性质，即张性的构造应力作用造成的正断层。

消减带地震的成因

在海洋—大陆消减带与海洋—海洋消减带汇聚边界，海洋板块俯冲到大陆板块或另一个海洋板块下面。在这两类汇聚边界，由于板块较厚，所以地震较大；有时震源也较深；地震带较宽；地质构造较复杂；震源表现出与板块俯冲有关的性质，即：当岩石层处于俯冲板块的浅部时弯曲成弧形，张性的构造应力作用造成正断层；当岩石层俯冲到深部时，板块的下沉受到地幔岩石的阻挡，压性的构造应力作用造成逆断层。

碰撞带地震的成因

在大陆—大陆碰撞带，两个大陆板块互相碰撞。板块内部发生大范围的变形，不但造成巍峨的褶皱山脉（如喜马拉雅山和阿尔卑斯山）以及规模宏大的逆冲断层与走向滑动断层，还会因应力向板块内部传递而使板块内部处于应力状态，发生地震。我国青藏高原及与青藏高原邻接的地区的地震就是碰撞带地震的典型例子。

转换断层地震的成因

在走滑边界（转换断层），板块虽较薄，震源也较浅，但有时因破裂长度较大，地震可能很大；再加上震源较浅，有时又发生在陆地上，因此仍颇具破坏力。转换断层上发生的地震表现出与板块相互平移有关的性质，即沿水平方向作用的构造应力造成的走滑断层。

上述地震，即发散带（洋中脊、裂谷带）地震、消减带地震、转换断层地震、碰撞带地震等，都是发生在相互作用的板块之间，而不是在板块内部，这些地震统称为板间地震（interplate earthquake）。

14 中深源地震的成因与和达—贝尼奥夫地震带

中深源地震的成因

按照震源深度的不同，地震可分为浅源地震（shallow focus earthquake），中源地震（intermediate focus earthquake）与深源地震（deep focus earthquake）。浅源地震指的是震源深度 0 ~ 70 千米的地震，中源地震指的是震源深度 70 ~ 300 千米的地震，深源地震指的是震源深度 300 ~ 700 千米的地震。浅源地震、中源地震与深源地震的深度界限的确定并不严格，有一定的随意性，上面列的只是较常使用的数值。亦有人将浅源地震和中源地震的深度界限定为 60 千米，将中源地震和深源地震的深度界限定为 350 千米，将深源地震的最深的深度界限定为 680 千米。

图 14.1 表示 1964 年 1 月至 1986 年 2 月体波震级 $m_b \geqslant 5.0$ 地震深度分布，图中横坐标是地震震源的深度，纵坐标是每年每 10 千米深度范围的地震数。由图可见，地震活动性随着震源深度从 0 增加到 300 千米逐渐下降，到了 500 千米的深度处地震活动性显著增加直至 600 千米处达到最大值。图 14.1 的两条曲线，在上面的一条是包括汤加—克马德克区域的地震，另一条则不包括。汤加—克马德克区域是全球中深源地震最多的地区，全球深度 300 千米的地震有 2/3 发生在这个地区。由图可见，即使不包括汤加—克马德克区域的地震，全球地震震源深度的分布特征也是相似的。

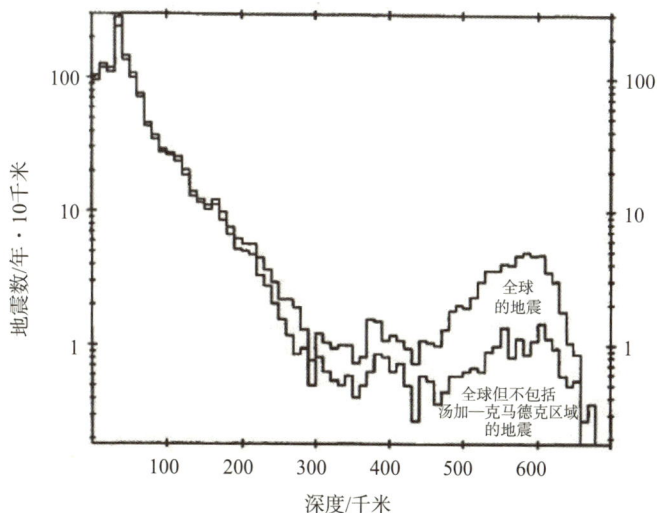

图 14.1 1964 年 1 月至 1986 年 2 月体波震级 $m_b \geqslant 5.0$ 地震深度分布

在全球地震所释放的地震能量中，85% 是由浅源地震释放的，12% 是中源地震释放的，3% 是由深源地震释放的。中源地震和深源地震主要发生于南美安第斯山、汤加群岛、萨摩亚、新赫布里底山脉、日本海、印度尼西亚和加勒比安德烈斯。这类地区都与深海沟有关，地震频次在深度超过 200 千米后急剧下降，但有时震源深度可达 700 千米。在远离太平洋地区的兴都库什、罗马尼亚、爱琴海和西班牙，也有一些中源地震发生。中源地震和深源地震也发生于岩石层中。在俯冲带，岩石层板块从海沟附近向下弯曲，倾斜地延伸于岛弧之下。在板块向下运动的过程中，又发生新的形变。在岩石层板块俯冲入温度较高的软流层时，其内部的温度依然较低，仍然可以因形变而发生脆性的剪切破裂。这就是中深源地震的成因。

和达—贝尼奥夫地震带

中源地震和深源地震发生于从海沟内侧向大陆侧倾斜、倾角30° ~ 60° （平均约为45° ）的层内（图 14.2），这个层下插到深度达几百千米的深处，厚度只有几十千米，最薄的地方还不及 20 千米，称为深源地震层，又称深源地震带、深源地震面，等等。深源地震层也称为和达—贝尼奥夫地震带，简称和达—贝尼奥夫带（Wadati-Benioff zone, 图 14.2）。多年来，在西方的文献中一直把中源地震和深源地震的这样一种分布称为贝尼奥夫带（Benioff zone）。但后来注意到，早在贝尼奥夫之前，曾任日本学士院（即科学院）院长的和达清夫（Kiyoo Wadati, 1902–1995）在 20 世纪 20 年代末就发现了深源地震带（面、层）这样一种分布（图 14.2）。他发现，地震的震中越靠近亚洲大陆，其震源深度越大，即地震的震源分布在向大陆倾斜的层即深源地震层内。

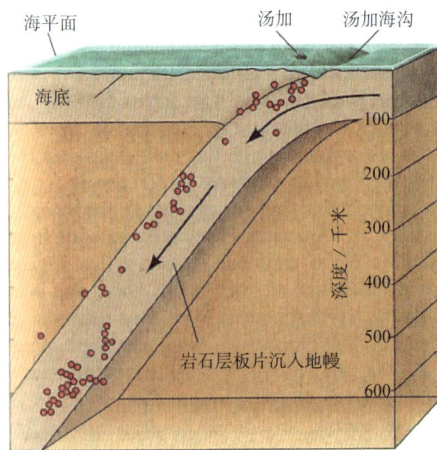

图 14.2 和达—贝尼奥夫地震带

　　20 世纪 40 年代末及以后，美国的贝尼奥夫（Victo Hugo Benioff, 1899–1968）对这一现象做了大量的研究，并且对此做出了科学解释。贝尼奥夫指出，深源地震带是因为洋底俯冲到邻接的大陆下的结果。贝尼奥夫的这一科学解释是在板块大地构造学说问世之前 20 多年做出的，是地震学家、地球物理学家早已知道的事情，只是直至板块大地构造学说提出与确立之后，人们才明白所谓的和达—贝尼奥夫带（面、层）其实就是现在称为岩石层板片（slab）的、下沉的岩石层板块俯冲到软流层、在板片内发生地震的结果。这一大胆的假设或科学解释比板块大地构造学说对此所做的解释超前了 20 多年。为了纪念和达清夫与贝尼奥夫对深源地震带的发现与科学解释所做的卓越贡献，现在称深源地震带（面、层）为和达—贝尼奥夫（地震）带（面、层）。

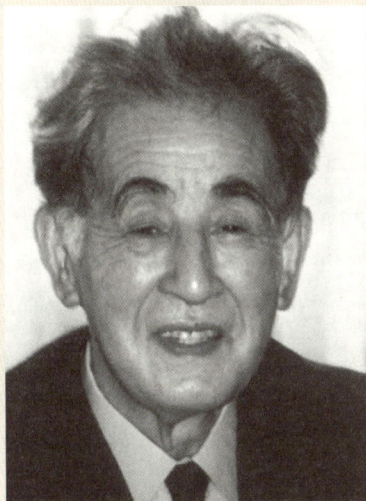

图 14.3　国际著名地震学家日本和达清夫　　　　图 14.4　国际著名地震学家美国贝尼奥夫
(Kiyoo Wadati, 1902–1995)　　　　　　　　　(Victor Hugo Benioff, 1899–1968)

　　俯冲到 650 ～ 700 千米深处的板块（板片）最终或者被地球内部的岩石所吸收，或者其性质发生变化以致再也释放不出地震能量。因此，在 650 ～ 700 千米深度范围以下便没有地震发生。

15 地震成因——板内地震

地震不但发生在板块之间，比如环太平洋地震带、欧亚地震带、洋中脊地震带，地震也发生在远离板块边缘的板块内部，比如在印度板块内部、欧亚大陆内部。除了格陵兰和南极以外的所有大陆（或内陆地区），都有地震发生。在北美洲，除了在板块边界以外，在北美板块内部仍然有地震的发生。发生于板块内部的地震称为"板内地震（intraplate earthquake）"。

全球的地震能量的绝大多数（99%）是由板间地震释放的，只有 1% 的地震能量是由板内地震释放的。板内地震释放的能量在全球地震释放的能量中所占比例虽极小，但并不意味着无足轻重。许多重大的破坏性地震如我国 1556 年 1 月 23 日陕西华县 $M_S8.0$ 地震（造成 83 万人死亡）、1920 年 12 月 16 日甘肃海原（今宁夏海原）$M_W8.3$（$M_S8.5$）地震（造成 235502 人死亡）、1966 年 3 月 8 日河北邢台隆尧 $M_W6.8$（$M_S6.8$）地震与 3 月 22 日河北邢台宁晋 $M_W7.4$（$M_S7.2$）地震（造成 38000 人受伤、其中 8064 人死亡）、1975 年 2 月 4 日辽宁海城 $M_S7.3$ 地震（造成 18308 人伤亡、其中 1328 人死亡）、1976 年 7 月 28 日河北唐山 $M_S7.8$ 地震（造成 24.2 万余人死亡、16 万人重伤），以及美国 1811 年 12 月 16 日新马德里 $M_S8.2$ 地震、1812 年 1 月 23 日和 2 月 7 日密苏里 $M_S8.1$ 和 $M_S8.3$ 地震、1819 年 12 月 16 日印度西北部卡奇（Cutch 或 Kacch）兰恩（Runn 或 Rann）$M_W8.3$ 地震（造成 1440 人死亡）就是重大的板内破坏性地震的著名例子。

我国大陆并不处在环太平洋的地震带上，它距离环太平洋地震带还有一段距离。欧亚地震带从青藏高原南部喜马拉雅山通过，印度板块与欧亚板块的碰撞不但使青藏高原隆升，还造成了范围广泛的碰撞带地震和板内地震。因此除喜马拉雅山、青藏高原地震和台湾地震外，我国大陆内部的大多数地震都发生在远离欧亚地震带和环太平洋地震带的板块的内部，都属于板内地震。

那么为什么会发生板内地震呢？

板块构造学说圆满地解释了全球地震分布的最显著的特点和震源机制的总体特征，然而并没有对发生于板块内部的地震——板内地震提供现成的解释。目前对于板内地震发生的原因的了解不如对于板间地震原因的了解那么清楚，解释也不如对于板间地震那么圆满。但是已经可以肯定，板块内部地震的发生也是因为板块的相互作用的结果，即：板内地震是在板块相互作用的影响下，由比较局部的力系或由表层岩石的温度、深度和强度的变化引起的。板块的作用并不局限于板块的边界，这个作用会逐渐地向板块内部传递。传递的结果就是使板块内部的应力发生变化，因此在某些有利的地方，就要发生地震。这就是板内地震发生的原因。但是具体地说，究竟某个地方为什么会发生应力的传递以及应力如何传递、从而发生板内地震，并没有得到完全的、圆满的解决，板内地震发生的成因与机制，迄今仍然是个非常受关注的热点问题。

16 地震机制——弹性回跳

地震是如何发生的？也就是说，地震发生的机制是怎么样的？

美国地质学家里德（Harry Filding Reid, 1889–1944）（图 16.1）根据他对 1906 年 4 月 18 日美国旧金山大地震的研究及与此类似的大量的观测事实，特别是对地震前后的大地测量结果的研究，在 1910 年提出了关于地震直接成因的弹性回跳理论（图 16.2）。

按照板块大地构造学说，大多数地震都发生在岩石层中。当岩石层因构造运动而变形时，能量以弹性应变能的形式贮存在岩石中，直至在某一点累积的形变超过了岩石所能够承受的极限时就发生破裂，或者说产生了地震断层。破裂时，断层面相对着的两侧各自回跳，或者说，反弹到其平衡位置，贮存在岩石中的弹性应变能便释放出来。释放出来的应变能一部分用于克服断层面间的摩擦，然后转化为热能；一部分用于使岩石破裂；还有一部分则转化为使大地震动的弹性波能量。这就是里德根据他对 1906 年美国旧金山大

图 16.1 国际著名地震学家、地质学家美国里德（Harry Filding Reid,1889–1944）

地震以及更早些的 1892 年印度尼西亚苏门答腊地震的研究提出的关于地震直接成因的弹性回跳理论的简要说法。

旧金山大地震发生于 1906 年 4 月 18 日当地时间上午 05 时 12 分。地震时，在圣安德烈斯断层长约 435 千米的地段上发生了突然的相对错动。在震中区，断层的西侧相对于东侧向北移动了大约 4.0 米；在一些地点，断层的西侧相对于东侧向北移动了 6.5 米；在圣安德烈斯断层西北段的托马勒斯湾（Tomales Bay）向北移动达 7.0 米。地震前，该地区曾经有过两期三角测

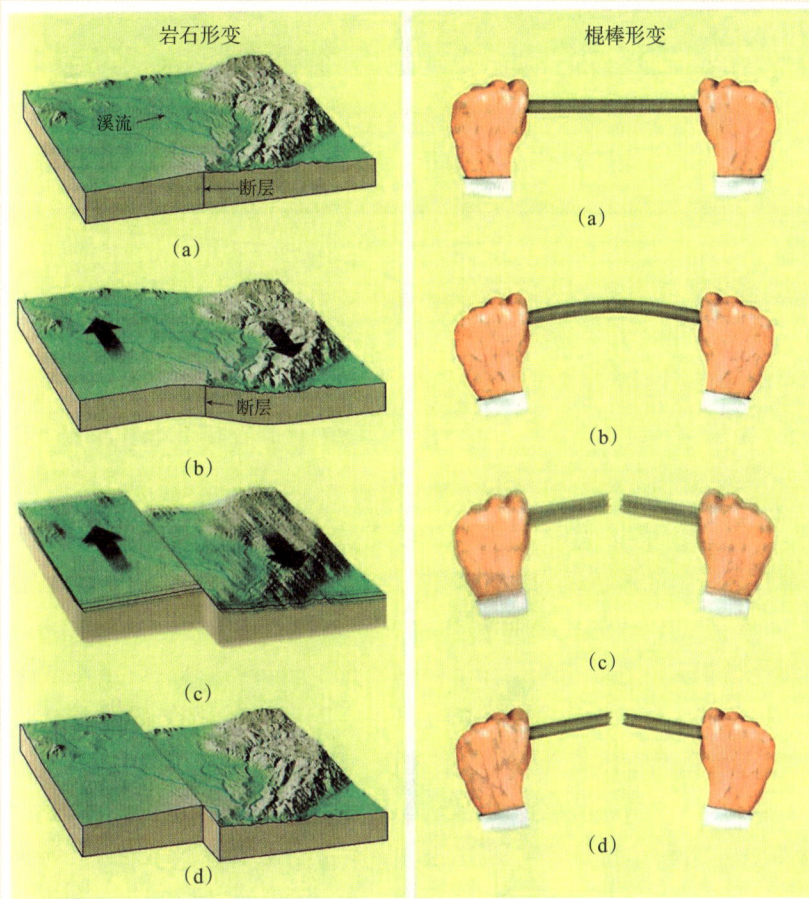

图 16.2 关于地震直接成因的弹性回跳理论
(a) 原始状态；(b) 应变积累；(c) 左：断层滑动（地震），右：棍棒折断；(d) 应变释放

量。第一期在 1851—1865 年间，第二期在 1874—1892 年间。地震后（1906—1907 年间）做了第三期三角测量。根据这些测量可知，在第一期至第二期测量期间，远离断层的西侧的点相对于远离断层的东侧的点朝北移动了 1.4 米；在第二期至第三期测量期间，移动了 1.8 米。这就是说，在 1851—1865 年至 1906—1907 年的大约 50 年间，断层的东、西两侧已经发生了 3.2 米的相对位移。在地震时，断层的东、西两侧突然发生相对错动。这些情况如图 16.3 所示。

图 16.3 中的 A'O'C' 线在第一期测量时是直线。在第二期测量时位移到了 A″Q'C' 的位置。地震后，这条直线断成两段，一段是 A″B'，另一段是 D'C'。A'O'C' 的弯曲和断裂说明了形变早在第一期测量前就已经发生。

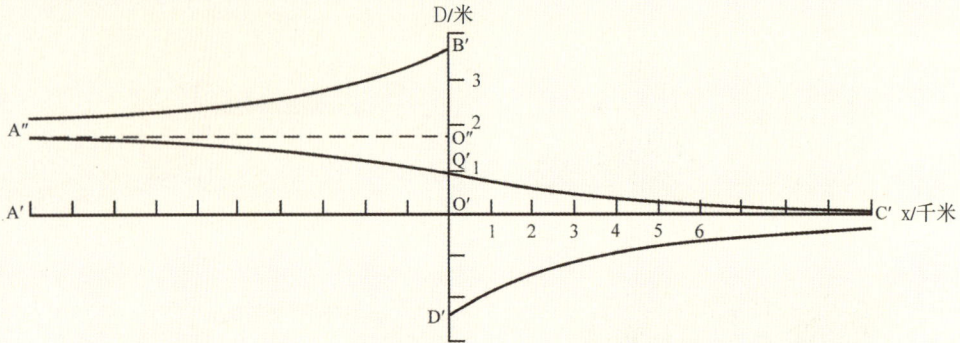

图 16.3　用以得出弹性回跳理论的 1906 年 4 月 18 日旧金山大地震前后的大地测量结果

在第一期测量时是直线的 A′O′C′ 在第二期测量时位移到了 A″Q′C′ 的位置。地震后，第三期测量发现 A″Q′C′ 断成两段 A″B′ 和 D′C′。A′O′C′ 弯曲成 A″Q′C′ 和 A″Q′C′ 断裂成 A″B′ 和 D′C′ 说明了形变早在第一期测量前就已经发生

　　为了说明这些运动，里德提出，断层区的物质是弹性的，所以从 A′O′C′ 变到 A″Q′C′ 时的缓慢形变使得弹性应变能密度以及未来的断层面上的剪切应力增加，直至达到某一破裂点时就发生破裂。破裂时断层的两侧在其弹性应力的作用下回跳，或者说，反弹到无应变的位置。

　　里德当时就已认识到，在整个断层面上，应力不可能同时达到破裂点。破裂先发生于某一个小区域，它使得邻近区域的应力增加，导致破裂过程以小于周围介质的纵波速度扩展。这一破裂过程如图 16.4 所示。图 16.4(a) 上的粗线表示一个垂直于地面的断层面与地面的交线。地面上的一系列垂直于断层的平行的测线表示地震发生之前的无应力状态。临近发生地震时，这些测线变形到图 16.4(b) 所示的位置。图 16.4(c) 表示在小箭头所示的地方开始发生断层滑动，

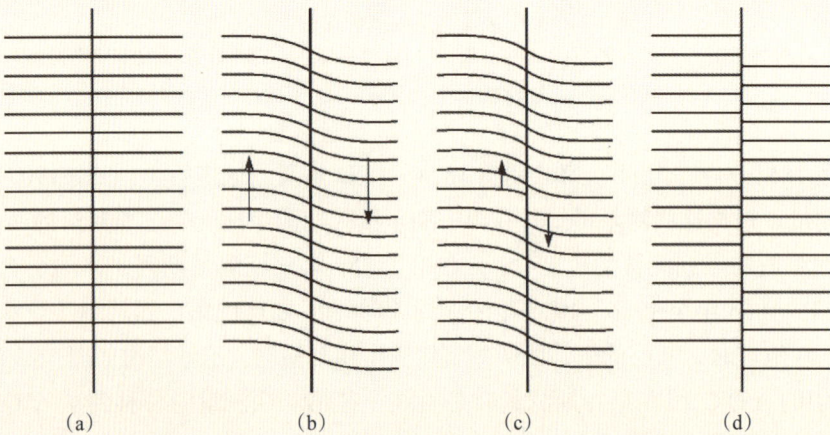

| (a) | (b) | (c) | (d) |

图 16.4　用弹性回跳理论解释地震破裂过程

　　（a）地震发生之前的无应力状态；（b）临近发生地震时；（c）断层开始滑动；（d）断层面两侧的岩石回跳到各自的平衡位置

于是给断层面的邻近区域添加了额外的应力。结果，因形变而弯曲的测线迅速地、连续地回跳到图 16.4(d) 所示的平衡位置。这就是地震破裂过程。形变传播的速度就是纵波或横波速度。破裂面的扩展是在断层滑动引起的附加的应力作用下发生的。从因果关系考虑，可以判定，破裂扩展速度应低于纵波速度。图 16.5 是在旧金山大地震之后拍摄的、在马丁（Martin）县伍德维尔（Woodville）西北面大约 1 千米的一个农庄的篱笆在地震时被发震断裂所错断的情况。地震时，篱笆的西部（近处）相对于东部（远处）向北（向左）移动了大约 2.6 米（8.5 呎）。篱笆接近于断层迹线时突然转向，篱笆直线部分的总位移约为 3.3 米。图 16.6 则是美国旧金山大地震时在加州加勒西哥（Calexico）东部橘树林中断层滑动的情况。

图 16.5 1906 年美国旧金山大地震时一个农庄的篱笆发生错动

被发震断裂所错断的篱笆西部（近处）相对于东部（远处）向北（由右至左）移动了大约 2.6 米，篱笆接近于断层迹线时突然转向，篱笆直线部分的总位移为 3.3 米

图 16.6 1906 年美国旧金山大地震时在加州加勒西哥（Calexico）东部橘树林中断层滑动的情况

　　按照弹性回跳理论，地震的发生是因为在地下岩石里的应力不断积累。原先没有发生形变的岩石，因为地下岩石块体的相对运动，比如说我们现在已经知道的太平洋板块相对于北美的板块由南往北地运动或者说圣安德烈斯断层西边的岩石相对于东面的岩石的向北运动，使得岩石发生了形变。原来是平直的线（图 16.4a）逐渐弯曲（图 16.4b），直至发生地震（16.4c）。震后，破裂面两边的岩石回跳到了它原先没有发生形变的平衡位置上（图 16.4d）。这就是为什么在地震发生时，图 16.5 所示的篱笆的西部相对于东部会向北错动了大约 2.6 米。

17 现代地震学的发展

图 17.1 现代地震学的奠基人之一、矿业工程师、地震学家、英国约翰·米尔恩（John Milne，1850–1913）

地震的发生与板块的相对运动、相互作用密切关联。在板块大地构造学说创立过程中，地震与地球内部结构的研究曾经起到过重要的作用。

早在 1890 年，现代地震学的奠基人之一、在日本东京帝国工程学院任教的矿业工程师、地震学家、英国约翰·米尔恩（John Milne，1850.12.30–1913.7.31）与他的两位同在日本的英国同事詹姆斯·阿尔弗莱德·伊文（James Alfred Ewing）与托马斯·格雷（Thomas Gray）共同研制成功了一台能够精确测量地震动的仪器——现代地震仪。但是仅仅过了几年后，1895 年，一场意外的火灾不但烧毁了米尔恩的家、实验室和书籍，而且烧毁了他积累了多年的地震资料。但是他并没有因此而气馁。在他 1895 年 7 月返回家乡——英格兰岛南海岸的怀德岛（Isle of Wight）上的赛德（Shide）镇以后，他继续从事有关地震的研究工作。到 20 世纪初，米尔恩已经发展了一整套完整的研究地震的方法。他在当时的大不列颠与北爱尔兰联合王国版图内的许多属地布设了总共由 27 个地震台组成的地震台网。到 1913 年米尔恩逝世时，他建立起来的全球地震台网已经拥有 60 个地震台。

地震仪是用来测量地震断层突然错动而造成的地震及其引起的地震动强度的仪器。地震动是三维的：上下振动、左右振动与前后振动，记录地面运动的地震仪便有三个分向，通常是垂直分向、东—西分向与南—北分向（图 17.2）。到了 19 世纪末，米尔恩、伊文和格雷用他们发明的地震仪首次记录到并区分出两种以不同速度传播的地震波（图 17.3）。速度最快、最先到达地震台的地震波称为初至波（primary wave），记为 P，简称 P 波（P wave）。P 波是以质点前后（纵向）振动的形式传播的波，所以又称为纵波。速度其次、继 P 波之后到达地震台的地震波称为续至波（secondary wave），记为 S，简称 S 波（S wave）。S 波是以质点横向振动的形式

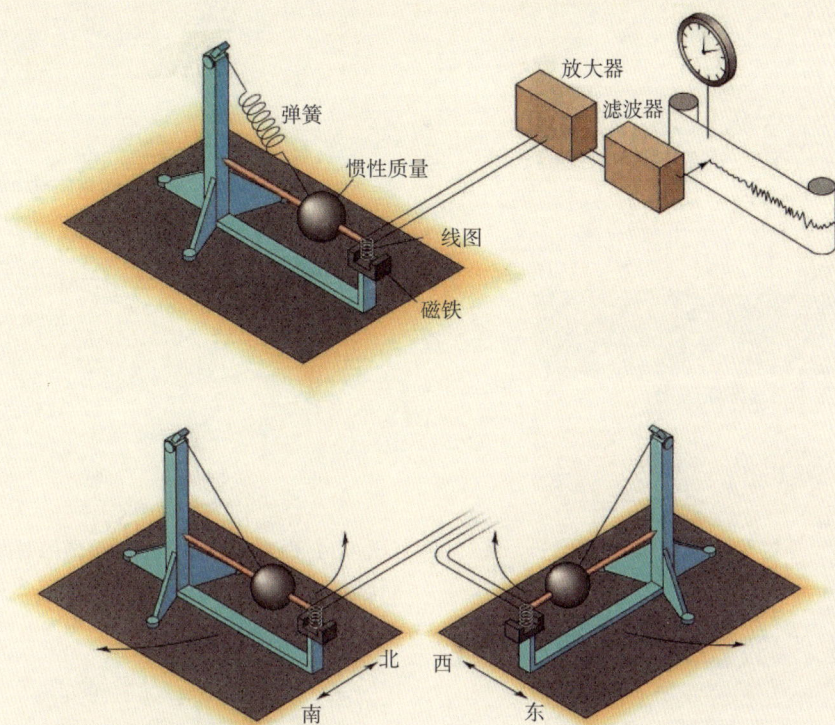

图 17.2 记录三个分向（上下、左右和前后）地面运动的地震仪（原理示意图）

传播的波，所以又称为横波。S 波传播时，其波形犹如蛇形。此外，还有沿着地球表面传播的表面波（简称面波）：瑞利波（Rayleigh wave）与勒夫波（Love wave）。P 波和 S 波到达仪器的时间间隔称为"S 减 P"，记为"S–P"。由 S–P 可以算出震中距，即地震台和地震震中之间的距离（图 17.4），通过三个地震台的震中距可以测定地震发生的位置（图 17.5）。在图 17.4 与图 17.5 所示的例子中，为简单计，假定震源位于地球的表面。

米尔恩建立的地震台网开创了遥测地震的先河，他首创全球地震台网，推进了现代地震学的发展，为科学和人类社会做出了巨大贡献。不久，地震学家惊奇地发现，地震仪不仅可以用于测定地震的位置和大小，而且还可以用于探测地球内部的结构。截至第一次世界大战前，地震学家通过对地震波的研究已经探明了地球内部结构，认识到了地球由地核、地幔、地壳组成，地壳厚度平均约 35 千米，地核是被高密度岩石层与地幔包围着，等等。但是，在那时，对于地球内核究竟是液体还是固体，还没有一致的定论。

地震波

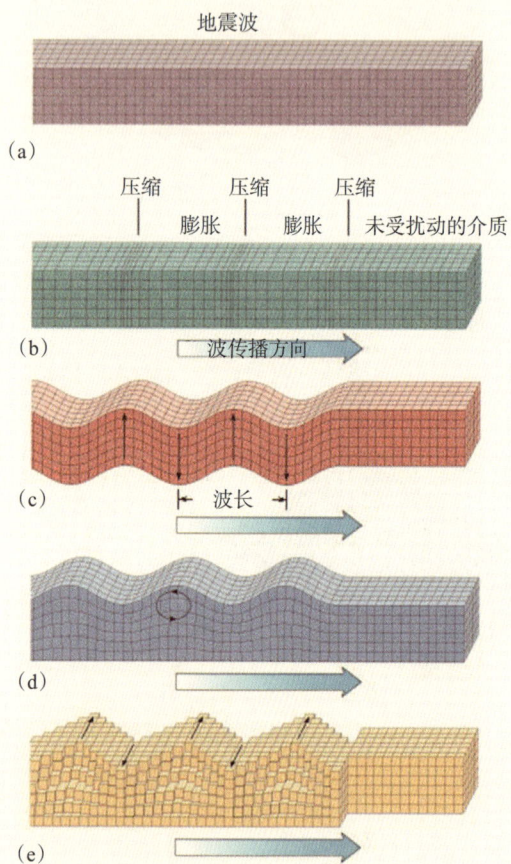

（a）

压缩　　　压缩　　　压缩
膨胀　　膨胀　　未受扰动的介质

（b）

波传播方向

（c）

波长

（d）

（e）

图 17.3　地震波
（a）介质未受扰动的状态；（b）P 波；（c）S 波；
（d）瑞利波；（e）勒夫波

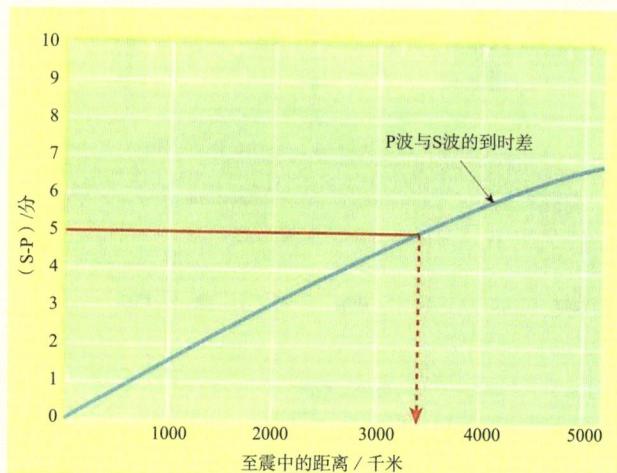

图 17.4　由 P 波和 S 波到达仪器的时间间隔
(S−P) 可以求出震中距

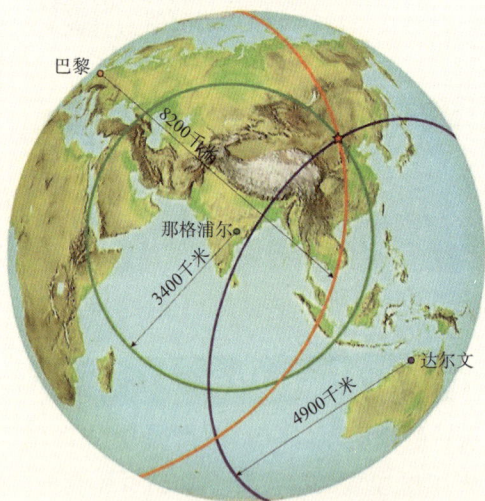

图 17.5　地震定位原理（示意图）
由三个台（[法] 巴黎台、[印] 那格浦尔台、
[澳] 达尔文台）的震中距可以确定地震发生的位置

18 大陆漂移

板块大地构造学说是地球构造理论的一个重要成就。板块大地构造学说虽然是 20 世纪 60 年代才提出来和确立的，但它的来源至少可以追溯到 1912 年著名的德国地理学家、气象学家、天文学家、探险家阿尔弗雷德·罗萨尔·魏格纳（Alfred Lothar Wegener，1880–1930，图 18.1）提出的大陆漂移（continental drift）学说，甚至更早，比如说 16 世纪。

1596 年，比利时北部法兰德斯地图学家奥特利乌斯（Abrahan Ortelius, 1527–1598）最早提出大陆漂移假说。

图 18.1 大陆漂移学说的创始人阿尔弗雷德·罗萨尔·魏格纳 (Alfred Lothar Wegener，1880–1930)

(a) 魏格纳；(b) 1930 年 11 月 1 日，魏格纳（左）和他的因纽特（Inuit 或 Innuit）向导在他最后一次格陵兰气象探险考察时摄。这是魏格纳的最后一张照片，此后不久，魏格纳便在这次气象探险考察中以身殉职。因纽特人是居住在北美北部以及格陵兰和阿拉斯加部分地区一个种族的人，有时被称为爱斯基摩（Eskimo）人。但是他们不喜欢这一称呼，认为那是一种冒犯

(a)　　　　　　　　(b)

1620 年，英国大法官、著名哲学家弗朗西斯·培根（Francis Bacon, 1561–1626, 图 18.2）曾注意到大西洋两岸轮廓的相似性，他从当时新绘制的世界地图上注意到，南美洲东岸和非洲西岸可以几近完美地拼合在一起，他研究了南美洲和非洲互补型海岸线的成因，认为西半球与欧亚大陆曾经是连接在一起的，并强调这也许不仅仅是偶然的巧合。

1756 年，德国一位神学家宣称，地球在"洪水"以后曾发生过破裂，其依据是许多被海域分开的大陆，其相对两岸具有非常相似的轮廓。19 世纪初，近代地理学创始人德国洪堡

图 18.2 著名哲学家英国弗朗西斯·培根
（Francis Bacon, 1561–1626）

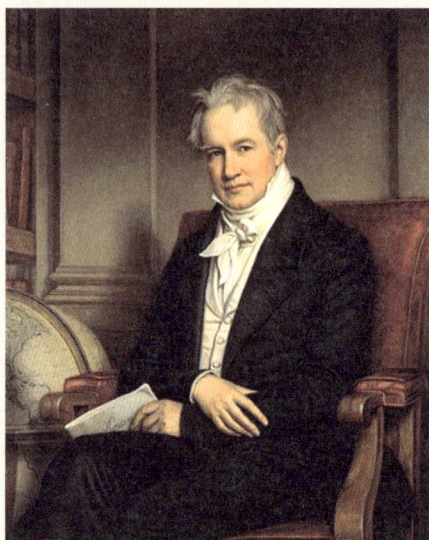

图 18.3 近代地理学创始人德国洪堡
(Friedrich Wilhelm Heinrich Alexander
von Humboldt, 1769–1859)

（Friedrich Wilhelm Heinrich Alexander von Humboldt, 1769–1859，图 18.3）也指出，南美和非洲之间的海岸形状极为相似。1858 年，安东尼奥·斯奈德—佩莱格利尼（Antonio Snider-Pellegrini,1802–1885）在地理百科全书中提及美洲可能是"因地震与潮汐而从欧洲及非洲分裂出去"的观点，他描绘了一幅大西洋周围大陆的复原图，在这幅图上，大西洋消失了，非洲和美洲连接在一起。他还运用地质资料说明了美洲和欧洲煤层中化石的相似性。进化论创始人查尔斯·达尔文（Charles Darwin,1809–1882）的次子、著名的天文学家、地球物理学家英国乔治·霍华德·达尔文（George Howard Darwin，1845–1912，图 18.4）认为，太平洋可能是月球飞出去后留下的痕迹。20 世纪初，皮克林（W. H. Pickering）、泰勒（F. B. Taylor）、修斯（Edward Suess,1831–1914）、李四光（1889—1971）等都曾讨论过大陆的大尺度水平运动。在魏格纳之前，1910 年，美国地质学家泰勒（F. B.Taylor）就曾提出，大陆大规模地朝向赤道发生了漂移，以此来解释第三纪山脉如喜马拉雅山脉、安第

图 18.4 著名天文学家、地球物理学家英国乔治·霍华德·达尔文（George Howard Darwin，1845–1912）

斯山脉和阿尔卑斯山脉的起源。19—20世纪初国际著名的地质学家奥地利修斯是现代地质学的一位主要人物，因他开拓了用放射性方法测得地质年龄的工作而著称于世。他收集了南美、非洲、印度、澳洲大陆构成一个更大的大陆的许多证据。他提出，大陆漂移可以用"固体地幔内的热对流来加以解释"。

大陆漂移学说的提出

1915年，魏格纳出版了一本书，书名叫做《 *Die Entstehung der Kontinente und Ozeane*（大陆和海洋的起源）》（英文版是根据德文第三版在1924年译出的，译名为《海陆的起源》）。全书共94页。在这本用德文写的书中，他发表了他于1912年写的一篇题为《大陆和海洋的起源》论文的增订稿，提出了有关地球表面本质的大胆设想。他指出，"巴西的版图突出的部分正好和非洲西南部凹进去的部分吻合，所以巴西和非洲的西南部最初是一体、后来才逐渐分开的。"魏格纳认为，世界上的大陆如欧亚大陆、北美大陆、南美大陆、非洲大陆在距今3亿~2亿年（300Ma ~ 200Ma）的古生代晚期—中生代早期是联结在一起的，魏格纳建议称之为Πανκαια（Pangaea）。Πανκαια（Pangaea）系希腊文，意为all lands（所有的陆地）即泛古陆、联合古陆。联合古陆由较轻的硅铝质岩石（如花岗岩）组成，它像冰山一样漂浮在较重的硅镁质的岩石（如玄武岩）上，周围是辽阔的海洋。联合古陆后来（现在我们知道是距今约2亿年的中生代时）开始分裂。魏格纳认为可能是由于受到太阳、月亮对地球的引力和地球自转离心力三种力的共同作用，在重的硅镁层上的轻的硅铝质大陆发生漂移而逐渐地分开，大陆之间被海洋分隔，逐渐达到现今的位置，重新组合，形成今天的海陆格局。他的根据是：相隔大洋的两块大陆的种种相似性和连续性，包括海岸线的形状、地层、构造、岩相、古生物学，以及古气候学、大地测量学、地球物理学等证据。

魏格纳首先分析了大西洋两岸的山系和地层。他发现（图18.5）：北美洲纽芬兰一带的褶皱山系与欧洲北部的斯堪的纳维亚半岛的褶皱山系遥相呼应，意味着北美洲与欧洲以前曾经"亲密接触"；美国阿巴拉契亚山的褶皱带东北端没入大西洋，延伸至对岸后又在英国西部和中欧一带出现；非洲西部距今20亿年前的古老岩石分布区与巴西的古老岩石分布区遥相呼应，二者的构造也彼此吻合；南美阿根廷的首都布宜诺斯艾利斯附近山脉岩石中的地层等与非洲南端的开普勒山脉岩石中的地层相对应；等等。除大西洋两岸山系和地层相似性等证据外，魏格纳还发现，非洲和印度、澳大利亚等大陆之间，地层构造之间也有联系，而且这种联系大都限于2.5亿年以前的古生代地层构造。

魏格纳又考察了大洋两岸的化石（图18.6）。在他之前，古生物学家就已经发现，在远隔重洋的大陆之间，古生物物种有着密切的亲缘关系。例如，蜥蜴的一个物种中龙（*Mesosaurus*）

是一种生活在远古时期（27亿年前）陆地淡水沼泽中、无法越过大洋的小型爬行动物，然而它的化石既可以在南美洲巴西石炭纪到二叠纪的地层中找到，也出现在非洲西部的同类地层中（图18.6a）。生活在淡水里的中龙是如何游过大西洋的？水龙兽（*Lystrosaurus*）的化石也在非洲、印度、澳洲等地发现（图18.6c）。更有趣的是一种庭园蜗牛化石，既存在于德国和英国等地，也分布于大西洋彼岸的北美洲。它们又是如何跨越大西洋的万顷波涛的？因为当时鸟类尚未在地球上出现。还有一种古蕨类植物——舌羊齿（*Glossopteris*）的化石，竟然同样分布于澳大利亚、印度、南美、非洲等地的晚古生代地层中（图18.6b）。

图 18.5 大西洋两岸的山系和地层遥相呼应

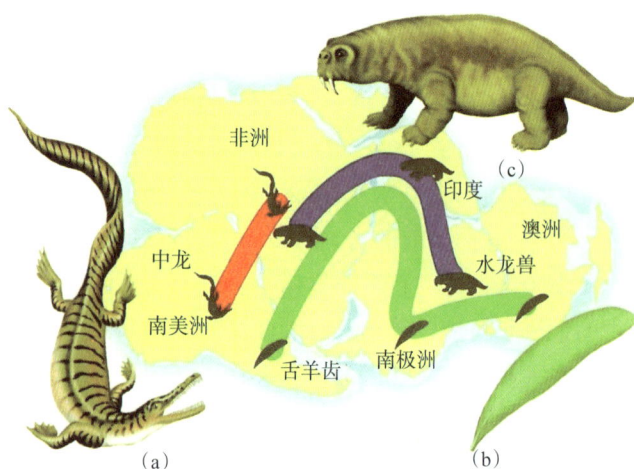

图 18.6 远隔重洋的大陆之间古生物物种的密切亲缘关系
（a）中龙（*Mesosaurus*）；（b）舌羊齿（*Glossopteris*）；（c）水龙兽（*Lystrosaurus*）

图 18.7 是 1967 年迪茨（R. S. Dietz）发表的一篇评述性论文中所附的、他的一位爱好绘画艺术的同事霍尔登（J. C. Holden）所绘的饶有兴味的 4 幅图，它们形象地说明了当时大多数科学家对被海洋遥相隔开的大陆上出现相同物种原因的解释：第一种解释认为可能是乘坐木筏漂洋过海的（图 18.7a）。第二种解释认为可能是大陆之间存在着陆桥（地峡）（图 18.7b），而这些陆桥后来渐渐地被海水淹没了。第三种解释认为可能是这些动物以岛屿为踏脚石越过海洋的。魏格纳却持不同的看法（第四种解释）。魏格纳认为非洲和美洲同时发现中龙化石是因为 1.25 亿年（125Ma）前，两个大陆是连在一起的，后来发生了大陆漂移（图 18.7d），把它们的化石带走了。魏格纳建议把大陆漂移之前的大陆称为泛古陆（Pangaea），即联合古陆。

图 18.7 陆地上的动物是如何跨越万顷波涛的
（a）乘坐木筏？（b）走过陆桥（地峡）？（c）以岛屿作踏脚石？（d）由于大陆漂移？

古代冰川的流动方向和现代的煤产地（过去的温暖潮湿的沼泽地）的分布也支持魏格纳大陆漂移的设想（图 18.8）。

距今约 3 亿年的晚古生代，在南美洲、非洲、澳大利亚、印度和南极洲，都曾发生过大范围的冰川活动。从冰川的擦痕可以判断出古代冰川的流动方向。从冰川遗迹分布的规模与特征判断，当时冰川的类型当属产生于极地附近的大陆冰川，而南美、印度和澳大利亚的古冰川遗

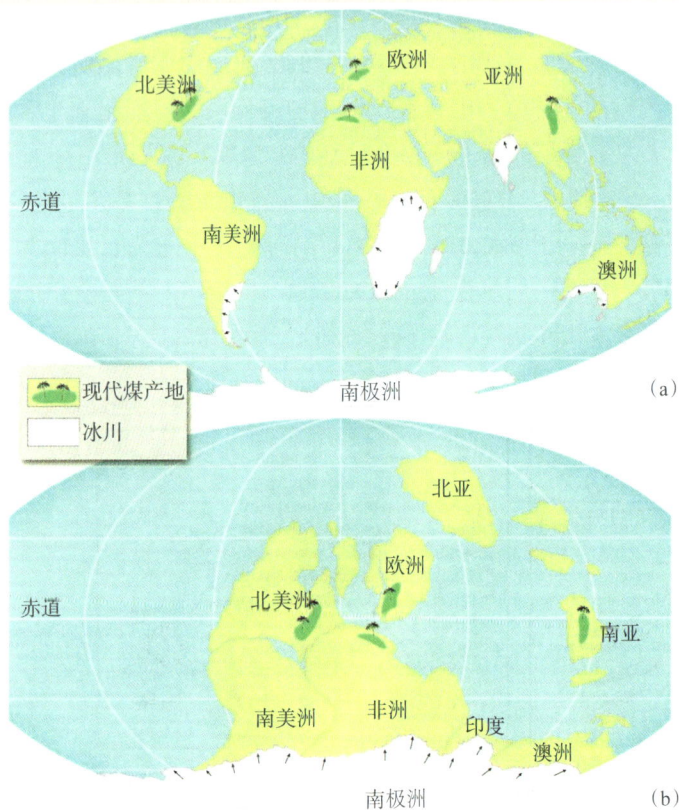

图 18.8 大陆漂移的古气候证据

（a）冰川分布与流动特征和现代的煤产地（过去是温暖潮湿的沼泽地）的分布也支持魏格纳大陆漂移设想。大约 3 亿年（300Ma）前，冰川覆盖南半球及印度的广袤地区。箭头表示冰川流动方向，这可由冰川与在基岩上发现的树丛的图案推测得到；（b）将大陆复原回它们漂移前的位置，说明现在位于温带、过去位于热带的产煤的沼泽地

迹却分布在当今大陆边缘地区，而且其运动方向为海岸向内陆的方向。按照常识，冰川是不可能由低处向高处运动的，这说明这些大陆上的古冰川不是发源于本地，只能设想当时这些大陆曾经是连接在一起的，整个古大陆位于南极附近。冰川中心处于非洲南部，古大陆冰川由中心向四周呈放射状流动，才能合理地解释古冰川的分布与流动特征。其他如由热带植被覆盖的现代的煤炭产地（过去的温暖潮湿的沼泽地）、蒸发盐、珊瑚礁等古气候标志等，都可用来推断它们形成的年代和纬度，但往往与其今天所在的位置相矛盾，这也说明大陆曾经发生过漂移。这一现象曾经使地质学家一筹莫展，却为大陆漂移说提供了有力佐证。

魏格纳提出的大陆漂移如图 18.9 与图 18.10 所示。他认为现有的大陆是由最初的一片泛古陆即联合古陆裂解而成的。联合古陆于 2 亿年（200Ma）以前裂解，逐渐演变成现今的六大洲四大洋。但是，由于缺乏有力的证据，这个学说在当时直至 20 世纪 60 年代的长达 40 多年里都没有能够得到科学界的承认。原因在于魏格纳为了证实这个假说，搜集了许多方面的证据，

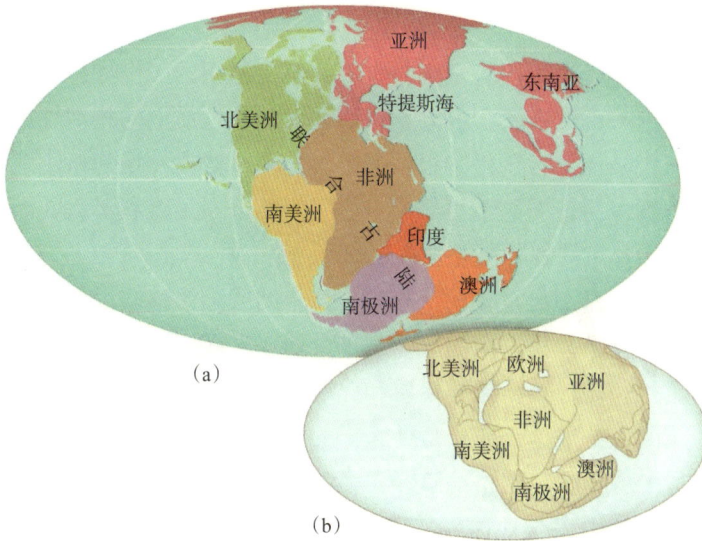

图 18.9 魏格纳的联合古陆

（a）现代重建的 2 亿年（200Ma）前的联合古陆图；（b）魏格纳于 1915 年重建的 2 亿年前的联合古陆图

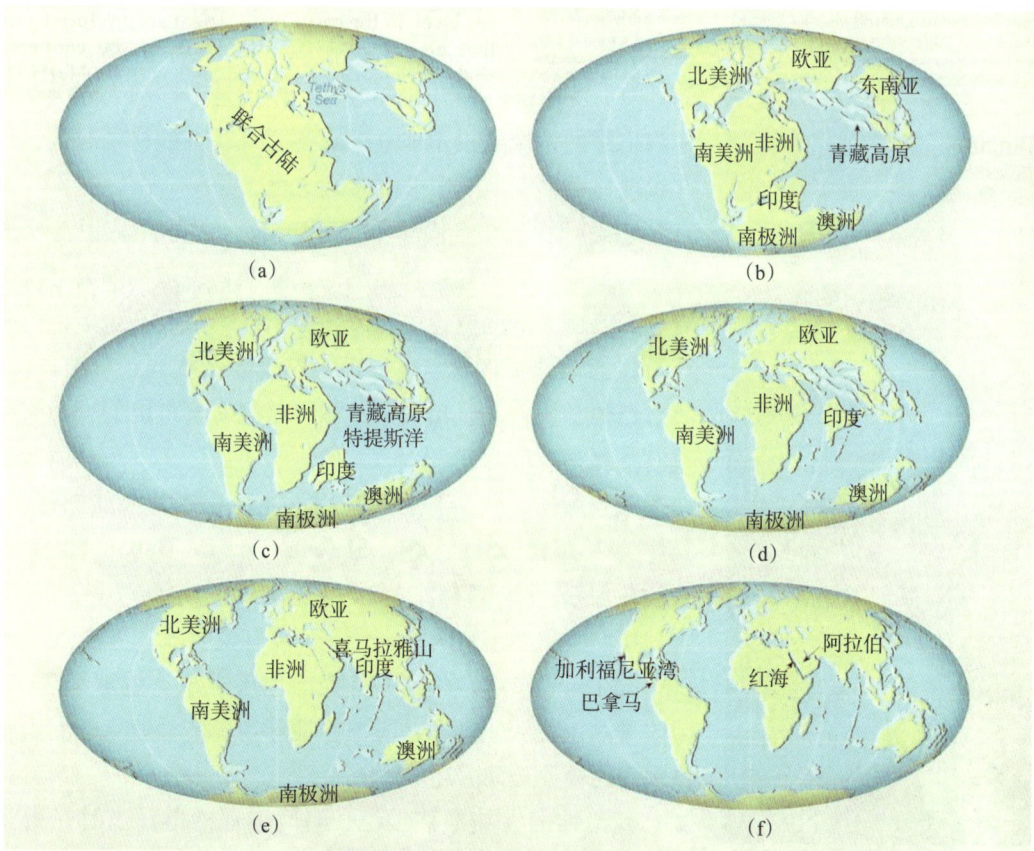

图 18.10 魏格纳的联合古陆从 2 亿年前至今的演化

（a）2 亿年前（早侏罗纪）；（b）1.5 亿年前（晚侏罗纪）；（c）9000 万年前（白垩纪）；（d）5000 万年前（早中生代）；（e）2000 万年前（晚中生代）；（f）现今

但是忽略了对它们做严格的审查。有些证据说服力不强，有些甚至是错误的。例如，非洲和美洲的海岸看起来相似，但实际比较起来，却有不少的差别；两块大陆在地质上的相似性可以有许多可能的解释，不一定非是由于大陆漂移；魏格纳根据旧的大地测量数据，认为格陵兰与欧洲的相对位置变化很多，但这组数据以后证明是不可靠的。古气候的分布虽有利于大陆漂移假说，但说服力还不够强；至于古生物分布的解释更是众说纷纭。

图 18.11 国际著名的地球物理学家、数学家杰弗里斯 (Harold Jeffreys,1891–1989)

但是，最重要的一点是，魏格纳大陆漂移假说的一个严重的弱点是理论方面的。他假定大陆在海底上漂移就像船在水中航行一样，然而从硅铝层和硅镁层的相对强度来看，这是不可能的。特别是，究竟是什么样的力使得大陆漂移的，这个问题他解释不了。魏格纳解释说大陆漂移是由于受到太阳、月亮对地球的引力与地球自转离心力三种力共同作用的结果，但是，经过许多有影响的地球物理学家，包括国际著名的地球物理学家、数学家杰弗里斯（Harold Jeffreys, 1891–1989，图 18.11）的计算，发现这三种力的合力太小，不足于推动大陆漂移，认为魏格纳的这个假设不成立。除此之外，在魏格纳时代，还没有发现地壳中大规模水平位移的正面证据。

在 20 世纪 20 年代和 30 年代初期，大陆漂移说与反大陆漂移的争论达到高潮。魏格纳的大陆漂移说遭到多数坚持传统观点、笃信大陆固定论的正统地质学家的抵制与否定，大多数重量级的地球物理学家也以不表态来表示赞同正统地质学家，反对新的学说，并且指责大陆漂移是绝对不可能的事。杰弗里斯对待新的学说很"矜持"。在他的名著《The Earth（地球）》一书第 4 版（1959 年版）中，用下述语言否定大陆漂移学说："确实，我们可以用达顿（Clarence Edward Dutton）评论热收缩说的话来评论魏格纳提出的学说：'它定量不够，定性不当，我们所需要了解的，它什么也没有说明。'"达顿（Clarence Edward Dutton,1841–1912）是美国地震学家、地球物理学家，因改进测定震源深度和地震波在地球内部传播速度的方法及提出地壳均衡原理而著名。

图 18.12 国际著名的地质学家、英国霍尔姆斯（Arthur Holmes,1890–1965）

魏格纳的大陆漂移学说长时间遭遇冷落。当时只得到南非地质学家杜托伊特（Alexander du Toit, 1878–1948）和英国地质学家、爱丁堡大学霍尔姆斯（Arthur Holmes,1890–1965，图

18.12）等极少数科学家的支持。杜托伊特是大陆漂移说的热情支持者。他把他的巨著《我们漂荡的大陆》献给魏格纳，在书的扉页上恭敬地写道，"为了纪念阿尔弗雷德·魏格纳，他在对我们的地球所做的地质解释方面，具有卓越的贡献。"在高度赞扬魏格纳的同时，杜托伊特提出与魏格纳不同的见解。他认为存在两个原始古陆。这些大陆以前在北半球形成劳亚古陆（Laurasia），在南半球形成冈瓦那古陆（Gondwanaland）。霍尔姆斯也是大陆漂移学说的热情支持者。他是现代地质学的一位重要人物，由于他开创了用放射性方法测定地质年代的工作而著称于世。1929 年，霍尔姆斯提出：大陆漂移可以用"固体"地幔内的热对流予以解释。具体地说，地壳曾经是一块完整的大陆带，由于地球内部不断放热，所以温度高，其黏滞性虽然比较大，但还是可以流动的。他发现，在地幔中，炽热的岩石之间的对流所产生的力足以使大陆产生漂移；即：地幔中坚硬的岩石类物质被加热，从而密度变小、上升至地表，在地表处冷却下沉，然后再加热、再上升，周而复始地进行这样的循环。地幔层中的物质不断进行加热上升和冷却下降的循环，促使地壳分离成若干个板块。详细地说：地球形成以后，地核至地幔之间就会形成上面所说的大循环，而大循环又可分为许多小的孤立的对流循环，当循环至地表时，熔融的物质渗出，形成新的洋中脊，与此同时，岩浆继续流动形成了新的海底地壳，地质年代久远的海底地壳就被挤到两边，下降至地幔。下降一般发生在海沟。

霍尔姆斯为大陆漂移的机制提供了一个解释。霍尔姆斯的解释或学说同以往的各种学说不同。直到霍尔姆斯提出他的学说之前，大家以为大陆是在地幔上面航行的，很难说出恰如其分的作用过程。在霍尔姆斯学说中，按照地幔中有对流发生的假定，大陆是被像传送带一样的流动的地幔带动的。而这个传送带的"发动机"是由地球内部的热能和重力供给能量的。于是，地幔中究竟能不能发生对流，变成了争论的焦点。这点如同霍尔姆斯在其著作《物理地质学》的结尾中曾经强调的：

"此类纯属臆想的概念，特为适应需要而设。在其取得独立的证明之前，不可能有什么科学价值。"

尽管如此，由于缺少机理上的证据，魏格纳的大陆漂移学说在当时仍然没有被广泛地接受。在他去世前一年即 1929 年，《大陆和海洋的起源》修订第四版出版。在这一版中，魏格纳做出了重大的贡献，他通过观测发现：较浅的海岸在地质年代上较年青。然而，此时探讨大陆漂移的文章已寥若晨星。随着 1930 年魏格纳在格陵兰冰原上进行气象探险考察时以身殉职，大陆漂移学说遂渐渐沉寂，为人们所淡忘。到了 20 世纪 40 年代就了无声息了。

魏格纳

魏格纳 1880 年 11 月 1 日生于柏林。他于 1905 年获得行星天文学博士学位，但是不久就对气象学，特别是对大气热力学（即"形成"天气的高空和极地气团的条件）发生兴趣。因此在 1906 年即在他 26 岁时，他放弃了在林登伯格皇家航空气象台助理的职位，以一名气象学者的身份参加了丹麦探险队，历时两年（1906—1908）。在这两年的冬天，他曾多次参与格陵兰东北部的气象探险考察工作。这次探险后，从 1908 年到 1912 年，他在德国马尔堡大学物理学院任教，教授气象学和天文学。1912 年 1 月，魏格纳在缅因河的法兰克福地质协会和马尔堡自然科学促进会上宣读的两篇论文中，第一次陈述了关于大陆漂移的论点。论文发表于暮春，恰好是他动身去格陵兰进行第二次探险考察之前。后来人们回忆，当时他是一个精力充沛的青年教师。他的显著特点是肯用脑子、坦率而且虚心，和学生接触时谦虚朴实。他的讲课非常简练生动，富有感召力，深受学生欢迎。他性格刚毅倔强，终其一生，大多数时间都在为捍卫大陆漂移学说作斗争。他的大陆漂移学说从一开始就遭到强烈的反对，受到当时大多数著名的地质学家极其强烈的反对与泰山压顶般的批评，到他逝世时也不为世人所接受。他们认为他不过是一位气象学家，对于地质学是门外汉。但魏格纳并不因此气馁，他更加勤奋工作，努力完善他的理论。他在很长一段时间里一直想在他的祖国德国谋得一个教职，但屡遭挫折，直至他逝世前几年，才在奥地利格拉兹大学（University of Graz）而不是在德国获得大学教授的职位。魏格纳的屡屡受挫与迟迟得不到提职可能源于他广泛的科学兴趣。如魏格纳的好友与同事乔治（Johannes Georgi）所说的，"人们不时听说他的提职申请被否决，因为他对评审委员会职权范围以外的事情更感兴趣——在世界科学的广阔领域中没有一个适合于他的职位。"令人扼腕的是，魏格纳在提升教授不久、即在他第 4 次赴格陵兰冰原进行气象探险考察时以身殉职。

1929 年，他带领一个预勘队到格陵兰冰原试验仪器，为第二年一次较大规模的探险作准备。1930 年，乔治要魏格纳组织一次考察，在格陵兰冰原中部的艾斯米特（Eismitte）建一个观测高层大气射流（jet stream）的冬季气象站。艾斯米特（Eismitte）字面上的意思即"冰的中部"。由于天气恶劣，魏格纳和其他 14 名格陵兰同伴一再推迟行期，直至 1930 年 9 月才乘坐 15 辆雪橇、带着 4000 磅的补给品出发去建冬季气象站。因为严寒，他的格陵兰同伴除了一位外都折返了，但魏格纳决定继续前往气象站，因为他知道乔治和其他研究人员急需补给品。在零下 54℃ 的极其恶劣的天气条件下，经过 5 个星期的艰苦跋涉，魏格纳到达了位于冰原中部、海拔 3000 米和距离东海岸与西海岸都大约 400 千米远的艾斯米特气象站。1930 年 11 月 1 日，在艾斯米特气象站魏格纳度过了他的 50 岁生日。魏格纳希望尽可能快地回到家，坚持第二天上午就从这个中格陵兰最北部的基地出发，启程返回在西海岸的大本营。但是，他和他的纽因特人向导拉斯马斯·维拉姆森（Rasmus Villusen）再也没有返回到西海岸。西海岸站推测他们留在艾斯米特站过冬了。翌年春天 5 月，当一个换班的小队到达艾斯米特站时，才发现魏格纳业已失踪。随后，在两站间大约各一半路程的地方，他们找到了他的遗体。显然，魏格纳是由于精疲力竭而死在他的帐篷里的。他的纽因特人向导维拉姆森把他的遗体小心地掩埋在那里的雪中了。看来，维拉姆森曾试图继续单独完成旅行，但是人们再也没有找到他和他的雪橇。

魏格纳在德国内陆冰上探险队的一个主要目的是应用新技术，包括回波探测法测定冰层的厚度。魏格纳作为大陆漂移学说创始人所取得的声望不应掩盖他毕生对于格陵兰探险事业的贡献。虽然他没有能够活到亲眼看到他的大陆漂移学说被普遍接受，但直到逝世，他一直在首创后来对大陆漂移—海底扩张—板块构造学说给以有力支持的技术。从船上探测海底的回波探测法的进展，在 20 世纪 50 年代激起了对大陆漂移学说兴趣的复苏；用人工方法激发的地震波研究地球内部结构，对于板块构造学说的确立，曾经起到了重要的作用。

大陆漂移学说的新证据

正当大陆漂移学说走向沉寂的时候，地球物理学家却作出了一系列"意外"的发现。根据海上重力测量的结果，国际著名地球物理学家、荷兰温宁—迈内兹（Felix Andries Venning-Meinesz，1887–1966，图 18.13）断言，洋底在海沟处插入大陆之下；最先由国际著名的日本地震学家和达清夫发现、随后由国际著名的美国地震学家贝尼奥夫系统研究的大陆边缘倾斜的地震带（现在称为和达—贝尼奥夫地震带），为温宁—迈内兹的断言提供了旁证。到了 20 世纪 50 年代中期，由于又发现了新的强有力的证据，大陆漂移的假说才又被重新审视，并得到了新的发展。这些新的证据包括：①地球上水平向大断层；②大陆的拼合；③大陆漂移的古地磁学证据。

图 18.13 国际著名地球物理学家、
荷兰温宁—迈内兹
（Felix Andries Venning-Meinesz，1887–1966)

（1）地球上层的水平向大断裂

许多反对大陆漂移的地质学家认为：地壳运动主要是垂直运动，因此不能接受像大陆漂移那样大规模的水平运动；然而后来的观测证明，大规模的平移断裂毕竟是存在的——大陆和海洋都有！

新的观测证明大规模的平移断层在地球上层的确是存在的，如北美西部圣安德烈斯大断层。圣安德烈斯大断层沿着美国加州西部向东南方向延伸，其长度超过 960 千米。它一部分经过陆地，一部分入海（图 11.10a）。经过多年的研究，一般都承认这条断层自距今大约 1000 万年（10Ma）以来，至少平移了 400 ~ 500 千米，自第三纪以来，断层的东侧相对其西侧就已经往东南方向水平移动了 200 千米，而且这个位移到今天仍在进行，其速率大约为 5 厘米 / 年。除了这条断层外，经地质学家多年的考察研究，在环太平洋地区，如我国台湾地区和菲律宾、新西兰、南美等地区，都有巨大的平移断裂。

不但在陆地上有大断裂存在，海上地磁测量发现海底大断裂的水平错动甚至比陆地上的还大。磁异常等值线的图案沿着大断裂有很大的错动，显示出断层两边地壳的水平错动。水平大断裂的例子很多，除太平洋外，加利福尼亚大学斯克里普斯海洋研究院的一些科学家在东太平洋中发现了规模超过圣安德烈斯断层的大断层。这些都说明地球上层确有大规模的水平运动存在。不过，要证明大陆漂移，还需要有其他的证据。

（2）大陆的拼合

启发魏格纳大陆漂移假说的事实之一是南美洲的东海岸与非洲西海岸的相似性。但是有人认为这只是表面的，因为地图上的这两条海岸线并不真正符合。的确，海岸线的形状受海面变化的影响很大，即使南美洲和非洲原来确实是相连的，在分离了漫长的地质年代，经历了大规模的移位以后，也不能期望它们的海岸线现在仍然符合。如果它们在分离了漫长的地质年代后仍保留原来的形状不变或不毁坏，那将是非常奇怪的。即使海岸线和地层碰巧完全符合，那么与其说这证实了大陆漂移学说，还不如说是推翻了这个学说！海岸线符合也罢，不符合也罢，两者都不利于大陆漂移说。这就是说，进行比较的时候，两块大陆应当放在什么相对位置上，要有个标准，不应只靠直观。适当的对比应以较深的边缘（如大陆坡）为标准。

图 18.14 国际著名地球物理学家、英国布拉德（Edward Crisp Bullard,1907–1980）

图 18.15 国际著名化学家与物理学家、英国亨利 · 卡文迪什 (Henry Cavendish, 1731–1810)

到了 20 世纪 60 年代的时候，国际著名地球物理学家英国布拉德（Edward Crisp Bullard,1907–1980, 图 18.14）等采用了最小均方根误差的方法，根据最精确的海深图和运用电子计算机计算，把非洲的西海岸与南美洲的东海岸在 500 㖊（约 900 米）的深度处拼合。布拉德工作于英国国家物理实验室（National Physical Laboratory），即以亨利·卡文迪什（Henry Cavendish, 1731–1810, 图 18.15）姓氏命名的实验室。拼合时，重叠部分与空隙部分都表示在图上。他们发现这两个大陆可以很好地拼接在一起，由重叠和空隙引起的拼合的误差平均只有 88 千米。图 18.16 显示布拉德等得到的非洲与南美洲在 500 㖊的深度处拼合的结果，图中重叠和空隙的地方分别用深紫色和红色表示。由图可见，这

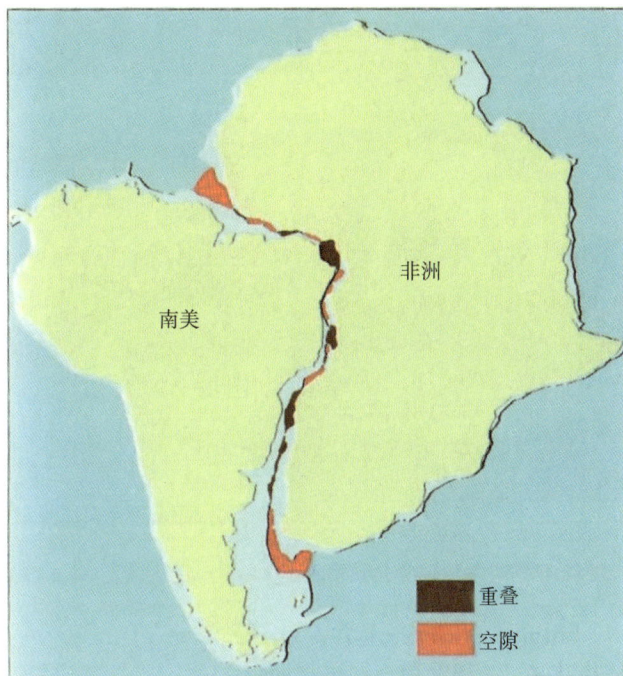

图 18.16 大陆的拼合
图中显示非洲的西海岸与南美洲的东海岸在 500 㖊（约 900 米）的深度处拼合。重叠部分与空隙部分分别用深紫色和红色表示

两个大陆可以拼合得非常完美。他们用同样的方法也将南北美洲、非洲、欧洲和格陵兰都拼合起来，上面说的大陆的拼合方案并非是唯一的方案。根据地质或其他方面的考虑，还可能有其他的拼合方案。例如，瓦因（Fred J. Vine,1939–   ）的方案就不要求将西班牙做特殊的转动。尽管如此，重要的是这些拼合的结果强烈地表明某些大陆原来很可能是连在一起、以后再分开的，特别是非洲和南美洲是如此。这种印象不是用"偶然"可以消除的。然而，仍有人还是认为这一切都是幻觉而不予置信。

（3）大陆漂移的古地磁学证据——古地磁极的迁移

大陆漂移学说一直缺少证据。直到 20 世纪 50 年代，随着对岩石磁性研究的不断深入，有关大陆漂移学说证据才越来越多。英国伦敦帝国学院（Imperial College）布莱克特（Patrick M. S. Blackett,1897–1974）和他的学生剑桥大学朗科恩（Stanley Keith Runcorn, 1922–1995）以及布拉德共同开展对地球磁场性质的研究工作，并把岩石磁性研究作为研究课题之一。布莱克特（图 18.17）是国际著名物理学家，曾因在核物理与宇宙射线方面的研究成就获得 1948 年度诺贝尔物理学奖。他们通过研究发现，地壳中新生成的岩石记录了它们形成时地球磁场的大小和方向。为了进一步了解岩石磁性是不是随方向变化，三位科学家和他们的学生搜集了大量有关在

图 18.17 国际著名物理学家、1948 年诺贝尔物理学奖获得者、英国布莱克特 (Patrick M. S. Blackett,1897–1974)

地质时代岩石相对于地球磁极移动的古地磁资料。

早在 20 世纪 20 年代，地球科学家就已经知道，不同地质年代的岩石具有不同的磁极，有时磁力线方向指向北，有时磁力线方向倒转，指向南（图 18.18）。若用 2000 万年以内的岩石去测定古地磁的位置，所得的结果都与地理极（地球的旋转极）相差不远，偏离在测量误差范围之内，但若用更古老的岩石，例如 3000 万年（30Ma）前的岩石，所得的位置便与岩石所在的地区有关，由不同的大地块所定的磁极位置相差很大。即使用同一地块的岩石，不同地质时期的地磁极位置也不一样。

图 18.19 给出了北美洲、澳洲自 6 亿年（600Ma）以来古地磁极移的轨迹。可以看出，北美洲与澳洲的古地磁极在 5000 万年（50Ma）以来是一致的，但在这之前的 6 亿年（600Ma），两条古地磁极的迁移轨迹是不一致的。由不同地块得到的大量古地磁极迁移轨迹都交汇于地球的旋转极，但在以前的地质时期里却相距甚远。若地磁场一向是一个偶极场，这只能意味着这

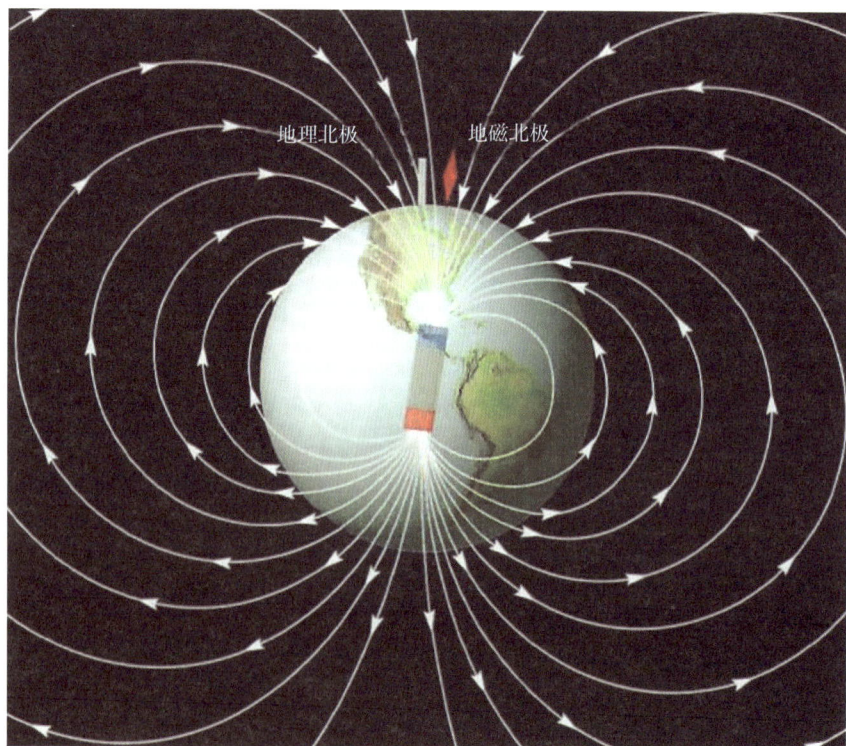

图 18.18 地球磁场分布示意

地球磁场的分布与一根放在地球中心、与地球自转轴成大约 11° 的磁铁棒产生的磁场（称为磁偶极场）很相像。图中红色菱形箭头表示地磁北极，白色线段表示地理北极。看不见的磁力线由地磁南极（磁铁棒红色端部）发出，到达地磁北极（磁铁棒蓝色端部）

几个地块的相对位置在地质年代里与现在不一样，也就是说，大陆在漂移。自二叠纪以来，最大的相对位移超过了90°，即约4厘米/年，这个数值与用其他方法所估计的地球上层大规模水平运动的速度同数量级。为解释这一现象，英国伦敦大学黑格（G. Haigh）、英国纽卡斯尔（New Castle）大学朗科恩分别提出了两种可能的解释：①或者是地球的两极向着大陆相对移动；②或者是大陆相对于地球的两极移动。

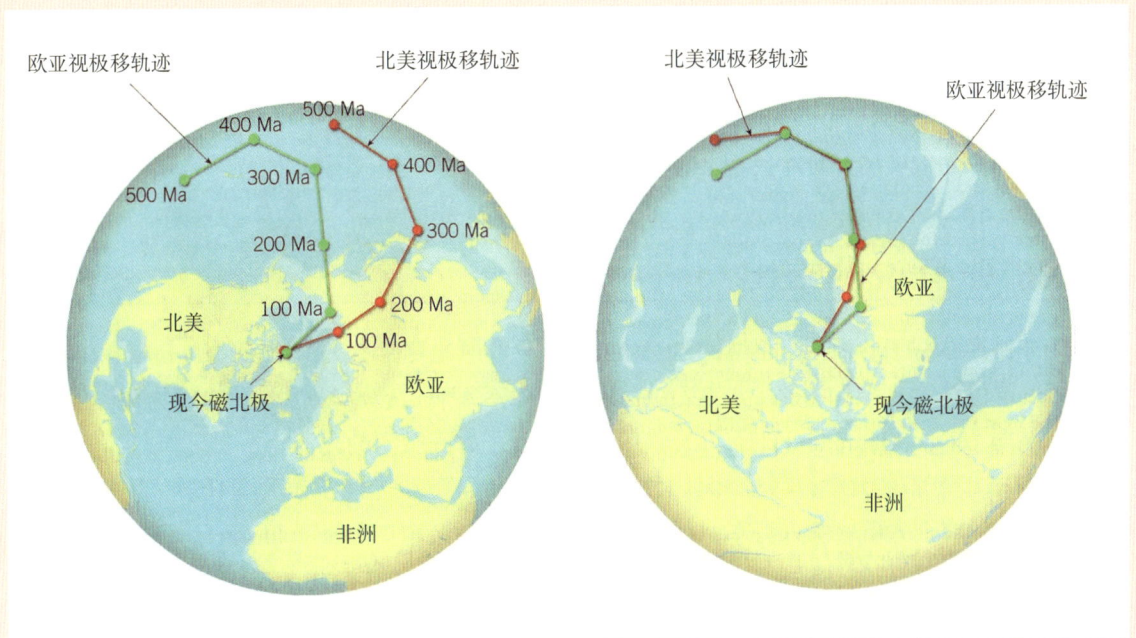

图 18.19 大陆漂移的古地磁学证据

到了20世纪50年代中期，堪培拉澳大利亚国立大学伊尔文（Edward Irving）通过搜集与整理古地磁数据，证明了大陆漂移理论，这使得布莱克特、朗科恩、布拉德等对魏格纳的理论非常信服：各大洲岩石具有不同的视极移路径，这些路径与魏格纳大陆漂移理论所提出的大陆位置一致。

19 海底扩张

大陆漂移的假说虽有不少可信的证据，例如地磁学方面得出的大陆在地质年代里曾经移动的证据，但仍然缺少机理上的证据。在旧形式下，它不能解释：硅铝质的大陆如何能够在高强度的硅镁层中漂移？海底扩张假说给这个问题提供了答案。

海底扩张假说的提出

由于战争的需要，促使了声呐（SONAR，声波导航与测距 SOund Navigation And Ranging 的缩写）定位技术水平的提高。"二战"时的美国海军军官、普林斯顿大学地球物理学家、地质学家赫斯（Harry Hammond Hess, 1906–1969）开创了海底探测的先河。

赫斯毕业于耶鲁大学，1932 年获哲学博士学位。以后在普林斯顿大学任教。第二次世界大战期间，他应征入伍，加入海军，任攻击运输舰"约翰逊角（Cape Johnson）"号军舰的舰长。"二战"后，他仍留任海军后备役军官，官至海军少将。职务的转换并未改变他热爱海洋、揭示海洋奥秘的理想。他一边服役，一边从事地球物理学研究。作为军舰指挥官，他的军舰拥有强大的声呐探测系统。他参加过著名的马里亚纳（Marianas）、莱特岛（Leyte）、林加延（Linguayan）湾以及硫磺岛（Iwo Jima）等战役。他利用由一个战场移师另一个战场、执行军事任务的机会，在他的军舰官兵的配合下，经常运用声呐系统测量鲜为人知的海底：首先发出声脉冲信号，然后接收从海底反射回来的声波，从而检测出船底距海底的距离。当时，赫斯将多次来回经过时的测量结果结合在一起，绘制了海底地形图。他在第二次世界大战服役期间，绘制了 100 多座海底平顶山脉的地形图。"二战"结束后，赫斯回到普林斯顿大学，继续他的研究工作。他对海底山脉的兴趣，促使他在 20 世纪 50 年代一直从事海底山脉的研究。他潜心研究海底山脉，把所搜集到的资料加以分析，上升为理论，绘制了海底地形图。他绘制的海底地形图显示，海底实际上是有山脉的。他发现，在大洋底部有连续隆起、像火山锥那样但顶部平坦的山脉。他认为，平顶的海底山脉原先是海底火山的顶部，是后来逐渐被海水侵蚀、变为平缓的。

与此同时，美国哥伦比亚大学也迅速发展成为海洋地质学与地球物理学学术研究中心。哥伦比亚大学的海洋地质研究项目是由威廉·莫里斯·伊文（William Maurice Ewing，1906–1974）

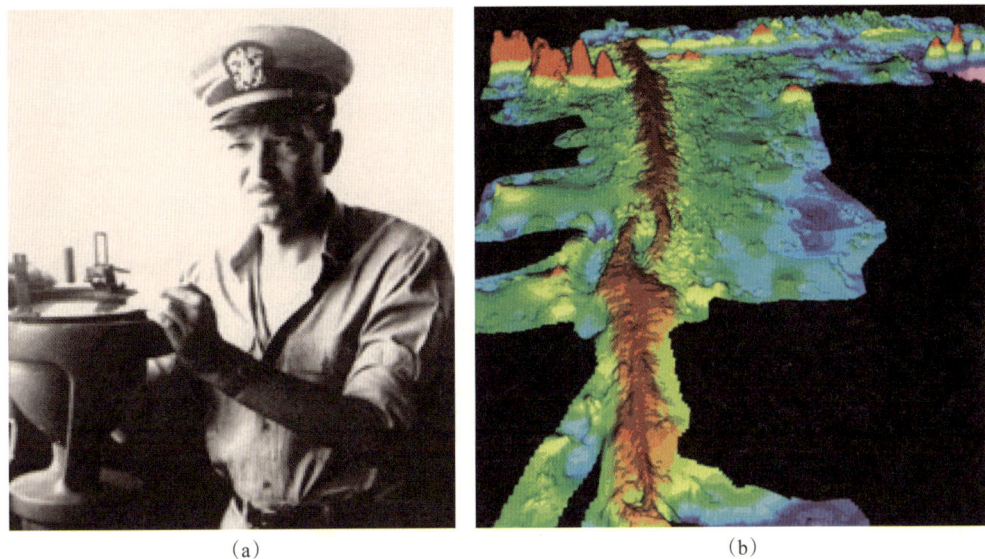

(a)　　　　　　　　　　　　　　　　　　(b)

图 19.1　国际著名海洋地球物理学家、美国赫斯和洋中脊

（a）身着海军制服的赫斯（Harry Hammond Hess,1906–1969）；（b）东太平洋中隆的一小段洋中脊
地形图。暖色（黄至红色）表示洋中脊高于洋底，冷色（绿至蓝色）表示高程较低的洋底

领导的。在 20 世纪 50 年代的初期，哥伦比亚大学的拉蒙特地质观测所（Lamont Geological Observatory）[现在称为拉蒙特—多赫蒂地球观测所（Lamont-Doherty Earth Observatory）] 就派出海洋科学研究考察船到大西洋，用声波探测海底，搜集到了大量的相关资料，并于 1952 年开始组织科学研究人员用这些资料绘制海底地形图。

　　大西洋海底有一条称为大西洋中脊（mid-Atlantic ridge，缩写为 MAR）的山脊，它从平坦的大西洋两边缓慢隆起，洋中脊的峰从海底量起可高达 3000 米以上，差不多把大西洋一分为二。大西洋海底的这一地质特征早在 19 世纪 70 年代中期就为世人所知。但拉蒙特地质观测所的科学研究人员惊奇地发现：洋中脊不但很高而且很长，它几乎有从格陵兰岛的北部一直到非洲南部地区那么长，全长约 9000 哩（约 15000 千米），比落基山脉和安第斯山脉长度的总和还要长。大西洋中脊宽约 1000 千米，它从深约 5000 千米的洋底升起，但大约为 200 千米宽的中心带则具有高低不平的多山地形特征，山峰高度在 1000 千米以上。与厚度可达数哩的大陆边缘地区平原沉积物的厚度相比，海底洋中脊的顶峰上几乎没有沉积物。最让人意想不到的是，大西洋中脊有一条很深的峡谷，即海沟，海沟的平均深度约为 6000 呎（约 1.8 千米），可以很容易地容纳下最宽约 18 哩（约 29 千米）的美国科罗拉多河的大峡谷。从海沟采集到的海底的标本看，虽然海洋地层的地质年龄很古老，但海底的地质年龄却极为年轻，比大陆要年轻得多。海底的物质是由极年轻的、漆黑的火山岩组成的，迄今还未在海底发现过比白垩纪更老的岩石。海底沉积的厚度很薄，海底火山的数目也比较少。这一切都说明海底的年龄才几亿年（100Ma）。

1959 年，拉蒙特地质观测所的科学家希曾（Bruce C. Heezen）、萨普（Marie Tharp）和伊文共同编辑出版了反映北大西洋中脊的地形图。洋中脊连同大陆、海洋，三者号称地球的三大物理特征。在这个地图出版之前，虽然通过回声探测已经有了关于全球其他海洋海底的类似地图，但这一全球洋中脊海图呈现出了海底地形非常独特的、新的图像。他们发现，在海底，像大西洋中脊这样的比大洋盆地高出来许多的、绵亘不断的海底山脉，在全球各海洋中都有，并且形成环绕全球的洋中脊系统。向南伸展的大西洋中脊环绕非洲大陆南部，并且进入印度洋。在印度洋中部，洋中脊分叉，其东部分支经过南极海伸展到太平洋。在这里它与南美洲西海岸的著名的东太平洋中隆汇合。并非所有的洋中脊都具有中央断裂谷的特征。例如，东太平洋中隆是一个较低的、较平滑的隆起，沿其顶部并没有中央裂谷。而且，洋中脊并不是连续的，它是分段的，每段都像是被错开似的。经声呐测量过的整个洋中脊系统（海底山脉）的总长度达 37200 哩（约 6.4 万多千米），可绕地球赤道 1.5 圈。如海底地形与水深图（图 19.2）所展示的，环绕全球的洋中脊系统（现在我们知道其总长度不是 6.4 万多千米，而是大约 8 万多千米）的这些特征使人联想到它们可能有着共同的起源，并且说明这些洋中脊是地球的裂缝，是地壳破裂所在处。

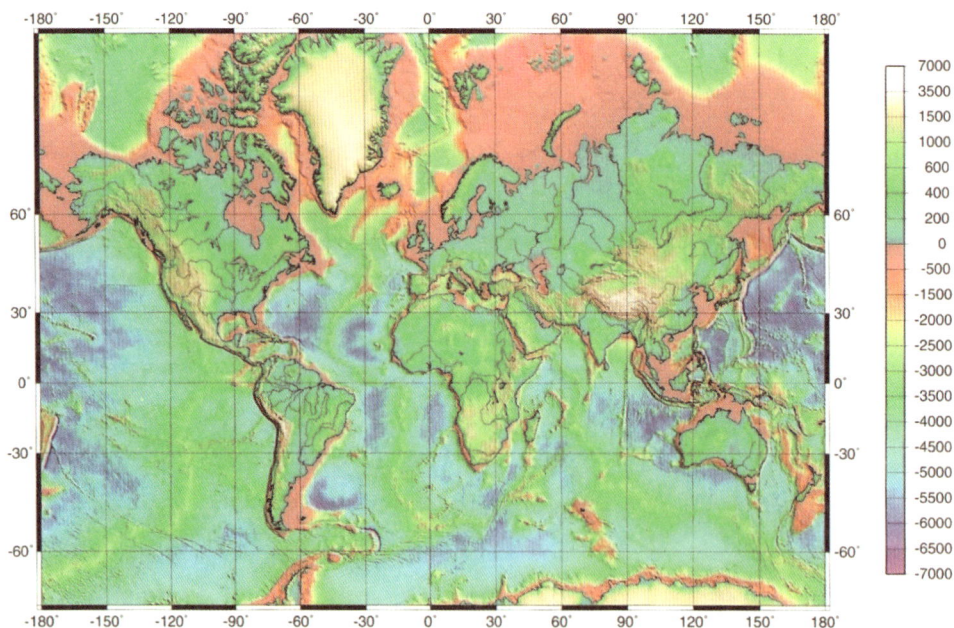

图 19.2 海底地形与水深图

全球地震分布的资料表明，海底地震带恰好与洋中脊系统的空间展布相吻合。在大西洋中脊，地震震中恰好沿着洋中脊的顶部排列。在东太平洋中隆也发现类似的情况。显然，在这些洋中脊下面有着某种活动在进行着。拉蒙特地质观测所的研究人员还绘制了海沟地形图。海沟即海洋盆地的最低处，海沟环绕着太平洋分布。在印度洋的东北缘也发现有深海沟。

热流测定提供了这些洋中脊是地壳破裂的另一个证据。圣迭戈加利福尼亚大学斯克里普海洋研究院对东太平洋进行的大范围测定结果说明：沿着海底洋中脊顶部的热流值非常高，是正常值的 8 倍；但沿着洋中脊的侧面，热流值则非常低。在大西洋中脊，也得到类似的结果。作为一种解释，认为这是因为热产生于海底下的地幔内，并通过地幔对流传送到地表的。

深海地震测深的结果也说明洋中脊下面的温度极高。根据深海地震测深，可知在东太平洋中隆下面的上地幔，地震波的传播速度是非常低的。因为地震波的速度随温度升高而降低，所以如果其他情况一样，异常低的波速就意味着温度异常高。

图 19.3 国际著名海洋地球物理学家、美国迪茨 (Robert Sinclair Dietz,1914–1995)

依据以上叙述的、通过海底探测得到的最基本的重要发现，赫斯和迪茨（Robert Sinclair Dietz,1914–1995，图 19.3）于 1961—1962 年间几乎同时各自独立地提出了关于大洋岩石层生长与运动的海底扩张假说。在研究洋中脊地质构造的过程中，赫斯总结出自己的一套理论，并于 1962 年发表了一篇非常著名的论文，题目为"*History of ocean basins*（海洋盆地的历史）"，提出了海底扩张假说。他认为：从地壳中流出的火山岩是裂缝的黏合剂，在地幔对流的驱动下，海底正沿着洋中脊向外缓慢地扩张。1961 年，比赫斯的这篇于 1962 年正式发表的论文早一年，迪茨在《*Nature*（自然）》杂志上发表了一篇论文，题为《大陆和海洋盆地随海底扩张的演变》。在这篇论文中，他独立地提出了海底扩张的观点。迪茨是美国海军海岸和大地测量局电子学实验室的一名海洋科学家，曾经参加过美国海军的海洋探测和海洋填图工作，他是在菲律宾以东的马利亚纳海沟发现海底扩张现象的。

赫斯的这篇论文正式发表于 1962 年，比迪茨的论文正式发表要晚一年。虽然如此，因为在 1962 年前（1960—1961 年）赫斯论文的有关内容的预印本已在普林斯顿大学内外广为传播，因而被认为是比迪茨的论文较早的有关海底扩张的第一篇论文。1963 年，迪茨把首创权让给了赫斯。考虑到这一时期在地球科学界许多科学家同时作出创新性发现的情形很多，迪茨的这一行动很不寻常，人们评论他"把事情处理得很好"。迪茨的高风亮节广受赞誉。地球科学界也普遍认为，无论海底扩张的概念最先出自何处何人，赫斯的确是把所有的细节归纳在一起写成一篇完整论文的第一人，认为赫斯应获得首创权。然而迪茨的贡献以及他是第一位在刊物上正式发表论文提出海底扩张观点、第一位提出使用"海底扩张（sea-flooor spreading）"这个术语的

贡献也不应抹杀，因此现在公正地称海底扩张假说（或学说、理论）为赫斯—迪茨假说（或学说、理论）。

在这篇对板块构造学说的创立与发展做出最重要贡献的论文之一中，赫斯概述了海底扩张的基本思想。赫斯的设想是一个很勇敢的想法，因为这一概念是想象出来的，当时还缺乏验证他的假说或学说的有关资料，所以他把"*History of ocean basins*（海洋盆地的历史）"这篇论文比喻成一首"地球的诗篇"，似乎是向世人宣称：我的理论是正确的。也许理论中有的地方现在证明不了，但将来一定会得到证明。这篇论文在学术界引起了不小的震动。

与魏格纳的大陆漂移假说一样，赫斯的海底扩张假说也遭到强烈的反对，因为那时几乎没有什么可以验证他的假说的有关海底的资料。赫斯曾任普林斯顿大学地质学系主任多年，于1969 年逝世。与魏格纳不同，他生前得以看到他提出的海底扩张假说被广泛接受，并且在他活着的时候看到因为有关海底知识的急剧增加而得到证实。与魏格纳一样，赫斯兴趣广泛，涉猎甚广。他除了对地质学感兴趣外，对其他学科也十分感兴趣与执着。1962 年，他被时任美国总统的肯尼迪（John F. Kennedy）任命为美国国家科学院空间科学学部主任。赫斯除了对板块大地构造学说的创立与发展作出重大贡献外，对于美国空间计划也曾起到重要的作用。

在地震学证据的启发下，赫斯认为地球的内部可以分为许多层。当时，地球科学家也已经增进了对地球内部结构的认识。他们不再认为地球内部是单一的铁核，而是把地球内部分为：由铁元素构成的固态地球内核；地球内核外面包裹着一层以铁元素为主的金属合金流体，称为地球外核；然后，包围着地球外核的一层是地幔；最后，地球的最外层为很薄的海洋地壳层和很厚的大陆地壳层。赫斯在他的理论中详细地阐明了地球的构造演化过程：当放射性衰变释放热量对新形成的致密的行星地球的内部加热时，会使稀铁岩石熔融，并使其从内部上升到地表层，冷却下来的稀铁岩石便形成为一个单一大陆块的地壳。

正如霍尔姆斯在1929 年提出的那样，赫斯认为，一旦作为行星的地球形成，在地幔中将产生出由上升的物质和下降的物质构成的对流环。赫斯明确指出，地幔内存在热对流，大洋中脊正是热对流上升使海底裂开的地方。熔融的岩石（岩浆）由地球内部上涌，沿着洋中脊冒出，遇水冷却凝固，形成新的海洋地壳；当岩浆继续流动时，较老的、冷的海洋地壳通过地幔对流被带动，沿着岩浆流动方向分别向两侧离开，不断地向外推移，造成海底扩张。在扩张过程中，当海洋地壳遇到大陆地壳时受到阻碍，海洋地壳遂向大陆地壳下方俯冲，下沉到地幔中，最终被地幔熔融、吸收，达到消长平衡。这样一来，赫斯便把海洋与大陆的形成归之于扩张的、移动的海底的运动。赫斯提出，海底扩张以相当于指甲生长的速率进行，从而整个洋底在2 亿～3 亿年间便更新一次。

海底扩张假说在初提出的时候，只是一种推想或假说，根据是不充分的，似乎无从检验。但以后越来越多的观测证明它是可信的，其中最突出的证据是地磁场的倒转和地磁异常的线性排列。

地磁场倒转和地磁年表

根据弗兰克尔（H. Frankel）1987 年发表的一篇论文可知，早在 1797 年德国洪堡就已提到了岩石的磁化方向有时与地球磁场的方向不同。1906 年，法国布容（Bernard Brunhes）进一步观测到某些火成岩具有的剩余磁性（简称剩磁）在极性上与"正常"的岩石不同。当时已意识到，这种情形有可能是岩石冷却过程中通过居里点温度时地球磁场具有倒转的方向造成的。到了 20 世纪 20 年代时，科学家们就已经知道，不同地质年代的岩石其磁化方向有时与现在的地磁场方向相反，即地磁场倒转，但并未引起重视。以后的观测表明岩石的反向磁化是一个相当普遍的现象。科学家们还详细地确定了正、反向磁化在时间上的分布，发现正、反向磁化与岩石的形成年代有关。

1959 年拉坦（Martin G. Rutten）提出，地球磁场会交替变换其磁化方向。这一发现于 1963 年得到了美国地质调查局（US Geological Survey, 缩写为 USGS）柯克思（Allan Cox）、多尔（Richard Doell）、达尔林普尔（G. Brent Dalrymple）和在伯克利加州大学工作的国立澳大利亚大学的麦克杜格尔（Ian McDougall）研究结果的证实。科克思、多尔、达尔林普尔和麦克杜格尔对过去 350 万年（3.5Ma）的地磁场倒转历史进行了研究，他们通过对火山岩放射性周期的测量准确地测定了岩石的地质年龄，发现正常磁性时期和反常磁性时期交替出现。极性持续几十万年不变的磁性时期称为期（epoch），以在地磁学工作中有过贡献的科学家的名字命名，如布容期、松山期、高斯期和吉尔伯特期，等等。每一个极性期中还出现 10 万年到 20 万年的极性相反的短期间隔。这个极性变化的短期间隔称为极性事件（event），并且以首先发现的地方命名。他们最早的、最原始的地磁极性倒转年表发表于 1963 年。在随后的一些年中，他们又发表了具有更加确定的地磁场倒转时间界限的地磁极性倒转年表。研究工作十分艰难，三年以后即 1966 年，他们终于绘制出 350 万年（3.5Ma）的岩石

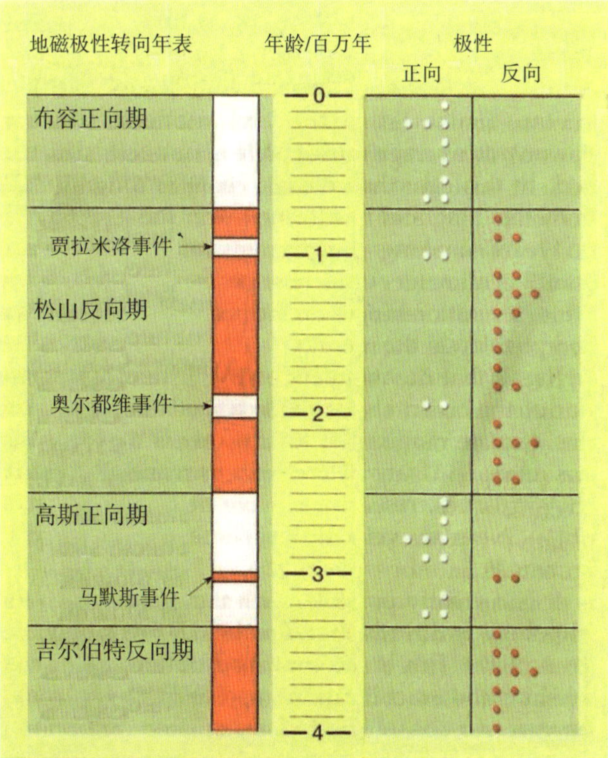

图 19.4 地磁极性倒转年表

磁性倒转时间表，证据已足以使大多数科学家相信，地磁场极性的交替变化是地球历史的一个基本特征。

赫斯认为，岩石的磁化方向有时与现在的地磁场方向相反，这个现象既不是局部的，也不是偶然的。岩石的磁化方向是正向还是反向，在时间上是全球一致的。之所以出现这种独特的现象，唯一的解释是地磁场本身在地质年代里曾多次地转换方向。地磁场转向的时间是很不规则的，但转向的时间是确定的。因此，可以按照地磁场的方向编制一个地磁极性方向的年表，称为地磁极性倒转年表（图19.4），简称地磁年表。根据这个年表，可以根据岩石磁化的方向来确定它形成的年代。如果海底是扩张的，当熔融的岩石从地幔上升至地表凝固时就会像磁带机一样，记录下凝固时的地球磁场的方向，或者是正向的（图19.5a），或者是反向的。因为新形成的板块逐渐地向两边移动，所以如果观察海底岩石的磁性的话，就会发现在离洋中脊较近的地方，岩石的磁性或者是正向的，或者是反向的，并且年龄比较轻（图19.5b）；而在远离洋中脊的地方，或者是正向的，或者是反向的，但年龄比较老（图19.5c）。海底其实就是一台巨大的磁带机，上面记录着地磁场变化和海底扩张的信息（图19.5）。因此如果测定垂直于大洋

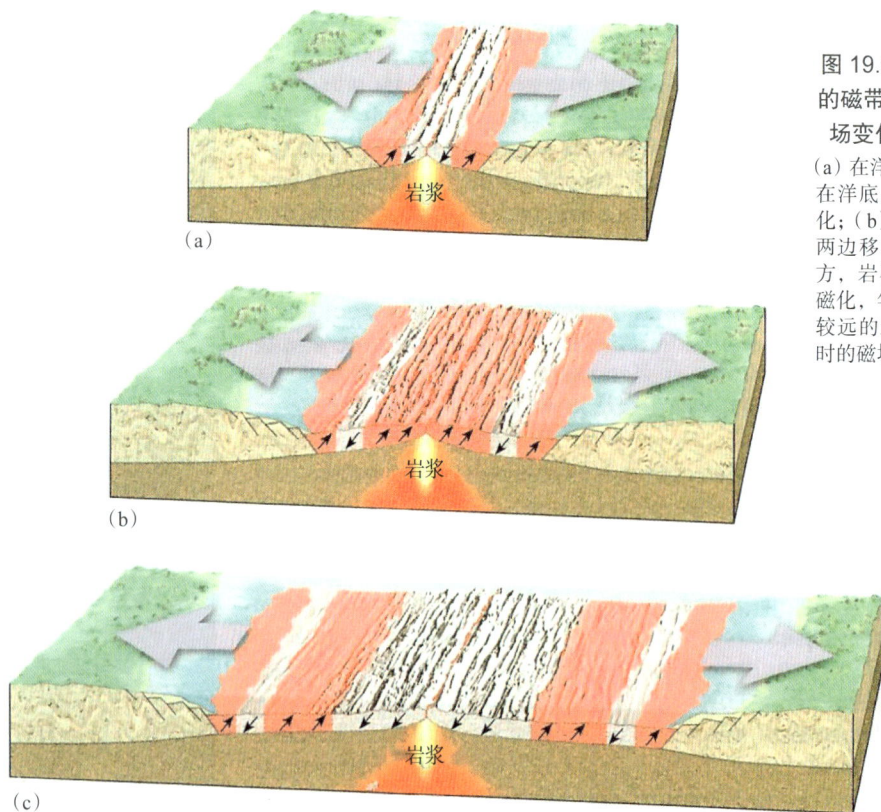

图 19.5 海底犹如一台巨大的磁带机，上面记录着地磁场变化和海底扩张的信息

（a）在洋中脊，新的玄武岩添加在洋底，按地球当时的磁场磁化；（b）新形成的板块逐渐向两边移动，离洋中脊较近的地方，岩石按地球较近期的磁场磁化，年龄较轻；（c）离洋中脊较远的地方，岩石按地球较早时的磁场磁化，年龄较老

中脊方向的岩石的磁性，根据岩石磁性异常的正、反向，就可以推断洋中脊在地质年代里是怎样移动以及是以多大速率互相背离地运动的，从而也就证实了海底的扩张（图 19.6）。岩石磁性异常条带的宽度的数量级为 10 千米，即 10^6 厘米，而磁极期的持续时间数量级为 100 万年（1Ma），即 10^6 年。上述数值给出洋中脊扩张速率的数量级为 1 厘米 / 年。这一结果与用其他资料估算的扩张速率的结果是相一致的。

科学家对于海洋的研究一直没有中断过。在冷战期间，对于海洋地磁的研究也是日新月异。1958 年，梅森（Ronald G. Mason）、梅纳德（Henry W. Menard）和瓦克奎尔（Victor Vaquier）共同发现了在北美西海岸外有一系列线状的磁异常高值带。1961 年，工作于海洋学院的雷弗（Arthar Raff）和梅森（Ronald G. Mason）绘制出北美西海岸的海底磁异常图（图 19.7）。梅森和雷弗指出，这些图像在广大区域存在。海底磁异常是洋底物理研究的一个重要的发现，但是对于这些磁异常的成因，起初并不清楚。梅森和雷弗假设，这些磁异常是由于埋藏地势造

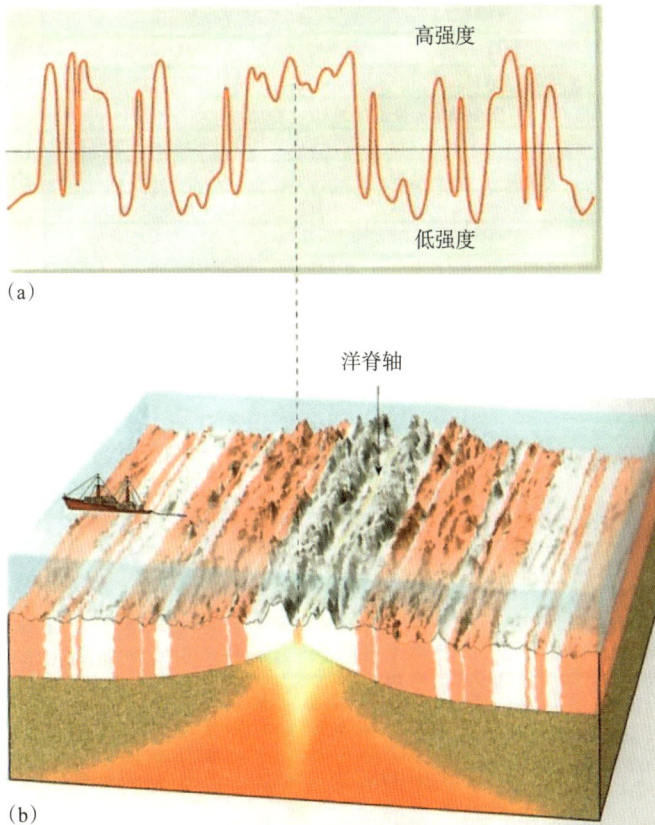

图 19.6 海上地磁测量

（a）测定垂直于大洋中脊方向岩石的磁性显示出通过洋脊的对称磁场；（b）研究船拖着磁力仪通过洋脊顶峰

图 19.7　1961 年雷弗（Arthar Raff）和梅森（Ronald G. Mason）发现北美西海岸外东太平洋胡安·德·富卡 (Juan de Fuca) 洋脊的磁异常图

成的，或者是由不同磁化率的物质逐次入侵造成的。是否由于在海洋地壳的岩石组分中存在着条带状的不均匀性，从而导致磁化强度的不均匀性引起的呢？不像是这种情况。因为同时发现条带状图像在岩石组分均匀的情况下也是存在的。海底磁异常在海洋地球物理学中，是一个长期以来存在的谜。

正在剑桥大学攻读博士学位的年轻的研究生瓦因（Fred J. Vine,1939–　）和他的博士生导师、剑桥大学年轻的地球物理学教授马修斯（Drummond H. Matthews,1931–1997）把磁异常条带、地磁场倒转和海底扩张结合在一起，认为磁异常条带图像的产生不是由于磁化强度的不均匀性，而是由于磁化方向的不一致所致（图 19.8）。沿洋中脊的下伏岩石，正如赫斯—迪茨的海底扩张假说所预期的那样，在形成时的岩石冷却过

图 19.8 瓦因（左）和马修斯（右）
瓦因（Fred J. Vine, 1939–　）和他的博士生导师、剑桥大学地球物理学教授马修斯（Drummond H. Matthews, 1931–1997），摄于 1970 年

程中通过居里点温度的时候被交替地正常磁化与反常磁化，是由地球磁场具有倒转的方向造成的，由此不难解释诸如在印度洋卡尔斯伯格（Carlsberg）洋中脊上观测到的磁异常资料，并不需要新的假设。但是开始时人们对瓦因—马修斯的模型抱有怀疑，因为他们援引的三条基本假设到1963年时还没有一条受到普遍承认。这些假设是：①海底扩张；②地壳磁化岩石对产生海洋磁异常的贡献；③地球磁场极性倒转。

1963年1月，加拿大地质调查所莫利（Lawrence W. Morley）几乎同时独立地提出相同的看法，对上述3条基本假设的真实性做了解释。莫利提出，在洋底的永久性磁化岩石中可能存在着地球磁场近乎完整的记录；他还提出，测量地幔对流速率便有可能得知地磁场倒转的演变情况。莫利的论文稿第一次提交给《Nature（自然）》杂志，但遭到拒绝；后来，又被《J. Geophys. Res.（地球物理研究杂志）》所否定。他的论文未能得到这两家期刊编辑的充分信服而始终未获发表。例如，某一审稿人认为，"这样的推测可以成为鸡尾酒会上有趣的谈话资料，但不应该在严肃的科学刊物上刊载。"然而，瓦因和马修斯却在同一年9月成功地在《Nature（自然）》杂志发表了观点与他们观点相同的论文。后来，直到1964年，莫利和他的合作者拉罗什尔（N. A. Larochelle）的论文才得以刊登在《Roy. Soc. Canada Sp. Pub.（加拿大皇家学会专集）》上，因而失去了该假说（或学说、理论）的首创权，因为人们习惯于按照文章在正式刊物上发表的先后顺序来称某个理论、学说或假说。在这个具体问题上，首创权的竞争实际上竟然取决于作者不能支配的因素，即编辑究竟采纳哪位审稿人的意见，是接受稿件还是退稿。若干年后（1974年），有人（瓦特金斯，N. D. Watkins）评论说，"莫利的手稿确实具有重大的科学意义，或许可列为地球科学方面从未公布过的最重要的论文。"考虑到这一具体情况，现在称这一假说（或理论）为瓦因—马修斯、莫利—拉罗什尔假说（或理论）。

瓦因—马修斯的论文虽然于1963年9月发表了，但并不被当时的地球科学界所认同。部分原因是因为在当时地磁极性倒转时间表（地磁极性年表geomagnetic polarity time scale, 缩写为GPTS）还没有完成，符合他们假说的海底磁异常的资料不多，他们所选择的特例不能有力地论证他们的理论。两年后，即1965年，瓦因与已先期到达剑桥大学度年假的赫斯以及加拿大多伦多大学地球物理学家、地质学家威尔逊（John Tuzo Wilson, 1908–1993）合作，共同进行洋中脊的研究工作。他们指出，在北美西海岸外观测到的磁异常条带的宽度与柯克思（D. C. Cox）、多尔（Richard Doell）和达尔林普尔（Brent Dalrymple）的磁场倒转历史很符合。海底扩张的速率为每一侧1.5厘米/年，与在圣安德烈斯断层观测到的位移率相关性很大。

威尔逊经过对雷弗（Arthar Raff）和梅森（Ronald Mason）得到的加利福尼亚以南和温哥华（Vaconver）岛近海海底地磁异常图（图19.7）进行详细研究之后指出：在雷弗和梅森的海底地磁异常图上已经有了海底正在扩张的洋中脊的具体位置。1965年10月，瓦因和威尔逊发表了一篇论文，公布了一个重要的发现：如果在给定地区，假定洋底扩展速度在以百万年计的时期内是固定不变的，则洋底条带的宽度，应当与图19.4所示的地磁极性倒转年表上的正向或反向的极性期持续时间相一致。瓦因和威尔逊假定了一个合理的洋底扩张速度，根据地磁场倒转年表，计算了横穿各洋中脊地磁异常的理论剖面，并且与实测剖面做了对比。结果估算的剖面和实测剖面的成果极为吻合（图19.9）。这种情况在世界各地的洋中脊中都已得到证明。这种一致性对于瓦因—马修斯、莫利—拉罗什尔假说与地磁极性倒转年表是一个有力的、定量的支持。瓦因和威尔逊用来证明海底扩张的北美西海岸地区是一个地质复杂的地区，许多断层具有异常的水平断错，从而破坏了该图像。能在混杂的断层块体中辨认出基本图像实属不易。不久，即1966年，海兹勒（J. Heirtzler）、勒皮雄（X. Le Pichon）和贝肯（J. B. Bacon）考察了一种比较简单的情形，即冰岛西南海岸附近的雷恰角（Reykjanes）洋中脊的磁异常条带分布（图19.10）。雷恰角洋中脊是位于冰岛西南的中大西洋的一段。沿着该区又一次观测到了与柯克思等在北美西海岸外观测到的磁场倒转一样的对称磁异常条带图像。对于这一图像，再也提不出比海底扩张更为合适的解释了。海兹勒等的工作令几乎所有的科学家都心悦诚服，从而承认海底扩张，以及地壳大板块的相对运动是真实的。

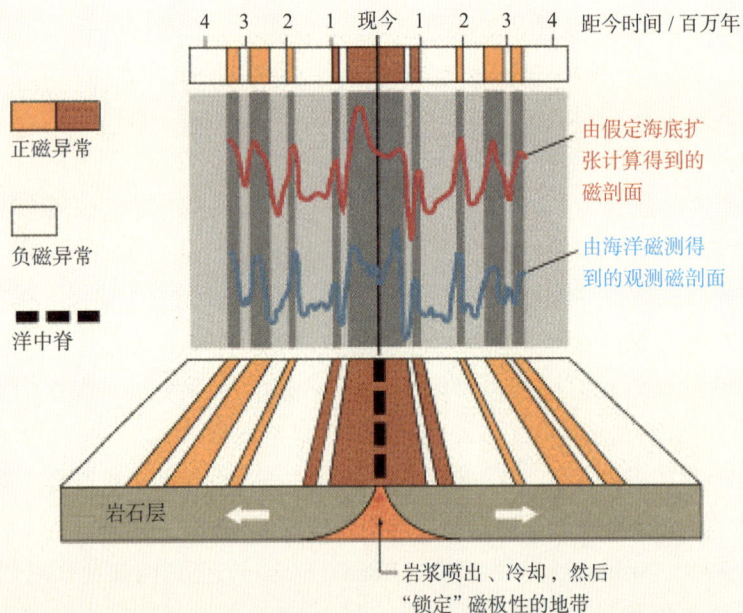

图 19.9 东太平洋中隆处的实测（蓝色）与计算得到的地磁异常剖面（红色）对比

根据过去400万年（4Ma）地磁异常并假定由海底扩张中心向外扩张的速率是常量计算得到的地磁异常剖面（红色）与实测地磁异常剖面（蓝色）非常相似，对海底扩张假说是一个有力的支持

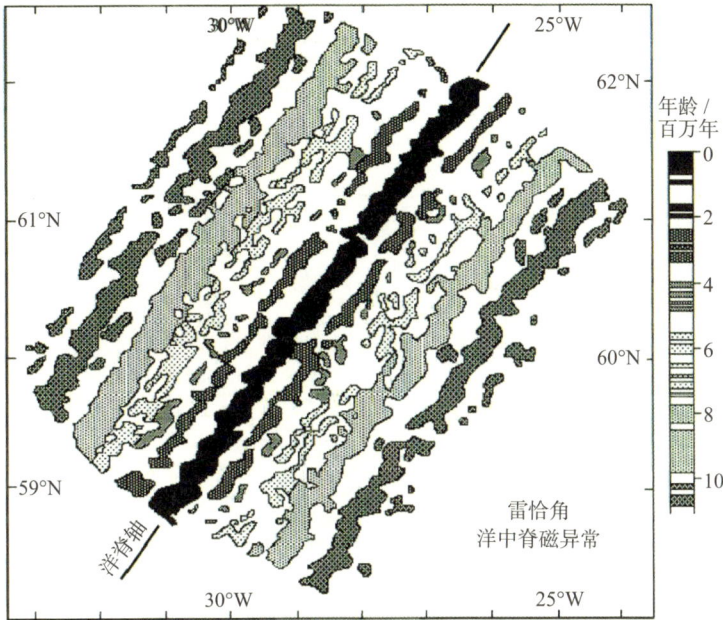

图 19.10 冰岛西南近海的雷恰角（Reykjanes）洋中脊磁异常条带分布

由正常磁化（深色至浅色）和反常磁化（白色）物质交替组成的磁异常条带沿着洋中脊中轴
线两侧对称地分布的条带。磁异常条带的年龄如图右面的灰度标尺（深色至浅色）表示

地磁倒转年表目前只能回溯到距今约 400 万年（4Ma）前，但地磁异常剖面却可以回溯到远达 8000 万年（80Ma）前。因为洋底新形成的部分凝化了当时的主地磁场，所以连接地磁异常相等的各点的轮廓线即代表了在同一年代生成的那部分洋底。这种轮廓线称为洋底等年代图（isochrons）。

图 19.11 是海底等年代图。图中红色和紫色分别表示现今的和 2.8 亿年（280Ma）以前的情况。可以看出，越是远离洋中脊的海底，年代越古老（紫色）；越是靠近洋中脊的海底，年龄越轻（红色）。海底等年代图有力地证明了海底是在扩张的。

到了 1965—1966 年，所有的对海底的研究与发现都证实了海底扩张学说。海底扩张学说还得到了其他观测的支持，其中比较重要的是 1966 年拉蒙特地质观测所奥普代克（Neil Opdyke）等人对洋中脊沉积物剩余磁化强度的测定。由于沉积物缓慢地堆积达几百万年以上，因而厚度达数米的洋底沉积物的剩磁应该反映几百万年以来的几次地磁场倒转的历史。但是岩石剩余磁性的测定在技术上相当困难。奥普代克等人解决了岩石剩余磁性的测定在技术上的困难，成功地测定了从南冰洋和北太平洋深海海底沉积物中获取的岩芯样本，获得惊人的结果。他们垂直采样获得的岩芯样本长 16 ～ 40 呎（5 ～ 14 米）。发现洋底沉积物的柱状剖面精确地记录了地磁场倒转史（图 19.12）。在有些标本中，不仅发现了极性时期，同时还发现了短期的

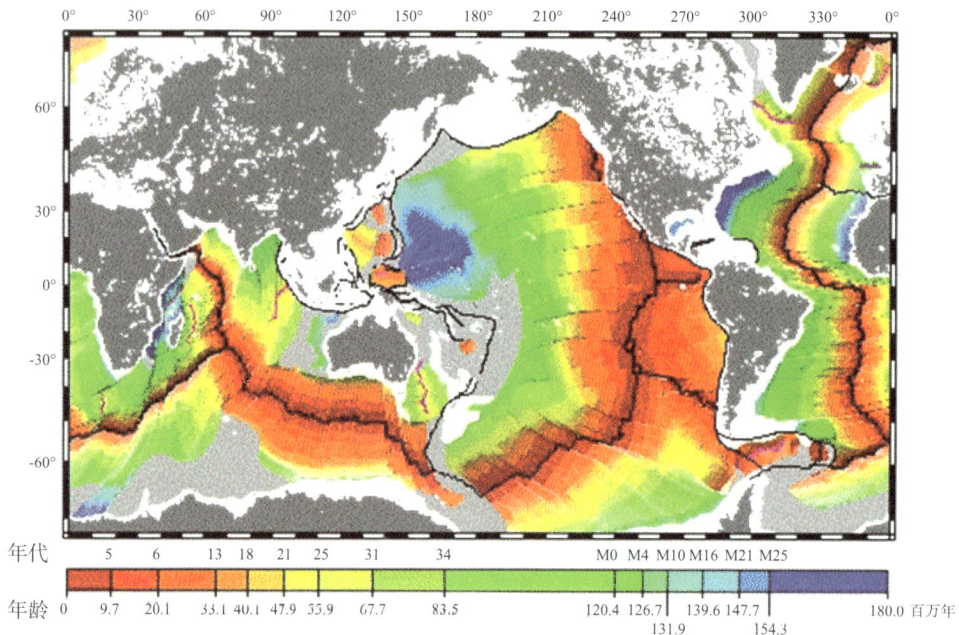

图 19.11 海底等年代图
海底的年龄随着距洋中脊距离的增加由现今（红色）增加至 2.8 亿年（280Ma）前（紫色）的变化有力地证明了海底正在扩张

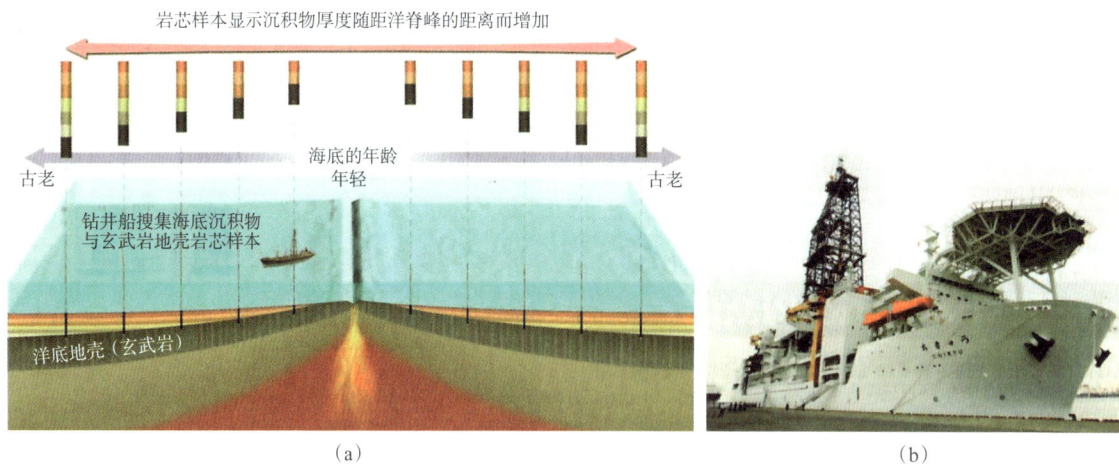

（a） （b）

图 19.12 洋底沉积物的柱状剖面精确地记录了地磁场的倒转历史
（a）深海钻探得到的资料表明海底的确在洋脊轴是最年轻的；（b）现代的科学考察船"行星地球（Chikyu）"号可以钻探到海底以下 7000 米

极性事件。奥普代克等人用放射性同位素测定岩石年龄的方法进行测定，绘出了地磁场倒转时间表。他们由岩芯样本得到的磁场倒转的定年和图案与从陆地上火山岩中采集的样本得到的磁场倒转的定年是一致的。因此，他们开创了海底沉积物古地层学的一个新领域，有助于世界各地同时代海洋沉积物的对比。由于奥普代克等人发现的地磁场的倒转历史一方面可以被记录在水平方向宽约 10 千米的磁性条带上；另一方面可以被记录在厚达 10 米的洋底沉积物的柱状剖面上，因此地磁场的倒转历史不仅可以从大陆的火成岩中测得，而且也可以从海底沉积物中测得。也就是说，对洋中脊沉积物剩余磁化强度的测定结果进一步证实了海底扩张假说。

然而，一波三折。不久，地球科学家发现海底倒转磁性带与已知的在陆地上倒转磁性带定年有差异，虽然差异甚微。不过，这个问题随后很快就被多尔（Richard Doell）和达林姆普勒（Brent Dalrymple）解决了。他们把海底磁性倒转条带理论与陆地磁性倒转条带理论两者有机地结合起来，提出了一个新的基于陆地的磁性倒转条带理论，两组数据符合得令人惊奇的好，圆满地解决了这个问题。

至此，尘埃落定，海底扩张学说得到验证。

20 板块构造

板块大地构造学说的确立

　　到了 20 世纪 60 年代，地球科学家已较系统地了解了地球的物理结构。在过去，由于技术水平没有现在这么发达，对板块大地构造学说（plate tectonics）中涉及的一些地质、地貌并不是很清楚。大量的海底调查表明，在各大洋中都存在许多横断洋中脊的断裂带。大洋中脊峰顶在断裂带两边错开一定距离，磁异常条带沿断裂带的水平位移可长达数百千米。断裂带在海底地形上呈现为洋中脊和狭窄的海槽或崖壁，它们与洋中脊直交延伸，有许多并不超出洋中脊范围，而且至洋中脊的两侧往往形迹不清。这种横向断裂带看上去很像是平移断层，人们并未注意到它们与扩张的洋中脊有什么联系，都认为这是洋中脊之间的洋壳被撕裂的一个证据，并且

认为洋中脊在形成时是绵亘不断的，随着时间的流逝，逐渐被断层分隔开或错开的。国际著名地球物理学家、地质学家、加拿大威尔逊（John Tuzo Wilson, 1908–1993）长期致力于海底断层的研究。他是第一个对海底扩张进行具体而细致研究的科学家。1965 年，威尔逊提出了"转换断层"的创新性概念。他发现：不断扩张的洋中脊贯穿着整个海洋，并被垂直于它的断层分割成一段一段的。他认为，大洋中脊的这种横向断裂带并非通常意义上的平移断层，沿着断裂带发生的不是一般的水平向错动，而是由于自洋中脊轴部向两侧的海底扩张所引起的相对运动。他将这种断层命名为"转换断层"。威尔逊认为，转换断层只存在于两个正在扩张的洋中脊段之间。洋中脊扩张时，变形集中在洋中脊上，并且沿着断层方向进行，其他海洋地壳接缝之间只会分开，但板块不会断裂。

图 20.1 国际著名地球物理学家、地质学家加拿大威尔逊（John Tuzo Wilson, 1908–1993）

　　按照威尔逊的理论，如果洋底的横向断裂确系转换断层引起，那么，地震应发生在洋中脊轴间的错动地段，而在其外侧，则不应有地震发生。地震资料表明，发生在洋中脊的地震确实都集中在洋中脊轴间的错动部分，在其外面的地段则为数甚少。他把这些巨大的漂浮的岩石称

为板块。并提出进一步设想，认为地球的表面是由 7 个巨大的板块和一些小板块组成的。

美国拉蒙特（Lamont）地质观测所赛克斯（Lynn Sykes,1937–　）是第一个证明威尔逊理论的科学家（图 20.2）。赛克斯发现，海洋地震通常发生在洋中脊的断层连接处，而海洋板块却几乎不发生地震。1966 年赛克斯和艾萨克斯（Bryan L. Isacks, 1936–　，图 20.3）、奥里弗（Jack Ertle Oliver,1923–2011, 图 20.4）等从地震学的角度证实了发生于转换断层的地震的震源机制和发生于洋中脊的地震的震源机制与板块大地构造学说所预期的是完全一致的。他们发现板块在海沟处俯冲，形成地震带。他们分析了全球洋中脊系统中发生的 17 个地震的震源机制解，结果表明，所有洋底断裂带上地震都是以走向滑动（简称"走滑"）占优势，由各个地震的震源机制解得出的地震断层错动的方向都与威尔逊预言的错动方向完全相符。他们的研究成果发表后引起了很大的震动。拉蒙特地质观测所关于转换断层的地震学研究成果与海底磁异常、深海钻探成为了验证海底扩张学说的三大论据。

图 20.2 国际著名地球物理学家、地震学家赛克斯（Lynn Sykes,1937–　）

图 20.3 国际著名地球物理学家艾萨克斯（Bryan L. Isacks, 1936–　）

图 20.4 国际著名地球物理学家奥里弗（Jack Ertle Oliver,1923–2011）

地球科学家在对地震的研究过程中，发现了陆地下沉的原因。20 世纪 40 年代，日本和达清夫（Kiyoo Wadati,1902–1995）与美国加州理工学院地震实验室贝尼奥夫（Victor Hugo Benioff,1899–1968）通过研究发现，深源地震主要是海底下面的地层下沉所导致的，它们通常集中发生在靠近陆地火山的海洋的边缘地区。随后，在 20 世纪 50 年代，科学家们又发现该地区同时也是深海海沟所在地。赫斯的海底扩张学说也说明这一点。但海沟为什么是地震多发区，在当时是地震学家无法解释的，因为有些深源地震还发生在很深的地幔深处，在那里温度很高，可以把任何刚硬的物体甚至岩石软化，所以岩石将处于流动状态，而不是会发生地震的硬而易碎的固态。

1964 年拉蒙特地质观测所的奥里弗（Jack Ertle Oliver）、艾萨克斯（Bryan Isacks）和赛克斯（Lynn Sykes）共同对南太平洋汤加（Tonga）岛附近海沟的地震活动进行了研究，发现正如和达清夫与贝尼奥夫所揭示的那样，这些地震的震源勾画出了一个由海底向下倾斜角度约45°的层。但是，奥里弗等首次发现的这个向下倾斜的面是一个向下沉的板片，不仅温度很低（很"冷"），而且很坚硬，既能发生地震又能承载本身的重量而不断裂。向下倾斜层包含着海底的表面弯曲下陷到海沟内，形成了深源地震带（现在称为和达—贝尼奥夫地震带）。他们确定，下降的海底板块相当厚，约 60 哩（100 千米）厚，它的移动不是海底的整个表面的移动或者单单是地壳的移动，而是厚厚的地块像传送带一样地联动。这就是在威尔逊（John Tuzo Wilson,1908–1993）理论中已经说得非常贴切的板块。

1963 年，威尔逊提出了一个对于板块构造学说至关重要的假说。这个假说解决了板块构造理论的一个表观上的矛盾，即为什么在远离最近的板块边界达数千千米的地方会有火山。例如，位于太平洋中部的夏威夷群岛是一串火山岛链，它距离最近的板块边界至少 3200 千米。威尔逊指出，夏威夷和其他一些火山岛链可能是板块下方的地幔中较小的、持续时间相当长的（"稳恒的"）热区向上移动形成的。这个热区称为热点（hot spot），它存在于板块下方的地幔中，提供局部化高温能量区——热焰（thermal plumes）以维持火山活动。按照威尔逊的热点理论，从热点上方经过的、距离热点越远的夏威夷火山链的火山，其年代应当越老、风化越厉害。属于夏威夷群岛的、最西北面的有人居住的考爱（Kauai）岛，其年代是最老的，大约 380 ～ 560 万年（3.8 ～ 5.6Ma），风化也是最厉害的。作为比较，在夏威夷群岛东南的大岛（"Big Island"）现在仍位于热点上方，其最老的出露岩石的年龄最轻，小于 70 万年（0.7Ma），并且新的火山岩还在不断地形成（图 20.5）。

威尔逊提出的有关"热点"的理论发表后，很快就引发了数百篇研究论文，这些论文都证明威尔逊理论是正确的。但是，在 20 世纪 60 年代初期，他的理论却被认为是离经叛道，所有的国际著名的科学刊物都拒绝刊载他这篇有关"热点"论文的稿件。最后这篇板块构造学说里程碑的论文只好刊载在比较不出名的、地球物理学家与地质学家都不太注意的《 Canadian Journal of Physics （加拿大物理学刊）》上。

威尔逊是国际著名的加拿大地球物理学家、地质学家。1947—1974 年，任多伦多大学地球物理学教授。在他从教学岗位退下来之后，任安大略科学中心（Ontario Science Centre）主任。他是一位不知疲倦的教师与旅行者，直至 1993 年逝世。在 20 世纪 30 年代末，当他在普林斯顿大学攻读博士学位时就认识赫斯，那时赫斯正当年，是一位朝气蓬勃的年青讲师。和赫斯一样，他得以看到他提出的"热点"与"转换断层"理论因为有关海底的动力学与地震活动性知识的剧增而得到证实。威尔逊，还有赫斯、迪茨、马修斯和瓦因等科学家，都是 20 世纪 60 年代中期板块大地构造学说早期发展的缔造者。有意思的是，威尔逊是在他科学事业的巅峰时期

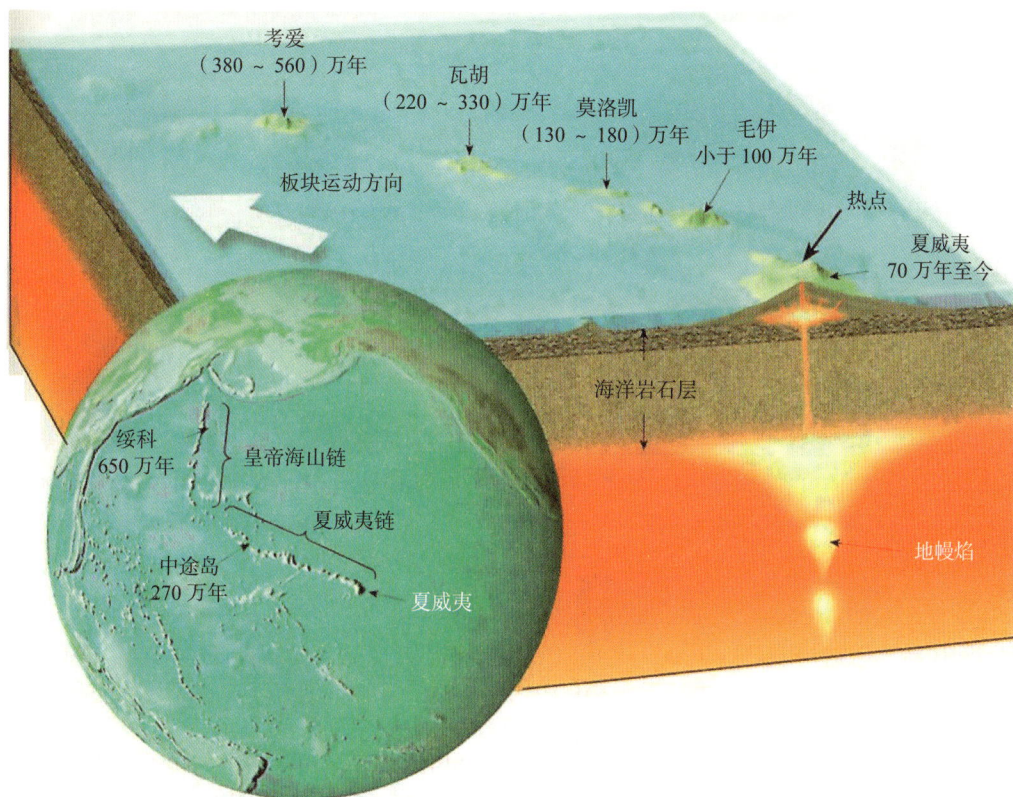

图 20.5 威尔逊（John Tuzo Wilson, 1908–1993）的热点理论解释为什么
在远离最近的板块边界达数千千米的地方会有火山

即 50 多岁时对板块构造学说作出贡献的。人们有理由相信，倘若魏格纳不是在他的科学事业的巅峰时期即 50 岁时英年早逝，板块构造学说这场地球科学的变革可能会来得早些。

1968 年，美国圣迭戈加利福尼亚大学（University of California, San Diego，UCSD）斯克立普斯海洋学研究院（Scripps Oceanographic Institution, SOI）英国麦肯齐（Dan P．McKenzie, 1942– ，图 20.6），剑桥大学帕克（Robert Ladislav Parker, 1942– ，图 20.8），普林斯顿大学摩根（William Jason Morgan, 1935– ，图 20.7）和在拉蒙特地质观测所工作的法国勒皮雄（Xavier Le Pichon, 1937– ，图 20.9）根据大量的资料，运用球面几何学原理，确定了板块形状的轮廓、位置及其运动方向。他们发表的图中不仅给出了地球板块现在的状态，而且也给出了板块过去的状态并对板块将来的变化进行了预测。紧接着，他们按照板块构造学说将全球岩石层划分成 7 大板块：欧亚板块、非洲板块、北美板块、南美板块、印—澳板块、南极洲板块和太平洋板块等巨大的块体，板块之间或分离运动，或水平移动，或俯冲碰撞，板块的边界恰是地质作用活跃的地带。他们论证了地震与板块构造的关系，全球地震带的分布与板块边界非常

图 20.6 国际著名地球物理学家英国
麦肯齐 (Dan P. McKenzie, 1942–)

图 20.7 国际著名地球物理学家美国摩
根（William Jason Morgan,1935– ）

图 20.8 国际著名地球物理学家
英国帕克 (Robert Ladislav Parker,1942–)

图 20.9 国际著名地球物理学家法国
勒皮雄（Xavier Le Pichon,1937– ）

一致，不仅如此，地震震源机制解所给出的相对错动方向，也与板块构造学说理论上所预期的板块相对运动方向一致，因此在板块边界上，板块之间的相互作用是引起地震的基本原因，等等。他们从全球尺度上阐明了地震的成因，对全球地震的地理分布给出了简单明了、令人信服的、合理的解释。皮特曼三世（Walter Pitman Ⅲ）解释了在洋中脊附近探测到的海洋磁性异常的模式（这是海底扩张的指标），成为板块大地构造学说的一个证据。

1967 年，威尔逊完善了海底扩张学说，并向科学界引入了一个新的学说：板块大地构造学说（plate tectonics），简称板块构造学说。他宣称，地球板块大地构造学说和海底扩张学说与哈维（W. Harvey,1578–1657）发现血液循环一样具有同样伟大的意义。这个学说认为地球的岩石层不是整体一块，而是被地壳的生长边界如大洋中脊和转换断层、地壳的消亡边界如海沟以及造山带、地缝合线等构造带，分割成许多构造单元，这些构造单元叫做岩石层板块，简称板块。

威尔逊进一步指出，大洋盆地历经上升期、上升—扩张期、扩张期、挤压期、终了期、缝合期等阶段，大陆漂移与造山运动是这种海底更新过程的直接结果。这个过程现在称为威尔逊旋回（Wilson cycle）。

启示

板块构造学说以其综合性、可预测性与定量化的性质赢得了绝大多数地球科学家的支持。板块构造学说的确立是 20 世纪地球科学的一场革命，它给地球科学的各个分支都带来了观念上的变革，解决了一些过去无法解决的问题。例如，多少年来，一代又一代的地震学家都在试图解释为什么地震在全球的分布是如此不均匀，马利特、米尔恩、古登堡都曾经用他们那个时代最好的观测资料研究过这个问题，但直至板块构造学说提出后地球科学家才能对此给予简单明了、令人信服的、合理的解释，圆满地解决了这个问题。

诚然，板块大地构造学说是地球科学的一个意义重大的革命，它得到了大量观测结果的支持，成功地解释了过去无法解释的许多重要现象，值得大写特书。但是，最为重要、最应当强调的板块大地构造学说的意义是：长期以来，许多地球科学工作者持有一种固定论的观点，认为自有记录以来，海、陆的发展与地球上部的运动主要是地面的隆升与沉降的交替，以垂直运动为主，水平运动只是次要的。他们认为，海洋与大陆在极大程度上是永恒的，其变迁只是海侵和海退的问题，也就是地壳运动带有原地踏步的性质。板块大地构造学说则是一种活动论的观点，它认为，地球上部不但有垂直运动，而且有水平运动，且水平运动更大，其位移能达到数千千米。海洋与大陆在地质时期都不是固定不动的；它们彼此之间及其各自的内部都发生着动态的构造作用。用地质现象的时间尺度来衡量，地球上正在发生着极其活跃的"新陈代谢"作用。板块大地构造学说揭示了人类赖以生存的地球决不是有些人所想象的那样沉寂，而是一颗仍然充满活力的、运动的、活跃的行星，地球上的许多重要的现象都与板块的相对运动和相互作用有关。例如，地震作为发生在地球内部的一种自然现象，它的发生与板块的运动和相互作用是密切关联的，是运动的地球、活跃的地球的生动表现。

大陆漂移、海底扩张、板块构造是全球性大地构造活动的三部曲。海底扩张是大陆漂移的新形式，板块构造是海底扩张的引申和发展。作为 20 世纪的一个伟大的科学成就，从大陆漂移—海底扩张—板块大地构造学说的确立留给后人许多宝贵的经验教训和启示。

（1）科学上的重大突破与创新

科学上的重大突破与创新需要有突破传统思维的勇气、自信和能力，既要有丰富的科学想象力，又要有缜密的科学思维；既要有对探索大自然的强烈好奇心与百折不挠、执着追求真理的毅力，又要有从事科学实践的扎实的专业基础与广博的学识。这些品格和特点在米尔恩、魏格纳、赫斯、迪茨、威尔逊、赛克斯、艾萨克斯、奥里弗、摩根、麦肯齐、帕克、勒皮雄、马修斯、瓦因、莫利……科学家的身上都得到了充分的体现。

（2）青年科学家是科学创新的主力军

魏格纳等提出创新性学说和理论时都还很年青，但他们不囿于传统观念，也不迷信权威。魏格纳提出大陆漂移说时（1912 年）是 32 岁；瓦因对海底扩张说作出贡献时（1963 年）还是一位正在攻读博士学位的研究生，只有 24 岁，而他的导师马修斯才 32 岁。摩根、麦肯齐和勒皮雄提出地球板块构造学说时（1968 年）分别只有 33 岁、26 岁和 31 岁。青年人较少受传统思想与理论的局限和束缚，只要不迷信、不盲从，勤于学习、善于思考、勇于创新、求真唯实、严谨求实，在地球科学领域，青年人也完全是可以大有作为、作出重大贡献的。

（3）学科交叉融合

地球科学是一门跨学科的复杂系统科学，具有全球性、交叉性、复杂性、长期性等特点。地球本来就是一个整体，地球科学问题，诸如大陆漂移、海底扩张、板块构造学说，以及能源资源分布、气候变化、海洋和极地考察研究等大多是全球性问题。地球科学家在研究本土和区域问题时必须以全球视野审视面对的科学问题，必须积极关注和参与全球问题研究。近现代地球科学的发展更突出显示出其多学科交叉融合的特点。近百年来，地球科学不仅与物理、化学等学科交叉融合，产生出诸如地球物理学、地球化学等分支学科，而且物理、化学、数学、生命科学、信息科学与工程技术等学科也深深地融入地球科学，成为地球科学研究的核心内涵、知识基础与重要手段。地球内部的结构、组成、演化及其动力学机制等问题，复杂而多样，地球不但有地核、地幔、地壳、土壤和水圈、生物圈、大气层等圈层间的相互作用，而且还受到天体作用和人类活动的影响，是一个多层次、多因子、多变量的复杂大系统，必须创造还原论和整体论相结合的新的系统研究分析方法，创造新的研究工具和实验观察手段，只有这样才能深刻、全面、准确认识地球。在信息、网络与空天技术迅猛发展的今天，数字地球、智慧地球、探索宇宙都需要地球科学家的参与。地球科学研究的对象，诸如大陆漂移—海底扩张—板块构造、生物进化、成矿过程、海陆演化、气候变化等，都经历了成千上万乃至上亿年的演化，需要用诸如古生物、花粉、孢子等证据，需要通过放射性同位素定年、台网和台阵等网络大规模、长期观测实验，需要收集与使用各种数学方法分析处理海量数据。地球科学的假说、理论、学说的创立不但需要现有的物理、化学实验、分析、观测与探测结果的验证，有时还需要假以时日，等待其他领域科学技术的进展和（或）探测分析手段与方法的创新，需要经历长时间、甚至几代人不懈地探索。因此，地球科学家应该具有更广博扎实的知识与学科基础，具有更执着、严谨的科学精神，更能够承受得起自然风险、学术争论和各种困难与挫折，更有勇气与毅力，更耐得住寂寞，坐得住冷板凳，经得起风吹浪打。正如板块构造学说的创始人之一、领头人威尔逊所指出的："在近代地学革命中，贡献最大的地球科学家，一般都具备两个共同的特点：渊博的教育素养（包括精通物理学知识）和对全球问题发生兴趣，而不局限于对一个小地区的研究。"这些也对地球科学人才培养和研究条件与环境都提出了要求，值得认真思考与改进。

（4）科学上的创新需要非凡的勇气与自信

提出新思想、新学说、新理论，需要非凡的勇气与自信。例如，魏格纳的大陆漂移假说从一开始就遭到强烈的反对，受到当时大多数著名的地质学家、地球物理学家的强烈反对与泰山压顶般的批评，到他逝世时也不为世人所接受。他广泛的科学兴趣、渊博的学识竟成了提职的障碍。

瓦因—马修斯的海底扩张假说在一开始时也不被接受，人们对他们提出的有关海底扩张的三项基本假说（海底扩张；地壳磁化岩石对产生海洋磁异常的贡献；地磁场极性倒转）直至1963年还一直持有怀疑，他们投给《Nature（自然）》杂志的论文直至1963年才得以发表。

加拿大莫利（L.W. Morley）独立提出的一个与瓦因—马修斯的海底扩张假说同样的论文始终未能在一家著名的科学杂志上获允发表。1963年1月，他的文稿第一次提交给《自然》杂志，但遭到拒稿；后来又被著名的《J. Geophys. Res.（地球物理学研究杂志）》所否定。几经周折，直到1964年莫利和拉罗什尔（A. Larochelle）合作的论文才得以发表。然而，由于瓦因和马修斯在1963年9月已成功地在《自然》杂志发表了与他们的观点相同的论文，使莫雷失去了该假说或理论的首创权。在他的论文受到刁难的经历被披露之前，人们常称该假说或理论为瓦因—马修斯假说或理论。考虑到在这个具体问题上，首创权的竞争实际上竟取决于作者不能支配的因素，即编者究竟采纳哪个审稿人的意见，是接受稿件还是退稿，现在通常称该假说或理论为瓦因—马修斯、莫利—拉罗什尔假说或理论。名称虽然长了一点，但体现了公正与公平的精神。

即使是当时在国际上已负盛名的地球科学家威尔逊，他的关于夏威夷群岛这类海洋火山山脉起源的论文也遭遇退稿的刁难。他的论文于1963年遭《J. Geophys. Res.（地球物理学研究杂志）》拒稿，理由是审稿人认为该论文未包括新资料、缺乏数学，以及与流行的概念不一致即离经叛道，等等。威尔逊只好把文章投给《Can. J. Phys.（加拿大物理学刊）》，并很快得以发表。尽管阅读这份物理学杂志的地球物理学家、地质学家很少，但首创权还是得到了确认。

（5）地球科学的意义与社会价值

人类生活在地球上，人类也只有一个地球，地球是人类赖以持续生存繁衍的家园。我们不仅要认知地球的今天，还应该了解地球的过去、它的演化进程与动力学机制，认识其规律，预知其未来。魏格纳等所作出的贡献不仅仅在于其伟大的科学上的成就，更在于这一新的理论所带来的精神、物质与社会价值，板块构造学说从根本上改变了人类对地球系统的认知，深刻影响了人类的科学观、自然观、发展观与价值观，充分体现了人类对于地球系统认知突破的科学意义与社会价值。纵观人类社会发展当前面临的诸多问题，如资源、能源、海平面上升、全球变暖、灾害频仍，几乎没有一个不与地球科学有关。重视与发展地球科学，为地球科学研究创造更加良好的条件与环境应当成为全社会的共识。

（6）基础科学研究的重要性与特点

板块大地构造学说创立中所涉及到的研究成果的发现者，例如：米尔恩、魏格纳、赫斯……，他们的研究工作首先是源于对自然现象的好奇，并没有想到板块大地构造学说的研究成果会给人类带来如此巨大的现实意义。板块大地构造学说的创立及其影响凸显了基础科学研究的重要性与特点。

（7）个人与团队·好奇心驱动与政府的投入

说起板块大地构造学说，人们经常赞颂从大陆漂移到海底扩张、再到板块构造学说创立过程中所涉及到新学说的开拓者、发现者，例如：米尔恩、魏格纳、赫斯、迪茨、威尔逊、赛克斯、艾萨克斯、奥里弗、摩根、麦肯齐、帕克、勒皮雄、马修斯、瓦因、莫利……。的确，他们个人的才华与作用令人钦佩景仰；他们对自然现象的好奇、对自然现象规律执着求索的精神值得称颂。但是，另一方面，也应当看到，板块构造学说的创立过程中，由至少二十几位优秀的中青年科学家（包括女科学家）作为骨干无形之中形成的 50 多位科学家的团队起到了最重要的攻坚克难的作用。我们还应当注意到，在板块大地构造学说创立过程中所涉及到的至关重要的基础性资料，如赫斯的海底地形的声呐探测资料、海洋地磁测量资料，前者是因应"二战"探测潜艇的需要，后者则是因应冷战时期探测潜艇以及对石油天然气资源勘测的需要。为了这些目的，有关各国政府持续投入了大量财力、人力。板块构造学说的创立是个人的才智与团队的联合攻关，还有好奇心驱动与政府投入共同作用的一个生动范例。

（8）板块大地构造学说没有终结真理，新的问题永远存在

板块大地构造学说是一个伟大的科学成就，意义重大，堪与人类历史上哈维（W. Harvey, 1578–1657）发现人体内血液循环、达尔文的进化论等的意义相媲美。但是，板块构造学说并没有解决让地球科学家为难的所有问题。相反地，仍有许多问题尚待解决。例如，板块构造学说的确立在很大程度上是根据地磁与古地磁的观测。古地磁的测量精确度一般不是很高的，因此所定的古地磁极的位置常很分散，而古地磁极的迁移轨迹正是大陆漂移的重要证据之一。地磁异常的线性排列在海洋中某些地区固然很好，但在另一些地区则又很零乱。这些都在结果中引起争议。

更重要的一个问题是板块运动的动力来源问题。如果说海底扩张和板块大地构造学说是正确的，那么，是什么力量驱使板块的不息运动呢？到目前为止，实际上还没有找到对流发生在地幔的直接证据，还有待于今后对地幔的物性与地幔流体力学的理论作进一步研究。

板块大地构造学说并没有终结真理，新的问题永远存在，科学的前沿永无止境，人类对大自然的探索与认识永远不会终结。

21 地震与板块大地构造学说

现代地震学的发展增进了地球科学家对地震震源与地球内部结构的认识，在板块大地构造学说创立与完善过程中起到了重要的作用。

在大洋盆地的底部，主要是在大洋盆地的中部，绵亘着长达 8 万多千米的海底山脉，称为大洋中脊。此外，又有许多海沟。在 20 世纪 60 年代中期以前，地球科学家就已了解大洋盆地的这些大地构造现象，但是对其作用与成因并不清楚。

根据板块大地构造学说，地球的最外层是平均厚度约为 100 千米的岩石层，岩石层分为若干大、小板块。在大洋中脊，新的洋底岩石层板块形成，并从大洋中脊处向外扩张。在消减带，一个板块俯冲到另一个板块下面，潜没消融于地球内部。这一过程犹如传送带的传送过程，板块犹如传送带，在发生于地球内部的热对流的带动下运动。大陆被动地驮在板块上，就像被放置在传送带上一样。海沟、洋中脊、平移大断层是相邻接的板块发生相对运动的边界。板块的相互作用是发生地震的基本原因，而板块边界，正是大多数地震发生的场所。

在大洋中脊，有许多断裂带，这些断裂带早在对洋中脊进行研究的初期就已发现。但过去认为，这类断裂带是如图 21.1(a) 所示的、将洋中脊错断的、通常意义上的走滑断层错动的结果（在图 21.1a 的示意图中是一右旋走滑断层）。到了 20 世纪 60 年代中期，国际著名的地球物理学家、地质学家加拿大威尔逊（John Tuzo Wilson, 1908–1993）注意到了一个现象，即在大西洋赤道附近的洋中脊与非洲和南美洲的大陆的轮廓线是平行的。他认为，洋中脊—断裂带乃是大陆漂移开始时大陆最初分开的地方。因此，洋中脊—断裂带是一种特有的图像，它们并非是将洋中脊错开成一段一段的、通常意义上的走滑断层，而是由一段洋中脊转换到另一段洋中脊的走滑断层。威尔逊称这种断层为转换断层（transform fault）。威尔逊最先引进了转换断层的概念，并且预测了转换断层沿着走向滑动的方向（图 21.1b）与假定这些断层是将洋中脊错开的、通常意义上的走滑断层的错动方向（图 21.1a）正好相反（在图 21.1b 的示意图中的转换断层为一左旋走滑断层）。如果按照这些断层是将洋中脊错开的、通常意义上的走滑断层的假定，该断层则应是一右旋走滑断层。由震源机制解得到的结果完全证实了威尔逊的预测。图 21.2 是一个典型的例子，说明在大洋中脊的一段，地震震源机制解是如何证实海底扩张、转换断层的概念的。

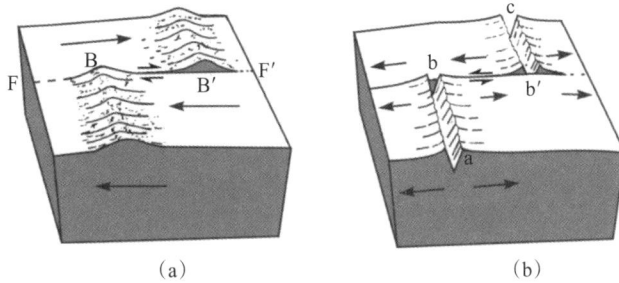

图 21.1 与洋中脊错开相联系的走滑断层错动方向 (a) 和与海底扩张相联系的走滑断层 (转换断层) 错动方向 (b) 之比较

图中箭头表示块体错动方向（a）或海底扩张方向（b），半箭头表示断层错动方向

图中有两种不同类型的断层。位于大洋中脊的地震（图 21.2 中的地震 E），其震源机制是与海底扩张的概念一致的正断层。因为海底在洋中脊处分开，所以洋中脊应当是处于近乎水平的张应力作用的地带，张力轴应当是沿着与洋中脊走向垂直的、近水平的方向。沿着断裂带发生的地震（图 21.2 中的地震 A），其震源机制是以沿水平方向滑动为主的走滑断层。图中所示的地震 A 的水平走滑断层有两个可能的断层面：一个是走向为东—西向的、平行于断裂带方向的节面 NP1，另一个是走向为南—北向的、垂直于断裂带方向的节面 NP2。节面 NP1 的走向与断裂带方向以及沿断裂带的地震震中分布的走向一致，表明 NP1 是真正的断层面。NP1 所表示的断层错动在这个例子中是左旋走滑，与海底扩张、转换断层的概念完全一致。转换断层是因板块的走滑边界与发散边界及汇聚边界相连接、起着转换作用而得名的。由于转换断层的存在，板块边界发生从发散边界向发散边界（图 21.3a）、从发散边界向汇聚边界（图 21.3b, c）或从汇聚边界向汇聚边

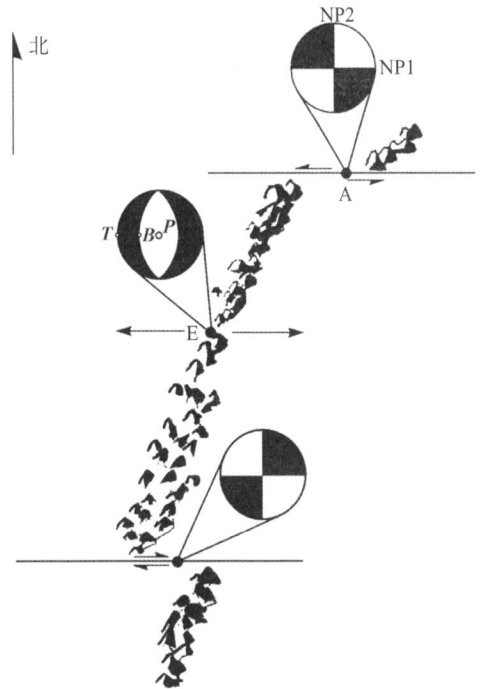

图 21.2 大洋中脊的地震震源机制解

箭头表示海底从大洋中脊处向外扩张的方向，半箭头表示断裂带两侧的海底沿水平方向错动（转换断层）的方向

界（图 21.3d, e, f）的转换。转换断层并不全位于洋底，北美的圣安德烈斯断层就是一个例子。北美西部的一系列长的转换断层是太平洋板块和北美板块的边界，沿着这些断层，太平洋板块相对于北美板块朝着西北方向运动。位于大陆上的、将洋中脊分开的转换断层为验证震源机制

(a)　　　　　　　　　(b)　　　　　　　　　(c)

(d)　　　　　　　　　(e)　　　　　　　　　(f)

⊢⊣→　洋中脊或裂谷　　⇄　转换断层　　d⦅u　海沟、岛弧或山弧

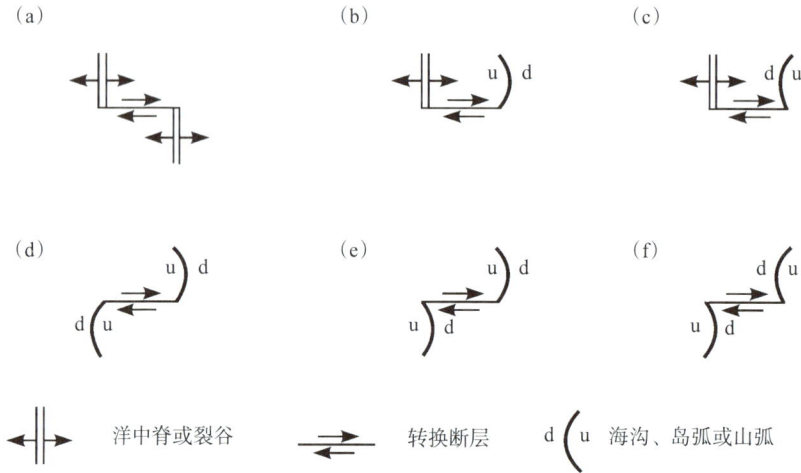

图 21.3 六种可能类型的右旋转换断层

图中表示转换断层将下列边界相连:(a) 发散边界(洋中脊、裂谷)与发散边界相连;(b) 发散边界与(凹弧) 汇聚边界(海沟、岛弧或山弧)相连,u 表示上覆板块,d 表示向下俯冲板块;(c) 发散边界与(凸弧) 汇聚边界相连;(d)(凹弧) 汇聚边界与(凹弧) 汇聚边界相连;(e)(凹弧) 汇聚边界与(凸弧) 汇聚边界相连;(f)(凸弧) 汇聚边界与(凸弧) 汇聚边界相连。注意(a) 中的转换断层的错动方向(在这个例子中是右旋走滑断层)与假定洋中脊是沿水平断错时所要求的错动方向(在这个例子中应是左旋走滑断层,但图中未绘出) 相反

解的方法与结果以及以此为重要依据的板块大地构造学说提供了一个很好的机会。通过直接观测位于大陆上的转换断层的运动,可以对震源机制解以及板块大地构造学说加以验证。圣安德烈斯断层系是东太平洋隆起的洋中脊系为主的断层。这些地震的断层面解与在圣安德烈斯断层实地考察和观测得到的断层错动的性质非常一致。如果说,圣安德烈斯断层是连接位于加利福尼亚湾的东太平洋隆起至俄勒岗近海处的转换断层,那么由观测得到的右旋走滑断层错动正好支持了洋中脊—断裂系是与海底扩张相联系的解释。圣安德烈斯断层系的错动方式与由地震震源机制解求得的加利福尼亚湾断裂带的断层错动方式是完全一致的(图 21.4)。

　按照板块大地构造学说,海沟是海洋岩石层板块向下俯冲并且逐渐被消融的场所,是俯冲板块与覆盖在其上方的板块(称为上覆板块)之间的边界。图 21.5 以汤加海沟为例,说明发生于海沟的地震的震源机制解与板块大地构造学说的力学模型非常符合。在靠近海沟的地方有几个关键地点,在这些地点所发生的地震的震源机制与发生于海沟的板块运动密切关联。当海洋岩石层板块在海沟发生俯冲时有两点重要的逻辑上必然的推论。一是向下俯冲的岩石层板片在快要俯冲下去时要发生弯曲(如图 21.5 中的 B 所示)。板片在快要俯冲下去时发生的弯曲势必导致这一部分板片发生引张,因而发生如图 21.5 中的 B 所示的正断层性质的地震。

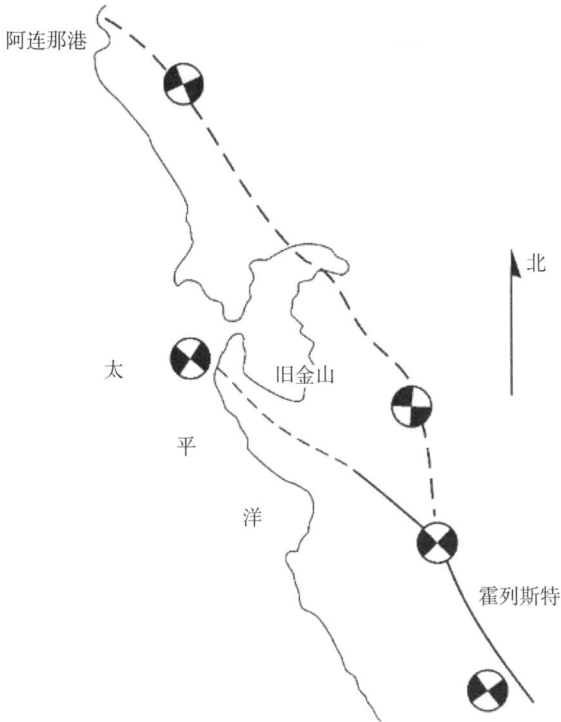

图 21.4 美国加利福尼亚州的圣安德烈斯断层系及相应的地震震源机制解

图中虚线表示圣安德烈斯断层系。由图可见圣安德烈斯断层右旋走滑断层错动方式与由地震震源机制解得出的结果以及板块大地构造学说的概念相符

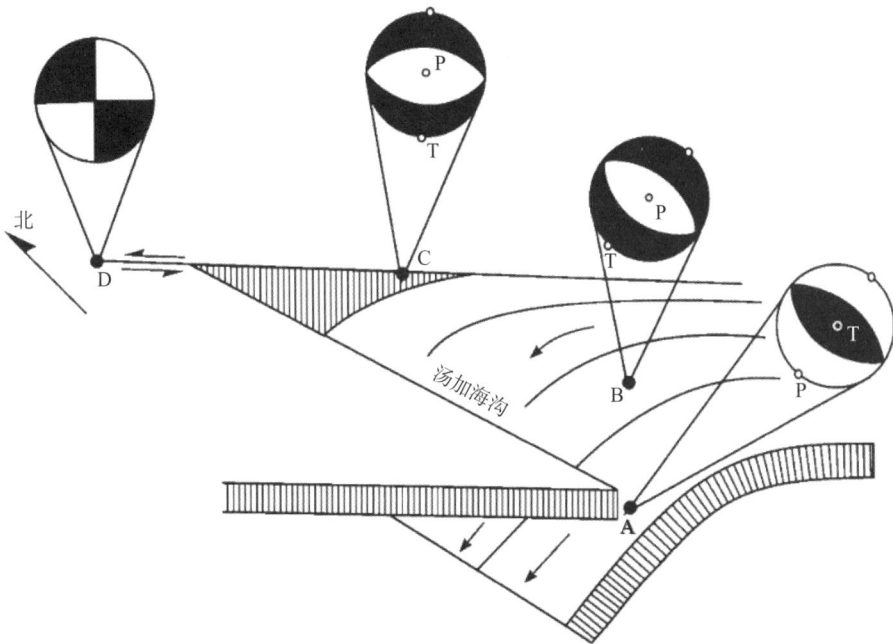

图 21.5 在汤加海沟俯冲的岩石层板块的地震震源机制解

箭头表示板块俯冲的方向，半箭头表示板块相对平移的方向，A、B、C、D表示与板块俯冲和平移相联系的4个具有代表性地点的地震震源机制解

　　现在已有大量海沟附近海底地震的断层面解，表明在海沟，震源较浅的地震的确具有断层面走向与海沟方向一致的正断层性质。这些地震的断层面解有力地支持了上述推论。二是向下俯冲的岩石层板块必定在俯冲板块与上覆板块之间发生剪切作用，从而在该处发生的地震应当具有逆断层性质。地震的震源机制解表明，在海沟下方较浅的地方发生的地震，其断层面解的确具有逆断层错动的性质（图 21.5 中的 A）。这些地震的断层面解是对上述推论的有力支持。在海沟的端部，例如在图 21.5 中的 C 所示的太平洋汤加海沟的北端，当向下俯冲的板块向着海沟（向西）移动时，好比一把正在张开的剪刀，在海沟的端部"撕裂"。所以当这部分板块移动到海沟下方、在这个地方发生地震时，其断层面的走向应与板块水平移动的方向（东—西向）一致，其震源机制解则应具有张力轴方向与海沟方向（南—北向）一致的正断层性质；而对于上覆板块来说，在海沟端部的那部分仍然留在地面上，其地震的震源机制解就应当具有如图 21.5 中的 D 所示的走滑断层的性质。由实际观测资料得到的图 21.5 中 4 个关键地点 A，B，C，D 的地震震源机制解，完全符合发生于汤加海沟的岩石层板块俯冲的力学模型，是地震震源机制解对板块大地构造学说的有力支持的很好例证。

22 兴利避害、造福人类的地球物理学

在现代社会，板块大地构造学说的诞生对人类的公共安全来说具有非常深远的意义。地球科学家通过板块大地构造学说认识到，美国加利福尼亚州的圣安德烈斯断层是两个板块的接缝处，并且板块正在做漂移运动。世界上最大的板块是太平洋板块，它正向东北方向移动，逐渐越过北美洲。现在我们可以理解为什么美国加利福尼亚州是地震多发地带。在这些地方，地震学家只是目前尚不能准确预测地震发生的时间，而不是不能预测是否会发生地震。

虽然地震学家目前尚不能准确预测地震发生的时间，但是已经掌握了板块运动的速度和板块边界地带地震发生的成因及机制。所以可预先采取一些特殊的防范措施，包括：制定防震减灾计划，颁布防震减灾法案。通过法律规定全国实施国家防震减灾计划。国家防震减灾计划中包括相应的教育计划以及有关建筑物设计及施工的抗震标准。现在已有许多国家采用根据"地基分离原理"制定出有关建筑物设计及施工的抗震标准。所谓"地基分离原理"是指在建筑物与它的地基之间加入轴承垫。当大地向某一方向运动时，固定在地基上的建筑物就会向相反方向运动。当地震发生时，大地运动的方向来回改变，不加入轴承垫的建筑物就会随着大地做相应的摆动；如果在建筑物及其地基之间加入轴承垫，大地震动就被轴承垫"吸收"掉，使建筑物保持平稳。在日本和美国加利福尼亚州，地质灾害、地震灾害经常发生，它们的建筑物在设计与施工时都采用地基分离原理，如学校、桥梁、水坝等。近年来，我国在这方面做了卓有成效的工作，取得了长足的发展。

现在通过板块大地构造学说，我们可以认识地震灾害、地质灾害现象，预防与减轻地震灾害、地质灾害带来的损失，从而提高我们的生活保障。板块大地构造学说给人类带来巨大的经济效益。例如：将板块大地构造学说运用于采矿、石油与天然气的勘探和开采。因为板块大地构造学说完善了古地理学（现在称为化石地理学），通过板块大地构造学说我们清楚地知道石油与天然气形成的成因与分布，并借助它准确地找出储存石油与天然气的地层。

板块大地构造学说还给人类带来许多新的发现，例如科学家在海底发现了温泉（它是海水在扩张地带向下渗入到炽热的地壳中的结果）和温泉微生物，使我们更全面地了解地球上五花八门的生物。例如1977年科学家在加拉帕哥斯（Galápagos）洋中脊的温泉附近发现了一种新的生态系统（在其他海洋也发现了类似的生态系统）。随后科学家在海底又发现了200多种新

的蠕虫、软体动物、节肢动物。由于在海底缺少阳光，这些海底生物只能通过氧化从地球内部向外喷发的物质硫化氢获得能量维持生命。然而硫化氢对大多数生物来说是有毒的！在这些被发现的神奇生物中，有一种微生物甚至能在温度高于沸点的水中生存。科学家们已经对这些微生物的代谢过程进行了研究。

地球大部分的地质特征与以前人们无法理解的自然现象都可以用板块大地构造学说给以解释，例如火山喷发、地震、山脉的形成，等等。板块大地构造学说并非痴人呓语，而是有充分的科学根据的。板块大地构造学说创立中所涉及到的这些研究成果的发现者，例如：米尔恩、魏格纳、赫斯、迪茨、威尔逊、赛克斯、艾萨克斯、奥里弗、摩根、麦肯齐、帕克、勒皮雄、马修斯、瓦因、莫利……他们的研究工作首先是源于对大自然现象的好奇，并没有想到他们的研究成果会给人类带来如此之大的现实意义。

23 特大地震及其引发的超级海啸

　　2004 年 12 月 26 日印度尼西亚苏门答腊—安达曼发生了矩震级 $M_W9.2$ 地震。这次地震不但规模巨大，并且引发了印度洋大海啸（表 23.1）。继这次特大地震及其引发的印度洋超级海啸之后，2011 年 3 月 11 日在日本的东北部发生了 $M_W9.2$ 地震。日本东北 $M_W9.2$ 地震不但引发了超级海啸，并且造成了核泄漏。地震—海啸—核泄漏不但给日本人民带来巨大的灾难，也给予世界各国人民以极强烈的震撼。日本是一个多地震、多海啸的国家，是地震、海啸历史记载时间最长、记载最详尽的国家之一，也是对地震、海啸的研究最先进的国家之一。在日本，地震监测台网密集，监测手段相当全面，包括地震、大地测量、全球定位系统（GPS）、干涉卫星孔径雷达（InSAR）……在国际上属于对地震预测预报研究开展早、规模大、工作系统的国家之一。长期以来，日本举国上下对防灾减灾工作十分重视、国民的防灾减灾意识强、素质高，防灾减灾教育广泛深入，又是国际上地震—海啸预警系统运行最早（2007）的国家或地区之一。但是，在 2011 年 3 月 11 日日本东北特大地震及其引发的超级海啸中，日本仍然蒙受了巨大的人员伤亡与财产损失。人们不禁要问：日本的地震预测预报工作到底怎么了？在这次地震—海啸—核泄漏事件中，地震—海啸预警系统究竟起了什么作用？日本的防灾减灾工作到底做得怎么样？等等。"他山之石，可以攻玉"。客观地、实事求是地回顾与反思从苏门答腊—安达曼特大地震—超级海啸直至日本东北特大地震—超级海啸—核泄漏给我们留下的经验与教训，对于今后的防灾减灾工作不无裨益。

　　从 2011 年日本东北地震—海啸—核泄漏的情况看，多年来日本在防灾减灾方面所做的努力是取得了实效、起到了积极作用的，应当予以充分的肯定，只是许多应予充分肯定的成绩被淹没在大地震—海啸—核泄漏造成的巨大灾难所引起的悲痛中。可以说，如果不是在过去数十年里政府的重视，科学家的不懈努力，以及全民防灾减灾素质的普遍提高，这样一个灾难降临在其他国家或地区，灾情与损失将会更严重。

苏门答腊—安达曼地震—印度洋海啸

　　2004 年 12 月 26 日，印度尼西亚苏门答腊北部以西近海的海底发生了 $M_W9.2$ 的特大地震

（表 23.1 地震编号为第 3 的地震及图 23.1）。这次地震现在称为苏门答腊—安达曼地震，它的震级最初测定为 $M_W9.0$，经过反复修订，最新的结果是 $M_W9.2$。苏门答腊—安达曼地震是自 1900 年以来、也可以说是自 1889 年人类第一次用现代地震仪记录到远震信号以来记录到的、震级排行与 1964 年阿拉斯加地震及 2011 年日本东北部地震并列第二的大地震（表 23.1 地震编号为第 2 与第 4 的地震）。这次地震激发了印度洋特大海啸，造成了印度尼西亚、斯里兰卡、印度、泰国、孟加拉、马尔代夫、毛里求斯等十余个印度洋沿岸国家或岛国的重大损失。截至 2005 年 2 月 23 日的统计，已有 227898 人在这次特大地震及其激发的、有史以来最严重的大海啸灾难中丧生或失踪。特大地震与灾难性的超级海啸使 1126900 人顿失家园，使受灾国的经济遭受惨重损失。

时隔 3 个月，当世界还没有完全从这次特大地震和灾难性特大海啸造成的悲痛的阴影走出来的时候，还是在苏门答腊岛北部，在苏门答腊—安达曼地震震中东南与其相距约 200 千米的地方，于 2005 年 3 月 28 日又发生了 $M_W8.6$（美国哈佛大学的测定结果为 $M_W8.7$）的特大地震（表 23.1 地震编号为第 15 的地震）。侥幸逃过 2004 年年底大灾难的地震灾区人民，又有 1300 余人死于地震。所幸 2005 年 $M_W8.6 \sim 8.7$ 地震［现在称为苏门答腊北部地震，又称尼科巴（Nicoba）地震］没有像 $M_W9.2$ 地震那样激发起巨大的海啸。

表 23.1　公元 1687—2016 年全球 $M_W \geqslant 8.5$ 特大地震目录

地震编号	排序	地名	日期 (UTC)[①] 年 - 月 - 日	震级 M_W	纬度[②]	经度[②]
1	1	智利	1960-05-22	9.5	-38.29	-73.05
2	2	阿拉斯加	1964-03-28	9.2	61.02	-147.65
3	2	印度尼西亚苏门答腊—安达曼	2004-12-26	9.2	3.30	95.78
4	2	日本东北部	2011-03-11	9.2[③]	38.322	142.369
5	4	堪察加	1952-11-04	9.0	52.76	160.06
6	4	智利	1868-08-13	9.0	-18.5	-71.0
7	4	喀斯喀迪亚	1700-01-26	9.0		
8	8	智利	2010-02-27	8.8		
9	8	厄瓜多尔 / 哥伦比亚	1906-01-31	8.8	1.0	-81.5
10	10	智利	1730-07-08	8.7		
11	10	葡萄牙	1755-11-01	8.7	36.0	-11.0
12	10	阿拉斯加雷特岛	1965-02-04	8.7	51.21	178.50
13	13	中国西藏察隅	1950-08-15	8.6	28.5	96.5
14	13	阿拉斯加安德列诺夫岛	1957-03-09	8.6	51.56	-175.39

地震编号	排序	地名	日期 (UTC)[①] 年 - 月 - 日	震级 M_W	纬度[②]	经度[②]
15	13	印度尼西亚苏门答腊北部	2005-03-28	8.6[④]	2.08	97.01
16	13	印度尼西亚苏门答腊北部以西近海	2012-04-11	8.6	2.311	93.063
17	17	印度尼西亚苏门答腊南部	2007-09-12	8.5	-4.438	101.367
18	17	千岛群岛	1963-10-13	8.5	44.9	149.6
19	17	印度尼西亚班达海	1938-02-01	8.5	-5.05	131.62
20	17	堪察加	1923-02-03	8.5	54.0	161.0
21	17	日本	1896-06-15	8.5	39.5	144.0
22	17	秘鲁	1687-10-20	8.5	-15.2	-75.9
23	17	智利—阿根廷边界	1922-11-11	8.5	-28.55	-70.50

注：① UTC：协调世界时。②纬度、经度正号表示北纬、东经，负号表示南纬、西经。③最初测定结果为矩震级 $M_W9.0$，最新测定结果震级为 $M_W9.1 \sim 9.3$，表中采用其中间值即 $M_W9.2$。④据美国哈佛大学 (Harvard University)"全球矩心矩张量计划矩张量解"的测定结果为 $M_W8.7$。

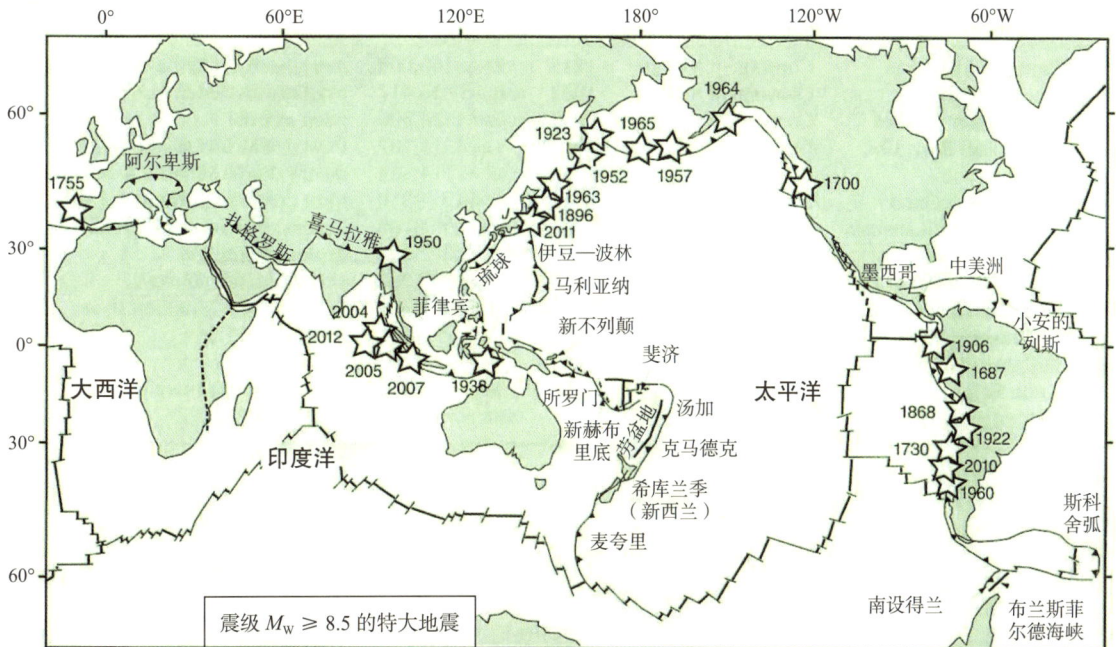

图 23.1 公元 1687—2016 年全球 $M_W \geqslant 8.5$ 特大地震震中分布

日本东北地震—海啸—核泄漏

当人们对 2004 年 12 月 26 日苏门答腊—安达曼特大地震及其引发的印度洋超级海啸记忆犹新的时候，2011 年 3 月 11 日在日本东北部发生了震级与 1964 年 3 月 28 日阿拉斯加 $M_W9.2$ 地震（表 23.1 地震编号为第 2 的地震）及 2004 年 12 月 26 日苏门答腊—安达曼特大地震并列第 2 的大地震（表 23.1 地震编号为第 3 的地震）。最初，美国哈佛大学将这次地震的震级定为 $M_W9.0$；后来，其他一些机构或作者的测定结果则比最初的结果大一些，为 $M_W9.1 \sim 9.3$；在表 23.1 中，取其中间值 $M_W9.2$（表 23.1 地震编号为第 4 的地震）。这次特大地震引发了超级海啸。据日本警视厅统计，截至 2012 年 3 月 10 日已造成 19009 人死亡或失踪（15854 人死亡，3155 人失踪），数万人受伤，332395 间房屋倒塌。死亡或失踪人数为 1995 年 1 月 17 日大阪—神户

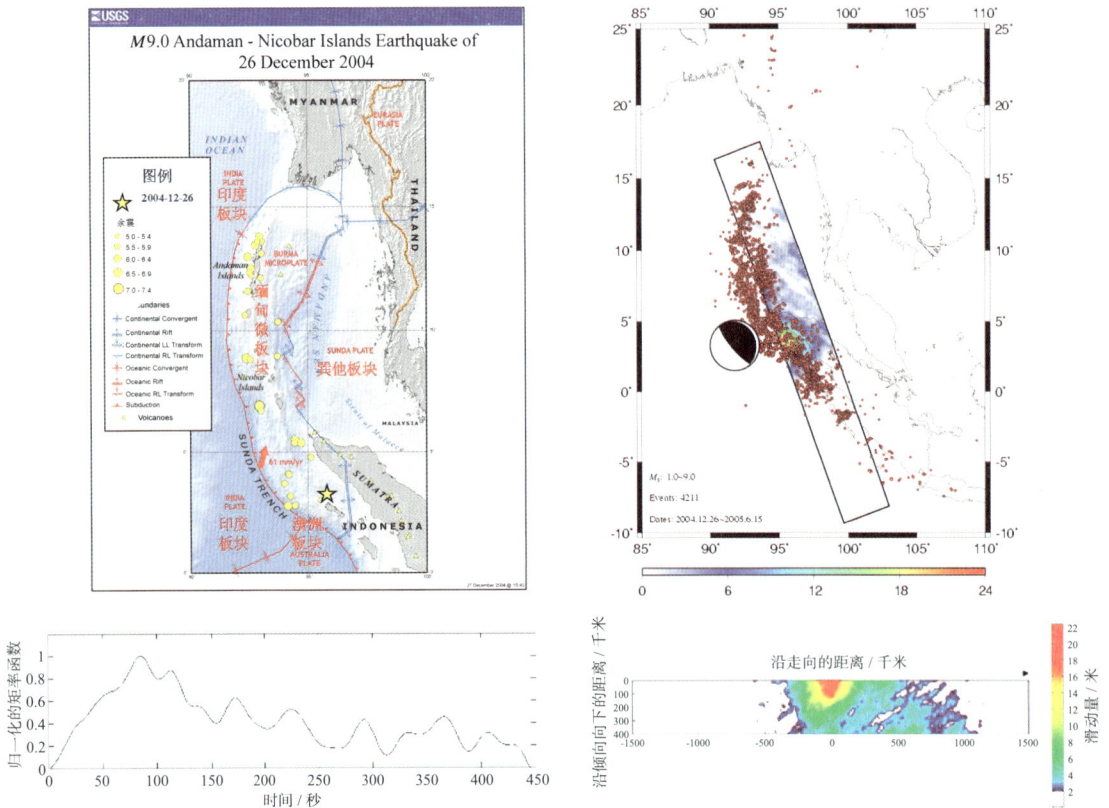

图 23.2 2004 年 12 月 26 日印度尼西亚苏门答腊—安达曼 $M_W9.2$ 地震及其余震的震中、板块构造运动、震源机制、矩释放率以及断层面上的滑动量分布

（a）$M_W9.2$ 地震（黄色星号）及其余震（黄色圆圈）的震中与板块构造运动图；（b）$M_W9.2$ 地震的震源机制（"海滩球"表示震源球下半球等面积投影）、余震震中（红色圆圈）以及图 23.2（d）所示的在 $M_W9.2$ 地震断层面上滑动量的分布在地面上的投影；（c）$M_W9.2$ 地震的矩释放率随时间的变化图；（d）在 $M_W9.2$ 地震断层面上滑动量的分布

M_W7.3 地震（死亡或失踪 6482 人）以来之最。不但如此，受该地震影响，位于东京东北约 225 千米的福岛县的福岛第一核电站发生放射性物质泄漏与氢气爆炸，令多人受到核辐射。

　　2004 年苏门答腊—安达曼地震与 2011 年日本东北地震同为特大地震，都产生了灾难性的超级海啸。这两次特大地震的"矩心矩张量解"的"最佳双力偶解"参数（表 23.2 与图 23.2b、图 23.3b）表明这两次地震的震源机制都是低倾角（分别为 8° 与 10°）、以逆断层错动为主（滑动角分别为 110° 与 88°）的断层。反映了苏门答腊—安达曼地震的发生是印度板块—澳洲板块以大约 61 毫米/年的速率沿着北东 20° 方向朝着从欧亚板块进一步细分出来的缅甸小板块（又称微板块）下方俯冲的结果。据美国哈佛大学"全球矩心矩张量计划矩张量解"，苏门答腊—安达曼地震的地震矩为 4.0×10^{22} 牛顿·米，另外一些测定结果表明，苏门答腊—安达曼地震的地震矩为（5.0 ~ 13.0）$\times 10^{22}$ 牛顿·米，相当于矩震级为 M_W9.1 ~ 9.3，释放的地震矩相当于此前 10 年全球所有地震释放的地震矩的总和；其破裂面的长度约 1300 千米，宽度约 150 ~ 240 千米，相当于破裂面的深度达到 30 ~ 45 千米；地震破裂以不对称双侧破裂的方式进行，向北扩展约 900 千米，向南扩展约 400 千米，全长约 1300 千米；破裂持续时间约

表 23.2　2004 年苏门答腊—安达曼地震及其最大余震与 2011 年日本东北地震的
矩心矩张量解的最佳双力偶解参量[①]

地震	苏门答腊—安达曼地震	苏门答腊北部地震	日本东北地震
日期	2004 年 12 月 26 日	2005 年 3 月 28 日	2011 年 3 月 11 日
矩心时间（UTC）[②]	01:01:10.0	16:10:31.8	05:47:32.8
矩心位置	3.09° N, 94.26° E	1.64° N, 96.98° E	37.52° N, 143.05° E
矩心深度/千米	28.6	24.9	20.0
地震矩 M_0/(10^{22} 牛顿·米)	4.0	1.1	5.3
矩震级 M_W	9.1（9.2）	8.7（8.6）[③]	9.1（9.2）[③]
节面 1	走向 329°/倾角 8°/滑动角 110°	走向 329°/倾角 7°/滑动角 109°	走向 203°/倾角 10°/滑动角 88°
节面 2	走向 129°/倾角 83°/滑动角 87°	走向 130°/倾角 83°/滑动角 88°	走向 25°/倾角 80°/滑动角 90°
T 轴	方位角 36°/倾角 52°	方位角 37°/倾角 51°	方位角 295°/倾角 55°
B 轴	方位角 130°/倾角 3°	方位角 130°/倾角 2°	方位角 205°/倾角 0°
P 轴	方位角 222°/倾角 38°	方位角 222°/倾角 38°	方位角 115°/倾角 35°

注：①据美国哈佛大学 (Harvard University)"全球矩心矩张量计划矩张量解"（Global CMT Project Moment Tensor Solution）。② UTC：协调世界时。③括号所注矩震级为美国地质调查局国家地震信息中心（USGS/NEIC）的结果（参见表 23.1）。

300 ～ 600 秒，破裂速度平均约 2.3 ～ 2.8 千米 / 秒，最大错距达 15 ～ 22 米，所激起的海啸浪高达 3.2 ～ 4.5 米。2011 年 3 月 11 日日本东北地震是太平洋板块以大约 80 ～ 92 毫米 / 年的速率沿着北西方向朝着（从北美板块进一步细分出来的小板块）鄂霍茨克板块下方俯冲的结果。其地震矩为（3.7 ～ 5.7）× 10^{22} 牛顿·米，相当于矩震级为 M_W9.0 ～ 9.1；其破裂面的长度约 440 ～ 450 千米，宽度约 120 ～ 200 千米，相当于破裂面的深度达到 30 ～ 45 千米；地震破裂以不对称双侧破裂的方式进行，由震源（初始破裂点）开始，逆着倾向由下而上分别向南、北两侧扩展；破裂持续时间约 90 ～ 190 秒，破裂速度平均约 2.3 ～ 2.7 千米 / 秒；最大错距达 50 米，平均应力降约 7 兆帕（MPa），最大应力降达 20 兆帕，地震动加速度最大达 2933 伽（Gal），远大于 1995 年阪神地震最大地震动加速度 818 伽；所激起的海啸浪高超过 7 米。

苏门答腊—安达曼地震与日本东北地震特点比较

概括地说，苏门答腊—安达曼地震与日本东北地震这两次特大地震具有地震大、所激起的海啸大、造成的灾害大以及次生灾害甚于原生灾害等共同的特点。

（1）地震大

苏门答腊—安达曼地震与日本东北地震这两次特大地震均为俯冲带地震。俯冲带是两个板块汇聚、一个板块俯冲到另一个板块下方的地带。印度板块—澳洲板块以大约 61 毫米 / 年的速率沿着北东 20° 方向朝着从欧亚板块进一步细分出来的缅甸小板块（微板块）下方俯冲，造成了印度板块—澳洲板块与缅甸小板块的汇聚；太平洋板块以大约 80 ～ 92 毫米 / 年的速率沿着北西方向朝着由北美板块进一步细分出来的小板块鄂霍茨克小板块下方俯冲，造成了太平洋板块与鄂霍茨克板块的汇聚。当汇聚板块的相对运动受阻时，应力便在岩石中逐渐积累起来，直至岩石中的应力增加到它承受不了的程度时发生突然的破裂，释放出贮存在岩石中的能量，即地震。在板块汇聚的地方，即汇聚边界的岩石层是从发散带缓慢地移动过来的，因而地质年龄比较老；而且在岩石层移动的过程中，它的厚度是逐渐增加的，所以在汇聚边界，岩石层板块一般都比较厚。此外，两个板块相互接触的时候，接触面一般是个斜面，所以汇聚的两个板块的接触面面积通常都比较大；并且当一个板块俯冲到另一个板块下方时，可以俯冲到比较深的地方。因此，俯冲带一旦发生地震，容易发生比较大的地震，而且是震源比较深的地震。苏门答腊—安达曼地震与日本东北地震这两次特大地震便是上述类型的俯冲带特大地震的典型代表。

（2）海啸大

苏门答腊—安达曼地震与日本东北地震这两次特大地震都引发了超级海啸。就地震而言，矩震级 $M_W \geq 8.0$ 的地震发生的频次是相当低的。据 1990—1999 年的统计，地球上平均每年大约发生 0.7 次，即平均 3 年发生 2 次 $M_W \geq 8.0$ 的特大地震；$M_W \geq 9.0$ 的特大地震发生的频次就更低了，在自 1900 年以来的近 120 年期间只发生过 5 次 $M_W \geq 9.0$ 的特大地震。就海啸而言，据统计，在 10 次 $M_W \geq 8.0$ 的特大地震中，大约只有 1 次是发生在海底又激发起海啸的。尽管海底地震，海底火山喷发以及海底或海岸滑坡、崩塌、滑塌、陨星或彗星的撞击等海底大规模的、突然的上下变动都会激发海啸，但是在上述激发海啸的诸多因素中，最主要的因素还是海底地震，特别是以沿着断层面上下错动为其特征的"倾滑型"地震。即使是这样，也只有那些周期特别长的、震级特别大的地震，在极其有利的条件下才能激发起灾害性的大海啸。苏门答腊—安达曼地震与日本东北地震这两次地震的震级都特别大，矩震级都在 $M_W 9.0$ 以上，所激发的海啸也都特别大。两次罕见的事件相距时间又短，仅 6 年又 3 个月，充分显示出全球地震活动性虽然在长时间尺度上具有稳定性，然而在短时间尺度上又表现出明显的、不容忽视的涨落现象。

（3）灾害大

死亡或失踪人数多　在苏门答腊—安达曼地震与日本东北地震这两次特大地震中，不仅人员伤亡大，而且具有"死多伤少"即死亡人数占总伤亡人数的比例高的状况，甚至还发生整个村镇被海啸洗劫一空的惨剧。在日本东北地震中，受灾最严重的岩手县、宫城县、福岛县三个县，无论是人口还是经济，与人口稠密、经济发达的大阪—神户都无法相比，但"死亡率"（即平均每 1 万人中因地震死亡的人数：1.85 人 / 万人），是 1995 年 $M_W 7.2$ 阪神地震（死亡或失踪 6,482 人，"死亡率"为 0.44 人 / 万人）的 4 倍。

经济损失大　苏门答腊—安达曼地震与日本东北地震这两次特大地震都造成了巨大的经济损失。2004 年苏门答腊—安达曼地震及其引发的印度洋超级海啸造成印度洋沿岸国家及岛国严重的经济损失。遭受日本东北特大地震及其引发的超级海啸灾害最严重的岩手、宫城、福岛三个县的人口及国民生产总值（GDP）两者都只占全日本的 4%，但三县遭受的直接经济损失高达 16.9 万亿日元，占全日本 GDP 的 3.4%，占全日本一年预算的 20%。比阪神地震造成的直接经济损失（10.9 万亿日元，占全日本 GDP 的 3.4%，占全日本一年预算的 10%）高得多。

受灾范围广　2004 年苏门答腊—安达曼地震及其引发的印度洋超级海啸造成十余个印度洋沿岸国家或岛国重大人员伤亡与经济损失，受灾国家数目之多、灾害波及范围之广为历史所罕见。2011 年日本东北特大地震及其引发的超级海啸在日本所造成的灾害范围也极为广泛，有 14 个都、县的"震度"（日本称烈度为"震度"，使用由 0 ~ VII 度的"八阶震度表"）达到 V 度（相当于修订的麦卡利烈度表——MM 烈度表的 VII ~ VIII 度）以上。不仅是日本东部的太平洋沿岸，连内陆的广大范围也由于地表震动发生了物理性的损坏。海啸不仅袭击了日本列岛的太平洋一侧，也波及日本海一侧，在从青森县到千叶县的辽阔领域的沿岸地带都因海啸发生浸水灾害，港口被破坏，沿岸地区大量发电站停止运转，特别是发生了福岛第一核电站事

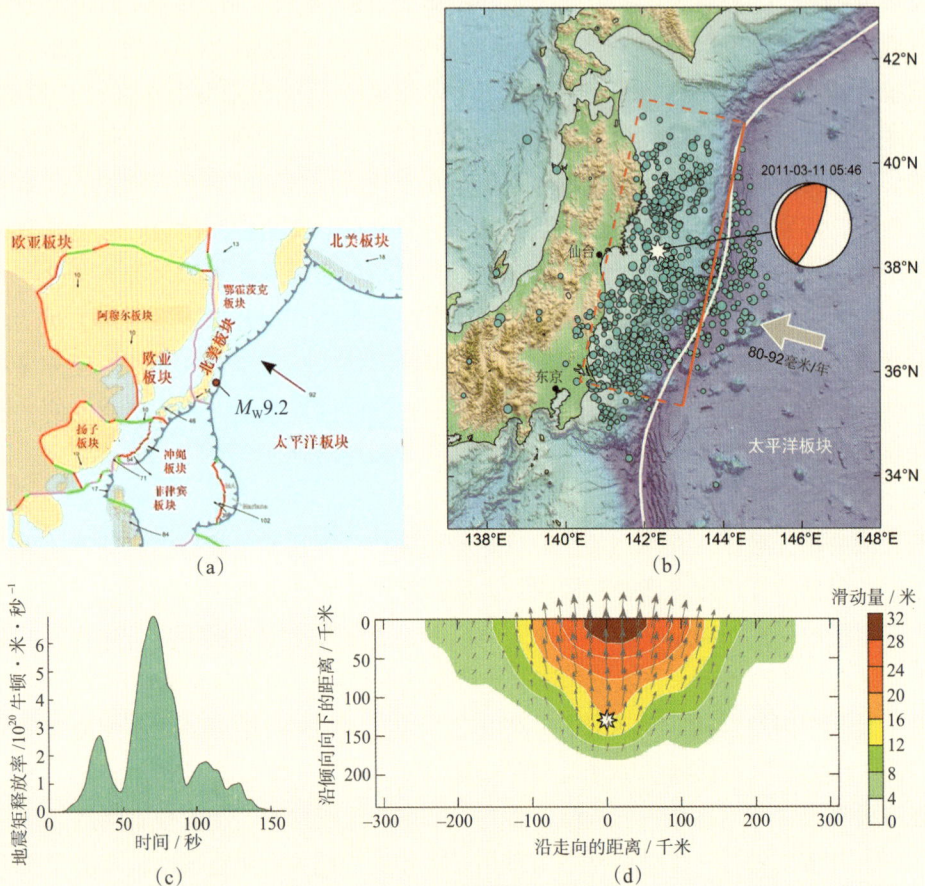

(a)

(b)

(c)

(d)

图 23.3 2011 年 3 月 11 日日本东北 M_W9.2 地震及其余震的震中、板块构造运动、震源机制、矩释放率以及断层面上的滑动量分布

（a）M_W9.2 地震震中（红色圆圈）及板块构造运动图；（b）M_W9.2 地震（白色星号）及其余震（青色圆圈）震中、震源机制（"海滩球"表示震源机制解在震源球下半球的等面积投影）以及图 23.3（d）所示的主震断层面在地面上的投影（红色虚线与实线矩形，红色实线表示断层线）。图中浅灰色大箭头表示太平洋板块相对于鄂霍茨克板块运动的矢量；（c）M_W9.2 地震矩释放率随时间的变化图；（d）在 M_W9.2 地震断层面上的滑动量分布图。灰色小箭头表示滑动矢量

故。这些情况导致了日本的东北地区和关东地区的能源不足、物流停转、大量工厂停工；然后，又通过供应链波及日本全国乃至国外。与 1923 年 9 月 1 日 M_S8.2[日本气象厅（JMA）震级为 M_{JMA}7.9] 关东大地震比较，这次地震受灾范围广的特点更为突出。关东大地震中有 7 个都、县范围内观测到"震度"Ⅴ度以上的震动，导致 14.3 万人（一说 10.5 万人）死亡，受伤人数达 10 余万人，房屋全部倒塌 12.8 万余间，部分倒塌 12.6 万余间，烧毁 44.7 万余间，受灾人口达 340 余万人，经济损失 55 亿日元。

社会影响大 2004 年苏门答腊—安达曼地震及 2011 年日本东北地震都造成了巨大的社会

影响。如前已述，日本东北地震不但引发了海啸，还造成了核泄漏。地震—海啸—核泄漏不但给灾区人民带来巨大的灾难，也在日本国内乃至国际上产生了巨大深远的社会影响。

日本目前有 54 座用于发电的核反应堆，其中福岛第一核电站遭到大规模海啸的侵袭。核反应堆主体在地震发生后即自动停止，但是因冷却反应堆所需的发电设备在海啸中遭到破坏，预备电源也无法工作，结果因冷却功能丧失而发生爆炸，放射性物质向外泄漏。此外，冷却用水受到放射性污染，在未作处理的情况下被排放到外部，使得放射性污染进一步扩大。核泄漏的事态至今仍未平息，迄今核电站周边 20 千米范围内实际上不能入内，多达 7.8 万人不得不长期避难。

日本的电力有 30% 依赖核能发电。福岛第一核电站的核泄漏事故还引起了包括首都圈在内的日本东部的电力不足。地震后，由于社会公众对核电信任度下降，各地相继关停核反应堆，出现了全国性的电力不足的恐慌。电力不足减弱了日本近期的经济活动，加速了企业向海外转移，产生中长期产业"空洞化"。

（4）次生灾害甚于原生灾害

对于地震灾害而言，海啸灾害是其次生灾害。无论是在苏门答腊—安达曼地震中，还是在日本东北地震中，作为次生灾害的海啸灾害反倒成了导致灾害损失的主要原因，也是导致"死多伤少"、甚至整个村镇荡然无存惨剧的主要原因。次生灾害甚于原生灾害，上升成为主要灾害，成了 2004 年苏门答腊—安达曼地震以及 2011 年日本东北地震的突出特征。

与苏门答腊—安达曼地震以及关东地震、阪神地震等著名大地震相比，日本东北地震又有以下不同的特点。

（1）主要致灾的海啸远近不同

在 2004 年苏门答腊—安达曼地震—海啸发生时，由于当时印度洋沿岸国家及岛国没有建立国际性的海啸预警系统，致使地震所激发的越洋海啸成为造成印度洋沿岸国家及岛国巨大损失的主要原因。在 2011 年日本东北地震—海啸中，由于太平洋沿岸国家及岛国自 1948 年以来已建立起国际性的海啸预警系统——太平洋海啸警报中心（Pacific Tsunami Warning Center, 缩写为 PTWC），并且汲取了 2004 年苏门答腊—安达曼地震—印度洋大海啸的经验教训，因而在日本东北地震所激发的越洋海啸到达前都有预警，于地震发生后 5 分钟即向太平洋沿岸各国发出了海啸预警，地震发生后 1 小时 44 分钟即对环太平洋整个地区发出了海啸警报。在美国加州、夏威夷州、智利、尼加拉瓜、印度尼西亚，海啸浪高都在 2 米以上，但海啸基本上没有造成损失。然而，地震所激发的局地海啸却成了造成日本东北部东海岸巨大损失的主要原因。

（2）灾害的类型不同

相对而言，苏门答腊—安达曼地震—海啸灾害是比较单纯的地震—海啸灾害。与这次灾害事件不同，日本东北地震—海啸是一种新型的、复合连锁型的灾害。在这次灾害事件中，特大地震引发超级海啸—超级海啸致使核电站毁坏，导致放射性物质泄漏—放射性物质泄漏使水遭受到放射性污染—遭受到放射性污染的水在未作处理的情况下被排放到外部，使得放射性污染进一步扩大—核泄漏的事态持续发展使灾区居民避难生活长期化、农产品污染、电力不足—供应链遭到破坏并波及日本及国外，从而形成了与苏门答腊—安达曼地震—海啸灾害事件不同的、新型的、复合连锁型的灾害链。

（3）地壳变动规模不同

与 2004 年印度尼西亚苏门答腊—安达曼地震相比，两次灾害的受灾范围都很广，但在日本东北地震—海啸中，出现了从东北地区到关东地区，包括东京湾沿岸地区广大面积海啸浸水，建筑物受灾与地基失效；伴随地震发生了大规模地壳变动如地面升降、地面水平移动，如在距震中最近的牡鹿半岛，沉降了 1.2 米，地面水平移动了 1.2 米；发生了大规模山体崩塌、砂土液化，以及大面积交通（道路、铁道、机场、港湾）受损等情况。

（4）因灾死亡人员主要死因不同

在日本历史上，1923 年关东地震因灾死亡人员（14.3 万人）中，有 87.1% 是死于火灾；1995 年阪神地震因灾死亡人员（6482 人）中，有 83.3% 是死于房屋倒塌引起的伤害、窒息及创伤性休克等原因。可是，在日本东北地震中，不但因灾死亡人数比例（"死亡率"）高，而且因海啸死亡者占因灾死亡者人数比例也高，高达 92.4%，并以老龄者居多（在日本，大于 60 岁者占全人口的 32%，但在日本东北地震中，大于 60 岁因海啸死亡者却占全部因海啸死亡者的 65%）。

（5）灾害损失大小不同

在日本东北地震中，直接经济损失高达 16.9 万亿日元，为全日本 GDP 的 3.4%，相当于日本当年预算的 20%。作为比较，关东大地震直接经济损失为 55 亿日元，占当时 GDP 的 40%，相当于当时日本 4 年的预算；阪神地震直接经济损失为 10.9 万亿日元，达到当时全日本 GDP 的 3.4%，相当于日本当年预算的 10%。

特大地震及其引发的超级海啸的经验、教训与启示

从 2011 年日本东北特大地震及其引发的超级海啸我们可以得到什么样的经验、教训与启示呢？主要经验可概括为以下 3 点：①建筑物的抗震效果显著；②地震速报发布及时；③海啸预警大部分正常启动。

（1）建筑物的抗震效果显著

日本地震学家预测或估计到了日本东北部可能发生 $M_W 8.0$ 地震，但是，没有预料到会发生如此巨大的 $M_W 9.2$ 地震。2002 年，日本地震调查研究推进本部正式公布过对日本东北部俯冲带

地震可能性的评估，指出在未来 30 年内，该地区可能发生一次震级 $M_W7.7 \sim 8.2$ 地震，概率为 80% ~ 90%，但想不到竟会发生破裂范围达 400 ~ 500 千米的 $M_W9.2$ 地震！在此次地震中，虽然日本东北部广大区域内都发生"震度"达 V 度 [相当于修订的麦卡利烈度表（MM 烈度表）的 VII ~ VIII 度] 的长时间摇晃，但由地表震动引发的住宅结构受损而造成的死亡人数比 1995 年阪神地震少得多，住宅受灾大半都是由于海啸浸水。地处内陆、摇晃最强烈记录烈度达"震度" VII 度（相当于 MM 烈度表的 XI ~ XII 度）的宫城县栗原市，地震死亡人数为零，也没有发生住宅倒塌引发的火灾。在仙台市，"震度"达到 VI 度（相当于 MM 烈度表的 IX ~ X 度）左右，也没有发生办公楼坍塌、倾倒的情况。

这些情况表明，虽然日本地震学家未能预测或估计到日本东北部可能发生 $M_W9.2$ 地震，但按 $M_W7.7 \sim 8.2$ 的地震设防的建筑物在抗御 $M_W9.2$ 地震中效果显著，却是应当予以充分肯定的。

（2）地震速报发布及时

日本气象厅在地震发生后 8.6 秒即向岩手县、宫城县，以及位于福岛县太平洋一侧的秋田县和山形县的内陆地区发布了紧急地震速报。据此，陆地上距离震源最近的牡鹿半岛在地震波到达前 5 秒，宫城县仙台市在地震波到达前 10 ~ 15 秒，已经通过 NHK 的电视播报和手机等方式得知会有"震度" V 度（相当于 MM 烈度表的 VII ~ VIII 度）的地震动。与震源相距约 360 千米的东京也通过 NHK 的电视播报在地震波到达前约 60 秒得知了宫城县海域发生了地震的信息。震后地震速报已到达了"秒"级，发布十分及时。

（3）海啸预警大部分正常启动

日本气象厅（JMA）拥有世界上最先进的海啸和强地震动的实时预警系统，该系统于 2007 年安装到位，在地震发生后的几秒内就可提供有关强地震动的信息。迄今已通过手机、电视、广播和当地的扬声器系统提供了 10 多次预警。在日本东北地震发生后，当 P 波到达最近的地震台 8 秒后就向震中区附近的公众发出了预警，在东北新干线，有 27 列高速火车紧急刹车，没有出轨。特别需要提及的是，其中有 2 列行驶在仙台附近，速度高达 270 千米 / 小时，但是当地震波的初动到达前 9 ~ 12 秒，列车的电力供给即被切断，启动了紧急制动，在主震发生后 70 秒最大的地震动到达时，列车的速度已降至 100 千米 / 小时，没有脱轨，安全停车，无一伤亡。在地震发生 3 分钟后的 14:49，日本气象厅根据这次地震的初期观测值，向岩手县到福岛县的太平洋沿岸发布了大海啸警报，向青森县太平洋沿岸、茨城县、千叶县等地发布了"海啸警报"，向择捉岛到竜美诸岛的广大区域发布了"海啸注意警报"。在这个阶段，海啸预警系统预测在岩手县和福岛县海啸将达到 3 米左右，在宫城县将达到 6 米左右。此后，在 15:14，上调海啸警报级别，发布了海啸预测高度修正值，将岩手县和福岛县海啸预测高度修正为 6 米左右，宫城县为 10 米以上。极具破坏性的海啸（局地海啸）在地震发生 15 ~ 20 分钟之后就到达最近的海岸，浪高（海啸高度）超过 7 米，有的地方达到 30 米；海水向内陆入侵，部分海岸地区入侵了 5 千米，造成了毁灭性的破坏。但是该地区平时注意开展海啸避难演练，许多人在海啸警报后成功避难，得以幸存。

日本气象厅从海啸的痕迹等情况调查海啸的高度后推测，最高的海啸在岩手县大船渡市，达到 16.7 米。海啸沿着陆地上的地形上冲，在岩手县宫古市达到 40 米以上（图 23.4）。在仙台市，全部家庭都安装了"震度"Ⅴ度弱以上即自动切断燃气的数控仪表。地震中，仙台市燃气局果断地全面停止供气，因而仙台市没有发生地震引发的火灾。

这些情况充分说明，日本的海啸预警系统在东北地震—海啸中大部分都正常启动，对减轻地震—海啸灾害起到了良好的作用。

那么，从 2011 年日本东北特大地震及其引发的超级海啸我们可以得到什么样的教训呢？我认为，主要的教训有如下几点：①对地震的认知水平低；②经验性方法的局限性；③学术研究成果与防灾减灾实践之间的鸿沟亟待填平；④不同观测资料之间存在的明显差异未能予以深究；⑤合作与交流亟待加强；⑥海域的地震、海啸监测工作薄弱。

图 23.4 日本东北特大地震激发的海啸

（1）对地震的认知水平低

在中长期地震预测方面，日本地震学家预测或估计到了日本东北部可能发生 $M_W8.0$ 大地震，但是，没有预料到会发生如此巨大的地震。在过去的 20 多年里，由于观测技术的进步，世界各国地震学家对地震的研究有长足的进步，对地震的认知水平有相当大的提高。但是，如同地震学家没有预料到会发生 2004 年 12 月 26 日苏门答腊—安达曼特大地震及其引发的印度洋超级海啸那样，地震学家也没有预料到会发生 2011 年 3 月 11 日日本东北特大地震—超级海啸。这两次地震，连同 2008 年 5 月 12 日我国四川汶川 $M_W7.9$（$M_S8.0$）地震，这三次近 10 年中最大的或最致命的大地震都发生在地震危险性图没有预测或没有预测出这么大地震的地方，将地震科学的水平与现状暴露无遗。应当承认，地震科学界目前对地震的认知仍然是十分有限的，对于地震发生规律的认知水平还是很低的；不仅过去说的短临地震预测尚待努力，就是过去津津乐道比短临地震预测好得多的中长期地震预测也存在不少亟待研究解决的问题。地震预测预报任重道远，仍然是防震减灾工作绕不过去的"瓶颈"。

（2）经验性方法的局限性

在中长期地震预测方面，迄今采用的仍然是由断层上重复发生的地震事件的统计数据来评估或预测地震灾害的经验性方法。以数百年（例如历史地震记录相对比较完整的近 500 年）的历史地震记录来分析预测复发时间千年以上的大地震的发生，即使历史地震记录相对比较完整，统计数据也是不够充分的，具有极大的局限性。仅仅根据最近的地震活动的目录、使用经验性的方法，是不可能对未来大地震的发生概率做出正确评估的。

（3）学术研究成果与防灾减灾实践之间的鸿沟亟待填平

2006 年日本地质调查局的地质学家曾报道过其规模堪比 2011 年日本东北大地震的、发生于公元 869 年的贞观（Jogan）地震，因为这次地震与 2011 年日本东北大地震相似，其引起的海啸也淹没了仙台地区。很遗憾，这项研究成果完成于 2002 年的"海啸的评估与对策报告"完成之后的 2006 年，固然在 2002 年的报告中未能予以考虑；然而，在从 2006 年至日本东北大地震发生（2011 年）前的 5 年内也未能及时吸纳 2006 年发表的新研究成果，对该报告进行适当的修订。这一情况表明在地震、海啸的评估与对策研究中，及时地、最大限度地运用地震、大地测量、地貌、地质等各种可资利用的信息的重要性，提醒科学家应当尽快将学术研究成果应用于防灾减灾实践，努力填平学术研究成果与防灾减灾实践之间存在着的鸿沟。

（4）不同观测资料之间存在的明显差异未能予以深究

在过去的 10 年中，全球定位系统（GPS）观测研究结果表明，沿日本海沟的板块边界处于完全闭锁状态，没有滑动；然而通过长期观测研究日本海沟处的大地震断层的累积滑动量与板块运动的滑动量之比（称为地震耦合系数）仅约为 30%，那么，其余约 70% 的板块运动的滑动量到哪去了？它是被调节掉了还是积累起来了？

日本地震学家已经注意到了这种差异，但没有认真考虑其潜在的灾难性涵义。2001 年，京都大学教授川崎一郎（Ichiro Kawasaki）提出，很大一部分的板块运动的滑动量被"震后滑动"和日本海沟北部的其他无震断裂调节掉了；但在日本海沟南部，也就是这次 2011 年日本东北地震的主要震源区，这一滑动量"亏空"，即不同观测资料之间的明显差异未能得到重视，其原因未能予以深究。

（5）合作与交流不够

学科与学科之间的合作与交流，包括地震学与工程学的合作交流，地震学与社会科学的合作交流，科技界与决策者、社会团体、公众的沟通交流，这些方面都做得还不够。此外，防灾减灾教育与科学普及都有进一步改进的空间。

（6）海域的地震、海啸监测工作薄弱

2011 年日本东北地震暴露了对海域的地震、海啸的监测工作仍相当薄弱，对地震破裂过程的复杂性认识不足。日本有密集的地震监测系统——地震，地应变，地应力，GPS，InSAR，等等。1996 年东京大学教授池田安隆（Yasutake Ikeda）根据地质学与大地测量学在地壳形变速率之间的差异已注意到了日本东北地震的"滑动量亏空"区；在 2000 年与 2004 年时根据 GPS 网络的测量结果就已提及了这一"滑动量亏空"区。但是，该"滑动量亏空"区，即这次地震的破裂区位于距离海岸线 200 千米外的海域，受海域观测条件的限制，震前未能加强邻近海域的地震、海啸的监测预警工作。与越洋海啸相比，局地海啸在较短的时间内到达海岸（例如日本东北地震后 15 ~ 20 分钟，海啸就到达日本东北部的东海岸），预警的时间短得多。所以若要使海啸预警成为真正有效的减灾工具，应当加密海域的地震与海啸观测台网，加强对局地海啸的预警及应对措施的研究工作。

日本东北地震虽大，但由于地震破裂过程的复杂性，初动却很缓慢，起始振幅相对较小，致使在预警实践中低估了地震动的强度，进而低估了海啸的强度（海啸的浪高），导致范围更大的东京等地区的居民没有能收到预警。日本东北地震后，地震海啸预警系统发出余震预警 70 多次，表现良好，但因为地震事件的复杂性，地震波形复杂，地震定位仍出了一些错误。地震定位错误及在预警实践中低估地震动与海啸的强度，这些情况表明迄今对地震破裂过程的复杂性虽然已有许多研究，但对其仍然认识不足，研究也仍嫌不够。

通过以上分析，我们可以得出如下启示：

（1）加强地震研究

要继续加强地震研究，加强从中长期直至短临地震预测、预报的研究。需要特别强调的是：地震预测预报尽管难，但它既不是制造永动机，也并非是江湖术士烧炼长生不老仙丹，而是一个可以通过不懈的努力一步一个脚印地达到的科学目标。

（2）经验性方法的局限性

要认识到经验性方法的局限性。要加强包括诸如钻孔绝对应力、断层摩擦强度、区域应力场方向等的地应力测量与研究，以更直接地确定断层接近破裂的程度，更加正确地估计地震危险性。

（3）充分利用各种资料

要最大限度地运用所有可资利用的信息，将学术研究成果尽快应用于防灾减灾实践。尽管有的手段的记录存在很大的不确定性，但不论其可能性如何，还是要认真周全地综合考虑所有的可能情况的概率。

（4）重视不同学科观测资料的整合

要重视不同学科观测资料的整合。在地震危险性评估中，要重视所有的不同观测资料之间的差异，提高对"滑动量亏空"分布分辨率的观测与研究水平。例如现在相当流行的有关"凹凸体之外的区域应当很长时间内不会再有地震，因为那里的应变都被无震滑动释放掉了"的看法（或者说假定），有待于通过提高对"滑动量亏空"分布的高分辨率的观测与研究予以证实或修订改进，以免低估"滑动量亏空"的总量，从而低估地震危险性。应当对地震、大地测量、地貌、地质等学科的观测资料予以全面的审视，在地震危险性评估中不应遗漏或忽视任何有用的信息，并努力解决数据中的任何不一致性。

（5）加强学科与学科之间的合作与交流

从防震减灾的角度看，特别要注意加强地震学与工程学的合作交流，使科学研究的成果能够正确、及时、有效地用于抗震设计、防灾减灾。要加强地震学与社会科学的合作，加强与社会团体、公众的联系与沟通，加强防灾减灾教育与科学普及，使社会公众得以及时、准确、全面地了解地震科学的现状与研究成果。

（6）加强海域的地震—海啸监测工作

在海啸预警方面，要加强海域的地震—海啸监测工作，提高地震—海啸的监测、速报与预警的水平。在地球表面，海域占全球表面的 70% 左右，板块的边界有 90% 以上位于海域水下。相对于陆地，海域的地震、地形变、地应力以及 GPS，InSAR 等的监测台网要稀疏得多。要检测 $M_W \geq 9.0$ 地震的应变积累过程，就应加速研发海底观测技术，加密海域的地震与海啸的观测台网，加强对局地海啸的预警及应对措施的研究工作。从地震—海啸预警的角度看，还应加强地震破裂过程复杂性的理论与应用研究，避免地震定位错误及低估地震动与海啸的强度（高度），提高地震—海啸预警的水平。

和地震一样，海啸也是一种自然现象，并且是比大地震频次更低的自然现象。对于地震灾害来说，海啸灾害是地震灾害的一种次生的、然而有时并非是次要的灾害！应当强调指出的是，人类生活在一颗不断运动变化、十分活跃的星球上。地球是人类共同的家园，它不但提供人类赖以生存的资源、能源与环境，也会不时地兴风作浪，给人类带来灾害。海啸、地震作为自然现象，是地球内部不息地运动与变化的生动表现；海啸灾害、地震灾害作为"自然"灾害，是人类对其缺乏认识或认识不足、处置不当或对策不力才会发生的灾害，决非是纯"自然"的灾害。自然现象的发生固然是不可避免的，但是自然灾害却是不但应当、而且可以通过努力予以避免或减轻的。人类面临的"自然"灾害很多，海啸灾害、地震灾害不过是人类面对的诸多自然灾害中的两种！面对"自然"灾害，人类要努力去研究它、认识它，依靠科学技术，寻求避免和减轻灾害的办法，学会"兴利避害"、"与灾（害风险）相处"。"亡羊补牢"，"他山之石，可以攻玉"，认真总结一次又一次自然灾害给予我们的经验，切实汲取教训（在林林总总的教训中，最大的教训恐怕莫过于未能切实认真地汲取教训！），可望有效地预防和减轻包括地震灾害、海啸灾害等"自然"灾害。

24 海啸：成因与特点

海啸的成因

　　海啸（tsunami）是一种巨大的海浪。海底大规模的、突然的上下变动，包括海底火山喷发、海底或海岸滑坡、崩塌、滑塌、陨星或彗星的撞击以及海底地震都会激发海啸。但是在激发海啸的诸多原因中，最主要的原因还是海底的地震，特别是以沿着断层面上下错动为其特征的"倾滑型"地震。"倾滑型"地震断层是如图 24.1（a）、（b）分别表示的正断层与逆断层的统称，图 24.1（c）所示的冲断层是倾角小于、等于 45º 的逆断层，是逆断层的特殊情形。海底大规模的、突然的上下变动，会使大范围的海水从海面直至海底受到扰动，扰动以波动的形式向四面八方传播，这就是海啸（图 24.2）。海啸在大洋中传播时速度非常快，达 200 ~ 250 米／秒，也就是 720 ~ 900 千米／小时，相当于喷气式飞机的速度。在大洋中，海啸的浪高通常是几十厘米至 1 米左右，比风暴潮（浪高通常大约是 7 ~ 8 米）小得多。例如，杰森 1 号（Jason 1）测高卫星在印度尼西亚苏门答腊—安达曼 $M_W9.2$ 特大地震之后 2 小时零 5 分钟巧遇印度洋大海啸，记录到该海啸周期长达 37 分钟，而"双振幅"（波峰至波谷的幅度）仅约 1.2 米（图 24.3）。海啸在大海中传播时犹如千军万马在夜间衔枚疾走。在远洋航行的船只，时有与海啸相遇的经历。当船只在大海中与海啸相遇

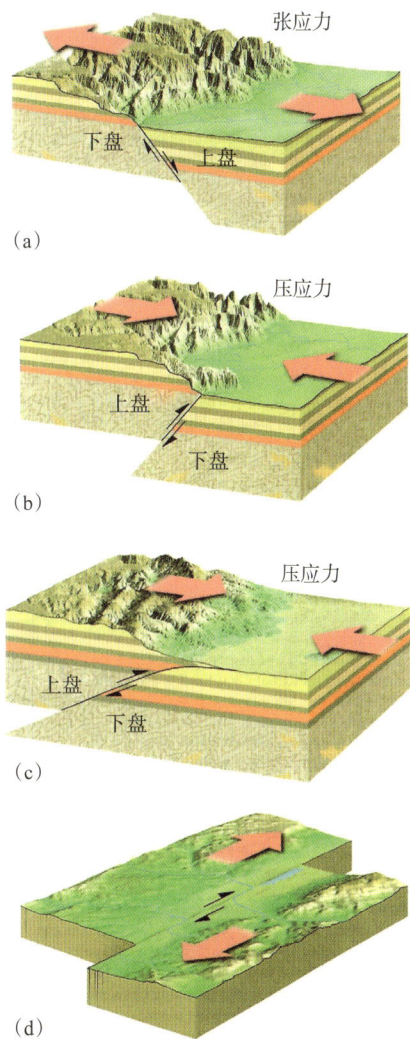

图 24.1 地震断层

（a）正断层；（b）逆断层；（c）冲断层；（d）走滑断层

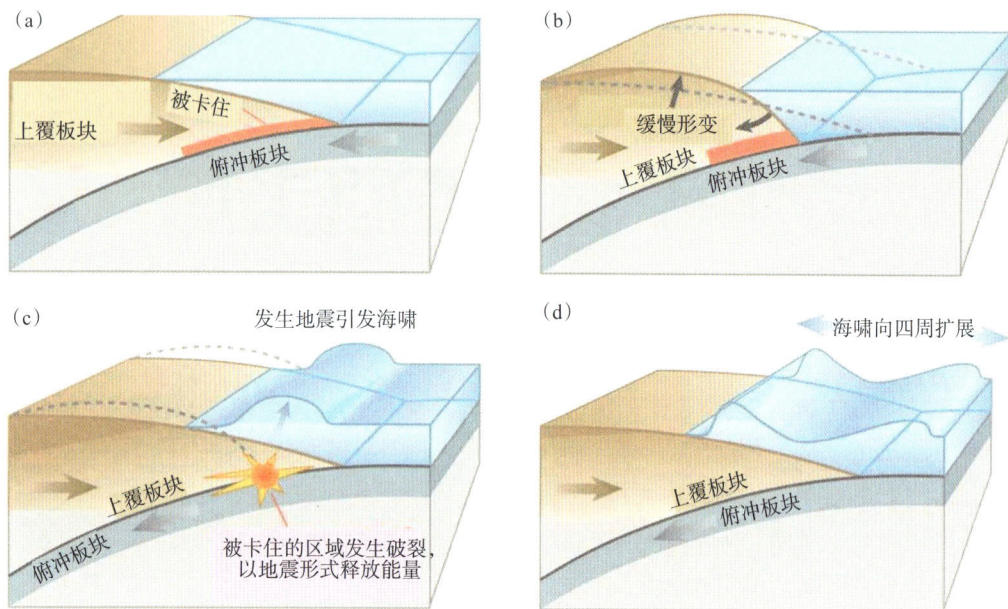

图 24.2 地震与海啸是如何发生的

（a）在板块汇聚带，一个板块（俯冲板块）俯冲到另一个板块（上覆板块）下方；（b）当俯冲板块的运动受阻、在某处被卡住时，应力便逐渐在岩石中积累起来，并且伴随着地面的缓慢形变（上升与下降）；（c）当在岩石中积累起来的应力增高到岩石再也承受不了的程度时，被卡住的区域便发生破裂，以地震形式释放能量。地震时，破裂面两边的岩石回跳（反弹）回平衡位置；海底大规模的、突然的上下变动引发海啸；（d）海啸向四面八方传播

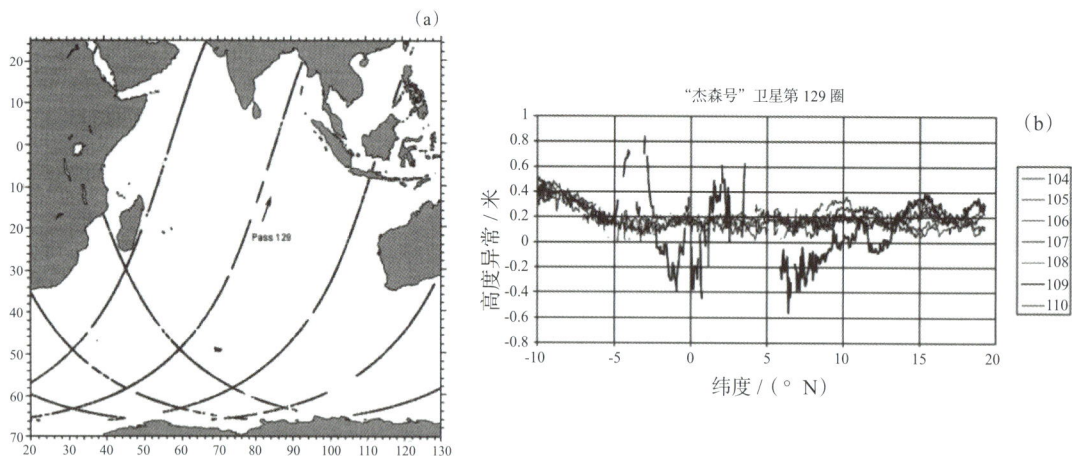

图 24.3 杰森 1 号（Jason 1）测高卫星巧遇印度洋大海啸

杰森 1 号（Jason 1）测高卫星在印度尼西亚苏门答腊—安达曼 M_W9.2 地震之后 2 小时 05 分巧遇印度洋大海啸；（b）海啸周期约 37 分钟，"双振幅"（波峰至波谷的幅度）约 1.2 米

时，船只可悠然穿过海啸，绝无安全之虞。但是，当海啸靠近海岸，特别是进入海港时（因此海啸在日语中借用汉字写作"津波"，在英语中按"津波"的读法写为 tsunami，亦称为 harbor wave，均为"津波"即"海港中的波"之意），速度减慢，波浪迅疾攀升，浪高达数十米，犹如大海顿时竖立（因此海啸在汉语中亦称为"海立"），像一堵高大的水墙一样冲向岸上，所向披靡，将海岸扫荡一空，造成巨大的人员伤亡和财产损失（图24.4）。

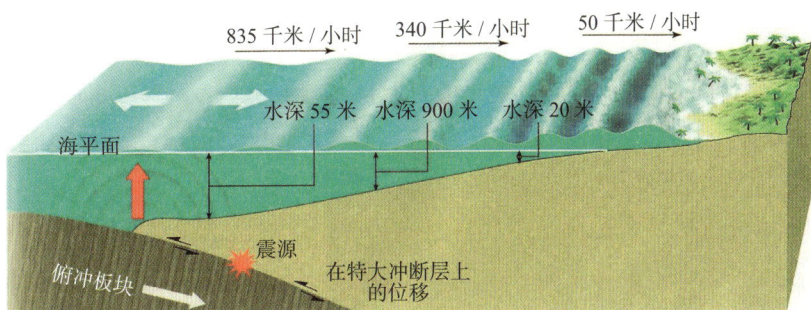

(a)

(b)

图 24.4 海啸

（a）海啸的波长、传播速度随海水深度变化示意图。当海啸靠近海岸时，海水深度变浅，海啸传播速度减慢、波长变短、波浪幅度迅疾增大；（b）日本江户时代著名的浮世绘画家葛飾北齋（Katsushika Hokusai, 1760–1849）的名作"富嶽三十六景（富岳三十六景）"之一"神奈川冲浪裏（神奈川冲浪里）"中的海啸；（c）铜版画生动描绘了1755年11月1日葡萄牙里斯本大地震引发的海啸席卷北塔古斯河（North Tagus River）河岸

(c)

海啸的特点

海啸与风暴潮和在海边每天都可以观看到的海浪一样，都是所谓的重力波（gravity wave），也就是以重力为恢复力所产生的波（图24.5a）。重力有使海洋从受到扰动的状态恢复到未受扰动的状态的倾向。在重力波传播过程中，重力起着使能量以波动的形式从其相对过剩的区域传递到相对不足区域的作用。重力（gravity）是地球重力的简称，是指在地球表面及附近空间的静止物体所受的作用力，也即地球引力和由地球自转产生的惯性离心力的合力。重力波（gravity wave）不是爱因斯坦（Albert Einstein,1879–1955）广义相对论中所指的引力波（gravitational wave）。在物理学中，引力波专指以行波的形式向外传递时空曲率扰动的波动现象。

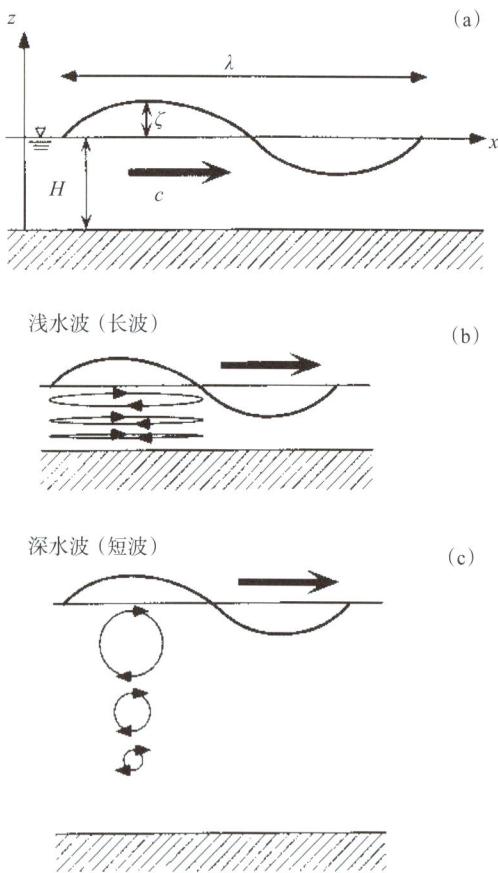

（a）

浅水波（长波）

（b）

深水波（短波）

（c）

图 24.5 重力波在海洋中的传播示意图
（a）波长为 λ，波浪高度为 ζ 的重力波以相速度 c 在水深为 H 的海洋中沿 x 方向传播；（b）浅水波（长周期重力波）；（c）深水波（短周期重力波）

海啸常被误称作潮汐波（tidal wave）。其实，海啸与潮汐是两码事。海洋潮汐是日、月等天体的引力引起的海洋的波动，而海啸（图24.5b）则与平常的海浪和风暴潮（图24.5c）一样，同属重力表面波（简称重力面波），即海水质点运动的振幅随深度衰减的重力波。虽然海啸与平常的海浪和风暴潮一样都是重力表面波（简称重力面波），但是它与海浪和风暴潮又有明显的不同。

（1）成因不同

平常的海浪或风暴潮是由海面上刮风或风暴引起的，而海啸大多数是由海底的突然上下变动引起的，两者的成因不同。

（2）周期、波长不同

海啸的周期长达 200 ~ 2000 秒，波长长达 10 ~ 100 千米；而风暴潮的周期只有 6 ~ 10 秒，波长数量级约 100 米。虽然两者同属重力表面波，平常的海浪或风暴潮由于波长（数量级约 100 米）比海水的深度（数量级约 1 千米）小得多，所以是一种深水波（图24.5c），海水质点的运动只限于在距深海大洋的表面数量级约 100 米的深度范围内传播。海水质点在垂直于海面的平面上运动，呈前进的圆形；振幅随深度很快地衰减，到了大约半波长，即数量级约 100 米的深度即衰减殆尽（图 24.5c）。尽管海面上波涛汹涌，潜没在水下的潜艇却岿然不为之所动就是这个道理。同样道理，安置在海面的压强计可以记录下几乎无时不在的高达数米的海浪，但不易检测出振幅比一般的海浪小、因而被淹没在一般的海浪信号中的海啸（甚而是大海啸）信号（例如印度洋特大海啸双振幅仅 1.2 米，参见图 24.3b）。因此，不但在海面上，而且在深海海底，都应安置压强计，才有可能有效地监测海啸的发生与传播。与平常的海浪和风暴潮不同，海啸（图 24.3b）的波长（约 10 ~ 100 千米）比海水的深度（约数千米）大得多，水深达数千米的海洋，对于波长 10 ~ 100 千米的海啸，犹如一池浅水，所以海啸作为一种重力表面波是一种浅水波。当它在海洋中传播时，振幅随深度衰减很慢，慢到了几乎没有什么衰减的程度；并且，海水质点在垂直方向的运动幅度比在水平方向的运动幅度小得多，呈极扁的前进的椭圆形，扁到几乎退化为一条直线，以致整个海洋，从海面直至海底的海水质点，同步地沿水平方向往复地运动，携带着大量的能量袭向海岸（图 24.5b）。

（3）传播速度不同

海啸是一种长周期的重力波，它的高频截止频率是 0.01 ~ 0.02 赫兹，也就是周期 50 ~ 100 秒。它的传播速度很大，如前所述，达 200 ~ 250 米 / 秒，大约是平常海浪波速的 15 倍。海啸高达 200 ~ 250 米 / 秒的传播速度以及海啸波的振幅随深度几乎没有什么衰减，说明了为什么海啸具有异乎寻常的破坏力。

在海水深度分别为 2 千米、4 千米、6 千米的海洋中，重力波传播的频散曲线如图 24.6 所示。"频散"在物理学中称作色散，指的是波的传播速度（相速度或群速度）随周期（或频率）变化。海啸即长周期的重力波。当海啸波的周期数量级为 100 ~ 1000 秒时，也就是波长比海水的深度大得多时，作为一种长周期的重力波（"浅水波"），海啸波是没有频散的。此时重力波传播的相速度 c 与群速度 u，如图 24.6 左边海水深度 H 相同情形下的实线（相速度）与虚线（群速度）完全重合所表示的，是相等的，它们都与重力加速度 g 和海水深度 H 乘积的平方根成正比，$u = c = (gH)^{1/2}$。普通的海浪是一种短周期的重力波。当周期数量级为 10 秒时，也就是周期很短、波长 λ 比海水的深度 H 小得多时，作为一种短周期的重力波（深水波），普通的海浪是频散的面波，如图 24.6 右边所有的海水深度 H 不同的实线（相速度 c）完全重合、虚线（群速度）也完全重合所表示的，其相速度 c 是群速度 u 的两倍（$c = 2u$），它们都与波长 λ 的平方根成正比。

（4）激发的难易程度不同

普通的海浪或风暴潮是由海面上刮风或风暴引起的，容易被风或风暴所激发。而大多数海啸是由海底地震产生的，海底地震激发海啸的能力随震源深度和频率的增加而急剧衰减。所以在震源深度相同的情况下，频率是一个最重要的特征量，它决定了地震激发海啸的效能。在固

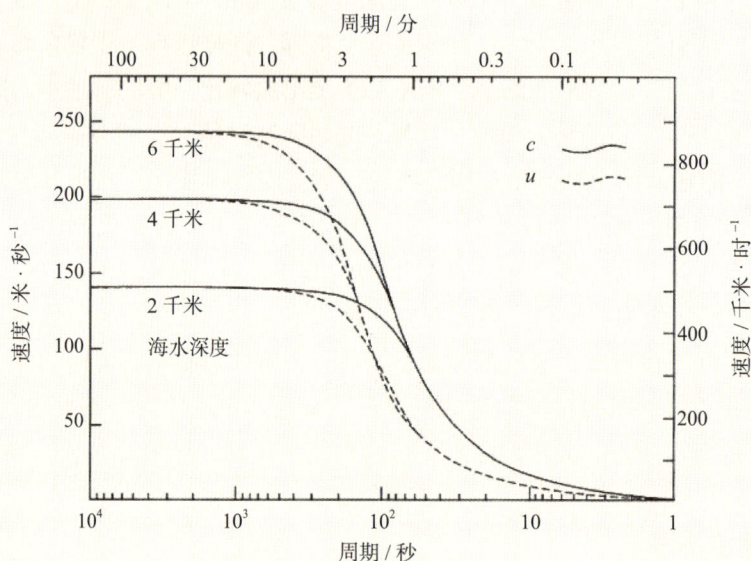

图 24.6 按照球形均匀地球模型计算得到的，海水深度 *H* 分别为 2 千米、4 千米、
6 千米时重力波的频散曲线

实线表示相速度 *c*，虚线表示群速度 *μ*

态的地球内部，决定地震激发海啸效能的"本征函数"的振幅很小，对于震源深度大于 60 千米的地震，本征函数的振幅仅仅分别是表面位移的 10^{-3}（当周期约为 10^3 秒时），10^{-5}（当周期约为 10^2 秒时），甚而是 10^{-7}（当周期约为 50 秒时）。这就是说，震源深度大于 60 千米的地震，只能激发长周期的海啸。只有周期特别长的、震级特别大的地震，在极其有利的条件下才能激发起灾害性的大海啸。这点已为大量的历史上的海啸以及近代的观测资料所证实。

25 地震海啸・海啸地震

地震海啸

地震海啸（earthquake tsunami）系地震引发（激发、产生）的海啸（earthquake-generated tsunami）的简称。海啸按照其远近或到达海岸的走时分为局地海啸（local tsunami）、区域海啸（regional tsunami）与远洋海啸（distant tsunami, teletsunami）。由破坏效应限于海岸100千米或自海啸源至海岸的走时小于1小时的源引起的海啸称为"局地海啸"。能造成距离源100 ~ 1000千米破坏或自海啸源至海岸的走时小于1 ~ 3小时的源引起的海啸称为区域海啸。远洋海啸即越洋海啸（ocean-wide tsunami），远场海啸（far-field tsunami），系指由1000千米外的源或自海啸源至海岸的走时大于3小时的源引起的海啸。

海啸的大小用海啸等级标度衡量。目前已有许多衡量海啸等级大小的标度，如今村—饭田表、索洛维耶夫海啸强度，阿部胜征海啸等级等。海啸等级（tsunami magnitude，M_t）即"海啸震级"，是日本阿部胜征（K. Abe）于1979年引进的，系由给定的传播距离上的潮汐计测量的海啸波高最大振幅确定的、激发海啸的地震的震级来表示的海啸等级。阿部胜征提出的海啸等级 M_t 是以矩震级标定的，所以也是海啸震级（tsunami magnitude，M_t）。

通过对由海底地震引发的海啸特点的分析，不难理解究竟是哪些因素在影响地震激发海啸。影响地震激发海啸的主要因素有：①地震的大小（以地震矩 M_0 或矩震级 M_W 量度）；②地震机制；③震源深度；④震源破裂过程。

（1）地震的大小

天然地震是由地下岩石的突然错断所产生的。所以，地震的大小与断层面的面积、断层面两侧岩石相对错动的距离、介质的刚性系数有关。通常以地震矩 M_0 或与其相当的、由地震矩计算得出的矩震级 M_W 量度地震的大小。地震矩 M_0 定义为断层面的面积 A，断层面上的平均位错（错动距离）D，以及介质的刚性系数 μ 三者的乘积。相应地，矩震级 M_W 则是由地震矩计算得出的。当 $M_W < 7\frac{1}{4}$ 时，矩震级 M_W 的测量结果与用面波测量的震级（称为"面波震级"）M_S 的测量结果基本一致；但当 $M_W > 7\frac{1}{4}$ 时，面波震级 M_S 开始出现"饱和"，也就是测量出的面波震级 M_S 低于能反映地震真实大小的矩震级 M_W；而当 $M_W = 8.0 ~ 8.5$ 时，M_S 达到完全饱和，也就是此时无论 M_W 如何增大，测量出的面波震级 M_S 不再跟着增大。所以，当测定大地震的震级时，如果采用 M_W 以外的其他震级标度，则会由于震级饱和而而低估地震的震级，从而导致对该地震是否会激发海啸的错误判断。因此，无论是从海啸预警的角度，还是从监测与研究地震活动的角度，都应测量地震矩或与其相当的、由地震矩计算得出的矩震级。很明显，当 $6.5 \leqslant M_W \leqslant 9.5$ 时，M_0 的变化跨越 5 个数量级，从 6.3×10^{18} 牛顿·米（N·m）变化到 2.0×10^{23} 牛顿·米；所以，在其他条件一样的情况下，震级越大所激发的海啸越大；只不过不同大小的地震所激发的海啸在强度上的差别可以非常悬殊。

（2）震源机制

表征地震震源机制的参量是断层面的走向（断层面和地面的交线与正北方向 N 的夹角）ϕ、倾角（断层面与地面的夹角）δ 和滑动角 [滑动矢量 e（断层的"上盘"相对于"下盘"滑动的方向）与断层面走向的夹角]λ，以逆时针为正（图 25.1）。一般而言，纯走滑断层（指 $\lambda = 0°$ 或 $180°$ 的断层）不容易激发海啸；纯倾滑断层（指 $\lambda = 90°$ 或 $270°$ 的断层）比纯走滑断层更容易激发海啸。但是，这并不是说，走滑断层就绝对不会激发海啸。一个位于海底的纯走滑断层一样会产生海底的隆升与下降。它所引起的海底隆升或下降的幅度虽然不及强度相同的纯倾滑断层，但仍有可能激发海啸。理论计算与分析表明，在其他条件一样的情况下，一个纯倾滑断层所引起的地面隆升和下降大约是纯走滑断层的 4 倍，它所激发的海啸浪高也大约是 4 倍。

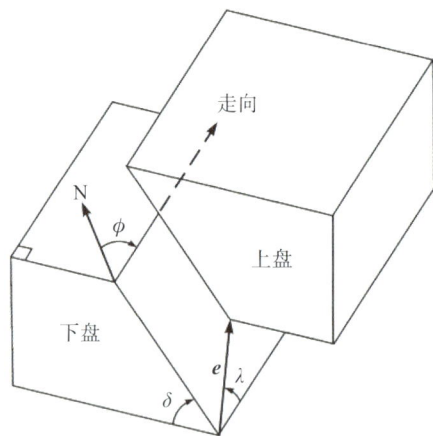

图 25.1 地震断层和表征地震震源机制的参量
图中表示断层面的走向 ϕ，倾向（定义为 $\phi + 90°$），倾角 δ，断层的上盘、下盘，滑动矢量 e，滑动角 λ

（3）震源深度

震源深度对于激发海啸的重要性似乎不言自明。不过，需要特别指出的是，通常说的震源深度指的是震源初始破裂点的深度，人们常忽略对于海啸预警至关重要的参量应当是矩心矩张量（地震时释放的地震矩张量的矩心）的深度。很自然地，深源地震不如浅源地震，特别是断层面出露到海底的地震易于激发海啸。实际上，在其他条件相同的情况下，在震中距 2000 千米范围内，震源深度大的地震引起的海啸浪高只有震源深度浅的地震引起的海啸浪高的几分之一；不过，当震中距超过 2000 千米以后，震源深度对于海啸浪高的影响就微乎其微了。

（4）震源破裂过程

地震的震源并不是几何上的一个点，它是有一定形状和大小的。例如，地震断层的长度可以小到数米（相当于矩震级 $M_W \approx 0$ 的地震），大到数百千米（相当于 $M_W \approx 8$ 的特大地震）。有限大小的震源所激发的海啸与点源所激发的海啸的主要差别是在短周期方面。因此迄今在许多工作中，特别是在海啸预警中，仍然广泛采用点源矩张量模型来计算海啸。然而，苏门答腊—安达曼 $M_W 9.2$ 特大地震及其所激发的特大海啸表明，至少对于特别大的地震及其激发的海啸，地震破裂的动态过程，特别是破裂的方向性，对于海啸能量传播有着不可忽略的影响。2004 年12 月 26 日苏门答腊—安达曼特大地震破裂过程的初步分析表明，这次地震总体上是从南南东方向朝北北西方向的单侧破裂，这一破裂方式导致了地震波能量以及海啸能量在北北西方向的聚焦，即所谓的"地震多普勒效应（seismic Doppler's effect）"，造成了印度洋北部的巨大损失。倘若这次特大地震的破裂方向是反过来朝南扩展的话，班达亚齐与泰国这些地区或国家的损失就不致这么大；不过，这样一来，苏门答腊—安达曼南部的损失可能就会大得多。

特别需要强调的是，虽然在激发海啸的诸多原因中，最主要的原因是海底的地震，特别是以沿着断层面上下错动为其特征的"倾滑型"地震，但是其他因素，如海底大规模的、突然的上下变动，包括海底火山喷发、海底或海岸滑坡、崩塌、滑塌、陨星或彗星的撞击等因素一样会激发海啸；而且，在海啸沿着海岸浅水的传播过程中，特殊地形条件下海啸爬坡作用可导致海啸波的振幅显著放大。这些情形在近年来发生的海啸中屡见不鲜，除了地震之外的引发海啸和（或）加重海啸灾害的因素不可小视。例如，2018 年 9 月 28 日 18 时 2 分（北京时间）在印度尼西亚米纳哈沙半岛海域（0.18° S,119.86° E）发生的 $M_W 7.5$ 地震，震源深度为 10 千米，对于激发海啸的地震来说并不是很大的地震，但是由于海啸沿着海岸浅水的传播过程中，特殊地形条件下海啸的爬坡作用以及帕卢湾内湾口和湾顶处可能发生的海底滑坡导致了海啸波振幅的显著放大，加重了海啸造成的灾难。又如 2018 年 12 月 22 日当地时间 2018 年 12 月 22 日 9 点3 分，著名的印度尼西亚喀拉喀托（Krakatoe）火山喷发，喷发柱高出火口约 300 ~ 1500 米，巽他海峡滨海附近的万丹省板底兰与西冷区以及楠榜省南部遭火山喷发激起的海啸袭击，生动地说明了火山喷发也是引发海啸的一个不可忽视的因素。

海啸地震

为什么有的大地震能激发大海啸，甚至能激发异常大的海啸（称做异常海啸地震，anomalous tsunami earthquake），有的则不能？这涉及能激发海啸的地震（tsunamigenic earthquake）的机制问题。能激发海啸的地震指的是大多数发生于俯冲带、有能力产生海啸的地震。如果某个地震能产生比由其体波震级或面波震级预计的要大得多的海啸，定量地说，如果该地震的海啸震级 M_t 比其面波震级 M_S 大 0.5 以上，则称该地震为海啸地震（tsunami earthquake）。异常大的海啸地震，即其海啸震级 M_t 比其面波震级 M_S 远大于 0.5 的海啸地震便称为异常海啸地震。有人认为，导致地震激发海啸巨大差别的原因是能激发海啸的地震，其震源破裂过程特别缓慢，震源破裂持续时间特别长。有人则认为，有些大地震能激发大海啸是因为这些地震是发生在俯冲带的上覆板块增生的楔形端部上，其深度浅，刚性系数亦小；而通常的板间地震则是发生在深度较大（约 10 ~ 40 千米）的地方。所以前者能激发起大的海啸，而且由于介质刚性系数小，所以相对而言其地震矩也较小。还有人则认为：一般而言，地震越大，所激发的海啸越大，这点并无问题；产生上述差别或矛盾是因为不恰当地运用了面波震级 M_S 来衡量地震的大小，而面波震级 M_S 在矩震级 $M_W \approx 8.7$ 时就已达到完全饱和。运用简正振型理论通过计算可以得出，在某些几何条件下，位于浅的沉积层中的地震震源有可能比位于固态地球中的地震震源激发出大得多的海啸。通过波形模拟可以得出，在靠近海沟的地方，海底地形起伏的程度（"粗糙度"）与大地震海啸的发生有关。这些研究结果表明，浅的俯冲板块的沉积层中的缓慢震源破裂过程是激发大海啸的有利因素，突显了确定震源破裂过程，尤其是研究特别缓慢的震源破裂过程如"慢地震"、"寂静地震"等现象对于阐明海啸激发机制，从而对预防与减轻海啸灾害具有重要意义。

那么，为什么 2004 年苏门答腊—安达曼 M_W9.2 特大地震与 2005 年苏门答腊北部 M_W8.6 特大地震同为特大地震，一个产生了灾难性的特大海啸，而另一个却没有？由哈佛大学得到的这两次特大地震的矩心矩张量解的最佳双力偶解的参量（表 23.2）表明这两次地震的震源机制非常接近，都是低倾角、以逆断层错动为主的"右旋—逆断层"，反映了这两次地震的发生是印度板块、澳洲板块沿着北东 20° 方向朝着（从欧亚板块进一步细分出来的）缅甸小板块下方俯冲的结果。2004 年 M_W9.2 地震与 2005 年 M_W8.6 地震的地震矩分别为 4.0×10^{22} 牛顿·米与 1.1×10^{22} 牛顿·米，前者的地震矩大约是后者的 4 倍。按照哈佛大学矩心矩张量解，2004 年地震的断层面倾角（8°）与 2005 年地震的断层面倾角（7°）相近；若是按照不同机构或作者的测定，2004 年地震的断层面倾角可以约束在 8° ~ 13° 之间，2005 年地震的断层面倾角可以约束在 4° ~ 7° 之间，前者大约是后者的两倍。因而 2004 年地震不但比 2005 年地震大，而且具有较大的倾滑分量。虽然 2005 年地震的矩心深度（25.9 千米）比 2004 年地震的矩心深度（28.6千米）略浅，但总体上 2004 年地震不但具有更大的地震矩，而且具有更大的倾滑分量，因而更容易激发海啸。不仅如此，2004 年地震还具有长得多的矩释放时间，其震源破裂时间达 450秒，并且在长达 450 秒的震源破裂过程中，前 120 秒"矩率"（地震矩释放率）比后 330 秒的矩率大得多。在空间上，这相当于在由南南东朝北北西的破裂过程中，总长度达到大约 1300 千米的地震断层的南段（约 400 千米）的地震矩迅速地释放，而北段（约 900 千米）则缓慢地释放，从而使 2004 年地震具有更长的周期，更容易激发海啸。有能力激发大海啸的地震的特征或判据，对于认识海啸这一发生频次极低的自然现象，对于减少海啸预警的虚报率，从而对于预防与减轻海啸灾害是极其重要的。显然，深入探索在诸多可能的因素中，究竟哪些因素起主要作用，使得地震在激发大海啸的能力方面有如此显著的差别，是很有意义的。

26 海啸灾害

大海啸是一种频次极低、在原地重复发生的时间间隔远大于人的寿命的自然现象。根据 1900 年以来的统计，地球上平均每年大约发生 0.7 次（也就是平均 3 年大约发生 2 次）8 级或 8 级以上的特大地震，而在 10 次 8 级或 8 级以上的特大地震中，大约只有一次是发生在海底同时又激发起海啸的。中等大小的地震，即震级 6.5 左右的地震有可能激发出波浪振幅只有几厘米、在深海海面上可以用现代的压强计记录下来的小规模的海啸。小规模海啸的年发生率是每年若干次；较大规模海啸的年发生率则是大约每年一次。

表 26.1 与图 26.1 分别是自公元 1498—2016 年按人员死亡和失踪数排序的、共 19 个最致命的海啸（主要是地震海啸，但有 2 个是火山海啸）的目录与分布图。

表 26.1　公元 1498—2016 年造成人员死亡和失踪最多的海啸

编号	年份	原因	构造背景	震级 M_W	位置	最大浪高 / 米	死亡人数
1	2004	地震	汇聚边界	9.2	印度尼西亚苏门答腊—安达曼	51	227898
2	1755	地震	汇聚边界	8.5	葡萄牙	18	62000
3	1896	地震	汇聚边界	8.3	日本东北	38	22000
4	1883	火山	汇聚边界		印度尼西亚喀拉喀托	41	34000
5	1498	地震	汇聚边界	8.3	日本南海	10	31000
6	1868	地震	汇聚边界	8.5	智利	18	25000
7	2011	地震	汇聚边界	9.2	日本东北	39	20896
8	1792	火山	汇聚边界		日本九州	55	15000
9	1771	地震	汇聚边界	7.4	琉球群岛	8.5	14000
10	1976	地震	汇聚边界	8.0	菲律宾	8.5	8000
11	1586	地震	汇聚边界	8.2	日本南海		8000
12	1703	地震	汇聚边界	8.2	日本伊豆	10.5	5200

续表

编号	年份	原因	构造背景	震级 M_W	位置	最大浪高 / 米	死亡人数
13	1605	地震	汇聚边界	7.9	日本南海	10	5000
14	1611	地震	汇聚边界	8.1	日本东北	25	5000
15	1687	地震	汇聚边界	8.5	秘鲁		5000
16	1707	地震	汇聚边界	8.4	日本南海	26	5000
17	1746	地震	汇聚边界	8.0	秘鲁	24	4800
18	1945	地震	汇聚边界	8.0	巴基斯坦	17	4000
19	1952	地震	汇聚边界	9.2	堪察加	20	4000

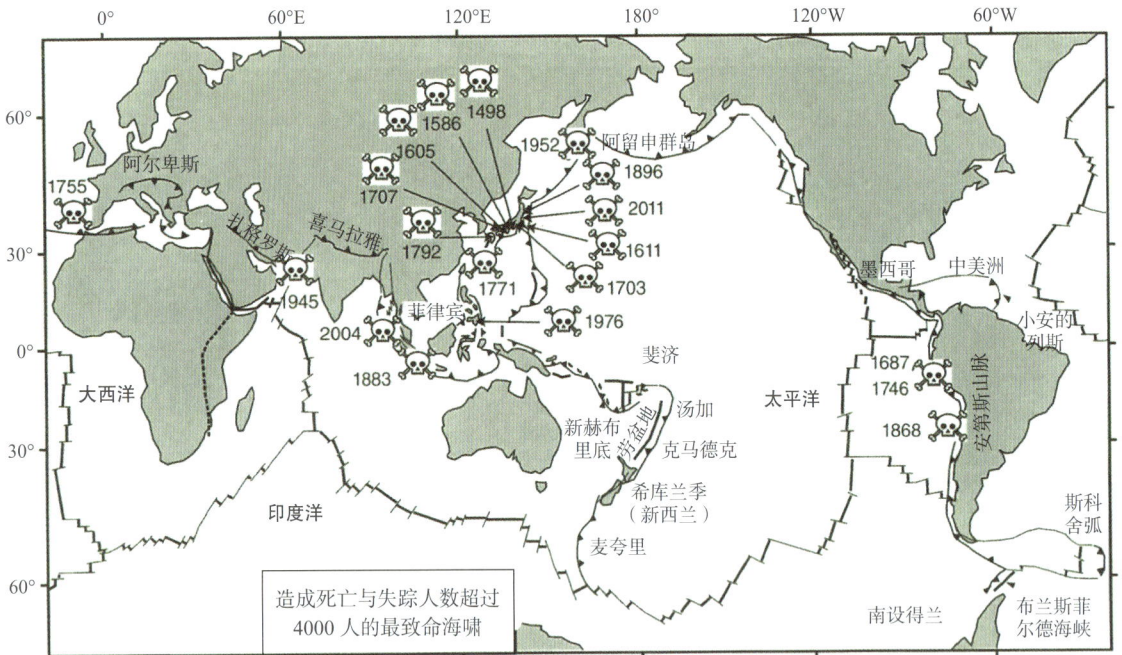

图 26.1 公元 1498—2016 年造成死亡与失踪人数超过 4000 人的最致命的海啸分布

图 26.2 是历史上有海啸记载的地区。上图显示公元 1500 年以前历史上有海啸记载的地区，下图显示公元 1750 年以前历史上有海啸记载的地区。由图可见，与直至公元 1750 年的历史记载（图 26.2 下图）比较，早期的历史记载（图 26.2 上图）显示的海啸的地理分布很不均匀，主要分布在中国、日本、欧洲、地中海沿岸等地区。实际上，包括有公元 1500 年至公元 1750 年共 250 年历史上有海啸记载的地区的资料（即直至公元 1750 年的资料），图 26.2 下图表明，

中国、印度、印度尼西亚、日本、菲律宾、美图东海岸、非洲科特迪瓦（旧称"象牙海岸"），乃至欧洲都是历史上遭受过多次海啸袭击的地区。

对于诸如特大地震、特大海啸这些频次极低、在原地重复发生的时间间隔远大于人的寿命的自然现象引发的灾害来说，人们很容易掉以轻心。例如，就印度洋北部来说，历史上只有过 6 次有关海啸的记载，包括公元前 326 年亚历山大大帝统率的军队遭遇到该地区迄今最早有记载的海啸以及公元 1008 年 4 月 1 日至 5 月 9 日由当地地震激发的伊朗海岸的海啸，1883 年 8 月 27 日由印度尼西亚喀拉喀托（Krakatoa）火山喷发激发的海啸，1884 年由孟加拉湾西部地震激发的海啸，1941 年 6 月 26 日由安达曼海 $M8.1$ 地震激发的海啸，1945 年 11 月 27 日巴基斯坦卡拉奇以南 70 千米的 $M8\frac{1}{4}$ 地震激发的海啸。中国、印度、印度尼西亚、日本、菲律宾、美国东海岸、非洲科特迪瓦（旧称"象牙海岸"）乃至欧洲，有史以来都是遭受过多次海啸袭击的地区（图 26.2）。实际上，在众多的自然灾害中，海啸灾害作为一种发生频次极低、发生概率极小的事件，它的危险性显然是被大大低估了。倘若印度洋沿岸各国在 2004 年印度洋特大海啸之前能与太平洋沿岸国家一样建立起海啸预警系统，那么苏门答腊—安达曼特大地震引起的印度洋特大海啸决不致造成如此巨大的人员伤亡和财产损失。

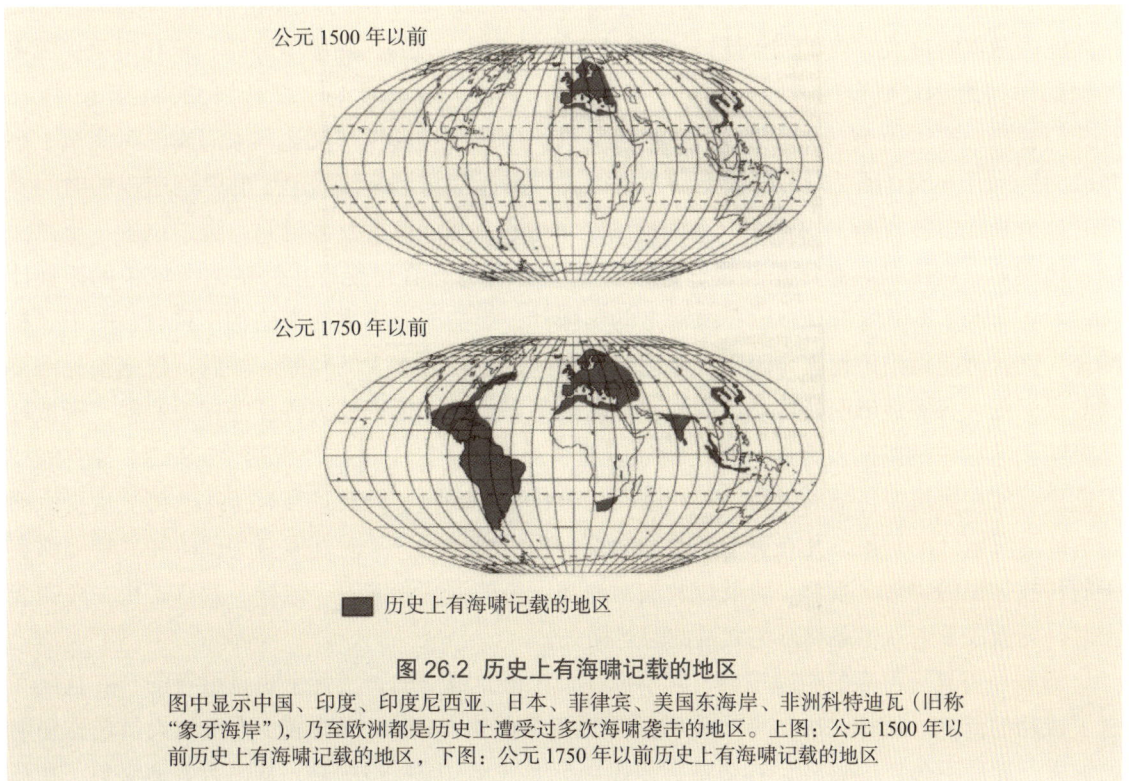

公元 1500 年以前

公元 1750 年以前

■ 历史上有海啸记载的地区

图 26.2 历史上有海啸记载的地区

图中显示中国、印度、印度尼西亚、日本、菲律宾、美国东海岸、非洲科特迪瓦（旧称"象牙海岸"），乃至欧洲都是历史上遭受过多次海啸袭击的地区。上图：公元 1500 年以前历史上有海啸记载的地区，下图：公元 1750 年以前历史上有海啸记载的地区

27 海啸预警

在大地震之后如何迅速地、正确地判断该地震是否会激发海啸，迄今仍然是个悬而未决的科学问题。这种情况反映了迄今为止对于能激发海啸的地震（海啸地震）的特征及其激发海啸的机制仍缺乏深刻的认识，亟须进一步深入地研究海啸发生的物理过程。尽管如此，根据目前的认识水平，仍可通过海啸预警为预防与减轻海啸灾害作出一定的贡献。海啸预警的物理基础在于地震波的传播速度比海啸的传播速度快。地震纵波即 P 波的传播速度约 6 ~ 7 千米 / 秒，比海啸的传播速度要快约 20 ~ 30 倍，所以在远处，地震波要比海啸早到达数十分钟乃至数小时、十几小时，具体数值取决于震中距和地震波与海啸的传播速度。例如，当震中距为 1000 千米时，地震纵波大约 2.5 分钟就可到达，而海啸则要走大约 1 个多小时；1960 年智利 M_W9.5 特大地震激发的特大海啸 22 小时后才到达日本海岸（图 27.1a）；阿留申群岛、新几内亚、南美等地的海啸到达夏威夷的时间分别是 5 小时、10 小时、12 小时（图 27.1b）；2004 年 12 月 26 日苏门答腊—安达曼 M_W9.2 地震激发的印度洋特大海啸到达印度洋周边国家海岸的时间从 1 小时以内到十几小时（图 27.1c）。如能利用地震波传播速度与海啸传播速度的差别造成的时间差及时地分析地震波资料，快速地、准确地测定出地震参量（包括发震时间、震中位置、震源深度、地震矩、震源机制和震源破裂过程等），并与预先布设在可能产生海啸的海域中的压强计（如 24 节所述，不但应当有布设在海面上的压强计，更应当有安置在海底的压强计）的记录相配合，就有可能做出该地震是否激发了海啸、海啸的规模有多大的判断。然后，根据预先已实测的水深图、海底地形图及可能遭受海啸袭击的海岸地区的地形地貌特征等相关资料，模拟计算海啸到达海岸的时间及强度，运用诸如卫星、遥感、干涉卫星孔径雷达（InSAR）等空间技术监测海啸在海域中传播的进程，采用现代信息技术将海啸预警信息及时传送给可能遭受海啸袭击的沿海地区的居民，并在可能遭受海啸袭击的沿海地区，平时开展有关预防和减轻海啸灾害的科技知识的宣传、教育、普及以及应对海啸灾害的训练和演习。这样，就有希望在海啸袭击时，拯救成千上万生命和避免大量的财产损失。

海啸预警具有可靠的物理基础，它不但在理论上是成立的，实际上也是可行的，并且已经有了成功的范例。例如，1946 年，海啸给夏威夷的希洛（Hilo）市造成了严重的人员伤亡和财产损失。此后不久，1948 年，在夏威夷便建立了太平洋海啸警报中心，从而有效地避免了在那以后的海啸可能造成的更大损失。倘若印度洋沿岸各国在 2004 年印度洋特大海啸之前能与太平洋沿岸国家一样建立起海啸预警系统，那么 2004 年苏门答腊—安达曼特大地震引起的印度洋特大海啸当不致造成如此巨大的人员伤亡和财产损失。

以上所述的海啸预警对于远洋海啸（参见第 25 专题）比较有效。但是，对于近海海啸（又称局地海啸、本地海啸）即激发海啸的海底地震离海岸很近，例如，离海岸只有几十至数百千米的海啸，由于地震波传播速度与海啸传播速度的差别造成的时间差只有几分钟至几十分

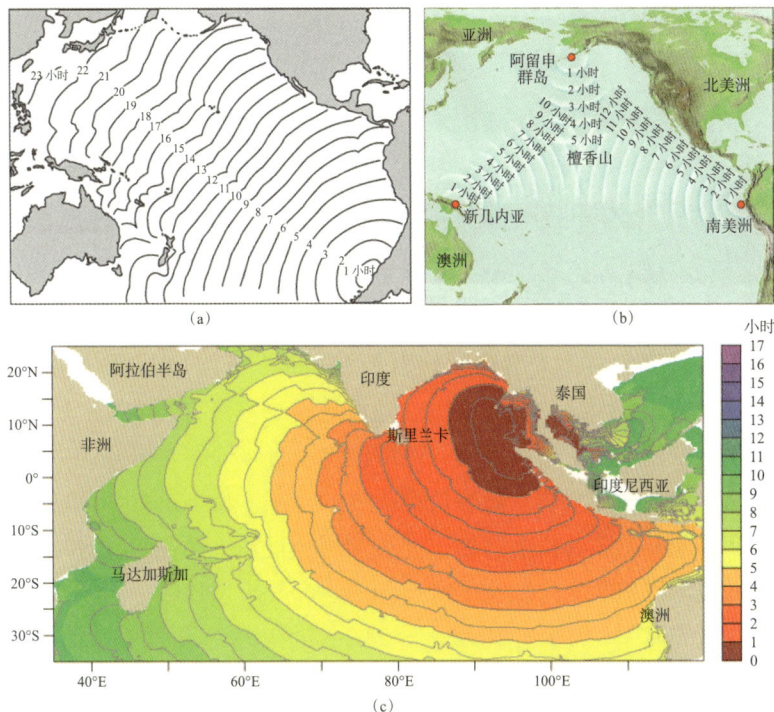

图 27.1 地震激发的海啸的到达时间

（a）1960 年智利 $M_W9.5$ 特大地震激发的特大海啸 22 小时后才到达日本海岸；（b）阿留申群岛、新几内亚、南美洲等地的海啸到达夏威夷檀香山的时间分别是 5 小时、10 小时、12 小时（hr）；（c）2004 年 12 月 26 日苏门答腊—安达曼 $M_W9.2$ 地震激发的印度洋特大海啸到达印度洋周边国家海岸的时间从 1 小时以内到十几小时

钟，海啸预警就不如远洋海啸预警有效。例如，日本气象厅（JMA）于 2007 年安装到位的、世界上最先进的海啸与强地震动实时预警系统在地震发生后的几秒内就可提供有关强地震动的信息，迄今已通过手机、电视、广播和当地的扬声器系统提供了 10 多次预警。在 2011 年 3 月 11 日日本东北部 $M_W9.2$ 地震发生后，当 P 波到达最近的地震台 8 秒后就向震中区附近的公众发出了预警，有 27 列高速火车紧急刹车，没有出轨，收到了良好的成效。3 分钟后，向岩手、宫城、福岛等 3 个县发布了大海啸预警。极具破坏性的海浪在 15 ~ 20 分钟后就到达最近的海岸，浪高（海啸高度）超过了预期，达到 7 米以上，有的地方达到 30 米，部分海岸地区海水向内陆侵入了 5 千米，造成了毁灭性的破坏。为了在大地震之后能够迅速地、正确地判断该地震是否激发海啸，减少误判与虚报，特别是减少近海海啸即局地海啸预警的误判与虚报，以提高海啸预警的水平，就必须加强对海啸物理、近海海啸即局地海啸的研究。

28 地震预测

　　在众多的自然灾害中，特别是在造成人员伤亡方面，地震造成的死亡人数占各类自然灾害造成的死亡人数总数的54%，地震灾害堪称众灾害之首。所以自19世纪70年代后期现代地震学创立以来的130余年里，地震预测一直是地震学研究的主要问题之一，许多地震学家莫不苦思预测地震、预防与减轻地震灾害的方法。特别是自20世纪50年代中期以来，作为一个非常具有现实意义的科学问题，地震预测一直是世界各国政府与地震学家深切关注的焦点。国际著名地球物理学家、地震学家我国傅承义院士（1909—2000，图28.1）和国际著名地震工程学家刘恢先院士（1912—1992，图28.2）早在1956年就将"地震预测与工程抗震"写入1956—1967年科学技术发展远景规划第33项"天然地震的灾害及其防御"中，傅承义院士还在1963年以《有关地震预告的几个问题》为题在《科学通报》著文，系统阐述地震预测的意义与实现地震预测的科学方法。

　　作为探索地震预测预报的基础性工作，从1958年开始，在顾功叙院士（1908—1991，图2.28）和曾融生院士（1924—　　，图28.3）的领导下，我国地球物理学家便在甘肃、云南、四

图28.1 国际著名地球物理学家、我国地球物理学、地震学的先驱者之一傅承义院士（1909—2000）

图28.2 国际著名地震工程学家、我国地震工程学的先驱者之一刘恢先院士（1912—1992）

图28.3 国际著名地球物理学家、地震学家曾融生院士（1924—　　）

川、河北等地开展了地壳结构的探测工作，为地震预测预报研究提供了大量有重要科学价值的基础性资料。

地震预测是公认的世界性的科学难题，是地球科学的一个宏伟的科学研究目标。如能同时准确地预测出未来大地震的地点、时间和强度，无疑可以拯救数以万计生活在地震危险区人民的生命；并且，如果能预先采取恰当的防范措施，就有可能最大限度地减轻地震对建筑物等设施的破坏，减少地震造成的经济损失，保障社会的稳定和促进社会的和谐发展。

通过世界各国地震学家长期不懈的努力，地震预测、特别是中长期地震预测取得了一些有意义的进展。但是地震预测是极具挑战性的尚待解决的世界性科学难题，目前尚处于初期的科学探索阶段，总体水平仍然不高，特别是短期与临震预测的水平与社会需求相距甚远。

地震预测指的是同时明确给出未来地震发生的地点、时间和大小（简称"地震三要素"）及其区间，以及预测的可信程度。地震预测通常分为长期（10年以上）、中期（1～10年）、短期（1日至数百日及1日以下）。有时还将短期预测细分为短期（10日至数百日）和临震（1～10日及1日以下）预测。长、中、短、临地震预测的划分主要是根据（客观）需要，是人为（主观）地划分的，并不具有物理基础，其界线既不是很明确，也并不完全统一。在公众的语言中，甚而在专业人士中，对地震预测和地震预报通常不加区分，并且通常指的是这里所说的地震短、临预测。在国际上，一些地震学家把不符合上述定义的预测、预报等称为预报，亦称概率性的（地震）预报，而把符合上述定义的预测称为确定性的（地震）预测。若照这种说法，长期预测和中期预测便应当称为长期预报和中期预报。在我国，习惯于把科学家和研究单位对未来地震发生的地点、时间和大小所做的相关研究的结果称作地震预测，而把由政府主管部门依法发布的有关未来地震的警报称为地震预报。

在评估地震预测时，目标震级的大小是很重要的。因为小地震要比大地震多得多，因而更容易碰巧报对！在给定的地区和给定的时间段内要靠碰运气对应上一个 $M6.0$（读为6.0级）的地震并非易事，而靠碰运气"对应上"一个 $M5.0$ 的地震的"预测"还是很有可能的。

20世纪60年代以来，地震预测，特别是中、长期预测取得了一些有意义的进展。在长期预测方面，最突出的进展是：①在环太平洋地震带，几乎所有的大地震都发生在运用地震空区方法预先确定的空区内（图28.4）。②运用地震空区方法，美国地震学家于1984年正式预报的帕克菲尔德（Parkfield）6级地震，终于在比预测的时间 [（1988±4.3）年，即最晚在1993年初之前] 晚了整整11年后的2004年9月28日17时15分24秒UTC（协调世界时）发生。③运用地震空区方法，美国地震学家成功地预报了1989年10月18日美国加州洛马普列塔（Loma Prieta）$M_{\mathrm{W}}6.9$ 地震。④在我国，板内地震空区的识别也有一些成功的震例。虽然地震长期预测有了上述进展，但是：①日本地震学家用地震空区方法预报的东海大地震从1978年迄今已40年，但仍未发生；②洛马普列塔地震的实际情况与预报的并不准确地相符，仍然不能排除是碰

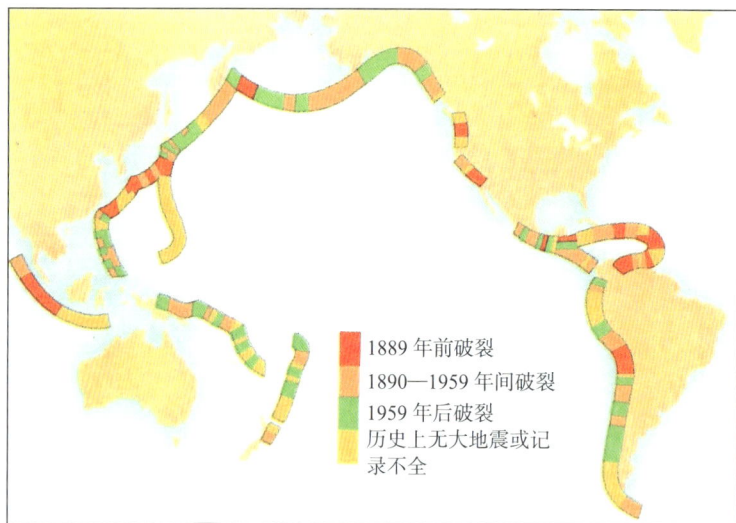

图 28.4 1989 年绘制的环太平洋地区的"地震空区"图
地震空区内的断层近期没有破裂，因此存在发生更大地震的危险性

运气碰上的；③帕克菲尔德地震比预测的时间晚了整整 11 年才发生（注意：它的复发周期才 22 年！）。这些情况表明，即使是发生于板块边界的、看上去很有规律的地震序列，准确的预报也是很困难的。

在中期预测方面，①运用应力影区方法对许多地震序列做的回溯性研究取得了很有意义的结果；②日本地震学家运用关于地震活动性图像的茂木模式成功地预报了 1978 年墨西哥南部瓦哈卡（Oaxaca）M_W7.7 地震；③俄国克依利斯—博罗克（V. I. Keilis-Borok，В. И. Кейлис-Борок,1921–2013，图 28.5）及其同事提出了一种称作强震发生增加概率的时间（Time of Increased Probability，缩写为 TIP）的中期预测方法，对 2003 年 9 月 25 日日本北海道 M_W8.1 地震以及 2003 年 12 月 22 日美国加州中部圣西蒙（San Simeon）M_W6.5 地震做了预报，并取得了成功。尽管地震中期预测取得了上述进展，但是仍然存在一些不容忽视的问题，如：①应力影区方法目前仍停留在回溯性研究阶段，尚未被用于地震预报试验；②迄今尚未对茂木模式以及克依利斯—博罗克方法进行过全面的检验；③预报瓦哈卡地震所依据的地震活动性图像前兆的真实性仍有疑问。与中、长期地震预测的进展形成对照，短期与临震预测进展不大。40 多年来，地震学家一直在致力于探索确定性的地震前兆，即任何一种可以在地震之前必被无一例外地观测到、并且一旦出现

图 28.5 国际著名地球物理学家、俄国克依利斯—博罗克（В. И. Кейлис-Борок,1921–2013）

必无一例外地发生大地震的异常，但没有取得突破性的进展。从 1989 年开始，国际地震学和地球内部物理学协会（International Association of Seismology and Physics of the Earth's Interior, 缩写为 IASPEI）下属的地震预测分委员会组织了以该分委员会主席魏斯（Max Wyss,1937–　）为首的专家小组对各国专家自己提名的"有意义的地震前兆"进行了两轮评审。"有意义的地震前兆"指的是"地震之前发生的、被认为是与该主震的孕震过程有关联的一种环境参数的、定量的、可测量的变化"。第一轮，1989—1990 年；第二轮，1991—1996 年。两轮共评审了 37 项，其中只有 5 项被通过认定。包括：①震前数小时至数月的前震；②震前数月至数年的"预震"；③强余震之前的地震"平静"；④震前地下水中氡气含量减少、水温下降；⑤震前地下水上升反映的地壳形变。以上 5 项，即使被确认为"有意义的地震前兆"，并不意味着即可用以预报地震。例如，前震无疑是地震的前兆，但是如何识别前震仍然是一个待解决的问题。20 世纪 80 年代以后，国际上对地震前兆的研究重点转移到探索大地震前的暂态滑移前兆。为此，美国地质调查局（USGS）在加州中部帕克菲尔德建立了地震预测试验场，布设了密集的地震观测台网与前兆观测台网，以检测前震及其他各种可能的地震前兆。但是，预报中的帕克菲尔德 M_W6.0 地震不但比预测的时间晚了整整 11 年才发生，而且在震前未检测到、至今也仍未分析出有地震前兆。

29 地震预测为什么这么难

地震预测是公认的科学难题。那么，它究竟难在哪里？它为什么那么难？概括地说，地震预测的困难主要有如下三点。

（1）地球内部的"不可入性"

"不可入性"源自希腊文"σεν μπορει να τεθει"。地球内部的"不可入性"在这里指的是人类目前还不能身临其境深入到地球内部，在高温高压状态下直接观察或在固体地球内部设置台站、安装观测仪器对震源直接进行观测，而不是说人类不能利用天然的或者人为的震源激发的地震波或电磁波等手段穿过地球内部进行研究。地震学家只能在地球表面（在许多情况下是在占地球表面面积仅约 30% 的陆地上）和距离地球表面很浅的地球内部（至多是几千米至十几千米深的井下），用相当稀疏、很不均匀的观测台网进行观测，利用由此获取的很不完整、很不充足、有时甚至还是很不精确的资料来反推（数学家称为"反演"）地球内部的情况。地球内部是很不均匀的，也不怎么"透明"，地震学家在地球表面上"看"地球内部连"雾里看花"都不及，他们好比是透过浓雾去看被哈哈镜扭曲了的地球内部的影像。凡此种种都极大地限制了人类对震源所在环境及对震源本身的了解。

（2）大地震的"非频发性"

大地震是一种稀少的"非频发"事件，大地震的复发时间比人的寿命、比有现代仪器观测以来的时间长得多，限制了作为一门观测科学的地震学在对现象的观测与对经验规律的认知上的进展。迄今对大地震之前的前兆现象的研究仍然处于对各个震例进行总结研究阶段，缺乏建立地震发生的理论所必需的切实可靠的经验规律，而经验规律的总结概括以及理论的建立验证都由于大地震是一种稀少的"非频发"事件而受到限制。

（3）地震物理过程的复杂性

地震是发生于极为复杂的地质环境中的一种自然现象，地震过程在从宏观直至微观的所有层次上都是极为复杂的物理过程。地震前兆出现的复杂性和多变性可能与地震震源区地质环境的复杂性以及地震过程的高度非线性、复杂性密切相关。

30 地震的可预测性

地震预测是一个多世纪以来世界各国地震学家最为关注的目标之一。在 20 世纪 70 年代，紧接着苏联报道了地震波波速比（纵波速度 V_P 与横波速度 V_S 的比值 V_P/V_S）在地震之前降低之后，美国在纽约兰山湖地区也观测到了震前波速比异常。随之而来的大量有关震前波速异常、波速比异常等前兆现象的报道和膨胀—扩散模式、膨胀—失稳模式等有关地震前兆的物理机制的提出，以及 1975 年中国海城地震的预报成功使得国际地震学界对地震预测一度弥漫了极其乐观的情绪，甚而连国际上很有影响的地球物理学家也乐观地认为"即使对地震发生的物理机制了解得不是很透彻（如同天气、潮汐、火山喷发预测那样），也可能对地震做出某种程度的预报"。当时，连许多著名的地球物理学家都深信：系统地进行短、临地震预测是可行的，不久就可对地震进行常规的预测，关键是布设足够的仪器以发现与测量地震前兆。然而，很快就发现地震预测的观测基础与理论基础都有问题：对波速比异常重新做测量时发现原先报道的结果重复不了；对震后报道的大地测量、地球化学和电磁异常到底是不是与地震有关的前兆产生了疑问；由理论模式以及实验室做的岩石力学膨胀、微破裂和流体流动实验的结果得不出早些时候提出的前兆异常随时间变化的进程。接着，运用经验性的地震预报方法未能对 1976 年中国唐山大地震做出短、临预报；到了 20 世纪 80—90 年代，美国地震学家预报的圣安德烈斯断层上的帕克菲尔德地震、日本地震学家预报的日本"东海大地震"都没有发生（前者推迟了 11 年于 2004 年 9 月 28 日才发生，后者迄今已 50 余年还没有发生），又使许多人感到悲观。一个多世纪以来，对地震预测从十分乐观到极度悲观，什么观点都有，不同的观点一直争论不息，特别是近年来围绕着地震的可预测性屡次发生激烈的论争。一些专家认为，地震系统与其他许多系统一样，都属于具有"自组织临界性"的系统，即在无临界长度标度的临界状态边缘涨落的系统。从本质上说，具有自组织临界性的现象是不可预测的。而具有自组织临界性的系统中的临界现象普遍都遵从像地震学中的古登堡（Beno Gutenberg,1889–1960）—里克特（Charles Francis Richter,1900–1985）定律那样的幂律分布，所以这些专家认为，地震是一种自组织临界现象，地震系统是具有"自组织临界性"的系统。他们进一步推论，既然自组织临界现象具有内禀的不可预测性，所以地震是不可预测的；既然地震预测很困难，甚至是不可预测的，那么就应当放弃它，不再去研究它。

可是，地震是不是一种自组织临界现象，这不是一个靠"民主表决"、"少数服从多数"可以解决的问题！多数人认为地震是一种自组织临界现象，并不能说明地震就是一种自组织临界现象！国际著名理论地球物理学家、地震学家，美国诺波夫（Leon Knopoff,1926–2011，图30.1）指出，地震的自组织临界性的最重要观测依据是由古登堡—里克特定律推导出的幂律，但这只是一种表观现象，所以由此出发得出的地震具有"标度不变性"的结论是一种错误的观念，产生这种错误观念的原因是没有考虑到余震的效应。诺波夫论证了：地震现象并不是不存在特征尺度，而是至少存在 4 个特征尺度。耐人寻味的是，许多认为"地震是不可预测的"研究者在研究地震的自组织临界性时运用的理论模型恰恰是认为"地震是可以预测"的诺波夫和

他的学生伯里季（R. Burridge）在半个多世纪前（1966 年）提出的著名的"伯里季—诺波夫（Burridge-Knopoff）弹簧—滑块模型"（简称 B-K 模型）。这些研究者以 B-K 模型或其他与 B-K 模型大同小异的、非常简单的、类似于地震的模型做的理论研究得出了"地震不可预测"的结论。对地震预测持否定意见的日本东京大学教授、美国盖勒（R. J. Geller）概括说，这些理论模拟采用的都是非常简单的类似于地震的模型，唯其简单，更表明对于一个确定性的模型来说是何等容易成为不可预测的，因此没有理由认为这些理论研究得到的结论不适用于地震。诺波夫则认为这些研究者滥用了他的模型（B-K 模型），他认为，这些研究者由于没有恰当地考虑地震的物理问题，所以他们虽然模拟了某些现象，但他们模拟的不是地震现象。他指出，地震表观上遵从的幂律对应的只是一种过渡现象，而不是系统最终演化到的自组织临界状态；地震现象是自组织（SO）的，但并不临界（C）。地质构造复杂的

图 30.1 国际著名地球物理学家、地震学家诺波夫 (Leon Knopoff, 1926–2011)

几何性质使主震与余震遵从大致相同的、类似于分形的分布，这使得人们很容易将它们混为一谈，而不考虑幂律的可靠性问题，从而简单地从幂律出发推出地震具有自组织临界性，进而推出"地震不能预测"的结论。诺波夫尖锐地指出主张"地震不可预测"的研究者在逻辑推理上的谬误。他指出，主张"地震不可预测"的研究者的逻辑推理好比说是：

"哺乳动物（自组织临界现象）有 4 条腿（遵从幂律分布），

桌子（地震现象）也有 4 条腿（遵从幂律分布），

所以桌子（地震现象）也是一种哺乳动物（自组织临界现象）或

哺乳动物（自组织临界现象）也是桌子（地震现象）"。

对地震的可预测性这一与地震预测实践以及自然界的普适性定律密切相关的理论性问题的探讨或论争还在继续进行中。既然地震的可预测性的困难源自人们不可能以高精度测量断层及

其邻区的状态以及对于其中的物理定律仍然几乎一无所知，那么如果这两方面的情况能有所改善，将来做到提前几年的地震预测还是有可能的。提前几年的地震预测的难度与气象学家目前做提前几小时的天气预报的难度相当，只不过做地震预测所需要的地球内部的信息远比做天气预报所需要的大气方面的信息复杂得多，而且也不易获取，因为这些信息都源自地下（地球内部的"不可入性"）。这样一来，对地震的可预测性的限制可能不是由于确定性的混沌理论内禀的限制，而是因为得不到极其大量的信息。

31 地震预测展望

实现地震预测的科学途径

（1）依靠科技进步、依靠科学家群体

　　解决地震预测面临的困难的出路既不能单纯依靠经验性方法，也不能置迫切的社会需求（特别是，与发达国家不同，发展中国家与欠发达国家对短临预测的需求更为迫切）于不顾，单纯指望几十年后的某一天基础研究的飞跃进展与重大突破。在这方面，地震预测与纯基础研究不完全一样。这就是：一是时间上的"紧迫性"，即必须在第一时间回答问题，不容犹豫，无可推诿；二是对"震情"所掌握的信息的"不完全性"；三是决策的"高风险性"。地震预测的上述特点既不意味着对地震预测可以降低严格的科学标准，也不意味着可以因为对地震认识不够充分、对震情所掌握的信息不够完全（极而言之，永远没有"充分"、"完全"的时候）而置地震预测于不顾。一个多世纪以来，经过几代地震学家的不懈努力，对地震的认识的确大有进步，然而不了解之处仍甚多。目前地震预测尚处于初期的科学探索阶段，地震预测的能力，特别是短、临地震预测的能力还是很低的，与迫切的社会需求相距甚远。解决这一既紧迫要求予以回答，又需要通过长期探索方能解决的地球科学难题唯有依靠科学与技术的进步、依靠科学家群体。一方面，科学家应当倾其所能把代表当前科技最高水平的知识用于地震预测；另一方面，科学家（作为一个群体，而不仅是某个个人）还应勇于负责任，把代表当前科技界最高认识水平的有关地震的信息（包括正、反两方面的信息）如实地传递给公众。

（2）强化对地震及其前兆的观测

　　为了克服地震预测面临的观测上的困难，在地震观测与研究方面，应努力变"被动观测"为"主动观测"，流动地震台网（台阵）与固定式的地震台网相配合以加密观测；不但利用天然地震震源，而且也运用人工震源对地球内部进行探测。在地震前兆的观测与研究方面，应继续强化对地震前兆现象的监测，拓宽对地震前兆的探索范围。地震前兆涉及地球物理、大地测量、地质、地球化学等众多的学科和广阔的领域。包括 2004 年美国帕克菲尔德地震预测试验在内的许多经验教训表明：按目前的思路、做法，可靠的地震前兆的确是很不容易检测出来。沿着已有的方向继续寻找地震前兆的努力固然不能轻言放弃，但是另辟蹊径，提出新的思路，

采用新的方法，探索新的前兆，应当予以提倡鼓励。20 世纪 90 年代以来，空间对地观测技术和数字地震观测技术的进步，使得观测（现代地壳运动、地球内部结构、地震震源过程以及地震前兆）技术在分辨率、覆盖面、动态性等方面都有了飞跃式的发展，高新技术 [如全球定位系统（GPS），卫星孔径雷达干涉测量术（InSAR ）等空间大地测量技术，用于探测地震前兆的"地震卫星"等] 在地球科学中的应用为地震预测研究带来了新的机遇，多学科协同配合和相互渗透是寻找发现与可靠地确定地震前兆的有力手段。

（3）坚持地震预测科学试验——地震预测试验场

地震前兆出现的复杂性和多变性可能与震源区的地质环境的复杂性密切相关。因地而异，即在不同地震危险区采取不同的"战略"，各有侧重地检验与发展不同的预测方法，不但在科学上是合理的，而且在经费投入上也是经济的。应汲取包括我国的地震预测试验场在内的世界各国地震预测试验场的经验教训，特别要注意，在一个地区成功的经验不一定适用于其他地区，就像 1975 年我国海城地震的经验性预报成功的经验不适用于 1976 年唐山地震一样。重视充分利用我国的地域优势，选准地区，通过地震预测试验场这样一种重要的、行之有效的方式，开展在严格且可控制条件下进行的、可用事先确定的可操作的准则予以检验的地震预测科学试验研究；多学科互相配合，加密观测，监测、研究、预测预报三者密切结合，坚持不懈，可望获得在不同构造环境下断层活动、地形变、地震前兆、地震活动性等十分有价值的资料，从而有助于增进对地震的了解，攻克地震预测难关。

（4）系统地实施基础性、综合性的对地球内部及地震的观测、探测与研究计划

为了克服地震预测面临的观测上的困难，应当系统地实施基础性的、综合性的对地球内部及地震的观测、探测与研究计划：一是强化对地震及其前兆的观测；二是在地震活动地区进行以探测震源区为目的的科学钻探；三是在断层带开挖探槽研究古地震；四是在实验室中进行岩石样品在高温高压下的破裂实验；五是利用计算机对地震过程做数值模拟；等等。

（5）加强国内合作与国际合作

地震预测研究深受作为建立地震理论的基础的经验规律所需"样本"太少所造成的困难（大地震的"非频发性"）的限制。目前，刊登有关地震预测实践论文的绝大多数学术刊物几乎都不提供相关的原始资料，语焉不详，以致其他研究人员读了之后也无从做独立的检验与评估；此外，资料又不能共享。这些因素加剧了上述困难。应当正视并改变地震预测研究在实际上的封闭状况，广泛深入地开展国内、国际学术交流与合作；加强地震信息基础设施的建设，促成资料共享；充分利用信息时代的便利条件，建立没有围墙的、虚拟的、分布式的联合研究中心，使得从事地震预测的研究人员，地不分南北东西，人不分专业机构内外，都能使用仪器设备、获取观测资料、使用计算设施和资源、方便地与同行交流切磋。

地震预测展望

　　自 20 世纪 60 年代以来，中期和长期地震预测取得了一些有意义的进展，如板块边界大地震空区的确认、应力影区、地震活动性图像、图像识别以及美国帕克菲尔德地震在预报期过了 11 年后终于发生等。目前地震预测的总体水平，特别是短期与临震预测的水平仍然不高，与社会需求相差仍甚大。地震预测作为一个既紧迫要求予以回答，又需要通过长期探索方能解决的地球科学难题，尽管非常困难，但并非不可能。困难既不能作为放松或放弃地震预测研究的借口，也不能作为放弃地震预测研究、片面强调只要搞抗震设防的理由。地震作为一种自然现象，是人类所居住的地球这颗太阳系中独特的行星生机勃勃的表现。地震的发生是不可避免的，但是地震灾害不但应当而且也是可以通过努力予以避免或减轻的。面对地震灾害，地震学家要勇于迎接挑战，知难而进；要加强对地震发生规律及其致灾机理的研究，提高地震预测预报水平，增强防御与减轻地震灾害的能力。解决地震预测面临困难的出路既不能单纯依靠经验性方法，也不能置迫切的社会需求于不顾，坐等几十年后的某一天基础研究的飞跃进展和重大突破。

　　特别需要乐观地指出的是：与半个世纪前的情况相比，地震学家今天面临的科学难题依旧，并未增加，然而这个难题却比先前暴露得更加清楚。20 世纪 60 年代以来地震观测技术的进步、高新技术的发展与应用为地震预测预报研究带来了历史性的机遇。依靠科技的进步强化对地震及其前兆的观测，选准地点开展并坚持以地震预测试验场为重要方式的地震预测预报科学试验，坚持不懈地、系统地开展基础性的对地球内部及对地震的观测、探测与研究，对实现地震预测的前景是可以审慎地乐观的。

32 "东海大地震"与帕克菲尔德地震

"东海大地震"

如所周知，日本地震学家一直在关注日本东海地区，他们从20世纪70年代开始就关注所谓的日本"东海大地震"（图32.1）。在日本南海海沟，历史上曾经非常有规律地发生过一些大的地震，从1498年到1605年、1707年、1854年，沿着南海海沟发生的地震事件都非常有规律，每两次大地震依次间隔107、102、147年，平均约为120年，也就是说，在南海海沟每隔大约120年，都要有规律地发生一系列大地震，"填满"南海海沟。但是他们注意到了，从1854年以来，只有1944—1946年间在南海海沟这个地段发生过释放该处应力的地震，而在东海则一直没有发生破裂，没有发生地震。因此，日本地震学家估计，在1854年的120年以后、也就是大约在1974年，在东海这个地方将要发生一次 $M8.0$ 左右的大地震。日本地震学家从20世纪70年代开始就专注于加强东海这个地区的监测，他们预测东海未来要发生一个大地震，叫"东海大

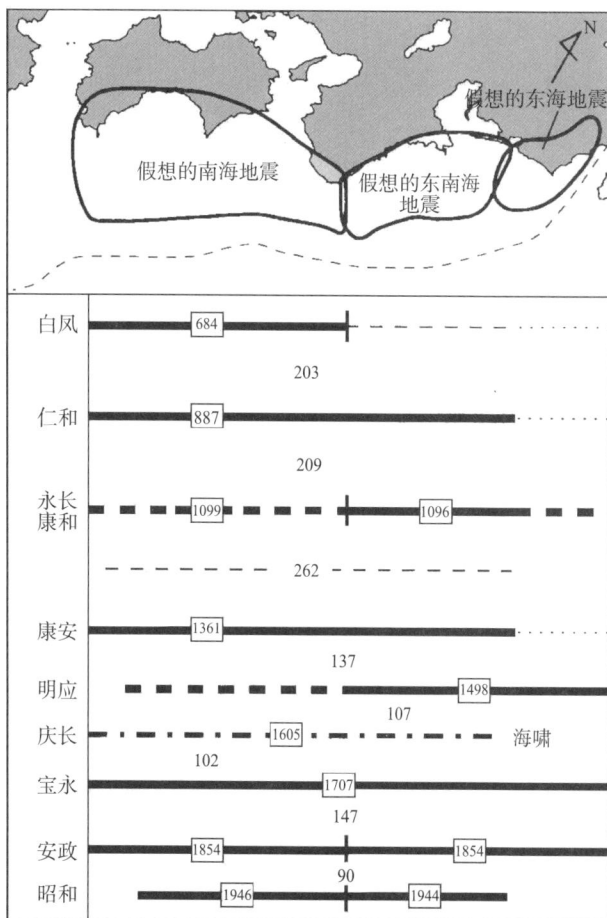

图 32.1 日本地震学家预报中的"东海大地震"

沿着日本西南海岸的南海海槽—相模海槽（在图中未绘出的骏河海槽东北面）在过去的500多年间重复发生过的震级 $M \sim 8$ 的浅源大地震的破裂区。沿着骏河海槽的东海地区即是日本地震学家预报中的"东海大地震"空区

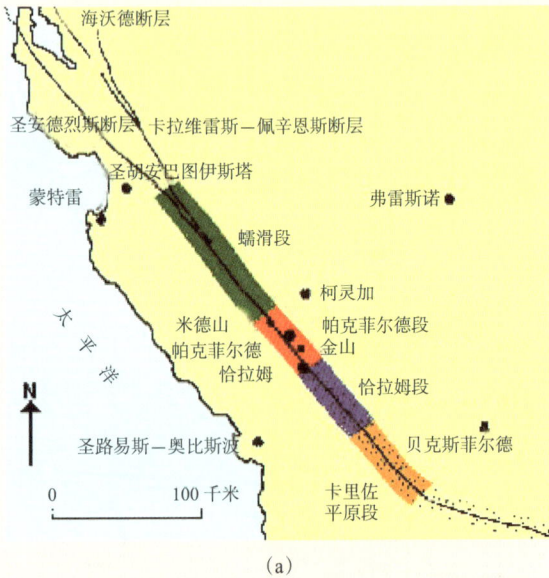

(a)

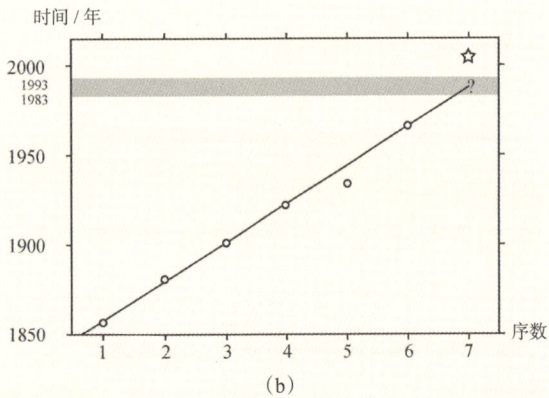

(b)

(c)

地震"。但是从 1974 年到今天已经过了近半个世纪了，这个地震始终没有发生。这给日本地震学家造成非常大的压力，一代又一代的地震学家都盯着这个地方，但直到今天地震也没有发生。

帕克菲尔德地震

1988 年，美国地震学家预报帕克菲尔德将会发生一次 $M6.0$ 左右的地震（图 32.2a），理由是在帕克菲尔德，从 1857 年到 1966 年大约每隔 22 年就很有规律地发生一次 $M6.0$ 左右的地震。因此很自然地，美国地质调查局的地震学家就预报（1988±4.3）年（即最晚在 1993 年 1 月之前）会在帕克菲尔德这个地方发生一次 $M6.0$ 左右的地震（图 32.2b）。1988 年 12 月我去帕克菲尔德考察的时候，帕克菲尔德小镇村口的一个牌子显示这个小镇人口只有 37 人，海拔是 1530 米（图 32.2b）。美国地震学家的地震预报使人口仅 37 人的帕克菲尔德小镇顿时闻名遐迩。可是，这个地震过了很多年都不来，拖了 11 年。1993 年 1 月是预报的最后期限，一直到 2004 年 9 月 28 日地震才发生。可是，帕克菲尔德地震的复发时间是 22 年！

图 32.2 帕克菲尔德地震的预测

（a）美国加州圣安德烈斯断层帕克菲尔德地段（红色地段）；（b）历史上，从 1857 年到 1966 年每隔大约 22 年就很有规律地发生一次 $M6.0$ 左右的地震，问号表示所预测的帕克菲尔德地震，预报帕克菲尔德发生地震的时间窗是 1983—1993。帕克菲尔德 $M_W6.0$ 地震（五角星）迟至 2004 年 9 月 28 日才发生，比预报的时间晚了 11 年；（c）人口仅 37 人、海拔为 1530 米的帕克菲尔德镇因帕克菲尔德地震预测顿时闻名遐迩。此为小镇村口的牌子

地震预测模式

那么，为什么日本和美国地震学家能够做出这些预报呢？因为他们认为在一些断层上会准周期性地发生一定大小的地震（图32.3）。地震的发生是因为构造运动，地下岩石中的应力从低应力状态升到高应力状态，直到岩石再也承受不了时发生破裂，即地震。在发生地震破裂的时候，岩石中的应力突然释放，下降到低应力状态。然后周而复始。反映在断层上，在应力积累的时候不发生错动（地震），在应力释放的时候发生错动（地震）了。

这样一个概念，是从地震空区、特征地震的概念来的，但是并非没有可以商榷之处。问题在于：如果实际情况很简单，如同所假设的那样，地震之前应力是恒定的，地震之后的应力也是恒定的，那么地震的发生必定是很有规律的，根据以前的情况既能够预测地震要发生的时间，也能够预测地震的大小。这就是时间与震级均可预测的模式（图32.3a）。但是实际上，地

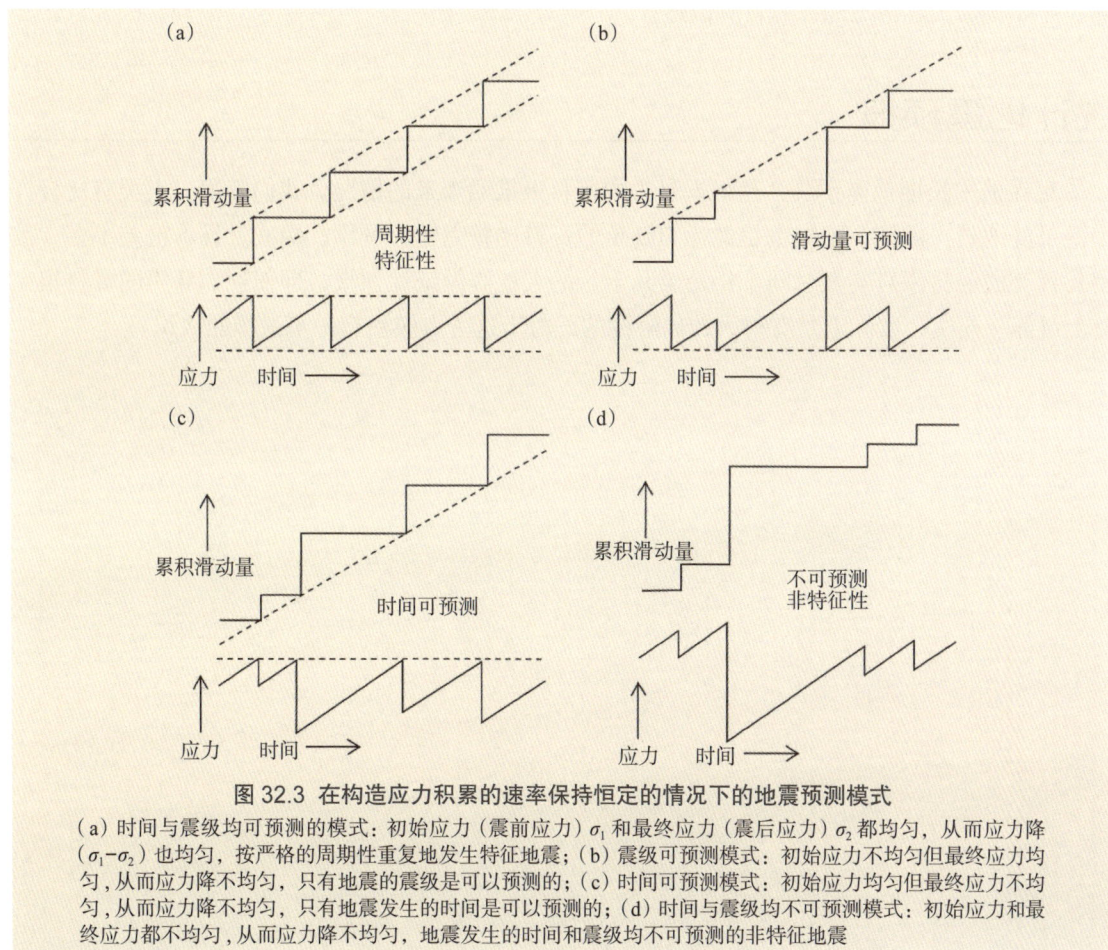

图 32.3 在构造应力积累的速率保持恒定的情况下的地震预测模式

（a）时间与震级均可预测的模式：初始应力（震前应力）σ_1 和最终应力（震后应力）σ_2 都均匀，从而应力降（$\sigma_1-\sigma_2$）也均匀，按严格的周期性重复地发生特征地震；（b）震级可预测模式：初始应力不均但最终应力均匀，从而应力降不均匀，只有地震的震级是可以预测的；（c）时间可预测模式：初始应力均匀但最终应力不均匀，从而应力降不均匀，只有地震发生的时间是可以预测的；（d）时间与震级均不可预测模式：初始应力和最终应力都不均匀，从而应力降不均匀，地震发生的时间和震级均不可预测的非特征地震

下的情况是很复杂的，不但地震之前应力是不均匀的，地震之后应力也是不均匀的。如果地震之前应力不均匀，地震之后的应力是均匀的，就会发现地震震级的大小（这里以滑动量表示地震的大小——震级）是可以预测出来的，但是它什么时候发生，根据这样一个简单的模式是预测不出来的。这种情况称为地震的震级可以预测的模式，简称震级可预测模式（图 32.3b）。如果地震之前的应力是均匀的，之后的应力不均匀，就会发现地震发生的时间还是可以预测的，但是地震的大小是预测不准或者是预测不出的。这种情况称为地震发生时间可以预测的模式，简称时间可预测模式（图 32.3c）。如果地震之前应力和地震之后应力都是不均匀的，那么，地震便不是周期性重复地发生的特征地震，按照这个模型，无论是地震发生的时间还是地震的震级都不可预测（图 32.3d）。

所以我们在很多地方（例如在日本、美国）看到的用来做地震预测的模式，如果不是不对的话，至少它涉及的基本假设，如地震之前的应力是均匀的，地震之后的应力是均匀的，等等，需要根据实际情况加以修订和改进。

统计地震预报

现在的中长期地震预测，是根据过去的资料来推测未来的情况。我们知道，人类有比较详细记录的地震，即使在中国也是最近 500 年的资料比较完整、可靠、翔实。日本也差不多。欲用几百年的资料来对复发时间千年乃至几千年的大地震做统计预报，即使这 500 年的资料很完整、可靠、翔实，实际上是有很大的局限性的。对于这一点应当有一个清醒的认识。

33 "天灾总是在人们将其淡忘时来临"——预防与减轻地震灾害

从更广泛的意义上说，要预防与减轻地震灾害或地震—海啸灾害，还是要从以下几个方面着手：一是要依靠科学技术；二是要学会"与灾害（风险）相处"。要认识到人类生活在不断运动变化而且是很活跃的生机勃勃的地球上。地球是人类共同的家园，它不但提供人类赖以生存的资源、能源和环境，也会不时地兴风作浪、给人类带来灾害。面对自然灾害，我们要努力地去研究它，认识它，寻找避免与减轻灾害的办法。也就是说，我们要学会"与灾害（风险）相处"，要确立以人为本，以科学发展观为指导。正如前联合国秘书长柯菲·安南（Kofi Annan,1938–2018，图 33.1）所说的："预防不但比救助更为经济，而且更为人道。"我国地震灾害是非常严重的，地震灾害对国家的经济建设与社会发展有很大的影响，减轻地震灾害的工作形势严峻，任重道远。

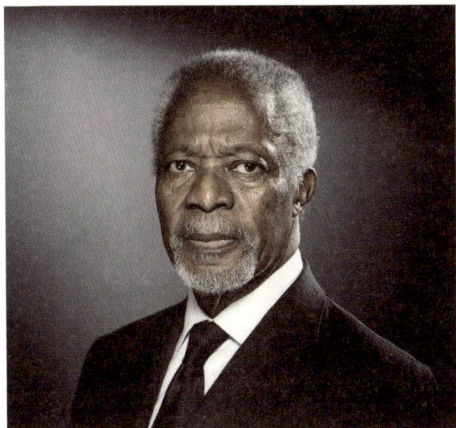

图 33.1 前联合国秘书长柯菲·安南
（1938—2018）

先进科学技术的应用固然很重要，但是单靠科学技术的应用是不能达到最大限度减轻自然灾害这个目标的。要达到这个目标，还需要全社会对于自然灾害有清醒认识，要增强全社会防震减灾的意识。

日本有一位著名的物理学家、地球物理学家、地震学家、气象学家、海洋学家，名字叫做寺田寅彦（Torahiko Terada,1878–1935，明治 11 年—昭和 10 年)(图 33.2）。寺田寅彦学贯日西，文理兼通，同时也是一位著名的诗人、散文作家。他的散文多以吉村冬彦、薮柑子等笔名发表，文章晶莹剔透，融科学性与艺术性于一体，有"洞穿事物本质的超越直感力"的美誉。寺田寅彦还擅长绘画，画作以油画与水彩为主，风格独树一帜，作品有《自画像》等。由于他多才多艺，故有"诗情画意的科学家"之称。在物理学上，寺田寅彦师从日本著名物理学家田丸卓郎教授；在英语与诗歌（俳句）写作上，师从日本著名文学家、诺贝尔文学奖获得者夏目漱石。寺田寅彦是夏目漱石的高足，夏目漱石的名著《三四郎》的主人公即是以他为原型创作的。

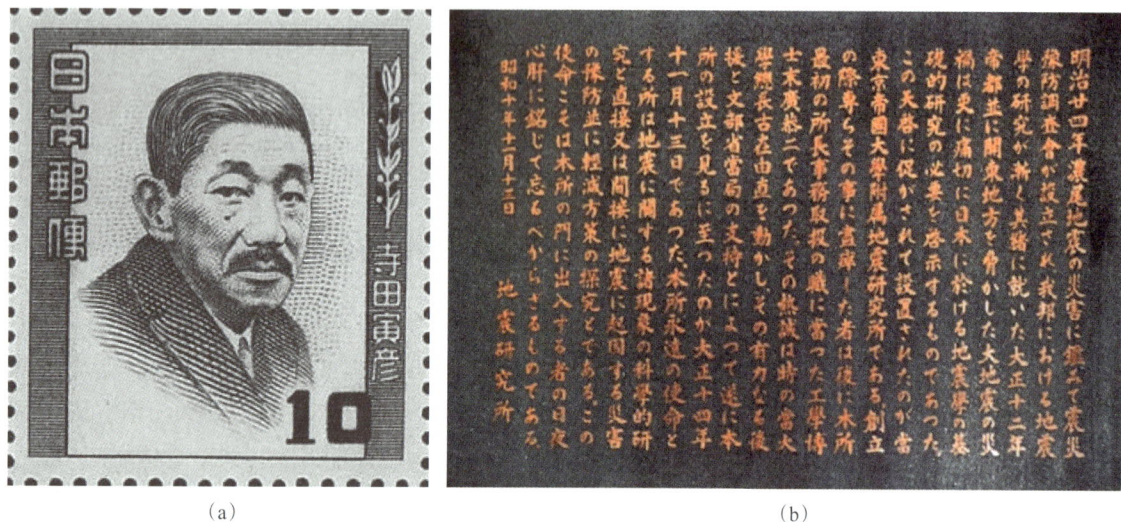

(a)　　　　　　　　　　　　　　　　(b)

图 33.2 寺田寅彦（Torahiko Terada，1878–1935）
（a）日本的"寺田寅彦"纪念邮票；（b）1935 年寺田寅彦为东京大学地震研究所创建 10 周年所撰写的纪念铭文

在物理学与地震学方面，寺田寅彦曾提出用"水的毛管电位理论"来解释地光的成因，多次成功地预告过地震和海啸。寺田寅彦也是 1923 年关东大地震后于 1925 年创建的东京大学地震研究所的创建者之一，迄今在东大地震研究所大楼入口处赫然在目的便是镌刻在墙上的、1935 年他为东京大学地震研究所创建 10 周年所撰写的纪念铭文（图 33.2b）。他有一首据说在日本家喻户晓、现在在国际上也广为流传的俳句：

"天災は忘れたころにやってくる（天灾总是在人们将其淡忘时来临）"。

这首饱含哲理、富有诗意的俳句虽然并非是对某次地震或某次其他天灾事件的具体预告，但谆谆告诫人们要警钟长鸣，增强、提高全社会的防灾减灾意识，意味深远。

34 应力悖论

地震断层究竟是处于高应力状态，还是处于低应力状态？这是一个困扰地震学家已数十年的科学难题。

地震学家迄今对断层面上的动摩擦应力仍不十分了解。布龙（J. N. Brune）等曾经指出，在圣安德烈斯断层没有观测到热流异常表明在地震带中对地质年代里发生的断层滑动作长期平均得出的摩擦应力应小于数十兆帕（MPa，1 兆帕＝ 10 巴）。杰弗里斯（Harold Jeffreys）、阿姆布拉塞斯（N. N. Ambraseys）和扎托佩克（A. Zatopek）、麦肯齐（D. P. McKenzie）和布龙则指出，若是大地震时摩擦应力大于某个数值，则断层面上将发生熔融。可能断层面上的确发生了熔融，但在文献中见不到有关这一现象的充足的参考资料，表明断层面上的摩擦应力应当是相当低（低于数十兆帕）的。但这是一个需要进一步研究的重要问题。

了解地震断层的应力状态是十分重要的。由地震学观测可以估计地震时的应力降。地震的应力降约 1 ~ 10 兆帕，平均约 6 兆帕。板间地震的应力降低一些，平均约 3 兆帕；板内地震的应力降高一些，平均约 10 兆帕。地震的平均应力降为 6 兆帕，这个结果与日本坪井忠二（Chuji Tsuboi,1902–1982）早在 20 世纪 30 年代所估算的地震的临界应变数量级为 10^{-4} 十分一致。地震应力降的数值小于数十兆帕，然而岩石层的强度估计高达数百兆帕。根据实验室的实验结果和对摩擦的理论模拟，可以认为这个差别是由于地震时每次地震事件的应力降仅仅是全部应力的一小部分，或者说，应力降是全部应力的一个分数，称为分数应力降（fractional stress drop）。当一个断层在剪切应力（动摩擦应力）σ_f 作用下以速率 v 滑动时，由于克服摩擦做功，在单位时间内、单位面积上因摩擦产生的热为 $\sigma_f v$。如果在断层面上的剪切应力值很高，例如数百兆帕，那么就应产生出大量的热。然而，在圣安德烈斯断层所做的热流测量并没有观测到热流异常（图 34.1）。图 34.1 是在圣安德烈斯断层所做的热流测量的结果，图中实线表示在 50 兆帕的剪切应力作用下由于摩擦生热所引起的热流值的增加量。只有在卡洪（Cajon）山口的、未经校正的点 CJON 落在理论计算的实线上（图 34.1a），但关于这个点为什么会落在理论计算的实线上，则又另有解释，应予舍弃（图 34.1b）。这说明，动摩擦应力 σ_f 不高，应小于 10 兆帕，也就是地震断层要比预想的弱得多。

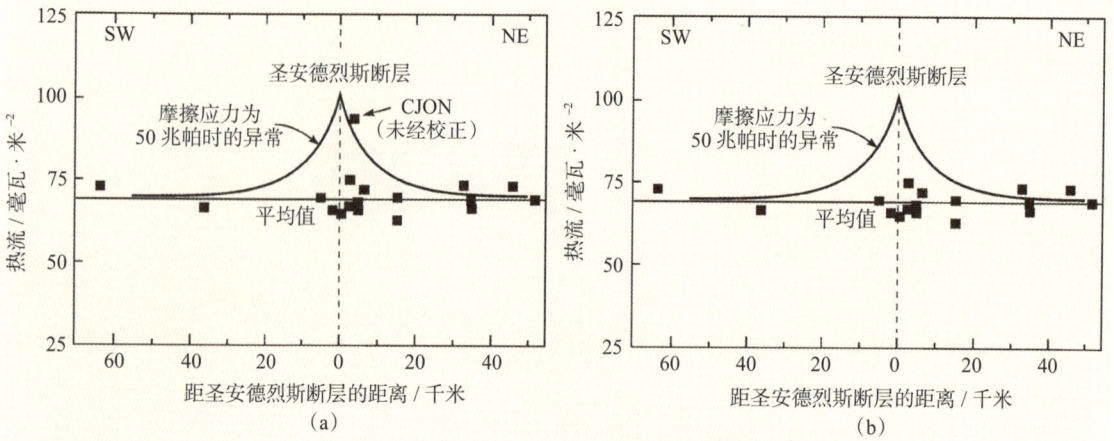

图 34.1 横穿圣安德烈斯断层观测的热流
图中实线表示在 50 兆帕的剪切应力作用下由于摩擦生热所引起的热流值增加量
(a) 未经校正；(b) 经校正后

　　从圣安德烈斯断层地壳应力的取向也导致类似的结论。根据岩石破裂的库伦—莫尔破裂准则（Coulomb-Mohr failure criterion），可知最大主压应力轴的方向与断层面应当成大约 22.5° 的角度。然而由地震震源机制解、地质资料与钻孔应力测量等得到的观测结果表明，沿圣安德烈斯断层带的最大主压应力轴的方向却是基本上垂直于断层的。这表明，断层面犹如自由表面。

　　上述相互矛盾的观测结果称为热流悖论（heat flow paradox），又称热流佯谬（paradox 旧译佯谬），也称为断层强度悖论（fault strength paradox）或圣安德烈斯（断层）悖论 [San Andreas（fault）paradox)]。迄今对这些看上去相互矛盾的观测结果尚无普遍接受的、令人信服的合理解释。有一种解释认为，断层上的有效应力因为高孔隙压而降低。但是，断层带是否能维持比流体静压力高得多的压力则是个问题。另一种解释认为，断层带充塞着低强度的富含黏土的断层泥，所以断层带是低强度的。然而这种解释却遇到一个困难，即：对断层泥所做的实验结果表明，断层泥也是有正常大小的强度的，除非孔隙压很高。也有人认为，可能有相当大的一部分地震能量用于被忽略的沿断层面上的化学变化或相变等过程；没有观测到热流异常是因为地下水的输运作用致使热流被"冲走"；还有人认为，需要修订黏滑机制以计及诸如分离相（separation phase）那样的能降低断层面上的正应力，从而降低摩擦生热的非线性现象；等等。

35 地震的强度——烈度

表示地震的强弱有两种方法：一种是表示地震本身的大小，它的量度叫做震级。震级是地震固有的属性，与所释放的震动能量有关系，但与观测点的远近或地面土质的情况无关。另一种是表示地震影响或破坏的大小，它的量度叫做地震烈度（seismic intensity），简称烈度（intensity）。烈度不但与地震本身的大小有关，而且与观测点的距离、土质情况、建筑物的类型等等都有关系。震级与烈度都是表示地震强弱，但概念不同，且时常混淆。

地震的影响可表现在人的感觉、器物的动态、建筑物的损坏情况、自然环境的变化等等。少数人感到地动与许多人惊逃户外，吊灯摇摆与桌椅翻倒，粉墙上发生裂纹与山墙倒塌，土地上出现裂缝与山石劈裂，等等，它们所反映的地震强度显然是不同的。这些现象都是可以在地震现场直接调查，无须借助精密的仪器，称为地震宏观现象。将易见的地震宏观现象按照它们所反映的地震强度分成若干类，每类中的现象都反映差不多相等的强度，因而可以称为等效的。按照强弱的顺序，每类可以指定一个数字，这就是烈度。将反映不同烈度的地震宏观现象按照烈度的顺序分类，列成一个表，就称为烈度表（intensity scale）。一个地震发生后，调查者可按照烈度表中的现象在现场确定各地点所反映的烈度。烈度是随地而异的。在地图上，将烈度相同的地点用曲线连起来，这就构成一个等震线（isoseismal）图。等震线的间隔一般是一度。应当指出，烈度是根据现场的地震宏观现象估定的，它是一个定性的描述，而不是一个精确的物理量。若能将烈度估定到半度就已经很不错了，写出更精确的数值，实际上是没有意义的。在抗震设计中，时常需要更精确的物理量。然而这必须用仪器去测量，不是宏观的现场调查所能做到的。根据等震线的形状，有时对震源断层的取向和产状得到一些启发；根据等震线间隔的疏密，有时可以估计震源的深度。但是，这只是在极简单的地质情况与地震不大时，才是可能的。

烈度表从 16 世纪就开始有人使用。起初很简单，以后逐渐详细，包罗的现象也越来越多。现在国际上最通用的烈度表共分 12 度（但 10 度和 7 度的表仍有人用），即是说，可以将地震的影响由不用仪器所能感到的最轻微的地动直到最严重的山崩地陷，分成 12 个等级，用罗马数字（Ⅰ～Ⅻ）或阿拉伯数字（1～12）表示。因此烈度的最小值是Ⅰ，最大值是Ⅻ。它不可能有负值。在这一点上，烈度与震级是不同的。表 35.1 是适合于欧美地区的修订的麦加利（G.

Mercalli）烈度表，简称 MM 烈度表、MM 表。

表 35.1　修订的麦加利 (G. Mercalli) 烈度表

I	除少数在特别有利条件下的人有感觉外，一般均无感觉
II	只有少数静止的，特别是在高楼上的人有感觉，精密悬挂物可能摇动
III	户内的、特别是住在高楼上的人显著地感觉，但许多人不知道这是地震。停着的汽车有轻微的摇动。有像载重汽车驶过那样的振动。可以估计振动的持续时间
IV	白天户内许多人感觉，户外很少人感觉。夜间有些人被惊醒，碟子、窗户、门摇动，墙壁裂隙作响。有像载重汽车驶过那样的振动。停着的汽车显著地摇动
V	几乎每个人都感觉，许多人惊醒。有些碟子、窗户等破裂；墙上泥灰有少量坼裂；不稳的物体翻倒。有时可看到树木、电线杆和其他高物体的摇动。钟会停摆
VI	所有人皆感觉；许多人惊逃户外。有些重的家具移动位置；墙上泥灰有少量脱落，或有少数烟囱被损坏。一般损坏轻微
VII	人人惊逃户外。设计和建造良好的房屋损坏不大；普通的建筑物有轻微到中等程度的损坏；设计和建筑较差的建筑物有相当大的损坏；有些烟囱破裂。正在驾驶汽车的人可以感觉到
VIII	特别设计的建筑物有相当程度的损坏；一般坚固程度的建筑物有相当的损坏，并有部分坍塌；不良结构的建筑物则损坏很大。建筑骨架间的填垫物被抛出。烟囱、工厂的烟道、石柱、石碑、墙都倒塌。很重的家具翻倒。喷出少量的沙和泥浆。正在驾驶汽车的人有不安的感觉
IX	特别设计的建筑物有相当程度的损坏；良好设计的建筑骨架歪斜；坚固的房屋损坏很大，并部分坍塌。许多房屋从地基上移开。有显著的地裂。地下管道破裂
X	一些建筑良好的木结构被毁；大多数石造建筑物和建筑骨架连同地基均被毁坏；有很厉害的地裂。铁轨弯曲。在河岸和陡坡上有相当程度的塌方、沙和泥浆移动。水漫出堤岸
XI	即使有的话也只留下个别石造建筑物。桥梁毁坏。地面出现宽阔的裂缝。地下管道完全不能使用。在潮湿的土中出现地陷和塌方。铁轨剧烈地变曲
XII	全部被毁。地表面上出现可见波动。视线和水平线歪曲。物体被抛向空中

表 35.2 是适合于我国国情的中国地震烈度表（简表）。中国地震烈度表规定了所适用地区的地震烈度评定指标，包括房屋震害、人的感觉、器物反应、生命线工程震害、其他震害现象、水平向地震动参数，适用于中国地震烈度的评定。

作为举例，图 35.1 给出了 1989 年 10 月 17 日（当地时间）美国洛马普列塔（Loma Prieta）地震（$M_W6.9$，$M_S7.1$）烈度分布，图 35.2 给出了 1970 年 1 月 5 日我国云南通海地震（$M_S7.7$）烈度分布。

表 35.2　中国地震烈度表（简表）

I	无感，仅仪器能记录到
II	微有感，个别非常敏感、完全静止中的人有感，个别较高楼层中的人有感觉
III	少有感，室内少数人在静止中有感，少数较高楼层中的人有明显感觉；悬挂物轻微摆动
IV	多有感，室内大多数人有感，少数人睡梦中惊醒，室外少数人有感；悬挂物摆动，不稳器皿作响
V	惊醒，室外大多数人有感，多数人睡梦中惊醒，少数人惊逃户外，家畜不宁；门窗作响。悬挂物大幅度晃动，少数架上小物品、个别顶部沉重或放置不稳定器物摇动或翻倒，水晃动并从盛满的容器中溢出，墙壁表面出现裂纹
VI	惊慌，多数人站立不稳，多数人惊逃户外，家畜外逃；少数轻家具和物品移动，少数顶部沉重的器物翻倒；简陋棚舍损坏，个别桥梁挡块破坏，个别拱桥主拱圈出现裂缝及桥台开裂；个别主变压器跳闸，个别老旧支线管道有破坏，局部水压下降；河岸和松软土地出现裂缝，饱和砂层出现喷砂冒水；个别独立砖烟囱轻度裂缝，陡坎滑坡
VII	大多数人惊逃户外，骑自行车的人有感觉，行驶中的汽车驾乘人员有感觉；物品从架子上掉落，多数顶部沉重的器物翻倒，少数家具倾倒；少数梁桥挡块破坏，个别拱桥主拱圈出现明显裂缝和变形以及少数桥台开裂；个别变压器的套管破坏，个别瓷柱型高压电气设备破坏；少数支线管道破坏，局部停水；房屋轻微损坏，牌坊、烟囱损坏，地表出现裂缝及喷沙冒水；河岸出现塌方，饱和砂层常见喷砂冒水，松软土地上地裂缝较多；大多数独立砖烟囱中等破坏
VIII	多数人摇晃颠簸，行走困难；除重家具外，室内物品大多数倾倒或移位；少数梁桥梁体移位、开裂及多数挡块破坏，少数拱桥主拱圈开裂严重；少数变压器的套管破坏，个别或少数瓷柱型高压电气设备破坏；多数支线管道及少数干线管道破坏，部分区域停水；干硬土地上出现裂缝，饱和砂层绝大多数喷砂冒水；大多数独立砖烟囱严重破坏
IX	行动的人摔倒；个别梁桥桥墩局部压溃或落梁，个别拱桥垮塌或濒于垮塌；多数变压器套管破坏、少数变压器移位，少数瓷柱型高压电气设备破坏；各类供水管道破坏、渗漏广泛发生，大范围停水；干硬土地上多处出现裂缝，可见基岩裂缝、错动，滑坡、塌方常见；独立砖烟囱多数倒塌
X	骑自行车的人会摔倒，处不稳状态的人会摔离原地，有抛起感；个别梁桥桥墩压溃或折断，少数落梁，少数拱桥垮塌或濒于垮塌；绝大多数变压器移位、脱轨，套管断裂漏油，多数瓷柱型高压电气设备破坏；供水管网毁坏，全区域停水；山崩和地震断裂出现；大多数独立砖烟囱从根部破坏或倒毁
XI	毁灭，房屋大量倒塌，路基堤岸大段崩毁，地表产生很大变化
XII	山川易景，建筑物普遍毁坏，地形剧烈变化，动植物遭毁灭

　　烈度主要是反映地震所造成的破坏情况，对于采取抗震措施是很有用的；但烈度不能完全反映地震本身的大小，而地震本身的大小却是研究地球的构造运动和能量释放的极重要的数

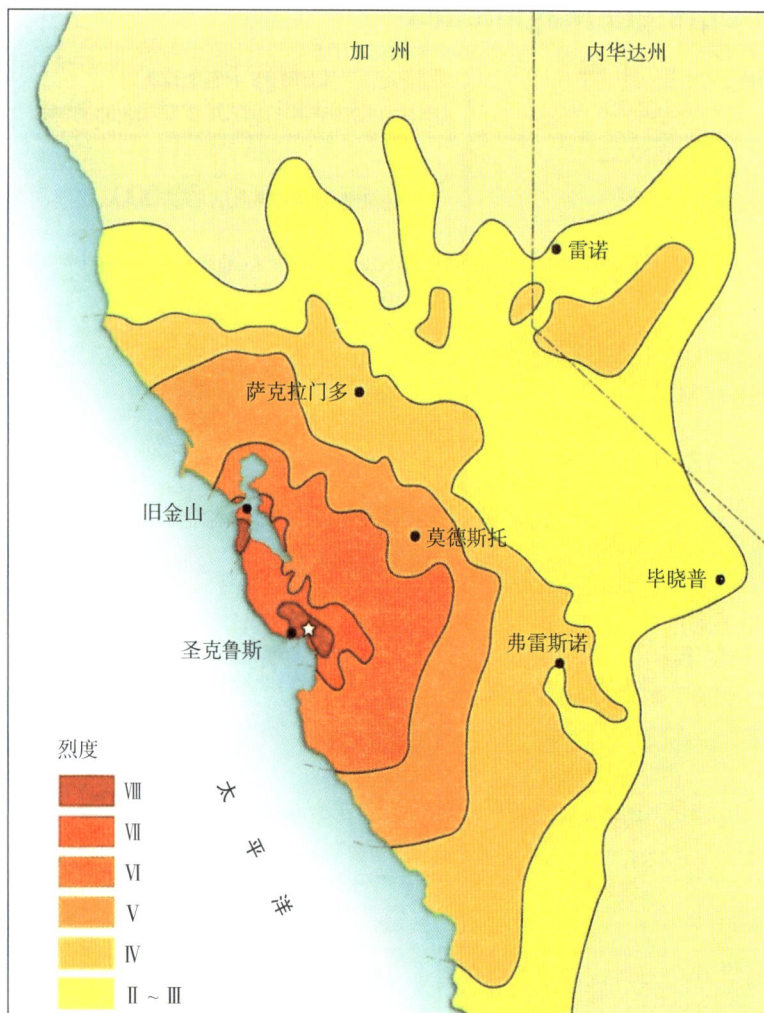

图 35.1 1989 年 10 月 17 日（当地时间）美国洛马普列塔（Loma Prieta）
地震 (M_W6.9, M_S7.1) 烈度分布图

图中，白色五角星表示地震震中，烈度（美国使用的修订的麦加利烈度）以罗马字表示。震中烈度达 VIII 度，最大烈度区大体上就是震中所在地点，但其他地震的情形未必都如此

据，所以对此也必须有一种量度。这种量度便是震级。

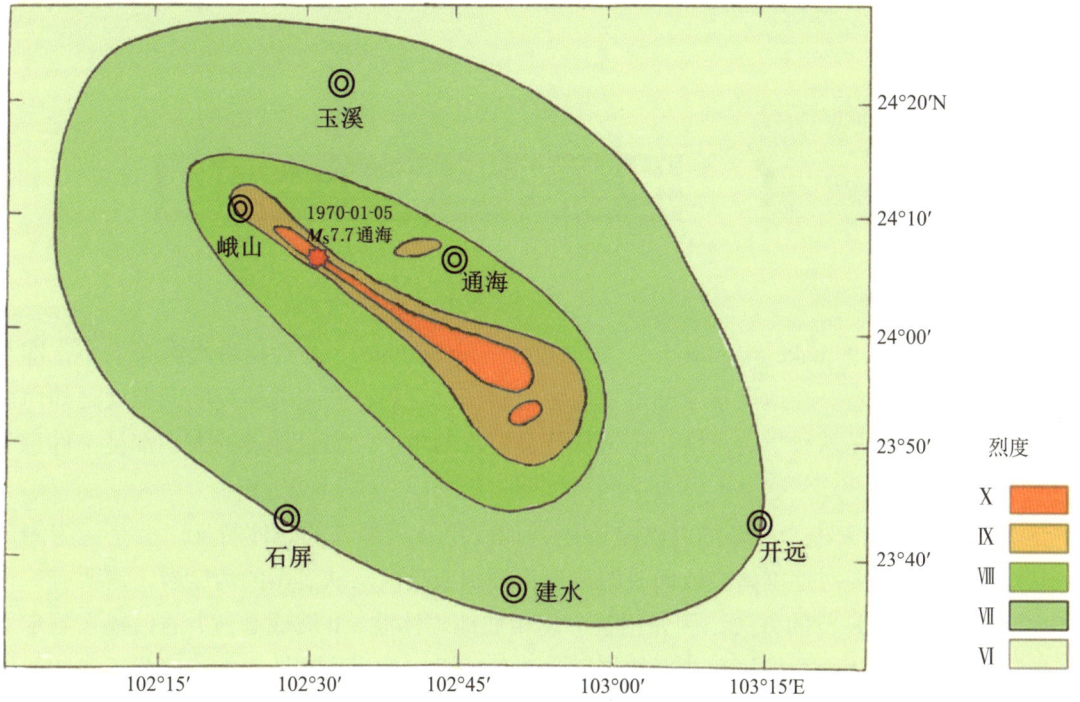

图 35.2 1970 年 1 月 5 日我国云南通海地震（M_S7.7）烈度分布图

罗马字表示中国地震烈度值

36 地震的强度——震级

　　地震的震级（earthquake magnitude），简称震级（magnitude），是衡量地震本身大小，即与观测地点无关的一个量。在地震学家知道如何对地震定位之后，紧接着研究的问题就是如何衡量地震的大小。无论是从科学的角度，还是从社会需求的角度，衡量地震的大小都是一件意义重大的基础性工作。

　　衡量一个地震的大小，最好的办法是确定其地震矩及震源谱的总体特征。但是，为测定地震矩和震源谱，需要对地震体波或面波的波形作模拟或反演。从实用的角度看，需要有一种测定地震大小的简便易行的方法，例如用某个震相如地震体波（P 波或 S 波）的振幅来测定地震的大小。可是，用体波的振幅和波形的特征来衡量地震的大小是有缺点的，因为远场体波的波形与地震矩随时间的变化率即地震矩率（seismic moment rate）成正比，所以，即使是地震矩相同的地震，如果其断层错动的时间历程（time history）即震源时间函数（source time function）不同，所产生的远场体波的波形、振幅也会很不相同。并且，不同型号的地震仪，其频带各不相同，它们记录下来的同一震相的波形、振幅也各不相同。尽管如此，迄今仍然普遍采用通过对振幅的测量来确定地震的大小——震级，这是因为：① 测定震级的方法简便易行；② 震级是在比较狭窄的、频率较高的频段测定地震的大小，例如下面将提及的地方性震级是在 1 赫兹（Hz）左右的频段测定地震的大小，而这个频段正好常是（虽然不一定总是）大多数建筑物与结构物遭受地震破坏的频段。

　　震级是通过测量地震波中的某个震相的振幅来衡量地震相对大小的一个量，它是美国里克特（Charles Francis Richter,1900–1985，图 36.1）在美国古登堡（Beno Gutenberg, 1889–1960，图 36.2）的建议下，在 20 世纪 30 年代初提出与发展起来的。在里克特之前，20 世纪 20 年代末至 30 年代初，只有过日本和达清夫（Kiyoo Wadati,1902–1995，图 14.3）用类似的方法确定日本地震大小的工作。震级（magnitude）这个术语，则是美国伍德（Harry Oscar Wood, 1879–1958）建议里克特采用的，以区别于烈度（intensity）这一表示地震在不同地点的影响或破坏大小的量。在地震学中，在不致引起混淆时，标量地震矩（scalar seismic moment）简称地震矩（seismic moment）。标量地震矩有别于地震矩张量（seismic moment tensor），它是由地震断层的面积、断层的平均滑动量（平均错距）与断层面附近介质的剪切模量三者的乘积定义的、衡量

图 36.1 里克特 (Charles Francis
Richter,1900–1985)

图 36.2 古登堡 (Beno
Gutenberg,1889–1960)

地震大小的物理量。地震矩这一术语是日本安芸敬一（Ketti Aki,1930–2005）基于他对 1964 年 6 月 16 日日本新潟（Niigata）M_W7.5 地震的研究，于 1966 年首次提出的。地震矩既可以通过波长远大于震源尺度的地震波远场位移谱测定，也可以用近场地震波、地质与大地测量等资料测定。安芸敬一用各种不同资料测定了 1964 年新潟地震的地震矩，结果非常一致。安芸敬一的这一结果对于地震起源于断层的学说（"断层说"）是一个相当有力的、定量的支持。从 1935 年里克特第一次测定震级发展到 1966 年安芸敬一提出并测定地震矩，其间经历了 30 余年。矩震级（moment magnitude）则是日裔美国金森博雄（Hiroo Kanamori,1936–   ）、德国普尔卡鲁（George Emil Purcaru,1939–2016）和贝克海姆（Hans Berckehemer,1926–2014），以及美国汉克斯（Thomas C. Hanks）和金森博雄于 1977—1982 年期间提出的。从 1966 年地震矩概念的提出与实测到 1977—1979 年矩震级标度的提出，其间又过了 10 余年。

震级标度基于两个基本假设。第一个假设是，已知震源与观测点，两个大小不同的地震，平均而言，较大的地震引起的地面震动的振幅也较大。第二个假设是，从震源至观测点的地震波的几何扩散和衰减，统计地看，是已知的，因此可以据此预知在观测点的地面震动的振幅。根据这两个基本假设，可以定义震级标度的一般公式。

测定震级通常需要测定某一地震波震相的地动位移振幅和其周期；对振幅随震中距和震源深度的变化作校正；对与地壳结构、近地表岩石的性质、地表覆盖层如土壤的疏松程度、地形等因素引起的放大有关，但与方位无关的效应作校正（台站校正）；对与震源区所在处的岩性不同所引起的差异作校正（区域性震源校正，简称震源校正）。通常对振幅或振幅除以周期取对数。对振幅取对数是考虑到地震所产生的地震波振幅变化范围很大：地震仪记录的、由地震所引起的地面位移的振幅其数量级小可到纳米（nm）（1 纳米 =10^{-9} 米），大可到数十米（ ~ 10^1 米），跨越 11 个数量级，取对数之后便得到以数量级为 1 的数表示的震级，使用相当方便。对振幅除以周期取对数是考虑到地震能量与地动速度的平方（即地动位移振幅除以周期的平方）成正比。此外，为了克服因为震源辐射地震波的辐射图型、破裂扩展的方向性以及异常的传播路径效应造成的偏差，要对方位覆盖尽量宽广和震中距分布尽量均匀的多台测定结果作平均。当前最基本的、国际上普遍使用的震级标度有 4 种：地方性震级 M_L，体波震级 m_b，面波震级 M_S 和矩震级 M_W。此外，还有一些震级标度，虽然不是国际上推荐使用的标度，但在实际工作中也很有用，如：能量震级 M_e，持续时间震级 M_d，地幔震级 M_m，宽带 P 波谱震级，短周期 P 波震级，短周期 PKP 波震级，Lg 波震级 M_{bLg}，宏观地震震级 M_{ms}，高频矩震级，海啸震级 M_t，等等。

37 地方性震级

第一个震级标度是里克特根据古登堡建议在 20 世纪 30 年代提出并发展起来的。促使里克特提出震级标度的动机是当时他正在编纂美国加州的第一份地震目录。该目录包括数百个地震，地震的大小变化范围很大，从几乎是无感地震直至大地震。里克特意识到，要表示地震的大小一定得用某种客观的、测定其大小的方法。在研究南加州浅源地方性地震时，里克特注意到这样一个事实：若将一个地震在各不同距离的台站上所产生的地震记录的最大振幅的对数与相应的震中距作图，则不同大小的地震所给出的最大振幅的对数与震中距的关系曲线都相似，并且近似地是平行的（图 37.1）。即对于 A_0 与 A_1 两个地震，它们产生的地震记录的最大振幅的对数之差是与震中距无关的常数。若取 A_0 为标准地震即参考事件（reference event）的最大振幅，则任一地震 A_1 的地方性震级（local magnitude）M_L 即为 A_1 与 A_0 这两个地震的最大振幅的对数之差。A_1 与 A_0 这两个地震的最大振幅必须在同一距离用同样的地震仪测得。标准地震的选取原则上是任意的，但最好是能使一般的地震震级都是正值，因而不宜太大。里克特所选的标准地震是在震中距 100 千米的地点记录到的地震波水平分量最大记录振幅（所谓记录振幅即直接从地震图上测量得到的振幅）为 1 微米（μm）时 M_L=0 的地震（1 微米 $=10^{-6}$ 米）。所用的地震仪是当时在美国南加州普遍使用、但现在早已不再使用的著名的短周期地震仪——伍德—安德森地震仪（Wood Anderson seismograph [又称伍德—安德森扭力地震计（Wood-Anderson torsion seismometer）]。伍德—安德森地震仪的常数为：摆的固有周期 0.8 秒，放大率 2800，阻尼常数 0.8。不过这只是长期沿用的说法。20 世纪末，通过对伍德—安德森地震仪重新标定，得出的结果是：放大率 2880±60，阻尼常数 0.69。这就是说，长期沿用放大率为 2800 导致低估震级达 lg（2880/2800）≈0.13 震级单位！若不是在震中距 100 千米处测定，那

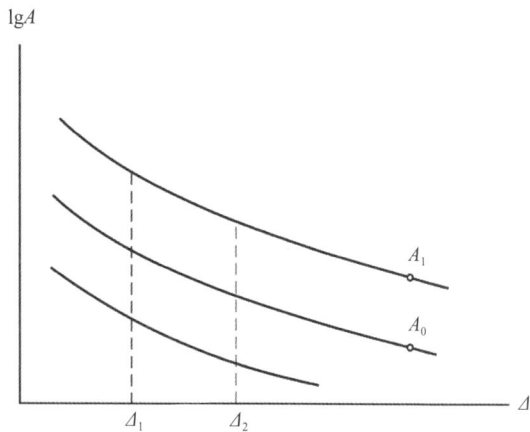

图 37.1 地方性震级 M_L 的定义

么须根据量规曲线来测定。量规曲线也称作量规函数（calibration function），它是根据实测数据整理出来的。

图 37.2 是测定里克特地方性震级 M_L 的一个实例。运用该图可以用查图代替计算，简便快捷地测定地方性地震（简称地方震）的震级。步骤如下：① 用 S 波与 P 波到达地震仪的时间差（"S–P 时间"或"S–P"，读为"S 减 P 时间"或"S 减 P"）查图，得到距震中的距离 Δ（图 37.2 左边）。在这个实例中，S–P = 24 秒，查图得：Δ=220 千米。② 在地震图上测量得到地震波的最大记录振幅 A=23 毫米。③ 连接图 37.2 左边表示震中距 Δ=220 千米的点与右边

表示地震波最大记录振幅 A=23 毫米的点，得一直线，由该直线与图的中部表示震级标度的竖线的交点可读出 M_L=5.0。需要说明的是，实际上，步骤①与步骤②的先后顺序是可以互换的。

里克特于 1935 年最先提出的地方性震级即原始形式的地方性震级，也称作里氏震级（Richter magnitude）或里氏（震级）标度（Richter scale），通常用 M_L 表示。不过，现在也有用 M_1 表示里氏震级。M_1 的下角标 1 与 M_L 的下角标 L 都是表示地方性（local）的意思，只是由于在地震学中已用符号 L 表示长周期面波，为了避免与特指的面波震级相混淆，才改用 M_1。顾名思义，里氏震级是地方性的，只适合于地方性距离至近区域性距离（震中距 Δ ≤ 1000 千米）记录到的地震（严格地说，即 30 千米

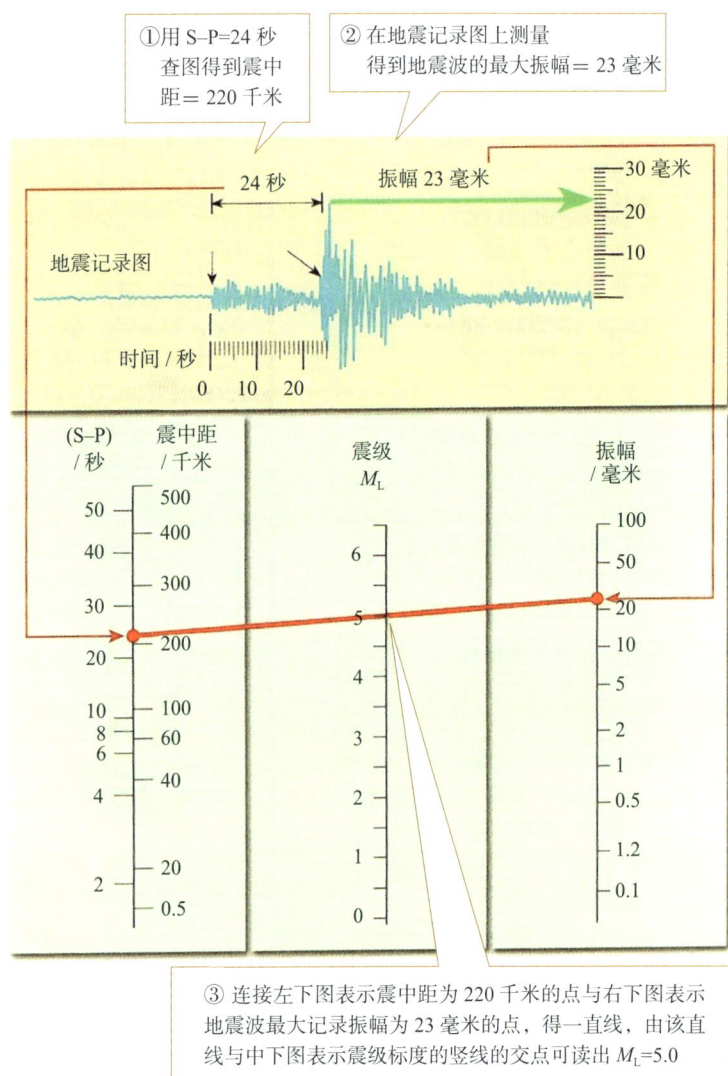

图 37.2 测定里克特地方性震级 M_L 的一个实例

≤ $\mathit{\Delta}$ ≤ 600 千米的地震）。无论是在其发源地美国加州，还是在世界各地，早已不再使用原始形式的地方性震级——里氏震级。因为世界上大多数地震并不发生于加州，而世界各地的地壳结构（厚度、速度、衰减等结构）与加州的地壳结构不同，有的甚至差别很大，所以原始形式的地方性震级的量规函数不是唯一的、可用作国际标准的量规函数。此外，伍德—安德森地震仪也早已几乎绝迹（不过由于近年来数字记录的宽频带地震仪的布设和仿真技术的发展，这一因素并非是致命的）。尽管如此，地方性震级 M_L（但并非是原始形式的地方性震级——里氏震级）仍然被换算成里氏震级，并被用于报告地方性地震（地方震）的大小，因为许多（低于大约20层的中、低层）建筑物、结构物的共振频率在 1 ~ 10 赫兹（固有周期 0.1 ~ 10 秒）范围内，十分接近于伍德—安德森地震仪的自由振动的频率（1/0.8 秒 =1.25 赫兹），因此 M_L 常常能较好地反映地震引起的建筑物、结构物破坏的程度。

38 体波震级

虽然地方性震级 M_L 很有用，但受到所采用的地震仪的类型及所适用的震中距范围的限制，无法用它来测定全球范围的远震的震级。在远震距离上，P 波是清晰的震相；同时，对于深源地震，面波不发育，所以古登堡和里克特采用体波（P，PP，S），通常是 P 波来确定震级，称为体波震级（body wave magnitude） m_b。有时也将体波震级写成 m 并称之为统一震级（unified magnitude）。几乎所有的地震，无论距离远近，无论震源深浅，都可以在地震图上较清楚地识别 P 波等体波震相。对于爆炸源，特别是地下核爆炸，P 波都很清楚，因此用体波测定地震的大小具有广泛的应用。

古登堡和里克特基于理论计算，对振幅做了几何扩散与衰减校正（只与距离有关），再调整震源深度。测定体波震级时要考虑地震体波随震中距 Δ 和震源深度 h 的衰减，这就是量规函数 $Q(\Delta, h)$。量规函数 $Q(\Delta, h)$ 是按体波的振幅随深度的变化作理论计算并根据实测数据计算得到的。震中距 Δ 以度（°）计，$1° = 111.22$ 千米。图 38.1 是确定体波震级 m_b 的量规函数 $Q(\Delta, h)$。由图可见，震中距 $\Delta \geq 30°$ 即远震距离（teleseismic distance）时，校正值随 Δ 和 h 的变化相当均匀。但是，在所谓的上地幔距离（upper mantle distance）即 $13° \leq \Delta \leq 30°$ 时，校正值随 Δ 和 h 的变化相当复杂，特别是在震中距减小到 $\Delta=20°$ 时，校正值大幅度下降。这是因为地震波走时曲线在 $\Delta=20°$ 的地方出现了所谓的上地幔三分支（upper mantle triplications）现象，导致波的振幅急剧增大。测定体波震级 m_b 时，由于震源辐射地震波的方位依赖性（辐射图型和破裂扩展的方向性）以及深度震相（由具有一定深度的震源产生的震相）等因素使得波形变得很复杂，因此通常须要测量头 5 秒的 P 波记录，以包括周期小于 3 秒（一般是 1 秒）的体波记录。即使如此，因为全球地震台网和许多区域性地震台网的地震仪的峰值响应大多数在 1 秒左右，许多大地震的最大振幅在初至波到达 5 秒之后才出现，所以对一个地震而言，各个地震台对 m_b 的测定结果差别可达 ±0.3 震级单位。因此，必须对方位覆盖尽量宽广和震中距分布尽量均匀的大量台站的测定结果进行平均才能得到该地震的震级。

有时候，中周期—长周期（宽频带）地震仪记录的、周期 4 ～ 20 秒的中、长周期体波记录也用来确定体波震级，称为长周期体波震级或中—长周期体波震级，记为 m_B。通常 m_B 测的是最大的体波，如 P，PP，S 波等震相。

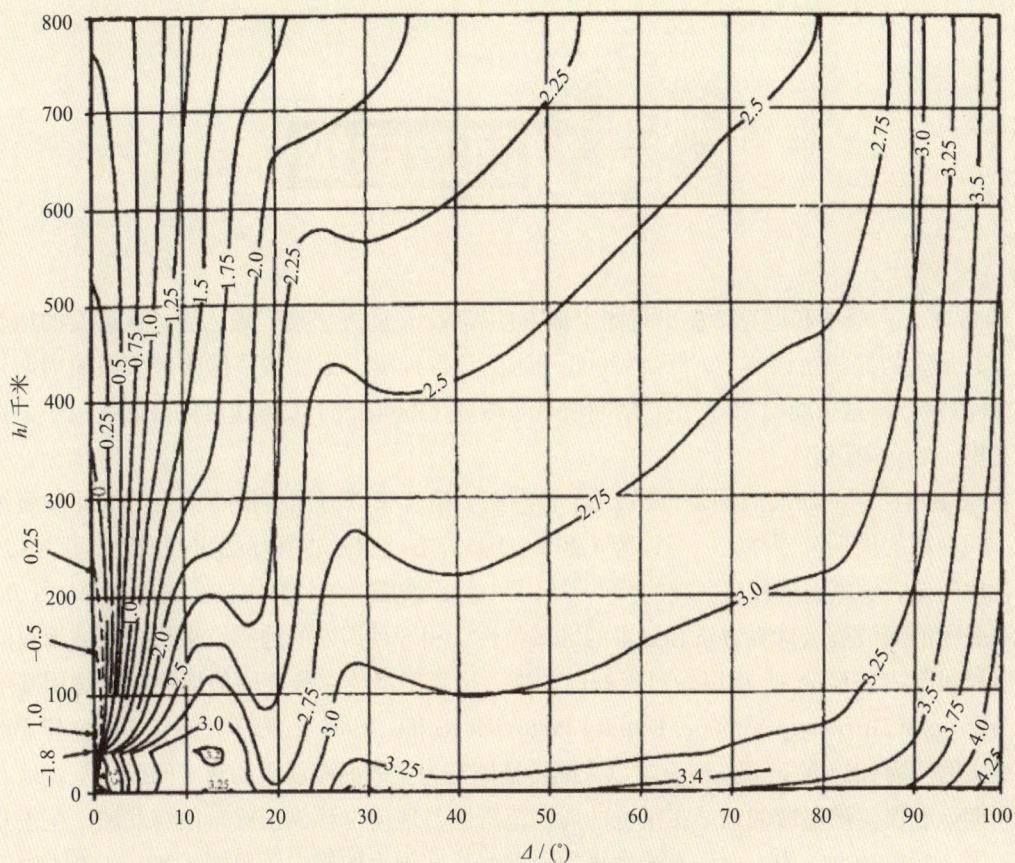

图 38.1 体波震级 m_b 的量规函数 $Q(\Delta, h)$

图中曲线表示量规函数 $Q(\Delta, h)$ 作为震中距 Δ（单位：°）与震源深度 h（单位：千米）
函数的等值线，曲线上标出的数值是 $Q(\Delta, h)$ 的数值

    测定长周期体波震级 m_B 与体波震级 m_b 所用的波（震相）的周期不同，所测量的最大振幅的方法也不同。因此，m_B 和 m_b 是截然不同的，虽同属体波震级，但并非同一震级标度。

39 面波震级

1945 年，古登堡和里克特提出将测定地方性震级 M_L 的方法推广到远震。在远震的地震记录图上，最大的振幅是面波。对于 $\Delta > 2000$ 千米的浅源地震，面波水平振幅最大值的周期一般都在 20 秒左右，这个周期 20 秒左右的面波是与瑞利（Rayleigh）波群速度频散曲线极小值相联系的艾里（Airy）震相。

古登堡当初用的面波周期是（20±2）秒左右，适合于以海洋传播路径为主的面波震级的测定，现在用的周期范围略大一点，为（20±3）秒左右。自从古登堡提出面波震级标度以来，世界各地的地震学家根据各自区域的特点提出了一些面波震级的计算方法。日本气象厅（JMA）根据古登堡的面波震级计算方法和日本的区域特性，用 5 秒周期的地震波来测定区域地震的震级，该震级与古登堡的 M_S 震级做过很好的校准。捷克斯洛伐克与苏联的地震学家运用基尔诺斯（Димитрий Питиович Кирнос, Dimitry Petrovich Kirnos, 1905–1995）地震仪（简称基式地震仪，英文缩写为 SK）的记录，研究了以大陆传播路径为主的面波震级的测定问题。基式地震仪是中周期地震仪，该仪器的记录在很宽的周期范围内与地动位移成正比。他们发现，在很宽的周期范围（3 ~ 30 秒）内，面波有最大振幅；并且，在很大的震中距范围（2° ~ 160°）内，地动位移振幅 A 除以周期 T 即（A/T）的最大值（A/T）$_{max}$ 很稳定，而不是最大地动位移振幅 A_{max} 很稳定。由于最大地动速度振幅 $V_{max} = 2\pi (A/T)_{max}$，所以（$A/T$）$_{max}$ 是表征波群能量的一个量。他们得到的测定面波震级的公式与古登堡当初使用的面波震级公式有所不同。

对于大多数地区，瑞利面波艾里震相的周期约为 20 秒，的确在古登堡规定的（20±2）秒的范围内。但是在 10° 距离时（为方便起见，我们采用地球表面上两点对于地心所张的角度表示地球表面上两点的距离，1° ≈111.22 千米），观测到面波的周期是 7 秒；在 100° 的距离时，观测到面波的周期是 16 秒。在陆地路径时，面波最大周期可达 28 秒，在海洋路径时观测到的周期会更大。为了便于应用其他周期的波，现在多采用莫斯科—布拉格公式（简称布拉格公式）来测定面波震级。

莫斯科—布拉格公式是 1967 年于瑞士苏黎士（Zürich）举行的国际地震学与地球内部物理学协会（IASPEI）大会推荐使用的公式，也称为 IASPEI 公式。需要特别指出的是，IASPEI 推荐使用这个公式测定面波震级时，限制用周期 T=（20 ±3）秒的瑞利波，且

$20° \leqslant \varDelta \leqslant 160°$ ；然而，原始的布拉格公式对此并无限制。美国地质调查局（USGS）的"地震初步测定"（Preliminary Determination of Earthquakes, 缩写为 PDE）报告从 1968 年起开始用面波震级测定较大地震的震级，记作 M_S（PDE）。设在英国的国际地震中心（International Seismological Centre, 缩写为 ISC），从 1978 年起也开始用面波震级标度测定较大地震的震级，记作 M_S（ISC）。在 1975 年前，M_S（PDE）用 $T=$（20 ± 2）秒的面波（不限于瑞利波）水平分量测定震级；在 1975 年后也用面波垂直分量测定较大地震的震级。M_S（ISC）则用 10 秒 $\leqslant T \leqslant 60$ 秒，$5° \leqslant \varDelta \leqslant 160°$ 的面波测定震级，既用水平分量也用垂直分量。所以就面波震级而言，尽管原始的莫斯科—布拉格公式、IASPEI 公式以及 USGS/PDE 与 ISC 所用的公式形式上都一样，但所测定的物理量的内涵（波型、波的周期范围、分量、适用的震中距范围等）不尽相同，所以用这三个公式对同一地震测得的 M_S 便可能会有一些不同。

40 我国使用的震级

我国地震学、地球物理学的先驱者之一李善邦先生（1902—1980）根据里克特地方性震级的定义和公式，结合我国地震台网短周期地震仪和中长周期地震仪的频率特性，建立了适合我国的量规函数。但该项研究成果在他生前一直都没有正式发表，在他 1980 年去世后，于 1981 年才出版的专著《中国地震》中对这方面的工作做了描述。

1956 年以前，我国的地震报告都不测定震级。自 1957 年至 1965 年年底，我国的地震报告采用苏联索洛维也夫（Sergei Lionidovichi Coloviev, Сергеи Лионидович Соловьев, 1930–1994）和谢巴林（Nicolai Visharionovichi Shebalin, Николай Виссарионович Шебалин, 1927–1996）提出的面波震级计算公式测定震级。1966 年 1 月以后，采用郭履灿（1932—　）于 1971 年提出的、以北京白家疃地震台为基准的面波震级计算公式测定面波震级。震中距在 1°＜ Δ ＜130° 内，使用地震面波周期 T 在 3 秒 $\leqslant T \leqslant$ 25 秒内；Δ 是震中距，以度（°）为单位。郭履灿 1971 年提出的、以北京白家疃地震台为基准的面波震级计算公式一直沿用至今。

图 40.1 我国地震学、地球物理学的先驱者之一李善邦先生（1902—1980）

1985 年以后，我国 763 型长周期地震台网建成并投入使用，并选用垂直向瑞利波的振幅与周期之比的最大值测定面波震级 M_{S7}。

在体波震级计算上，我国采用 P 或 PP 波垂直向质点运动最大速度计算 m_b 和 m_B，使用的计算公式都是古登堡（Beno Gutenberg, 1889–1960）1945 年提出的体波震级计算公式。测定 m_b 使用的是短周期 DD-1 型地震仪的记录，测定 m_B 使用的是中长周期基式地震仪（SK）或 DK-1 型地震仪的记录。

郭履灿于 1971 年提出、但 1981 年才得以发表的计算公式与古登堡提出的计算公式相比较，除了震中距范围不完全相同外，其公式右边的数值因子也不同：分别为 3.5 与 3.3。需要特别指出的是，郭履灿于 1971 年提出的公式是作为与古登堡 1945 年面波震级 M_S 衔接而提出的。

从原理上讲，用我国地震资料采用白家疃地震台为基准的面波震级计算公式计算面波震级理当得出与用全球地震资料、采用古登堡 1945 年面波震级计算公式得出的面波震级相一致的结果。但是，后来的研究表明，按这个公式测定的 M_S 与 ISC 测定的 M_S(ISC) 有高 0.2 级的系统偏差，而在 $10° \sim 20°$ 范围内却又偏小。

以上介绍了我国地震台网日常资料分析处理中常用的 3 种震级，即地方性震级（M_L）、面波震级（M_S 和 M_{S7}），以及体波震级（m_b 和 m_B）。考虑到不同震级测量的方法不同，使用的仪器也不同，因此在我国地震台网的震级测定中，不同的震级之间一律不进行换算。但是在地震活动性分析，特别是在地震预测研究中，通常需要使用经验公式将不同的震级换算成统一的一种震级。然而，不同的研究者使用的经验公式常不相同，给地震分析与研究工作带来诸多不便。为了得出我国地震台网测定的 M_L, M_S, M_{S7}, m_b 和 m_B 之间比较可靠的经验关系式，刘瑞丰等于 2007 年利用中国地震台网 1983—2004 年的观测资料，对中国地震局地球物理研究所测定的地方性震级 M_L，面波震级 M_S 与 M_{S7}，长周期体波震级 m_B 以及短周期体波震级 m_b，计算了中国地震台网不同震级之间的经验关系式。结果表明：① 由于不同的震级标度反映的是地震波在不同周期范围内辐射地震波能量的大小，因此对于不同大小的地震，使用不同的震级标度才能较客观地描述地震的大小。当震中距小于 1000 千米时，用地方性震级 M_L 可以较好地测定近震的震级；当地震的震级 $M<4.5$ 时，各种震级标度之间相差不大；当 $4.5<M<6.0$ 时，$m_B>M_S$，即 M_S 标度低估了较小地震的震级，因此用 m_B 可以较好地测定较小地震的震级；当 $M>6.0$ 时，$M_S>m_B>m_b$，即 m_B 与 m_b 标度低估了较大地震的震级，用 M_S 可以较好地测定出较大地震（$6.0<M<8.5$）的震级；当 $M>8.5$ 时，M_S 出现饱和现象，不能正确地反映大地震的大小。② 在我国境内，当震中距 $\Delta<1000$ 千米时，地方性震级 M_L 与区域性面波震级 M_S 基本一致，在实际应用中无须对它们进行震级的换算。③ 虽然 M_S 与 M_{S7} 同为面波震级，但由于所使用的仪器和计算公式不同，M_S 比 M_{S7} 系统地偏高 $0.2 \sim 0.3$ 震级单位。④对于长周期体波震级 m_B 和短周期体波震级 m_b，虽然使用的计算公式形式相同，但由于使用的地震波周期不同，对于 $m_B=4.0$ 左右的地震，m_B 和 m_b 几乎相等；而对于 $m_B \geqslant 4.5$ 的地震，$m_B>m_b$。

41 震级的饱和

作为地震相对大小的一种量度，震级有两大优点：① 简便易行。它是直接由地震图上测量得到的，无须进行繁琐的地震信号处理和计算。② 通俗实用。它采用数量级为1的无量纲的数来表示地震的大小，于是：$M<1$，称为极微震（ultra microearthquake）；$1 \leqslant M<3$，微震（microearthquake）；$3 \leqslant M<5$，小震（small earthquake, minor earthquake）；$5 \leqslant M<7$，中震（moderate earthquake）；$M \geqslant 7$，大震（large earthquake, major earthquake）；$M \geqslant 8$ 的大震又称为巨大地震（great earthquake）；等等。简单明了，贴近公众。不过，地震"大"、"小"的称谓有一定的随意性，以上给出的只是普遍接受和使用的形容词，出自不同的考虑与偏好，还有其他的称谓。例如，$M \leqslant 3$ 的地震一般是无感地震，于是有人称之为微震；也有人称 $5 \leqslant M<6$ 为中震（moderate earthquake）；$6 \leqslant M<7$ 为强震（strong earthquake）；$7 \leqslant M<8$ 为大震（major earthquake）；$M \geqslant 8$ 为巨大地震（great earthquake）；$M \geqslant 9$ 为特大地震（mega earthquake）；等等。

但是，作为对地震大小的一种量度，震级也有其缺点。其主要缺点也可概括为两点：① 震级标度完全是经验性的，与地震发生的物理过程并没有直接的联系，物理意义不清楚。或者说，震级这个参量没有物理基础！最突出的例证就是在震级的定义中连量纲都是不对的。在震级量规函数中，震级是通过对振幅或振幅与周期的比值 T 取对数求得的。然而，众所周知，只能对无量纲的量取对数。此外，通常人们误以为震级是衡量地震能量的，实际上没有直接地量度震源的全部机械能，如同最强的一阵风并不是整个风暴全部能量的可靠量度。② 测定结果的一致性存在问题。这个问题包括两方面。一方面是，由于地震波辐射图型的方向性以及震源破裂扩展的方向性，震级的测定结果随台站方位的不同而有显著的差别，虽然这个差别可通过对大量台站的测定结果平均得以减小。另一方面是，M_S 和 m_b 标度原本是作为适用范围不同、但与 M_L 衔接的震级标度提出的，所以对同一地震如果这三种震级标度都能使用时，理当给出同样的测定结果。不幸的是，情况常常不是这样。更有甚者，体波震级与面波震级并不能正确地反映大地震的大小。

1945年，古登堡（Beno Gutenberg, 1889–1960）将上面提到的 M_L，M_S 和 m_b 三者加权的和简单地用 m 表示，因为他当时认为这三种震级标度是等价的，并且试图将 m 用作统一震级。但是，随后很快地他便发现事实并非如此，m_b 与 M_S 只有在震级 m 大约等于 $6\frac{3}{4}$ 时才是一致的。

当 $m<6\frac{3}{4}$ 时，$m_b>M_S$，用 m_b 可以较好地测定地震的震级；当 $m>6\frac{3}{4}$ 时，$m_b<M_S$，用 M_S 可以较好地测定地震的震级。M_S 标度在 $m<6\frac{3}{4}$ 时低估了较小的地震的震级，但在 $6\frac{3}{4}<m<8$ 的震级范围内可以较好地测定出较大地震的震级。不过，当 $m>8$ 时，M_S 便不能正确地反映大地震的大小。当体波震级 m_b 达到 6.2 左右、面波震级 M_S 达到 8.3 左右，所测定的震级不再能正确地反映地震大小的情况是一种普遍的现象，这种现象称为震级饱和（magnitude saturation）。

日本宇津德治（T. Utsu）系统地总结了各种震级标度的测定结果（图 41.1）。图 41.1 的横坐标是矩震级 M_W，纵坐标是各种震级标度 M 与 M_W 之差。在图 41.1 所表示的 $M-M_W$ 与 M_W 的关系图中，$M-M_W=0$ 表示两种震级标度给出一致的结果；$M-M_W<0$ 表示该标度给出低于 M_W 的测定结果即震级饱和；当曲线的斜率为 -1 时，则表明该震级标度达到完全饱和。图中 M_{JMA} 是日本气象厅（JMA）震级。

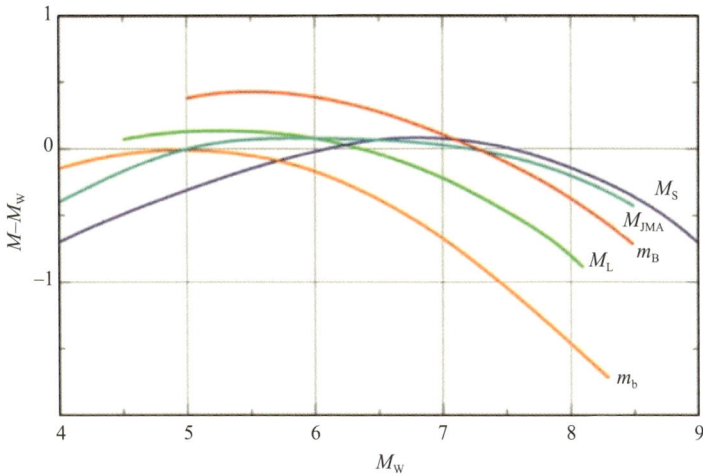

图 41.1 震级之差（$M-M_W$）与 M_W 的关系曲线
M 表示相应的曲线所表示的震级标度（M_S，M_{JMA}，m_B，M_L，m_b）

震级饱和现象是由于典型的地震信号的位移谱是由拐角频率（corner frequency）表征的，当频率高于拐角频率时，位移振幅谱迅速减小。当地震越大时，拐角频率向低频方向移动。于是，当以某一震级标度测定某一地震的震级时，若该震级标度用于测定震级的频率高于拐角频率时，该震级标度便出现饱和。基于短周期地震仪记录的地震图测定震级的标度，其周期愈小，相应的饱和震级愈小。例如，当矩震级 M_W 分别大于 6.0，6.5，7.0 和 8.0 时，体波震级 m_b，地方性震级 M_L，长周期体波震级 m_B 和面波震级 M_S 分别开始饱和；它们分别于 6.5，7.0，7.5 和 8.5 达到完全饱和。实际观测结果表明，$m_b>6.5$，$M_L>7.0$，$m_B>7.5$ 和 $M_S>8.5$ 的情形十分罕见。

震级饱和现象是震级标度与频率有关的反映。为了客观地衡量地震的大小，需要有一种震级标度，它不会像上述的 m_b，M_L，m_B 和 M_S 那样出现饱和的情况。

矩震级就是不会饱和的震级标度。

42 矩震级

矩震级是一种不会饱和的震级标度。国际著名地震学家日裔美国金森博雄（Hiroo Kanamori,1936– ，图 42.1），德国普尔卡鲁（George Emil Purcaru, 1939–2016，图 42.2）和德国贝克海姆（Hans Berckhemer，1926–2014，图 42.3），美国汉克斯（Thomas Hanks）于 1977—1982 年根据地震矩 M_0 与面波震级 M_S 的经验关系，定义一个完全是由地震矩决定的、新的震级标度 M_W。

新的震级标度由地震矩 M_0 与面波震级 M_S 的经验关系入手，得到面波震级 M_S 与地震矩 M_0 的经验关系。然后定义一个完全是由地震矩决定的、新的震级标度 M_W。M_W 称为矩震级（moment magnitude）。矩震级不会饱和，因为它是由地震矩 M_0 通过由面波震级 M_S 与地震矩 M_0 的经验关系得到的新的震级标度的定义式计算出来的，而地震矩不会饱和。

作为参考，表 42.1 列出了 1904—1992 年间 $M_S \geqslant 8.0$ 的大地震的面波震级 M_S 及矩震级 M_W。

图 42.1 国际著名地震学家
日裔美国金森博雄
（Hiroo Kanamori,1936– ）

图 42.2 国际著名地震学家、
德国普尔卡鲁（George Emil
Purcaru,1939–2016）

图 42.3 国际著名地球物理学家、
地震学家德国贝克海姆（Hans
Berckhemer,1926–2014）

表 42.1　1904—1992 年间 $M_S \geqslant 8.0$ 的大地震

日期 年 - 月 - 日	发震时刻 时 - 分 - 秒	震中位置			M_S	M_W
		纬度 /°N	经度 /°E	地区		
1904-6-25	21-00.5-	52	159	堪察加		
1905-4-4	00-50.0-	33	76	克什米尔东	8.1	
1905-7-9	09-40.4-	49	99	蒙古	8.4	8.4
1905-7-23	02-46.2-	49	98	蒙古	8.4	8.4
1906-1-31	15-36.0-	1	−81.5	厄瓜多尔	8.7	8.8
1906-4-18	13-12.0-	38	−123	加利福尼亚	8.3	7.9
1906-8-17	00-10.7-	51	179	阿留申群岛	8.2	
1906-8-17	00-40.0-	−33	−72	智利	8.4	8.2
1906-9-14	16-04.3-	−7	149	新不列颠	8.1	
1907-4-15	06-08.1-	17	−100	墨西哥	8.0	
1911-1-3	23-25.8-	43.5	77.5	土耳其斯坦	8.4	
1912-5-23	02-24.1-	21	97	缅甸	8.0	
1914-5-26	14-22.7-	−2	137	新几内亚西	8.0	
1915-5-1	05-00.0-	47	155	千岛群岛	8.0	
1917-6-26	05-49.7-	−15.5	−173	萨摩亚群岛	8.4	
1918-8-15	12-18.2-	5.5	123	棉兰老岛	8.0	
1918-9-7	17-16.2-	45.5	151.5	千岛群岛	8.2	
1919-4-30	07-17.1-	−19	−172.5	汤加群岛	8.2	
1920-6-5	04-21-28	23.5	122.7	台湾花莲东	8.0	
1920-12-16	12-05-53	36.8	104.9	甘肃靖远东	8.6	
1922-11-11	04-32.6-	−28.5	−70	智利	8.3	8.5
1923-2-3	16-01-41	54	161	堪察加	8.3	8.5
1923-9-1	02-58-36	35.25	139.5	日本关东	8.2	7.9
1924-4-14	16-20-23	6.5	126.5	棉兰老	8.3	
1928-12-1	04-06-10	−35	−72	智利	8.0	
1932-5-14	13-11-00	0.5	126	马鲁古海峡	8.0	
1932-6-3	10-36-50	19.5	−104.25	墨西哥	8.2	
1933-3-2	17-30-54	39.25	144.5	三陆海岸	8.5	8.4
1934-1-15	08-43-18	26.5	86.5	尼泊尔—印度	8.3	

续表

日期 年 - 月 - 日	发震时刻 时 - 分 - 秒	震中位置			M_S	M_W
		纬度 /°N	经度 /°E	地区		
1934-7-18	19-40-15	−11.75	166.5	圣克鲁斯群岛	8.1	
1938-2-1	19-04-18	−5.25	130.5	班达海	8.2	8.5
1938-11-10	20-18-43	55.5	−158.0	阿拉斯加	8.3	8.2
1939-4-30	02-55-30	−10.5	158.5	所罗门群岛	8.0	
1941-11-25	18-03-55	37.5	−18.5	北大西洋	8.2	
1942-8-24	22-50-27	−15.0	−76.0	秘鲁	8.2	
1944-12-7	04-35-42	33.75	136.0	日本东南海	8.0	8.1
1945-11-27	21-56-50	24.5	63.0	西巴基斯坦	8.0	
1946-8-4	17-51-05	19.25	−69.0	多米尼加共和国	8.0	
1946-12-20	19-19-05	32.5	134.5	南海道	8.2	8.1
1949-8-22	04-01-11	53.75	−133.25	夏洛特皇后群岛	8.1	8.1
1950-8-15	14-09-34	28.4	96.7	西藏察隅西南	8.6	8.6
1946-8-4	17-51-05	19.25	−69.0	多米尼加共和国	8.0	
1946-12-20	19-19-05	32.5	134.5	南海道	8.2	8.1
1951-11-18	09-35-50	31.1	91.4	西藏那曲县当雄	8.0	7.5
1952-3-4	01-22-43	42.5	143.0	日本十胜—隐歧	8.3	8.1
1952-11-4	16-58-26	52.75	159.5	堪察加	8.2	9.0
1957-3-9	14-22-28	51.3	−175.8	阿留申群岛	8.1	9.1
1957-12-4	03-37-48	45.2	99.2	蒙古	8.0	8.1
1958-11-6	22-58-06	44.4	148.6	千岛群岛	8.1	8.3
1960-5-22	19-11-14	−38.2	−72.6	智利	8.5	9.5
1963-10-13	05-17-51	44.9	149.6	千岛群岛	8.1	8.5
1964-3-28	03-36-14	61.1	−147.5	阿拉斯加	8.4	9.2
1965-2-4	05-01-22	51.3	178.6	阿留申群岛	8.2	8.7
1968-5-16	00-48-57	40.9	143.4	日本十胜—隐歧	8.1	8.2
1977-7-19	06-08-55	−11.2	118.4	松巴哇	8.1	8.3
1985-9-19	13-17-38	18.2	−102.6	墨西哥	8.1	8.0
1989-5-23	10-54-46	−52.3	160.6	麦夸尔群岛	8.2	8.2

表 42.2 $M_W \approx 8.0$ 的一些大地震

日期 年-月-日	发震时刻 时-分-秒	震中位置			M_s	M_W
		纬度 /°N	经度 /°E	地区		
1958-7-10	06-15-56	58.3	−136.5	阿拉斯加	7.9	7.7
1966-10-17	21-41-57	−10.7	−78.6	秘鲁	7.8	8.1
1969-8-11	21-27-36	43.4	147.8	千岛群岛	7.8	8.2
1970-5-31	20-23-28	−9.2	−78.8	秘鲁	7.6	7.9
1974-10-3	14-21-29	−12.2	−77.6	秘鲁	7.6	8.1
1975-5-26	09-11-52	36.0	−17.6	亚速尔	7.8	7.7
1976-8-16	16-11-05	6.2	124.1	棉兰老岛	7.8	8.1
1978-11-29	19-52-49	16.1	−96.6	墨西哥	7.6	7.6
1979-12-12	07-59-03	1.6	−79.4	哥伦比亚	7.6	8.2
1980-7-17	19-42-23	−12.5	165.9	圣克鲁斯群岛	7.7	7.9

理论上讲，震级值没有上或下限。但是，作为发生于有限的、非均匀的岩石层板块内部的脆性破裂，构造地震的最大尺度自然应当小于岩石层板块的尺度。实际上，的确还没有超过 10.5 级的地震；迄今仪器记录到的最大地震当推 1960 年 5 月 22 日智利 $M_W=9.6$ 地震。震级 −1 级的地震相当于用槌子敲击地面发出的震动。在局部地区记录非常灵敏的地震仪可以测量到震级小于 −2 级的地震。这么小的地震释放的能量相当于一块砖头从桌上掉到地面的能量。

43 模拟记录地震观测百年 (1875—1974)

　　地震是一种会给人类生命财产带来严重损害的自然现象，它是在地球内部特定的条件下，由其内部的和外部的作用力引起的构造运动所导致的物理过程。地震学的基本任务概而言之可以说是：认识自然，兴利避害。即：分析和研究用地震仪记录到的地震图，了解地球内部各个部分介质的特性和状态及其变化，认识地震发生的原因及其规律；勘探地下资源、保护地球环境，为人类社会经济发展服务；预测地震及其灾害，为人类预防和减轻地震灾害服务。

　　地震学是一门定量的观测科学。地震仪对于地震学犹如望远镜对于天文学一样的重要。地震学的发展是与地震仪的发展密切关联的。公元 138 年，我国东汉时期的张衡（公元 78—139 年）于公元 132 年发明的、设置在洛阳的一台候风地动仪检测到了一次发生在今甘肃省内的地震。这是人类历史上第一次用地震仪器检测到远处发生的、但在仪器所在地无感的地震。早期的地震仪器实际上是验震器，即用于指示地震业已发生的装置。张衡的这一伟大发明要比德·拉·豪特·费依勒（J. de la Haute Feuille）的水银验震器（1703 年）、马利特（Robert Mallet,1810–1881）的水银验震器（1845 年）、派密尔利（Luigi Paimieri）的水银验震器（1855 年）、宾纳（Andrea Bina）的摆式验震器（1751 年）、费罗马利诺（A. Filomarino）的摆式验震器（1796 年）、瓦格纳（G. Wagoner）的摆式验震器（1880 年）以及福布斯（James D. Forbes）的倒立摆验震器（1841 年）早 1570 年以上。

　　第一台近代地震仪是意大利切基（Filippo Cecchi）于 1875 年发明的，可以记录两个分向（南—北与东—西分向）的地面运动。切基的摆式地震仪放大倍数只有 3 倍，只能记录强震。为了研究日、月引力引起的垂线偏差，亨格勒（L. Hengler）于 1832 年、杰拉德（A. Gerard）于 1851 年，以及措尔纳（M. F. Zöllner）于 1861 年运用了水平摆旋转轴倾斜原理提高了悬挂摆对地面运动和地倾斜的灵敏度。亨格勒和措尔纳的仪器是倾斜仪，不过他们那时已认识到他们所做的倾斜仪具有作为地震仪的潜力。

　　1884 年，恩斯特·冯·雷伯—帕希维茨（Ernst von Rebeur-Paschwitz，1861–1895）根据旋转轴倾斜原理做了一台相当灵敏的倾斜仪。1889 年 4 月 17 日该倾斜仪在波茨坦记录到了一个发生于日本的远震，这是人类历史上第一次用近代地震仪记录下远震（图 43.1）。科学家原先只知道这类仪器可以记录地倾斜，至此，终于发现它们对于与摆旋转轴垂直的水平地动也同样地灵敏。

米尔恩（John Milne，1850–1913）于 1876 年被任命为日本东京帝国工业学院教授，他与熟知杰拉德（Gerard）摆的也在日本工作的同胞格雷（Thomas Gray）和伊文（J. Alfred Ewing）一道，致力于摆式地震仪的研制。1881 年，他们研制成功了熏烟记录三分向摆式地震仪，并且在仪器试运行期间记录到了发生于 1880 年 11 月 3 日的日本地震。

米尔恩的重大贡献之一是建立了一个由最初 27 个、后来达到 60 个地震台构成的世界范围的地震台网。米尔恩于 1895 年返回英国并在一个叫做怀德（Wight）的小岛上的赛德（Shide）镇建立了一个地震台。米尔恩也是世界地震资料中心的创始人。他鼓励在世界各地建台，并将其观测结果寄给在赛德的米尔恩，然后由米尔恩整理观测数据、编辑地震报告。可以说，19 世纪 80 年代以前，地震学是以宏观观察和定性描述为主。19 世纪 80 年代之后的 30 ～ 40 年间，随着近代地震仪的发展，地震学家才有可能开始研究实际的地面运动。1898 年，德国维歇特（Emil Wiechert，1861–1928）将黏滞阻尼引入地震仪。维歇特在其水平分量倒立摆地震仪中，用很大的质量、很弱的弹簧获得具有较长自由周期的摆，当地震波的频率高于地震计自由频率时电磁式地震仪的频率响应曲线是平的，从而可以记录宽频地震信号。维歇特地震仪

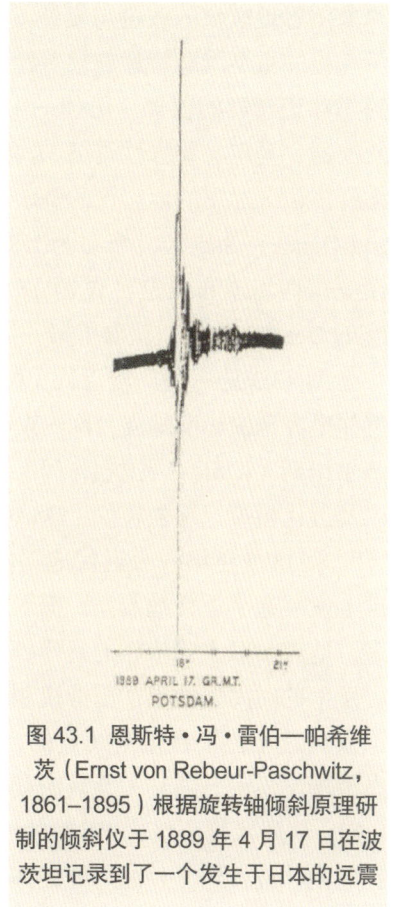

图 43.1 恩斯特·冯·雷伯—帕希维茨（Ernst von Rebeur-Paschwitz，1861–1895）根据旋转轴倾斜原理研制的倾斜仪于 1889 年 4 月 17 日在波茨坦记录到了一个发生于日本的远震

的摆的质量很大，在 1 吨（t）以上。这样的地震仪实在难以制造和维护。1906 年俄国伽里津（B. Galitzin, Б.Галицын）成功地制成了第一台电磁式地震仪，以比较容易控制的阻尼得到了相当高的灵敏度。在地震波的频率高于地震计的自由频率时电磁式地震仪频率响应曲线是平的。

1922 年，美国安德森（J. A. Anderson）和伍德（Harvy Oscar Wood）设计了伍德—安德森（Wood-Anderson）地震仪，该仪器摆的自由周期为 0.8 秒，放大倍数是 2800 倍。对于在地震波中占优势的低频而言，该仪器犹如记录地面运动加速度的地震仪。

1930 年，美国贝尼奥夫（Victor Hugo Benioff, 1899–1968）引进了变磁阻地震仪。该仪器在短周期的放大倍数可高达 20 万倍。1934 年，拉科斯特（Lucien J. R. LaCoste）应用零长弹簧测量重力的变化，他通过调节弹簧与垂直方向的夹角来增加摆的自由周期。图 43.2 为在地震学历史上曾经有过特别影响的一些地震仪的放大倍数曲线（振幅 – 频率特性曲线）。其中，米尔恩（Milne）地震仪是第一台记录无感地震的仪器；米尔恩—肖地震仪（Milne-Shaw seismograph）

是米尔恩地震仪的改进与发展。维歇特（Wiechert）地震仪是第一台有足够大阻尼的仪器，125千克重的重型维歇特地震仪曾经风靡世界各地。伽里津（Galitzin）地震仪是第一台使用电磁式的摆和记录器的仪器。伍德—安德森（Wood-Anderson）地震仪是第一台用于记录微小地方震的仪器，是定义地方性震级 M_L 的基础。贝尼奥夫短周期地震仪（Benioff SP seismograph）是后来许多记录远震的地震仪的基础。C & GS（SM）地震仪是美国海岸与大地测量局（U. S. Coast and Geodesy Survey，缩写为 USCGS）的强震仪（SM）。1932 年美国海岸和大地测量局开始在美国西海岸布设这种仪器，9 个月以后遇上了 1933 年 3 月 10 日美国加州长滩（即朗皮支，Long Beach）地震，获取了第一批有价值的强震记录。

图 43.3 是一些比较近代（直至 20 世纪 70 年代）的模拟记录地震仪的振幅频率特性曲线。例如世界范围标准地震台网（WWSSN）的短周期（SP）和长周期（LP）地震仪，在苏联使用的基尔诺斯（Kirnos）地震仪（SK 和 SKM），在加州中部地方地震台网（Calnet）上用的地震仪，以及近代模拟记录强震仪（SMA-1）。

从 1875 年第一台近代地震仪诞生以来，地震学家便用它来对地震进行观测，并在这个基础上发展起了近代地震学。需要特别强调指出的是，从那时起到 20 世纪 70 年代中期的 100 年来，地震学家主要依靠的是模拟记录地震图。运用这些记录，地震学家对于地球内部结构和地震发生的时间、地点、震源机制等方面的了解都取得了堪称辉煌的成绩。近代地震仪已经可以记录到远至位于台站对跖点的、在震中区无感的小地震。然而，这种地震仪实在太灵敏而动态范围又不大，遇到大地震时就"出格"（超过量程）。地面振动的频率跨越了 6 个数量级（图1.3），从周期数量级达 10^4 秒的固体潮、10^3 秒的地球自由振荡、10^2 秒的长周期面波、10 秒的长周期体波，到 1 秒的短周期体波、在震中地区 10^{-1} 秒的强地面运动、10^{-2} 秒的地壳地震，已经进入了人耳听觉的阈值。地脉动在 5 ~ 10 秒处有一个峰值。地面振动的加速度的幅度小到 $10^{-7}g$，大到 1g 的数量级（g 是重力加速度，1g=9.8 米 / 秒^2），跨越 8 个数量级。受仪器制作技术的限制，地震学家只好在远距离记录大地震的低频率成分（大地震—远距离—低频率）或者在近距离记录小地震的高频率成分（小地震—近距离—高频率）；而地震工程师则主要关注引起建筑物破坏的近场强地面运动，他们着重于在近距离用低放大倍数的强震仪记录 1 ~ 10 赫兹的强地面运动。这种情况清楚地体现在图 43.2 和图 43.3 上：随着仪器放大倍数的提高，地震学家最终采用分别在 0.01 ~ 0.1 赫兹和 1 ~ 10 赫兹两个频率范围内来测量地面振动以避开"噪声"。0.1 ~ 1 赫兹这个"噪声"频谱所在的范围便成了短周期地震仪和长周期地震仪的分水岭。这种状况无论是对于了解地球内部结构还是对于了解震源过程来说都是很不理想的。

为了克服动态范围小以及频带窄的缺点，同时为了使地震仪既轻又小，以便于安装，例如安装于井下以降低干扰，地震学家做出了巨大的努力，并且取得了进展。一方面，通过对电路的改进，制成了反馈式电磁地震仪。反馈式电磁地震仪通过负反馈将力加到摆上。对于位移反

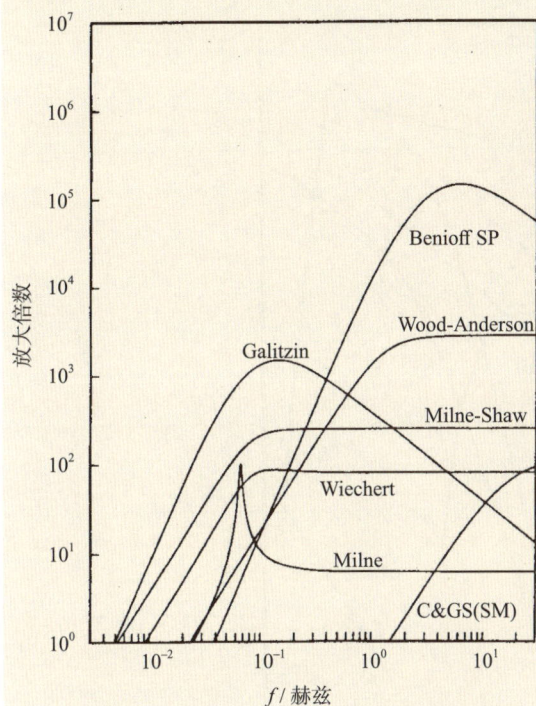

图 43.2 在地震学历史上曾经有过特别影响的一些地震仪的振幅—频率特性曲线

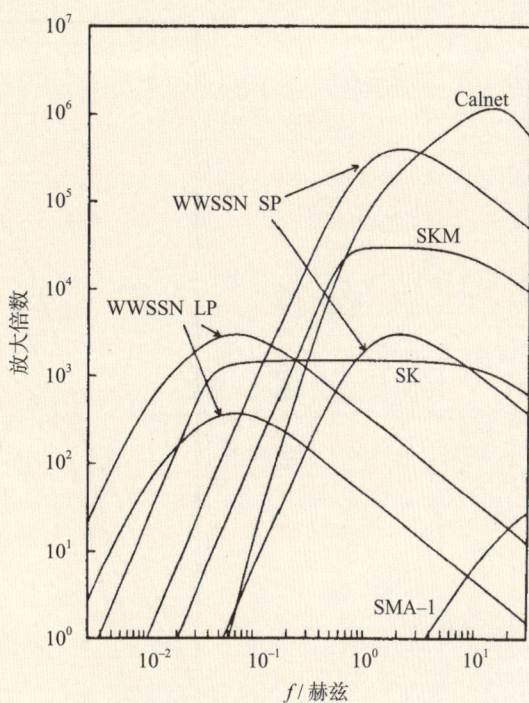

图 43.3 一些比较近代（直至 20 世纪 70 年代）的模拟记录地震仪的振幅—频率特性曲线

馈型的地震仪来说，是将与位移成正比的输出加在反馈线圈上，由于它能使摆返回到原来的位置，所以又称为力平衡型地震仪。位移式反馈型地震仪，由于表面上看，摆的恢复力变大，其固有周期与无反馈电路时相比而变短，在变短的固有周期到周期为无限大的范围内，摆的位移和地震加速度成正比，频带展宽了，动态范围也扩大了。另一方面，随着微电子技术的发展，从 20 世纪 70 年代起，地震观测系统中大量采用了将信号进行数字化的记录方式。和模拟记录相比，数字记录的信号质量极高。模拟记录的动态范围，其上限不过是 50 分贝（dB）左右，而数字记录的动态范围一般可确保在 90 分贝以上。在模拟记录方式中，为了记录大动态范围的信号，必须使用多个放大倍数不同的记录；反之，只要用一个数字式记录即可涵盖全部动态范围，而且还可以用计算机处理信号。

　　图 43.4 总结了一些数字记录地震仪的频率响应。由于数字记录地震仪具有记录频带宽、分辨率高、动态范围大以及易于与计算机连接处理的优点，所以自 1975 年美国圣迭戈加州大学（UCSD）地球与行星物理研究所（IGPP）开始实施艾达（IDA）台网——国际加速度仪部署

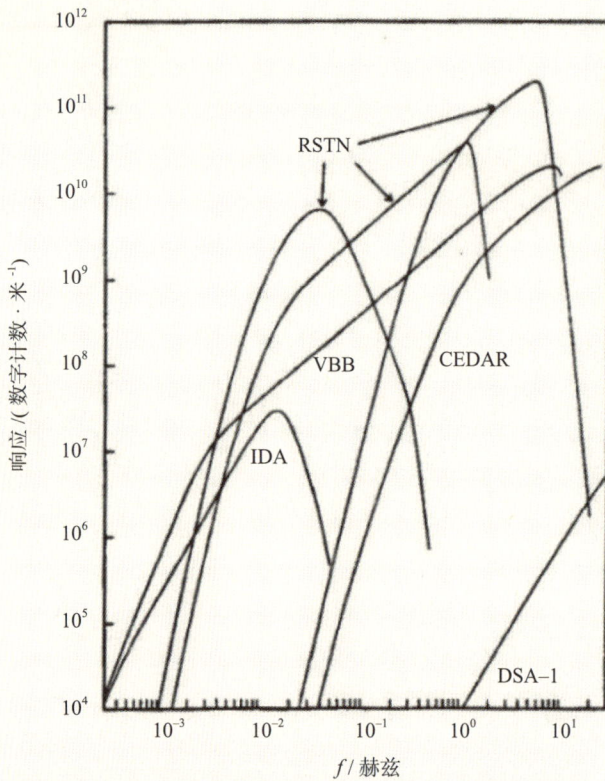

图 43.4 一些数字记录地震仪的振幅–频率特性曲线

台网（International Deployment of Accelerometers）计划和德国开始实施格拉芬堡（Gräfenberg）台阵计划以来，地震观测系统中大量采用了数字记录方式，从而使地震学的发展出现了一个新的飞跃，数字地震台站、台网和台阵数量迅速增加。在这一基础上，产生出了有时也被称为宽频带地震学（broadband seismology）的数字地震学（digital seismology）。

44 全球数字地震台网的发展（1975 年至今）

艾达台网和格拉芬堡台阵

1975 年，美国圣迭戈加州大学（UCSD）地球与行星物理研究所（IGPP）开始实施国际加速度仪部署台网（International Deployment of Accelerometers）计划。国际加速度仪部署台网简称艾达台网（IDA），系由国际著名勘探地球物理学家美国塞西尔·格林（Cecil Green）和夫人艾达·格林（Ida Green），以及美国自然科学基金会联合捐助、以艾达·格林的名字艾达（Ida）命名的（图 44.1）。艾达台网是用于低频地震学研究的数字地震台网，使用拉科斯特—隆伯格（LaCoste-Romberg）重力仪作地震计，现已有 18 个台站分布于全球，包括设置于我国的北京台和昆明台。1975 年，德国在格拉芬堡（Gräfenberg）开始布设地球科学研究中心地震台阵（GFZ Array）即格拉芬堡地震台阵，1980 年该台阵完全运作（图 44.2）。该台阵位于德国南部人口较少的地区，地处侏罗纪灰岩上，整个台阵呈反 L 型，南北长约 100 千米，东西宽约 50 千米。

图 44.1 国际著名勘探地球物理学家美国塞西尔·格林（Cecil Green）
（a）塞西尔·格林；（b）塞西尔·格林（Cecil Green）和艾达·格林（Ida Green）夫妇

该台阵共有 13 个台，其中 3 个台是三分向记录，10 个台是单分向（垂直向）记录，整个台阵共有 19 个分向的记录。格拉芬堡地震台阵与艾达台网（IDA）均为世界上最早的数字地震台阵（网），该台阵建成以来，在地震监测、核查、资料服务等方面发挥了重要的作用。

1992 年德国新成立的、位于波茨坦的地球科学研究中心（GeoForschungs Zentron，缩写为GFZ，简称地学中心）开始了一项新的计划，称为 GEOFON（GEOFOrschungs Netz 的缩写）计划。该计划是为了纪念冯·雷伯—帕希维茨 1889 年 4 月 17 日于波茨坦第一次记录到远震而提出的，用两个三年的时间（1993—1995 年和 1996—1998 年）在全球建立起一个由 30 个永久台组成的台网，一个便携式宽频带台网和资料中心。德国国家地震台网共有 20 个台站，台站间距约 150 千米，基本上均匀地分布在德国境内（图 44.3）。

1981—1982 年间，法国开始实行地球望远镜计划（GEOSCOPE）。迄今该台网已经设置了近 30 个数字地震台，包括设置于我国新疆的乌什台。

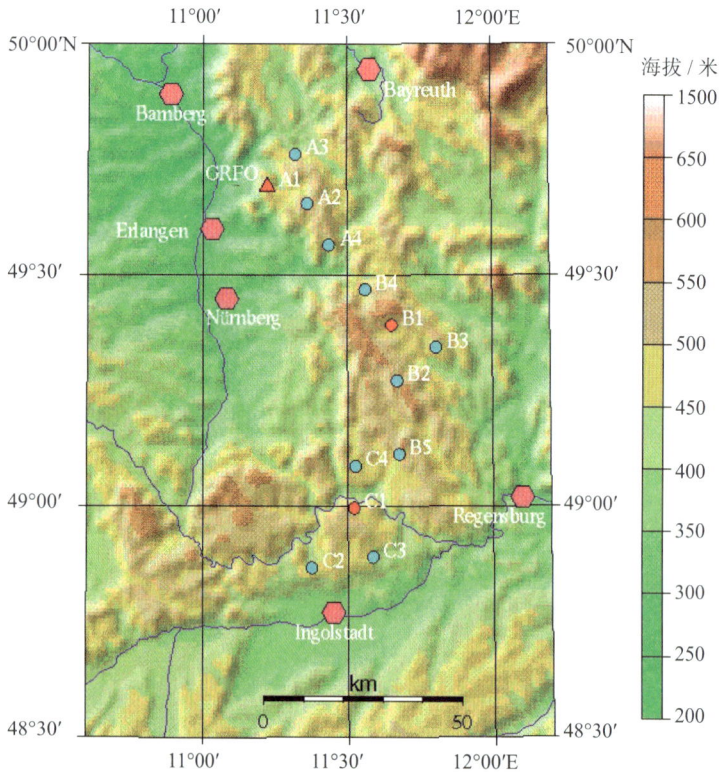

图 44.2 德国格拉芬堡地震台阵（GRF）台站分布

● 德国国家地震台，▲ ● GRF 台，共 13 个台（3 个三分向台，10 个单分向台）
▲ A1 中心台，▲ A1，● B1，● C1 为三分向台，● 为单分向台

GRSN/GRF 台站

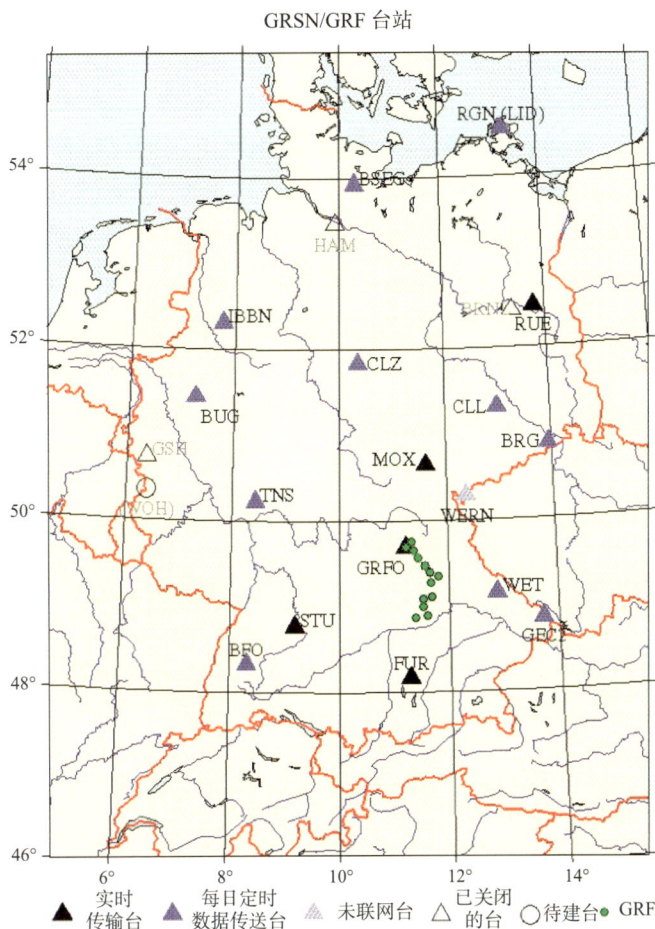

图 44.3 德国国家地震台网（GRSN）和格拉芬堡地震台阵（GRF）台站分布

　　我国从 1983 年 5 月开始建设中国数字地震台网（China Digital Seismograph Network，缩写为 CDSN）。1983 年 5 月中国地震局与美国地质调查局开始规划设计 CDSN，1986 年 8 月建成了北京、兰州、恩施、昆明、琼中、佘山、乌鲁木齐、海拉尔和牡丹江共 9 个数字化地震台以及设在北京的台网维修中心和数据管理中心，后来又增设了西安台和拉萨台，共 11 个地震台。1992—2001 年，中美双方执行了 CDSN 二期技术改造，使台网的硬件、软件系统符合美国地震学研究联合会（IRIS）建设全球地震台网（GSN）的技术要求，由于台基的原因撤消了兰州地震台，使 CDSN 台站数量变为 10 个。2012—2013 年中美双方又对 10 个 CDSN 台站进行了改造，配置了性能更好的 STS-2.5 型地震计和 Q330 型数据采集器，使台网的硬件、软件系统符合美国地震学研究联合会（IRIS）在全球建立的数字地震台网——全球地震台网（GSN）的技术规范，目前 CDSN 是 GSN 的一个重要组成部分。

全球地震台网

1984 年，美国 57 所大学联合成立了一个学术团体，称为地震学联合研究会（Incorporated Research Institutions for Seismology，缩写为 IRIS）。IRIS 既定的目标是：建立一个用 120 个台站实现全球均匀覆盖的全球地震台网（Global Seismographic Network, GSN），每个台站应具有高保真、宽频带、大动态范围记录性能，并具备向台网中心实时传输地震数据的能力，包括在中国西安的一个数字化地震台（1992 年 11 月开始运作，1995 年并入 CDSN）。另外，IRIS 拥有 400 套便携式数字地震仪，通过 PASSCAL（Portable Array Seismic Studies of the ContinentAl Lithosphere 的缩写）计划提供用户进行野外观测。仅 1994 年全年，就有 40 次的野外工作使用了 PASSCAL 的数字化地震仪。经过 30 多年的迅速发展，GSN 的建设已经远超过原设计目标。目前正式运行的全球地震台网（GSN）台站为 150 个，其中艾达台网的台站 40 个（图 44.4）。

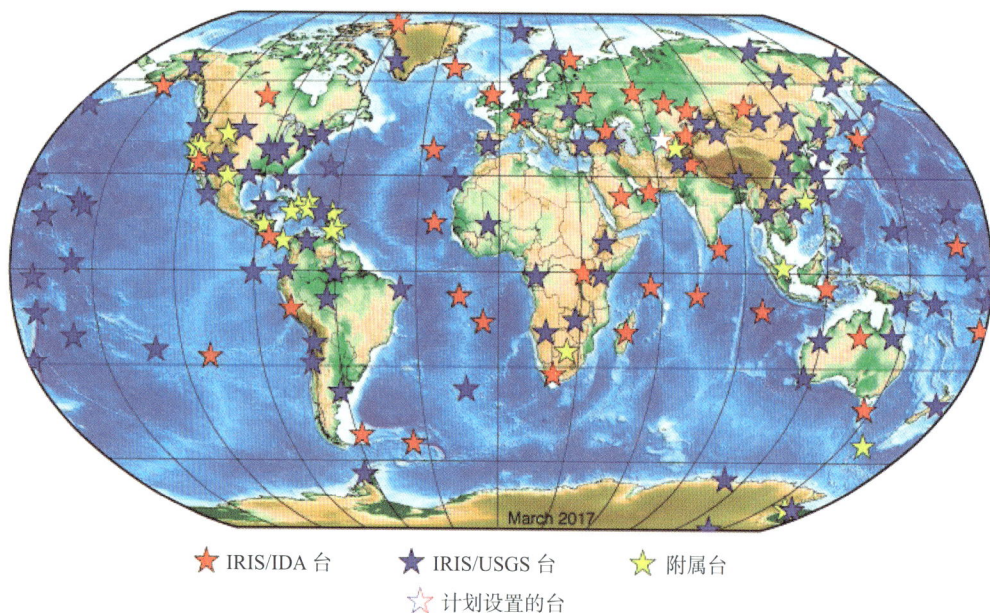

图 44.4 全球地震台网（GSN）及艾达台网（IDA）台站分布

1987 年，日本地震学家提出了"海神计划"（Pacific Orient SEIsmic Digital Observation Network，缩写为 POSEIDON），又称"波塞冬计划"，即以希腊神话中的海神波塞冬命名的计划，计划在西太平洋和东亚地区每个约 10º × 10º 的地区设置一个数字地震台。

1989 年，意大利发动、联合地中海沿岸国家建立了一个非政府性质的国际合作组织，称为地中海地震台网（Mediterranean Network，缩写为 MedNet），计划在地中海地区设置 12 ~ 15 个数字化地震台，台距约为 1000 千米。到 1994 年，MedNet 台网已拥有近 20 个地震台。

在加拿大，加拿大国家地震台网（Canadian National Seismograph Network，缩写为 CNSN）已拥有近 10 个甚宽带（VBB）及近 30 个宽频带（BB）台站和 50 多个短周期（SP）数字化地震台站。

在澳洲，澳大利亚国家地震台网（Australian National Seismograph Network, 缩写为 ANSN）原有 24 个模拟记录地震台。他们在几年内就将大多数地震台的仪器更新为数字化地震仪，并将一些台站换上宽带（BB）地震仪。

数字地震观测系统对于地震学的意义，很快就为人们所认识，世界各国有关部门，无不投入巨资，竞相发展数字地震观测系统。

在地震学家认识到数字记录宽频带地震观测系统的重要性和潜在能力并致力于其发展的同时，也意识到全面规划、资料交流、信息资源共享以及数据格式统一等问题的重要性与紧迫性，萌生了成立一个国际性组织以协调全球数字地震台网发展的想法。1986 年 8 月，国际性的数字（宽频带）地震台网联合会 [Federation of Digital Broadband Seismographic Networks，缩写则省去"Broadband（宽频带）"一词，写为 FDSN] 借地球物理学会和欧洲地震委员会在德国基尔（Kiel）举行年会之际正式成立，选举加拿大地质调查局的伯尔利（Michael J. Berry）为第一任主席，FDSN 的主要任务是推进全球数字地震台站建设布局合理，地震仪器配置科学，数据格式统一，成员范围之间波形数据要进行共享，共同促进全球的地球科学研究工作不断发展。FDSN 下设 5 个工作组：地震台站布局与仪器配置工作组（Ⅰ），数据格式与数据中心工作组（Ⅱ），数据产品、工具与服务工作组（Ⅲ），全面禁止核试验协调工作组（Ⅳ），流动地震观测工作组（Ⅴ）。

FDSN 除了关注全球数字地震台网的数量、分布以及观测数据的质量以外，对于数据交换与数据共享问题也十分关注，决定建立俄耳甫斯资料中心（ORFEUS Data Center, 缩写为 ODC）。俄耳甫斯（ORFEUS）是欧洲地震学观测与研究所（Observatories and Research Facilities for EUropean Seismology）的缩写（俄耳甫斯系希腊神话中善弹竖琴的歌手，传说他弹奏的乐曲可感动鸟兽木石），负责欧洲数字地震台站的宽频带数字地震资料的汇集和发送，以及全球数字资料的交换。这个中心于 1987 年 1 月 1 日开始试运作，1988 年全面运作。1993 年 ODC 由荷兰乌特勒希（Utrech）大学迁至荷兰德比尔特（deBilt）皇家荷兰气象研究所（Royal Netherlands Meterorological Institution，缩写则按荷兰文写为 KNMI）。现在，ODC 与德国格拉芬堡（Gräfenberg）台阵、法国地球透镜（GEOSCOPE）台网、地中海地震台网（MedNet）均有资料交换关系。

截至 1998 年 6 月，属于 FDSN 的全球性数字地震台站已达 161 个。数量上的增加不可谓不快，但是，从台网的全球布局来说，海域和南半球的数字地震台仍然偏少。为了改善这一状况，FDSN 与国际海洋台网（International Ocean Network，缩写为 ION）密切联系，支持海洋地震台网（Ocean Seismic Network，缩写为 OSN）的工作（OSN 是 ION 的重要组成部分）。由于海洋的噪声水平特别高，在海域设置数字地震台比较困难；而且安装和维护海底地震仪的费用相当高，所以 FDSN 希望通过与 ION 密切合作，争取 ION 的 OSN 多功能化，以改善海域数字地震台网稀疏的状况。FDSN 除了关注全球数字地震台网的数量、分布以及观测质量的提高以外，对于大量的、高质量的数字地震资料的交流和全世界广大地震学家共享这些资料的问题也十分关注。

　　宽频带、大动态范围和数字地震观测系统的出现与发展，对地震学的发展给予巨大的推动（图 44.5）。现在用一个信道就可以记录下地震学家感兴趣的信息以及地震工程学家需要的强地面运动的信息，传统的地震仪和传统的强震仪的功能已体现在一台仪器中，从而泯灭了地震学家和地震工程学家在观测手段方面的界限；传统的用于记录远震以进行全球地震学研究的中长周期地震仪与传统的用于记录近震和地方震以进行区域性地震学研究的短周期地震仪也可用一台仪器来取代。宽频带、大动态范围和数字地震观测系统在近震源距得到的地震的近场记录携带了有关震源与介质的丰富信息，为人们深入了解地震震源过程和地球内部结构提供了有力的手段。数字化地震观测系统的出现与迅速发展，正在推动着地震学的发展，改变着地震学的面貌，促进了一门新的学科——数字（宽频带）地震学的形成。

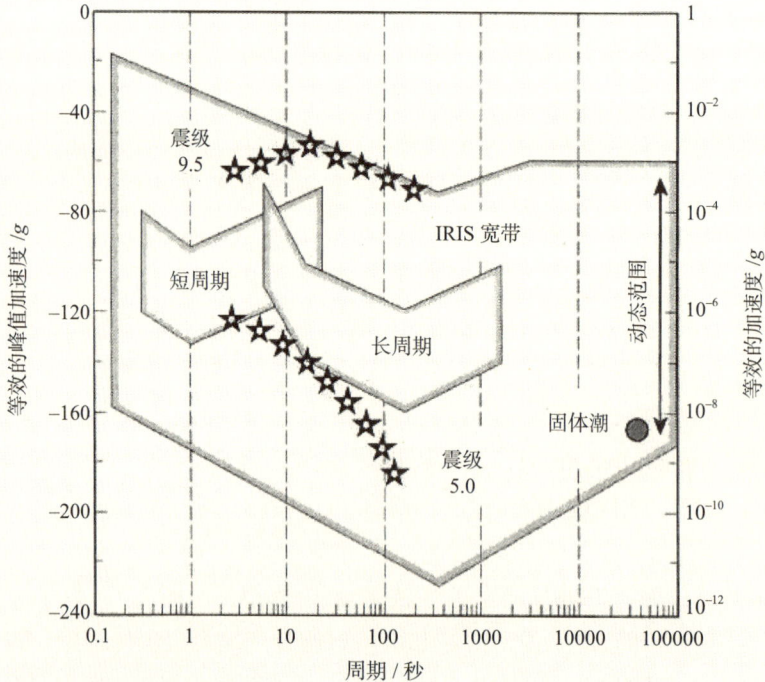

图 44.5 数字记录地震仪具有记录频带宽、分辨率高、动态范围大的优点
纵坐标以分贝（dB）为单位，g 为重力加速度，$1g = 9.81$ 米·秒$^{-2}$

截至 2017 年 12 月，FDSN 的成员单位分布在 67 个国家，共 91 个成员单位，中国地震局和中国科学院都是 FDSN 的成员单位。FDSN 开展的主要工作有：

（1）波形数据格式统一

1987 年 12 月在墨西哥召开的 FDSN 大会上，确定把 SEED 格式确定为不同地震台网之间地震波形数据的交换格式。在 FDSN 的推动和协调下，SEED 数据格式已成为不同地震台网数据交换所普遍采用的数据格式。

（2）地震台网代码注册

FDSN 负责各个国家地震台网代码的注册和管理，已建立了地震台网代码注册管理系统（http://www.fdsn.org/networks/request/），得到系统确认后就可以得到全球唯一的台网代码，便于国际资料交换。目前在 FDSN 注册的固定地震台网和流动地震台网共 1116 个。

FDSN 的主要出版物有 *FDSN Station Book*（FDSN 台站手册），*SEED Reference Manual*（SEED 参考手册）和 *FDSN Station Map and Listings*（FDSN 台站图表）。20 多年来，FDSN 在推动全球数字地震台站建设、仪器配备和数据格式的标准化和规范化方面发挥了关键性作用。

中国数字地震观测网络

从 1996 年开始，在中央和地方政府的大力支持下，中国地震局经过 20 多年的努力，通

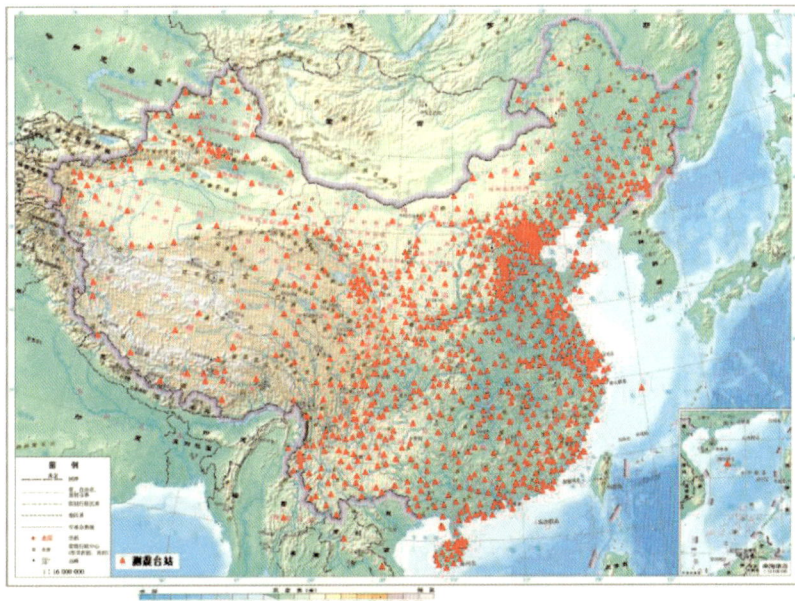

图 44.6 中国地震台站分布

过"中国数字地震监测系统"、"中国数字地震观测网络"和"中国地震背景场探测"等 3 个项目的实施，对模拟记录地震台站进行了数字化改造，并新建设了一些数字地震台站，建成了由国家地震台网和区域地震台网组成的中国数字地震观测系统，截至 2017 年 12 月，台站总数为 1062 个，其中，国家地震台站 170 个，区域地震台站 892 个（图 44.6）。

国际监测系统

为了监测地下核试验，国际上建成了一种新型的全球台网，称为（地震核查）国际监测系统（International Monitoring System，缩写为 IMS），目的是监督全面禁止核试验条约（CTBT）的实施（http://www.nemre.nn.doe.gov/ nemre/introduction/ims_descript.html 和 Barrientos et al.，2001）。国际监测系统（IMS）有 50 个基本台，能实时传输数据至国际数据中心（IDC），包括在维也纳的全面禁止核试验条约组织（CTBTO）的国际数据中心（IDC）。IMS 还有应 IDC 的请求提供数据的 120 个辅助台，很多辅助台都是数字宽带地震台网联合会（Federation of Digital Broadband Seismograph Network，FDSN）的成员。

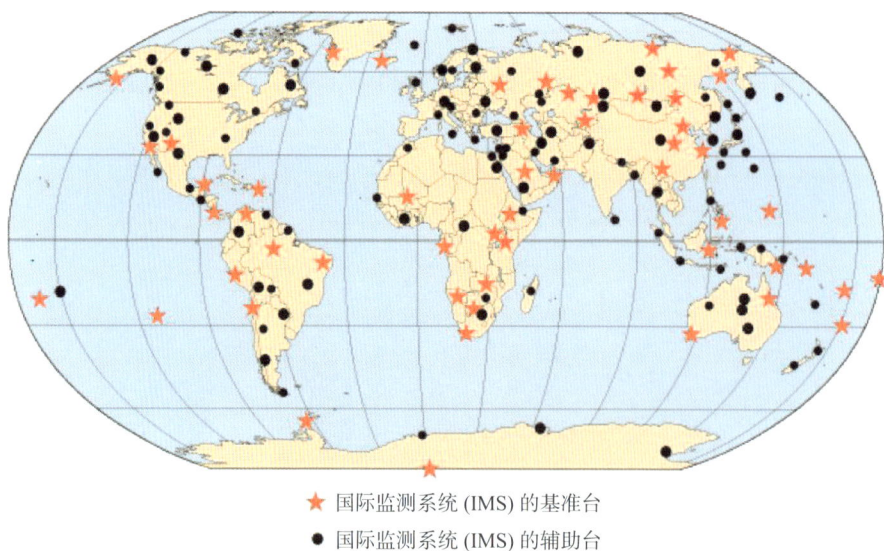

★ 国际监测系统 (IMS) 的基准台
● 国际监测系统 (IMS) 的辅助台

图 44.7 地震核查国际监测系统（IMS）地震台站分布

45 重大地震

何谓"重大地震"？

所谓"重大地震"有好多种说法，其中一种是指"震级 ≥ 6.5，或造成人员伤亡、经济损失或社会影响的地震"。"震级 ≥ 6.5"是定量的、可以操作的标准。但是如果说到"人员伤亡、经济损失或社会影响"，不同的人可以有不同的理解、下不同的"定义"。比如可以说造成 100 人死亡，也可以说造成 1 人死亡的地震是重大地震。因此这种说法有很大的随意性。另一个说法是"造成中等程度的破坏（即损失 100 万美元，死亡人数 ≥ 10 人，震级 ≥ 7.5，烈度 ≥ X 度，或者引发海啸）的地震"。只要满足以上这些条件之一的地震便称为重大地震。

重大地震不等同于特大地震。特大地震通常指矩震级 $M_W \geqslant 8.5$ 的大地震。按照上述重大地震的定义，我们来看 2000 年以来全球重大地震震中分布（图 45.1，表 45.1）。从表 45.1 可以看出，在 2000 年及以后的 12 年间共发生 30 个重大地震，但是因大地震造成的死亡数字超过万人的就有 7 个之多，其中包括众所熟悉的 2011 年 3 月 11 日日本东北部地震死 1.9 万人、中国汶川地震死亡与失踪 8.7 万人、2004 年 12 月 26 日印度尼西亚苏门答腊—安达曼地震死亡 22

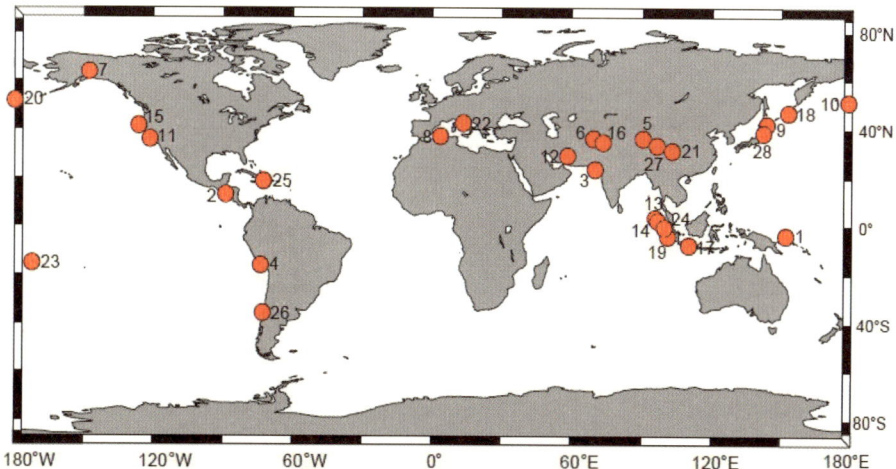

图 45.1 2000 年以来全球重大地震震中分布

红色圆圈表示重大地震震中，圆圈边上的数字表示表 45.1 所列地震的序数

万多人，2005 年 10 月 8 日巴基斯坦 M_W7.6 地震死亡 8.6 万人，2001 年 1 月 26 日印度古杰拉特地震死亡 2 万多人；伊朗巴姆地震死亡 3 万多人，而海地地震的死亡人数最保守的估计也有 22 万多人，还有说法是 30 万人。自 2000 年以来，从 2000 年到 2012 年仅仅 12 年的时间因地震死亡的人数已经高达 72 万人。这就是说，因地震死亡的人数平均每年有 6 万多人，这在因灾害死亡的人数中是非常高的。

表 45.1　2000 年以来全球重大地震事件[①]

序数	日期 年 - 月 - 日	时：分 (UTC)[②]	地区	纬度[③] / °	经度[③] / °	死亡人数 / 人	震级 M_W
1	2000-11-16	04:54	巴布亚新几内亚新爱尔兰	−4.00	152.33		8.0
2	2001-01-13	17:33	萨尔瓦多	13.04	−88.66	844	7.7
3	2001-01-26	03:16	印度古杰拉特	23.39	70.23	20085	7.8
4	2001-06-23	20:33	秘鲁沿海	−16.30	−73.55	75	8.4
5	2001-11-14	09:26	中国昆仑山口西	35.97	90.59		7.8
6	2002-03-25	14:56	阿富汗兴都库什西	36.06	69.32	1000	6.1
7	2002-11-03	22:12	美国阿拉斯加德纳利帕克	63.52	−147.44		7.9
8	2002-05-21	18:44	阿尔及利亚伯梅尔德斯	36.96	3.63	2266	6.8
9	2003-09-25	19:50	日本北海道	41.82	143.91		8.3
10	2003-11-17	06:43	美国阿拉斯加雷特岛	51.15	178.65		7.8
11	2003-12-22	19:15	美国加州圣西蒙	35.71	−121.10	2	6.6
12	2003-12-26	01:56	伊朗巴姆	28.99	58.31	31000	6.6
13	2004-12-26	00:58	印度尼西亚苏门答腊－安达曼	3.30	95.87	227898	9.2
14	2005-03-28	16:09	印度尼西亚北苏门答腊	2.07	97.01	1313	8.6
15	2005-06-15	02:50	北加州近海	41.29	−125.95		7.2
16	2005-10-08	03:50	巴基斯坦克什米尔	34.53	73.58	86000	7.6
17	2006-05-26	22:53	印度尼西亚爪洼	−7.96	110.45	5749	6.3
18	2006-11-15	11:14	千岛群岛	45.59	153.27		8.3
19	2007-09-12	11:10	印度尼西亚南苏门答腊	−4.44	101.37	25	8.5
20	2007-12-19	09:30	美国阿拉斯加安德雷诺夫	51.36	−179.51		7.2
21	2008-05-12	06:28	中国汶川	31.00	103.32	87587	7.9
22	2009-04-06	01:32	意大利拉奎拉	42.35	13.38	308	6.3

续表

序数	日期 年-月-日	时:分 (UTC)②	地区	纬度③ /°	经度③ /°	死亡人数 /人	震级 M_W
23	2009-09-29	17:48	萨摩亚群岛地区	−15.49	−172.10	192	8.1
24	2009-09-30	10:16	印度尼西亚苏门答腊南部	−0.72	99.87	1117	7.5
25	2010-01-12	21:53	海地	18.46	−72.53	316000	7.0
26	2010-02-27	06:34	智利康塞普西翁	−35.83	−72.67	577	8.8
27	2010-04-13	23:49	中国玉树	33.2	96.6	2968	6.9
28	2011-03-11	05:46	日本东北部	38.32	142.37	20896	9.2
29	2012-04-11	08:38	印度尼西亚北苏门答腊近海	2.311	93.063		8.6
30	2012-04-11	10:43	印度尼西亚北苏门答腊近海	0.773	92.452		8.2

注：①据美国地质调查局国家地震信息中心 (USGS/NEIC)。② UTC：协调世界时。③纬度、经度正号表示北纬、东经，负号表示南纬、西经

图 45.2 统计了从 1900—2011 年全球因地震导致的死亡人数。横坐标是时间（年），纵坐标是因地震死亡人数（单位是百万）。该图虽然简单，但是稍微仔细看一下便会发现它有很多值得注意的特点。例如：从 1900—1939 年的 40 年间因地震造成的死亡人数为 100 万人，平均 1 年因地震死亡 2.5 万人；但是 1940—1999 年的 60 年间因地震死亡人数为 80 万，也就是说，从 1940—1999 年的 60 年间因地震死亡人数低于 1900—1939 年因地震死亡人数。不仅如此，1940—1999 年的 60 年中大多数时间里因地震死亡人数曲线的平均斜率是很低的，但是突

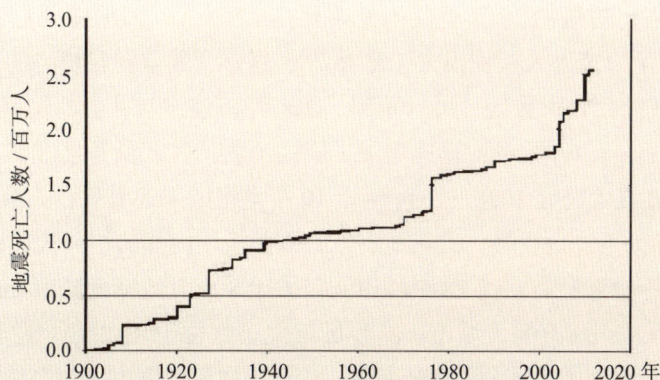

图 45.2 1900—2011 年全球因地震导致的死亡人数

然在 1976 年，主要是因为中国唐山大地震死亡 24.2 万人，使得曲线的斜率陡增，也就是说，20 世纪后 60 年间平均的年地震死亡人数虽然很高，但这主要是因为特别大的灾害性地震引起的。由此可见，在预防地震造成人员死亡方面，大地震引起的人员死亡是个很重要的因素，要特别关注特别大的地震。当然，这不意味着可以放弃对较小地震引起的相对小伤亡的关注。如果关注更长时间的统计，可以看到在整个 20 世纪，因地震死亡人数是 180 万人，年均是 1.8 万人。特别需要指出的是，即使在现代，地震引起的伤亡人数统计也不是一件容易做的事。根据非常详细核对过的数据，我们现在知道，在 20 世纪（1900—1999 年），高达 180 多万人被地震夺去了生命，即平均一年约 1.8 万余人死于地震。这个数据远大于其他一些材料提到的、例如 120 万或更小的数据，经济损失达数千亿美元。

进入新世纪以来，地震灾害不断，似乎还有愈演愈烈之势。2001 年印度古杰拉特（Gujarat）M_W7.6 地震造成了 20085 人死亡、6.7 万人受伤、60 万人无家可归和约 100 多亿美元的经济损失。2003 年 12 月 26 日伊朗巴姆（Bam）地震只有 M_W6.6（M_S6.8），还够不上称之为大地震，却造成了 3.1 万人死亡，使具有千年历史的巴姆古城毁于一旦。在 2004 年 12 月 26 日发生的印度尼西亚苏门答腊—安达曼（Sumatra-Andaman）M_W9.2 特大地震及其引发的印度洋特大海啸更使约 227898 万人丧失生命，令全世界为之震惊！ 2005 年 10 月 8 日巴基斯坦克什米尔 M_W7.6 地震，造成了 8.6 万人死亡，6.9 万余人受伤、9000 余人失踪，数百万人无家可归。此外，还包括海地地震、汶川地震以及 2013 年日本东北地震等等。

表 45.2 大地震造成的死亡人数统计

时间	总数	年均
1900—1999（100 年间）	~ 180 万人	~ 1.8 万人 / 年
2000—2011（12 年间）	~ 72 万人	~ 6 万人 / 年

进入新世纪以来，短短的 12 年里就因地震死亡 72 万人，因地震死亡年均 6 万多，与 20 世纪的年均因地震死亡 1.8 万人差别很大（表 45.2），这是个非常触目惊心的数字！

我们从地震造成的死亡人数统计可以看到，随着经济建设与社会的快速发展，人口与财富的集中，特大城市 (megacity) 数量的迅速增加，规模不断增大，给预防和减轻地震灾害带来了新的问题。图 45.3(a) 显示公元 1000—1994 年近 10 个世纪以来地震死亡人数超过 10000 人的地震绝大多数发生在环太平洋地震带、欧亚地震带，以及板块内部的中国大陆地区；图 45.3(b) 则显示，到了 2000 年，全球已有多达 28 个城市人口大于 800 万的特大城市 (megacity)，以及 325 个城市人口达 100 万 ~ 700 万的大城市。这些城市大多数位于环太平洋地震带、欧亚地震带，以及板块内部的中国大陆地区。这些情况表明，在经济建设的同时要不忘防震减灾，特别是大中市、特大城市的防震减灾。大中城市、特大城市的防震减灾更是防震减灾工作的重中之重。

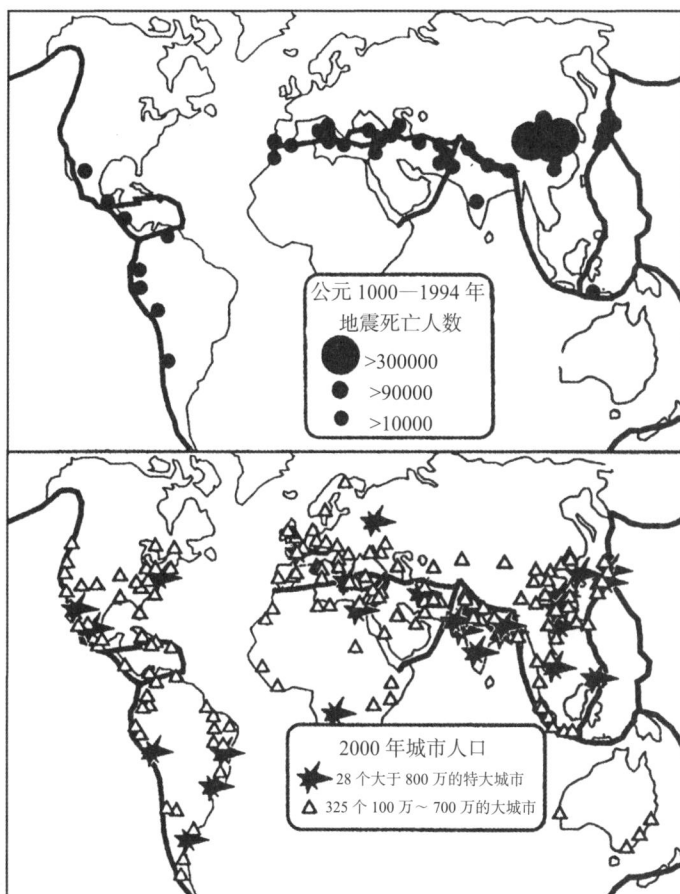

图 45.3 大中城市、特大城市的防震减灾

（a）公元 1000—1994 年地震死亡人数；（b）2000 年全球城市人口统计表明，全球已有多达 28 个城市人口大于 800 万的特大城市 (megacity)，325 个城市人口达 100 万 ～ 700 万的大城市

46 是"水库触发地震"还是"水库诱发地震"

在某些适当的地质条件下，人类的活动，如矿山采掘、人工地震、油气开采、高压液体注入地下以及人工水库蓄水等活动，会引发（触发或诱发）地震。水库蓄水引发地震（简称"水库地震"）便是人工引发地震的一种。

水库地震的发现可以追溯到 20 世纪 20 年代末至 30 年代初。1928 年，希腊马拉松（Marathon）水库开始蓄水。从 1931 年起，伴随水库蓄水在库区频繁发生小地震。7 年后，即 1938 年，发生了震级 $M5.7$ 地震。美国米德湖（Lake Mead）上的胡佛（Hoover）水库于 1935 年开始蓄水，1938 年基本蓄满。翌年即在库区发生了 $M5.0$ 地震。通过对胡佛水库地震的研究，科学界于 1945 年确认了水库载荷与地震的联系。从那时起，"水库蓄水，引发地震"的现象开始引起社会各界的广泛注意。迄今，经科学界确认的世界范围水库地震震级大于、等于 6.0 的地震已有 4 例；大于、等于 5.0，小于 6.0 的地震已有 10 例；大于、等于 4.0，小于 5.0 的地震已有 29 例；小于 4.0 的地震不下 100 例。4 例震级大于、等于 6.0 的地震有：中国广东河源新丰江水库地震（1962 年 3 月 18 日，面波震级 $M_S6.1$）；赞比亚—津巴布韦边界的卡里巴（Kariba）水库地震（1963 年 9 月 23 日，$M_S6.2$）；希腊科列马斯塔（Kremasta）水库地震（1966 年 2 月 5 日，$M_S6.2$）；印度科伊纳（Koyna）水库地震（1967 年 12 月 10 日，$M_S6.3$）。这些震级大于、等于 6.0 的水库地震乃至许多震级较小的水库地震造成了程度不同的灾害，有的甚至造成了巨大经济损失和人员伤亡的严重灾害（表 46.1）。

表 46.1 世界范围震级 ≥ 4.0 的水库触发地震

序数	水坝或水库名	国家	坝高/米	库容/10^6 米 ^{3}	蓄水年份	大地震年份	震级或烈度
震级 ≥ 6.0 的水库触发地震							
1	新丰江	中国	105	13896	1959	1962	6.1
2	卡里巴	赞比亚—津巴布韦	128	175000	1958	1963	6.2
3	克里马斯塔	希腊	160	4750	1965	1966	6.2
4	柯依那	印度	103	2780	1962	1967	6.3

序数	水坝或水库名	国家	坝高/米	库容/10⁶米³	蓄水年份	大地震年份	震级或烈度
5.0≤震级<6.0 的水库触发地震							
5	阿斯旺	埃及	111	164000	1964	1981	5.6
6	本莫尔	新西兰	110	2040	1964	1966	5.0
7	恰瓦克	乌兹别克斯坦	148	2000	1971	1977	5.3
8	欧坎本尼	澳大利亚	116	4761	1957	1959	5.0
9	隔河岩	中国	151	3400	1963	1967	VI
10	胡佛	美国	221	36703	1935	1939	5.0
11	马拉松	希腊	67	41	1926	1938	5.7
12	奥罗维尔	美国	236	4400	1967	1975	5.7
13	斯里那伽林德	泰国	140	11750	1977	1983	5.9
14	瓦那	印度	80	1260	1987	1993	5.0
4.0≤震级<5.0 的水库触发地震							
15	阿克松博缅因	加纳	134	148000	1964	1964	V
16	巴基那巴斯塔	南斯拉夫	90	340	1966	1967	4.5~5.0
17	巴萨	印度	88	947	1981	1983	4.9
18	伯拉茨克	俄国	100	169		1996	4.2
19	卡玛里拉斯	西班牙	49	37	1960	1964	4.1
20	卡内勒斯	西班牙	150	678	1970	1962	4.7
21	卡皮瓦里—卡乔伊拉	巴西	58	180	1952	1971	VI
22	克拉克山	美国	60	3517	1982	1974	4.3
23	大化	中国	74.5	420	1967	1993	4.5
24	丹江口	中国	97	16000	1954	1973	4.7
25	佛子岭	中国	74	470	1959	1973	4.5
26	格兰德瓦尔	法国	88	292		1963	V
27	华滨	越南	125	1988	1968	1989	4.9
28	卡斯特拉基	希腊	96	1000	1958	1969	4.6
29	克尔	美国	60	1505	1985	1971	4.9
30	库马利	阿尔巴尼亚	130	1600	1960	1986	4.2

序数	水坝或水库名	国家	坝高/米	库容/10^6米^3	蓄水年份	大地震年份	震级或烈度
31	库楼倍	日本	186	149	1976	1961	4.9
32	普卡基湖	新西兰	106	9000	1975	1978	4.6
33	马尼库阿甘	加拿大	108	10423	1975	1975	4.1
34	马林邦杜	巴西	94	6150	1962	1975	IV
35	蒙特纳德	法国	155	275	1972	1963	4.9
36	努列克	塔吉克斯坦	317	1000	1973/1974	1972	4.6
37	P.哥伦比亚/V.格兰德	巴西	40/56	1500/2300	1973/1974	1974	4.2
38	皮亚斯特拉	意大利	93	13	1965	1966	4.4
39	皮叶维德卡多尔	意大利	116	69	1949	1950	V
40	簸窝	中国	50	540	1972	1974	4.8
41	沃格拉斯	法国	130	605	1968	1971	4.4
震级＜4.0的水库触发地震							
42	阿库	巴西	31	2400	1983	1994	2.8
43	布罗维林	澳洲	112	1628	1968	1973	3.5
44	卡皮瓦拉	巴西	59	10500	1976	1976	3.7
45	卡莫杜卡祖卢	巴西	22	192	1954	1972	3.7
46	坎特拉	瑞士	220	86	1963	1965	3.0
47	达姆尼	印度	59	285	1983	1994	3.8
48	东江	中国	157	81	1986	1990	3.2
49	艾姆博尔卡考	巴西	158	17600	1980	1984	～2.0
50	艾姆莫森	瑞士	180	225	1973	1973	3.0
51	费尔扎	阿尔巴尼亚	167	2800	1978	1981	2.6
52	甘迪培特	印度	36	117	1920	1982	3.5
53	格兰科尔沃	南斯拉夫	123	1280	1967	1967	3.0
54	亨得利克	南非	66	5000	1970	1971	2.0
55	黄石	中国	40	610	1970	1974	2.3
56	湖南镇	中国	129	2060	1979	1979	2.8

续表

序数	水坝或水库名	国家	坝高/米	库容/10^6米^3	蓄水年份	大地震年份	震级或烈度
57	伊杜基	印度	169	1996	1975	1977	3.5
58	伊特至特至	赞比亚	65	5000	1976	1978	3.8
59	尤卡塞	美国	107	1431	1971	1975	3.2
60	卡玛福萨	日本	47	4	1970	1970	3.0
61	卡则	莱索托	185	1950	1995	1996	3.1
62	克邦	土耳其	212	31000	1973	1973	3.5
63	考里斯	塞浦路斯				1994—1995	3.0
64	库鲁普塞	苏联	~100	500	1981	1983	
65	戈登湖—佩达湖	澳洲	140	13500	1974	1978	
66	LG3	加拿大	80		1981	1983	3.7
67	鲁布革	中国	103	110	1988	1988	3.4
68	马基欧	日本	105	75	1961	1978	
69	蒙蒂赛洛	美国	129	500	1977	1979	2.8
70	莫拉	印度	56	1017	1972	1972	1.0
72	那伽瓦度	日本	155	123	1969	1969	
73	南冲	中国	45	15	1969	1974	2.8
74	南水	中国	81	1220	1969	1970	2.3
75	诺莫沃珀特	巴西	128			1995	3.7
76	奥德佛达	阿尔及利亚	101	225	1932	1933	3.0
77	帕拉依布拉—帕拉廷加	巴西	94/105	4700	1975—1976	1977	3.0
78	前进	中国	50	20	1970	1971	3.0
79	瑞德拉可里	意大利	103	33	1981	1988	3.5
81	萨兰菲	瑞士				1995	2.5
82	斯勒盖斯	澳洲	117	128	1970	1971	2.0
83	萨斯塔	美国	183	5615	1944	1944	3.0
84	盛家峡	中国	35	4	1980	1984	3.6
85	水口	中国	101	2350	1993	1994	3.2

续表

序数	水坝或水库名	国家	坝高/米	库容/10⁶米³	蓄水年份	大地震年份	震级或烈度
86	苏博拉迪荷	巴西	43	34100	1977	1979	～2.0
87	斯里兰萨喀尔	印度	43	32000	1983	1984	3.2
88	塔尔宾格	澳洲	162	935	1971	1973	3.5
89	汤姆逊	澳洲			1983	1990	3.0
90	托可托盖	吉尔吉斯	215	19500		1977	2.5
91	铜街子	中国	74	30	1992	1992	2.9
92	图克瑞	巴西	100	45800	1984	1985	3.4
93	瓦红特	意大利	262	150	1960	1960	
94	柘林	中国	62	7170	1972	1972	3.2
95	乌江渡	中国	165	2140	1979	1985	2.8
96	岩滩	中国	110	2430	1992	1994	3.5

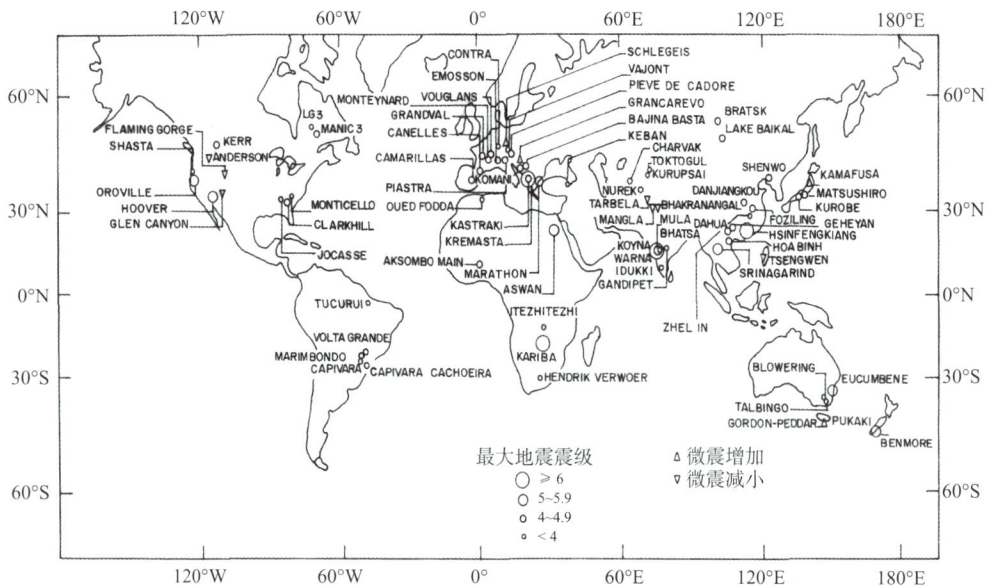

图 46.1 世界范围 $M \geqslant 4.0$ 水库触发地震的地理位置

"水库蓄水，引发地震。"

著名法国地球物理学家罗特（J. P. Rothé）的这句名言言简意赅，振聋发聩，表达了科学界以及广大公众对于水库蓄水引发地震问题的深切关注。但是，也不宜将其绝对化。毕竟全球每年发生 $M \geqslant 6.0$ 的地震大约 100 个，我国每年发生 $M \geqslant 6.0$ 的地震大约 6 次，我国大陆地区发生 $M \geqslant 6.0$ 的地震大约 4 次，而迄今经科学界确认的世界范围水库地震 $M \geqslant 6.0$ 的地震仅有 4 例，并且震级均 <6.5。事实上，随着研究工作的深入，一方面，发现的水库蓄水引发地震的例子愈来愈多；但是，另一方面，迄今也不乏水库蓄水、地震活动反而减弱的例外以及有争议的例子。

长期以来，科学界对于人工引发地震，究竟是触发（trigged）还是诱发（induced）并不严格加以区别，触发地震和诱发地震是作为同义词混用的。近年来，科学家发现有的人工引发的地震，人工因素只占与地震相联系的应力变化或能量的一个很小的份额。在这类人工引发的地震中，起主要作用的还是构造载荷，人工因素的作用好比是压垮骆驼的最后一根稻草。因此，这类人工引发的地震称为人工触发地震。另一类人工引发的地震，人工因素则占与地震相联系的应力变化或能量的一个相当可观的份额，称为人工诱发地震。在迄今发现的水库地震中，当蓄水水位最高时的人工水库蓄水产生的应力变化仅约为 1 兆帕（MPa），远小于板内地震的应力降（约 10 兆帕）。据此看来，迄今发现的水库地震几乎大多数都属于水库触发地震，而不是水库诱发地震。

随着全球范围社会经济发展对水力发电、洪水控制、农田水利灌溉等方面需求的增长，世界各地如雨后春笋般地兴建了大量的水库，其中不乏大、中型水库。"水库蓄水，引发地震"，水电资源开发利用的地震安全性问题、生态平衡、环境保护等问题，理所当然地受到社会的广泛关注。

水库地震是地震的一种。阐明水库地震的成因机制对于认识地震的成因机制；对于地震预测、预报乃至地震控制；对于预防与减轻地震灾害，在科学上有着重大的意义，长期以来一直是科学界关注的重要问题。半个多世纪以来，相关的研究成果数量庞大、内容丰富，各种论著林林总总，可谓汗牛充栋，从一个侧面反映了科学界对这一具有重要实际意义的科学问题的关注。

我国新丰江水库地震是迄今为止世界范围四大水库地震之一。在库区最大的地震（1962年 3 月 18 日 M_S6.1 地震）发生之前，有关部门即已在库区布设地震观测台网，并且两次对大坝采取加固措施，从而避免了重大损失。我国地震学家对新丰江水库地震的地震活动坚持长达半个多世纪的连续观测与研究，取得了极其宝贵的、很有意义的观测资料和研究成果。半个多世纪以来，随着社会经济的发展对水利基础建设需求的增长，全国各地兴建了许多大中型水库，水利基础建设取得了巨大的成绩，在经济建设和社会发展中，发挥着重要作用。但是，"水库蓄水，引发地震"，也发生了一些水库地震，对库区及其附近居民的生活和生产，带来了一定的负面影响。大型水电水库建设工程的地震安全性问题对于地区经济社会的可持续发展，仍然是一个不容忽视的重要问题。

47 聆听地球的音乐
——地球自由振荡

撞钟可以使钟响起来，悠扬的钟声可以绕梁三日，经久不衰。地球也是一口钟，而且是特别大的钟，如果用锤撞击它，不但同样可以发出悠扬的声音，而且音调更为低沉、历时更为长久——岂止是绕梁三日？它可以绕地球多圈，持续数周。不过，地球这口钟实在太大了，非用特别重的"锤"撞击不可。只有大型滑坡、大规模火山爆发、大陨星撞击……尤其是特别大的地震这样的重锤才能将它撞响。地球被撞击发出的"声音"或"音乐"称为地球自由振荡，简称地球振荡。

弦的振动

地球的振荡与拨动一根琴弦、击一面鼓或撞一口钟看似毫不相干，实际上，从物理学原理看，它们的基本原理是一样的。

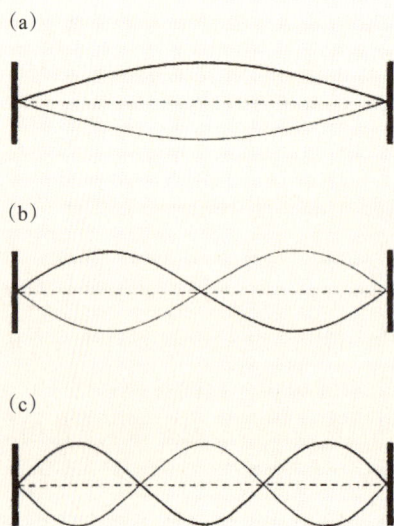

(a)

(b)

(c)

图 47.1 长度为 L，两端固定的弦被拨动时发出的声音是一系列不同频率的简谐振动（称为简正振型）叠加而成的
(a) 基阶振型（基音）；(b) 第 1 阶高阶振型（泛音）；(c) 第 2 阶高阶振型（泛音）

今以一根琴弦的振动为例。一根长度为 L、两端固定的弦，当它被拨动时发出的声音，是如图 47.1 所示的一系列不同频率的、比较简单的简谐振动（物理学称为驻波）叠加而成的。每一个驻波称为振动的简正振型或简正模（normal mode）。频率最低的驻波（简正振型）称为基阶振型（fundamental mode）或基音，又称为第 1 阶简正振型（first normal mode），它的角频率 $\omega_1 = \pi c / L$，式中，c 是波在弦上的传播速度，$c = (T/\rho)^{1/2}$，T 是弦所受的张力，ρ 是弦的线密度。比基阶振型（基音）频率高的驻波称为高阶振型（higher-order mode, higher mode），又称泛音（overtune）。高阶振型振动的角频率是基阶振型振动的角频率的整数倍，即 $\omega_2 = 2\pi c/L$，$\omega_3 = 3\pi c/L$，$\cdots$，$\omega_n = n\pi c/L$，依序称为第 2 阶简正振型，第 3 阶简正振型，……，第 n 阶简正振型；又称为第 1 阶高阶振型（泛音），第 2 阶高阶振型（泛音），……，第 $(n-1)$ 阶高阶振型（泛音）。与此相应，基阶振型的波长 $\lambda_1 = 2L$，高阶振型的波长依序为基阶振型波长的 $1/2, 1/3, 1/4, \cdots, 1/n$，即 $\lambda_2 = L$，$\lambda_3 = 2L/3$，$\lambda_4 = L/2$，$\cdots$，$\lambda_n = 2L/n$。

在弦上位移等于零的点称为节点。弦的两端是固定不动的，因而其位移为零，是当仁不让的节点。除此以外，当序数为 $1, 2, 3, 4, \cdots, n$ 时，弦上依序有 $0, 1, 2, \cdots, (n-1)$ 个节点，即基阶振型（序数为 1）没有节点，高阶振型（序数为 $2, 3, \cdots, n$）有 $1, 2, 3, \cdots, (n-1)$ 个节点。当琴弦被拨动时，它发出的声音的频率与波在弦上传播的速度（c）和弦的长度（L）有关，而速度（c）则与弦所受的张力（T）和弦的线密度（ρ）有关。从而，琴弦被拨动时发出的声音的频率与弦的长度、质地和弦所受的张力有关。例如，金属弦与尼龙弦发出的声音就不同；绷紧的弦发出的声音的音调比松弛的弦发出的声音的音调高；等等。当琴弦被拨动时，许许多多振型的振动被激起，每一种振型被激起的状况（振幅和相位）因演奏者演奏时拨动琴弦时用力点的位置及用力的轻重缓急的不同而不同，琴弦发出的声音便是所有这些振型的叠加。每种振型发出的声音以波动的形式传播开来，部分转化为热，于是，振动逐渐减弱，直至停息。

地球自由振荡

虽然从物理学角度看，地球的自由振荡与拨动一根琴弦、击一面鼓、撞一口钟的基本原理是一样的，但若究其细节，具体情况还是有所不同，各具特色。主要的不同点是：①维数不同。琴弦是一维的振动，鼓是二维的振动，而地球自由振荡是三维的振动。诚然，钟鸣也是三维的振动，但是地球自由振荡涉及的是更为庞大与复杂的地球球体三维振动。②频率不同。与拨弦、击鼓、撞钟不同，地球这口钟很大！大到它发出的音乐的频率远远低于人耳听力的范围，只能靠地震仪、而且是靠比通常的地震仪更能够记录好极低频率振动的地震仪，包括被当作地震仪使用的应变仪、倾斜仪……才能聆听地球的音乐；大到除了弹性力以外，地球的重力的影响也成了一个不能忽略的重要因素；大到很不容易拨弄它，只有诸如大地震、而且是罕见的特别大的地震才能拨得动、击得响、撞得出声。③地球是不均匀的。虽然作为一级近似，地球内部结构的不均匀性可以简单地视为其内部的性质（如弹性、地震波传播速度、地震波衰减特性、等等）只与半径有关的球对称体，其中有莫霍界面（地壳—地幔分界面）、古登堡界面（地幔—地球外核分界面）、莱曼界面（地球内核—外核分界面），但地球内部的性质，如弹性、地震波传播速度、地震波衰减特性等等不仅随地球半径方向变化，而且还随水平方向变化（称为侧向变化）。地球不是一个严格的圆球体，它的更高级的近似更接近于一个旋转椭球体，这个旋转椭球体体沿赤道的半长轴（a）约为 6378137 米，沿形状轴方向的半短轴（c）约为 6356752 米，扁率（polar flattening）$f=(a-c)/a$ 约为 $1/298.252=3.35287 \times 10^{-3}$。地球的自转、地球的扁率、地球介质的各向异性、滞弹性（非完全弹性）等诸多因素都会对地球自由振荡的频率产生影响。

由于地球是三维的，地球内每一个质点相对于未受扰动状态的位移也是三维的，因此要用三个彼此独立的量或者说要用矢量来表示质点的运动。设地球是球对称的，将球极坐标系的（r,θ,ϕ）的原点置于地球的质心，极轴过震中（图 47.2）。比照地球的两极（北极、南极）、纬度、经度，这里选为极的地震震中相当于（但不等于是）地球的北极、南极，θ 和 ϕ 分别相当于（但不等于是）地球的余纬和经度。位移矢量 $\boldsymbol{u}(r,\theta,\phi)=(u_r,u_\theta,u_\phi)=u_r\boldsymbol{e}_r+u_\theta\boldsymbol{e}_\theta+u_\phi\boldsymbol{e}_\phi$，式中，$\boldsymbol{e}_r,\boldsymbol{e}_\theta,\boldsymbol{e}_\phi$ 分别表示沿 r,θ,ϕ 增加的方向（以后分别简称为 r,θ,ϕ 方向或径向、余纬方向、经度方向）的单位矢量，u_r,u_θ,u_ϕ 分别表示 $\boldsymbol{u}(r,\theta,\phi)$ 在 r,θ,ϕ 方向的分量，一般地，它们都是 r,θ,ϕ 的函数。按照质点位移的特性，地球自由振荡可以分为环型振荡（toroidal mode oscillation）和球型振荡（spheroidal mode oscillation）两大类，通常分别以 $_nT_l^m$ 和 $_nS_l^m$ 表示，其中，n 称为径向阶数（radial order），又称泛音阶数（overtone number），它表示环型振荡或球型振荡随半径的函数变化情况；l 称为角阶数（angular order），它表示该振型的振荡随余纬的函数变化情况；m 称为方位阶数（azimuthal order），$|m| \leqslant l$，又称经度阶数（longitudinal order, longitudinal number），它表示该振型的振荡随方位（经度）的函数变化情况。对于给定的径向阶数 n 和角阶数 l，由于 $|m| \leqslant l$，所以有 $2l+1$ 个不同的方位阶数，即 $m=0,\pm 1,\pm 2,\pm 3,\cdots,\pm l$。每个方位阶数 m 对应的振型称为单谱线（singlet），简称单线。所有方位阶数 m 对应的振型，即至多为 $2l+1$ 条单（谱）线统称为多谱线（multilets），简称多线。对于真实的地球，单谱线的频率是变化的，这种效应称为谱线分裂（splitting）。不过，如果地球是完全球对称、不自转的圆球体，那么所有单（谱）线的本征频率（eigenfrequency）$_n\omega_l^m$ 或相应地，本征周期将会都一样，这种情况称为本征频率简并（degeneracy）或本征周期简并。例如当 $m=3$ 时，若 $_nT_l^m$ 的 7 种简正振型 $_nT_l^0$、$_nT_l^{\pm 1}$、$_nT_l^{\pm 2}$、$_nT_l^{\pm 3}$ 的本征频率都相同，则称它们的本征频率发生简并，等等。在简并的情况下，可将 $_nT_l^m$ 与 $_nS_l^m$ 分别简写为 $_nT_l$ 与 $_nS_l$。对于真实的地球，谱线分裂的效应是很小的，常可忽略不计，此时，便可将全部的 $_nT_l^m$ 多（谱）线简写为 $_nT_l$，将全部的 $_nS_l^m$ 多（谱）线简写为 $_nS_l$，将相应的本征频率记为 $_n\omega_l$。

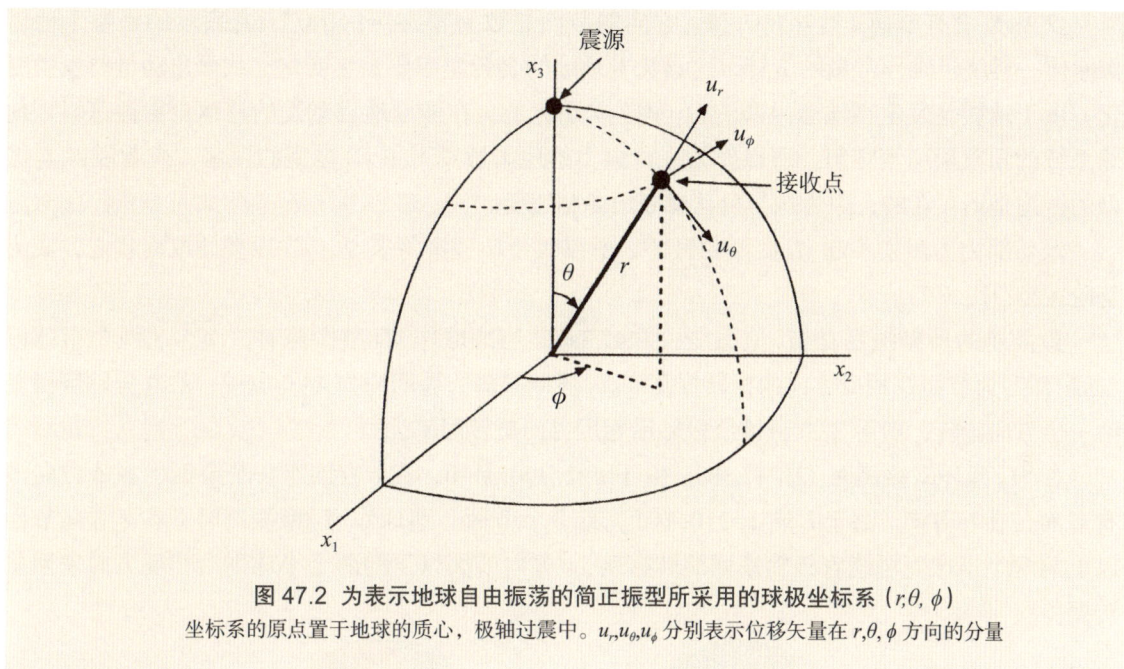

图 47.2 为表示地球自由振荡的简正振型所采用的球极坐标系（r, θ, ϕ）
坐标系的原点置于地球的质心，极轴过震中。u_r, u_θ, u_ϕ 分别表示位移矢量在 r, θ, ϕ 方向的分量

环型振荡

当地球自由振荡只有水平方向位移（即切向位移）时的振型称为环型振荡（toroidal mode oscilation）或扭转型振荡（torsional mode oscilation）。通常用 $_nT_l^m$ [多（谱）线] 或 $_nT_l$ [单（谱）线] 表示地球的环型振荡。当地球作环型振荡时，它没有径向的位移（即 r 方向位移为零），只有 θ 方向位移和（或）ϕ 方向位移，质点都在以地球质心为球心的同心球球面上运动，它的位移矢量的散度即体积膨胀为零，地球的球形保持不变，其体积不受影响，故称为环型振荡。作环型振荡时，扭转运动不改变地球内部的密度分布，所以环型振荡在重力仪记录上不会有显示；但是它会引起平行于地球表面的位移和应变的变化，可以被应变仪记录下来。环型振荡依赖于地球内部的剪切强度。因此地球的液态外核不参与环型振荡，环型振荡仅限于具有刚性的地幔与地壳。

作 $_nT_l$ 环型振荡时，$n=1,2,3,4,\cdots$ 表示在 ϕ 方向的位移作为 r 的函数有 n 个节面（图 47.3）。$l-1$ 等于球面上 θ 方向和 ϕ 方向的节线总数，这些节线的形状和分布随方位阶数 m 的变化而变化。m 等于 ϕ 方向的节线数，$l-m-1$ 等于 θ 方向的节线数。由于 $m=0$，所以作 $_nT_l$ 型的环型振荡时不但没有径向（r 方向）位移分量，而且也没有 θ 方向位移分量，只有 ϕ 方向位移分量。

有些振型从物理意义上看是不可能的。例如，$_0T_0$ 这种振型是不存在的，因为它表示的是位移全部为零，是无意义的解。

$_0T_1$ 振型没有节面（沿 θ 方向和 ϕ 方向的节面总数为零 $l-1=1-1=0$），它表示的是整个地球像刚体一样绕极轴作常量的旋转，这意味着地球的自转速率要发生变化，从而角动量要发生变化。由于地震是发生在地球内部的力（内力）引起的，在涉及地震激发的地球自由振荡时，地球系统的角动量应当守恒。所以作为一种内力的地震激发不了 $_0T_1$ 振型的振荡，或者说，$_0T_1$ 振型的振荡是不存在的，因为这与角动量守恒律相违背。

既然靠内力激发不起 $_0T_1$ 振型的振荡，所以对于环型振荡来说，$_1T_1$ 振型便取而代之，成为基阶振型。

最简单的环型振荡是 $_0T_2$ 型振荡（图 47.3a）。当地球作 $_0T_2$ 型振荡时，南、北两个半球以"赤道面"为节面作相反方向的扭转振荡。$_0T_2$ 环型振荡的周期约为 44.0 分钟，22.0 分钟绕极轴沿一个方向旋转，随后 22.0 分钟绕极轴沿相反方向旋转回来。

作 $_1T_2$ 型环型振荡时（图 47.3b），由于 $n=1$, $l=0$, $m=0$，在 r 方向有一个节面，在 ϕ 方向没有节面，在 θ 方向（由于 $l-m-1=2-0-1=1$）有一个节面。地球作 $_1T_2$ 型振荡时，在 r 方向节面以上的两个半球壳层绕着极轴来回旋转振荡，r 方向节面以下的两个半球则沿相反方向来回旋转振荡。

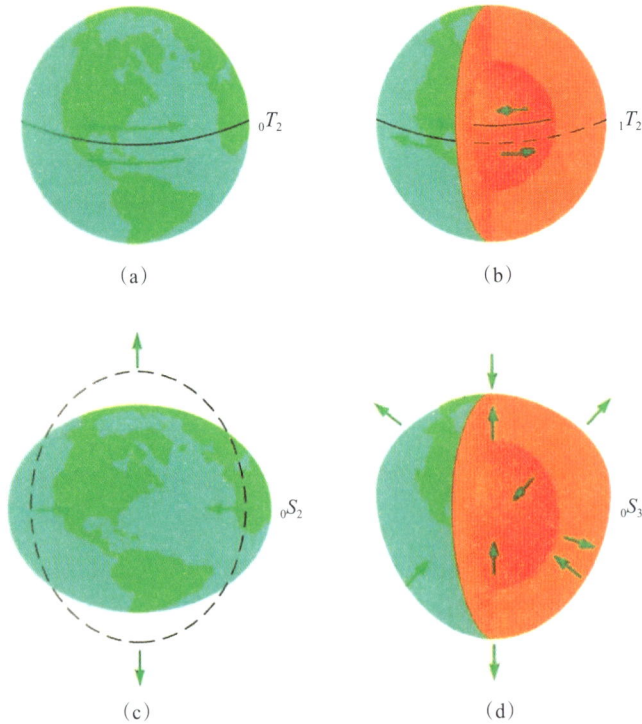

图 47.3 地球自由振荡

（a）基阶环型振荡 $_0T_2$，周期 =44.0 分钟；（b）高阶环型振荡 $_1T_2$，周期 = 12.6 分钟；（c）基阶球型振荡（"足球形"振荡）$_0S_2$，周期 =53.9 分钟；（d）高阶球型振荡（"梨形"振荡）$_0S_3$，周期 =35.6 分钟

球型振荡

球型振荡又称极型振荡（poloidal mode oscillation）。最一般类型的球型振荡涉及沿径向及与径向和环型振荡方向都正交的切向的位移，通常以 $_nS_l^m$ 表示。

与环型振荡类似，$_nS_l^m$ 表示的是径向阶数（泛音数）为 n，角阶数为 l，方位阶数为 m 的球型振荡。实际上，一般只能观测到 $m=0$ 的振荡，即对于极轴具有旋转对称性、发生简并的振荡，在此情况下，可略去 $_nS_l^m$ 的方位阶数 m 不写，简写为 $_nS_l$。

$n=0$，$l=1$ 的球型振荡（$_0S_1$）是并不存在的振型，因为 $_0S_1$ 振型表示的是没有任何一个节面即整个地球发生像刚体一样平动的位移。在涉及地震激发的地球自由振荡时，由于地震是发生在地球内部的内力引起的，地球系统的动量应当守恒。所以地震激发不了 $_0S_1$ 振型的振荡，或者说，$_0S_1$ 振型的振荡是不存在的，因为这与动量守恒律相违背。

$n=0$ 表示无内部节面的基阶振型。与环型振荡类似，当 n 的数值增大时，地球内部沿 r 方向的节面数增加。虽然如此，与环型振荡情形不同，n 不再等于 r 方向的节面数。此外，与环型振荡不同，球型振荡的角阶数 l 等于在地球表面的节线数，而环型振荡是 $l-1$ 等于在地球表面的节线数。不过，m 还是表示经圈的节线数。

$_0S_2$ 型振荡是迄今观测到的地球自由振荡中的"最低音"即频率最低（或者说周期最长）的振型（图 47.3c），其周期约为 3233.50 秒（即约为 53.9 分钟），比钢琴中音 E（middle E）低 20 个倍频程（octave）、也即低 20 个八度的 E 调。$_0S_2$ 单谱线是一种像美式足球一样在扁椭球形（oblate）和长椭球形（prolate）形状之间交替变化的振型，故称为"足球型振荡（football mode oscillation）。

地球表面的节线数随着 l 的增大而增多，例如 $_0S_3$，即 $n=0$，$l=3$，$m=0$ 的球型振荡，由于 $m=0$，所以它具有旋转对称性；由于 $l-m=3-0=3$，所以它沿 θ 方向有 3 个节点。因此 $_0S_3$ 表示的是地球作如图 47.4(d) 所示的形如梨子的自由振荡，故又称 $_0S_3$ 为"梨形振荡（pear-shape oscillation）"。随着 n 的增大，地球内部的节面数目增多，如 $_1S_3$。

理论上，地球自由振荡中的"最低音"，即频率最低、周期最长的振型是 $_1S_1$ 振型。$_1S_1$ 振型又称为史立克特（Slichter）振型，是以国际著名的美国地球物理学家史立克特（Louis Byrne Slichter,1896–1978）姓氏命名的振型。作 $_1S_1$ 型振荡时，固态内核相对于液态外核沿侧向"晃荡"，其周期约为 19500 秒（即约为 5.4 小时）。不过，史立克特振型迄今尚未观测到。

径向振荡

最一般类型的球型振荡涉及沿半径增加的方向和沿切向位移的振荡。但是，当 $l=0$ 即当沿切向方向的振荡为零时，球型振荡只涉及沿径向的振荡，这种球型振荡特别称为"径向振荡

（radial oscillation）"。径向振荡可视为球型振荡在 $l=0$ 时的特殊情形，所以径向振荡的最低频振型即基阶振型 $_0S_0$，也是球型振荡的基阶振型，它表示整个地球像气球一样一致地膨胀—收缩，周期约为 1228.10 秒（即约为 20.5 分钟），犹如呼吸一般，故又称为"气球型振荡（balloom mode oscillation）"，"呼吸型振荡（breathing mode oscillation）"。第 2 阶简正振型（又称第 1 阶高阶振型）$_1S_0$ 表示沿半径增加的方向有一个节面，周期约为 613 秒（约为 10.1 分钟）。

地球自转和地球扁率对地球振荡的影响

前面的讨论没有涉及到地球的自转。对于球对称、不考虑自转的地球模式，自由振荡周期对于 m 是简并的。但是，如果采取的地球模式是以角速度 Ω 绕对称轴转动的话，自由振荡周期就不再对 m 简并了。这种情况很类似于磁场中原子谱线的分裂——塞曼效应（Zeeman effect）。塞曼效应是 1902 年诺贝尔奖获得者、荷兰物理学家塞曼（Pieter Zeeman,1865–1943）于 1896 年发现的、原子在外磁场中的光谱线发生分裂且偏振的现象。事实上，当 1960 年地球自由振荡的观测结果第一次得到公认时就已经注意到在地球自由振荡频谱中，最低频率的振型常常是许多挨得很近的谱线。图 47.4 是 $_0S_3$ 振型的观测谱线，是在德国黑森林观测所（Black Forest Observatory, 缩写为 BFO）用超导重力仪观测得到的 2010 年 2 月 27 日智利毛利（Maule）$M_W8.8$ 地震的傅里叶谱。这幅图显示了 $_0S_3$ 振型谱线的分裂（"塞曼效应"）。由于地球自转，$_0S_3$ 振型的多谱线分裂为 7 条单谱线。图中，7 条竖直的细虚线是考虑了地球自转与流体静力学变扁效应，由初始地球模型（PREM）计算得出的 7 条单谱线频率的理论值，纵坐标是谱线的观测值（相对振幅）。从这幅图可以看出 $_0S_3$ 振型的 7 重谱线（$m=-3,-2,-1,0,1,2,3$）的理论值与观测值很接近。

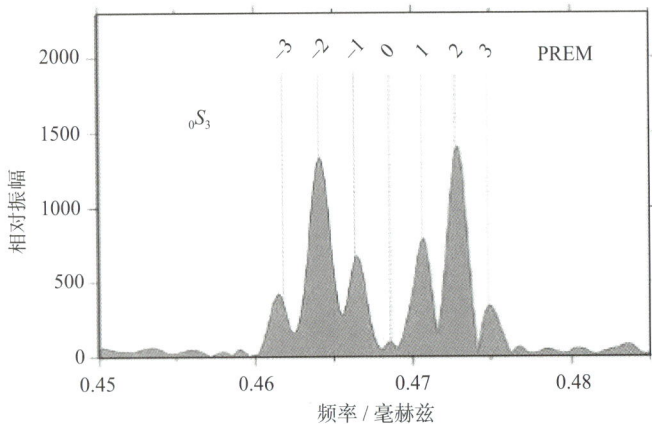

图 47.4 $_0S_3$ 振型谱线的分裂（塞曼效应）

地球自转不但使得振荡频率发生分裂，还能改变质点的振荡方向。这种情形与傅科摆（Foucault pendulam）类似：在无自转情形下沿直线振荡的质点，在以角速度 Ω 自转的平面上将沿着图 47.5 的实线所示的轨迹运动。这个效应导致球型振荡与环型振荡发生耦合，使本来只有水平位移的环型振荡也会具有垂直方向的分量。在这种情况下，垂直向地震仪也能记录到环型振荡。

地球自转的另一个效应是使由西向东传播的行波的振荡频率低于朝相反方向传播的行波的振荡频率。

地球自转的一级效应使谱线分裂成 $2l+1$ 条中心对称的谱线；地球自转的二级效应与地球扁率的一级效应则使谱线进一步发生移动。在不考虑自转只考虑扁率效应的情况下，扁率的一级效应将使原谱线分裂成 $l+1$ 条谱线。

地球自转造成的地球自由振荡频率谱线的分裂与原子在磁场中发生光谱分裂（塞曼效应）完全类似；地球扁率造成的谱线分裂与轴对称分子光谱相似。大到地球、小到微观世界，完全无关的现象竟有如此相同的数学结构，实令人叹为观止。

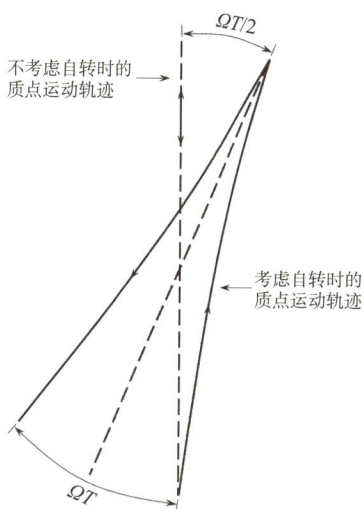

图 47.5 地球自转的效应：改变质点的振荡方向（傅科摆）

地球音乐简史

地球的振荡是一种低频振荡。因为传统的地震仪比较注重高频、短波，所以长期以来人们一直没有记录到地球的振荡，无缘听到来自地球深处的音乐。尽管如此，也没有能阻止科学家理论先行，先从理论上对它进行研究。

早在 1829 年，法国泊松（Siméon Denis Poisson,1781–1840）便率先从数学上对这个问题进行了研究，他考虑了完全弹性固体球振动的理论问题。随后，英国开尔芬勋爵（Lord Kelvin，1824–1907）即威廉·汤姆逊（William Thomson）和乔治·霍华德·达尔文 [George Howard Darwin，1845–1912,英国天文学家、地球物理学家，进化论创始人查尔斯·达尔文（Charles Darwin,1809–1882）之次子] 进一步发展了理论，并将所得结果应用于固体潮问题。

1882 年兰姆（Horace Lamb,1849–1934）运用比较简单的模型详细地研究了地球自由振荡问题。他把地球模拟为一个均匀的钢球，通过计算，他得出了地球自由振荡的基阶振型的周期约为 78 分钟，并证明了有可能存在两种不同类型的振荡。英国斯通莱（Robert Stoneley,1894–1976）在 1961 年的一篇很重要的评论文章中将这两类振荡分别称为 C_1 类与 C_2 类振荡，这就是对于较复杂的地球模式现在仍然适用的环型振荡与球型振荡。

在 19 世纪中期，当弹性理论已臻成熟时，科学家曾热衷于给地球的"音高"定调。例如，地球自由振荡的最低音 $_0S_2$ 相应于 E 调，比钢琴的中音 E 低 20 个倍频程（octave），即通常所说的低 20 个八度！著名天文学家开普勒（Johannes Kepler,1571–1630）写过一篇题为《 *Music of sphere*（球之音乐）》的论文，设想每一颗行星围绕太阳公转一圈为一个音符。按照这个比喻，地球围绕太阳 365.25 天转一圈便相当于比 C# 低 33 个倍频程（低 33 个八度）！

1911 年勒夫（Augustus Edward Hough Love,1863–1940）在其一篇著名的论文中考虑了重力对地球径向运动的效应，探讨了重力作用下可压缩球体的静态形变和微小振动的问题。在 20 世纪初以前，人们对地球内部所知甚少，加上没有近代的电子计算机做尽量符合于实际地球情形的繁复的运算，所以只得假设一个平均的均匀地球模式进行计算。勒夫当时得到的、现在称为球型振荡的、周期最长的振荡，其周期约为 60 分钟，与现在公认的实测值 54 分钟已很接近。杰弗里斯（Harold Jeffreys,1891–1989）在其名著《 *The Earth*（地球）》一书中，评述了静态情形并指出其下述缺点，即：均匀、可压缩地球模型要求在较深处应有较轻的物质。

虽然从 19 世纪以来地球自由振荡就是一个重要的理论问题，并且有了许多发展，但只有在出现了超灵敏的、稳定的重力仪和应变地震仪以及电子计算机后才成为一个具有实际意义的问题。

1952 年 11 月 4 日勘察加 M_W9.2 地震后，美国贝尼奥夫（Victor Hugo Benioff, 1899–1968）在他的应变地震仪上发现了大约 57 分钟和 100 分钟的两个长周期波，他认为这两个长周期波是勘察加地震激发的地球自由振荡，因而鼓励理论家去进行有关的理论推演与数值计算。贝尼奥夫的发现激发了地球自由振荡理论研究活力的复苏。

以后 7 年中，再没有人报道过类似的结果，有的地震学家甚而把贝尼奥夫的观测结果归之于仪器的毛病，但仍有人坚持不懈地进行理论研究。到了 20 世纪 50 年代，传统地震学在古登堡（Beno Gutenberg,1889–1960）、里克特（Charles Francis Richter,1900–1985）、杰弗里斯、布伦（Keith Edward Bullen,1906–1976）等人的努力下有了很大的发展，人们对地球内部结构的认识比 19 世纪末、20 世纪初清楚得多。其时，电子计算机也已问世。这些使得美国派克里斯（Chaim Leib Pekeris,1908–1993）、奥尔特曼（Ziporah S. Alterman,1925–1974）和雅罗什（H. Jarosch）等人于 20 世纪 50 年代有可能把前人的理论工作推广到非均匀地球模型，从而有可能把理论计算与实际观测结果进行比较。具体地说，他们完全在球极坐标系中进行讨论，从而简化了勒夫在 1911 年的分析；他们不但得到了许多勒夫已得到的结果，而且把勒夫得到的结果推广到各种非均匀地球模型的情形。

1954 年以后，日本松本利治（T. Tatumoto）与佐藤良辅（R. Satô）于 1954 年、法国若伯特（N. Jobert）于 1956 年、日本竹内均（H. Takeuchi）于 1959 年、美国贝库司（G. Backus）与基尔伯特（F. Gilbert）于 1961 年以及麦克唐纳（G. J. F. MacDonald,1930–2002）等人于 1961 年也都曾对实际地球模式的振荡周期进行了计算，取得了其他一些重要的结果。

和世间许多事物一样，地震是把双刃剑。如果地震发生在人类生活的地方，便可能造成灾害。如果大地震发生在渺无人烟的地方，哪怕是山崩地裂也无需担忧，却正可以借它所激发起的地球振荡深入研究地震与地球的内部结构，增进对地震与地球的认识。足以激发地球振荡的特别大的地震极为罕见（诚然，幸好极为罕见），来自地球的音乐也极为难得一听，正是：

此曲只应地下有，人间能得几回闻。

[这里借用与改动了杜甫的七绝《赠花卿》：锦城丝管日纷纷，半入江风半入云。此曲只应天上有，人间能得几回闻。]

1952 年 11 月 4 日勘察加 M_W9.2 地震后，一直没有发生过特别大的地震，直到 1960 年 5 月 22 日智利发生 M_W9.5 地震。这次地震发生时，在贝尼奥夫的应变地震仪和其他一些研究机构的地震仪，如拉蒙特（Lamont）地震仪等摆式地震仪、长周期地震仪上，以及在拉科斯特—隆伯格（La Coste-Romberg）重力仪上，同时记录到了地球自由振荡的信号。

1960 年 8 月，曾任美国科学院院长的国际著名地球物理学家、地震学家，美国弗兰克·普雷斯（Frank Press,1922– ，图 47.6）在国际地震学与地球内部物理学协会（IASPEI）赫尔辛基学术大会上宣布，贝尼奥夫从 1960 年 5 月 22 日智利 M_W9.5 地震中又一次观测到了长周期波。接着，美国洛杉矶加州大学（UCLA）地球与行星物理研究所（IGPP）史立克特（Louis Byrne Slichter,1896–1978）宣布，他的研究集体也从拉科斯特—隆伯格（La Coste-Romberg）重力仪上观测到类似的长周期波。

两者当场比较，结果既令人振奋，也令人困惑：许多周期，特别是 54、35.5、25.8、20、13.5、11.8 和 8.4 分钟的周期十分吻合；但贝尼奥夫记录到的某些周期在史立克特的记录中却看不到。国际著名的理论地球物理学家、应用数学家，立陶宛—美国—（最后是）以

图 47.6 国际著名地球物理学家、地震学家，美国弗兰克·普雷斯 (Frank Press，1922–)

色列派克里斯（Chaim Leib Pekeris，1908–1993）当时也在场，他将史立克特结果中所缺失的周期研究了一番，接着宣布：这些周期相当于他计算的环型振荡，而史立克特所用的重力仪是理所当然地记录不到不会引起重力变化的环型振荡的！两套独立的观测结果与理论惊人地符合，证据强而有力。从此一锤定音，驱散了长期以来对地球长周期自由振荡真实性的一切疑团。

表 47.1 列出了一些地球自由振荡的周期及其特性或相关震相的简要说明。图 47.7 是由 2004 年 12 月 26 日苏门答腊—安达曼 M_W9.2 地震激发的地球自由振荡的频谱图。

表 47.1 一些地球自由振荡的周期及其特性或相关震相

振型	周期/秒	说明	振型	周期/秒	说明
$_0T_2$	2639.40	基阶环型	$_0S_0$	1228.10	基阶径向
$_0T_3$	1707.60	基阶环型	$_1S_0$	613	径向高阶
$_1T_1$	808.4	高阶环型	$_0S_2$	3233.50	足球形振荡
$_1T_2$	757.5	高阶环型	$_0S_3$	2134.40	梨形振荡
$_9T_2$	104.4	高阶环型	$_0S_{30}$	262.1	基阶瑞利波
$_0T_{30}$	259.5	基阶勒夫波	$_0S_{130}$	75.8	基阶瑞利波
$_0T_{130}$	68.9	基阶勒夫波	$_1S_{30}$	160.9	第2阶高阶瑞利波
$_2T_{30}$	151.3	第2阶高阶勒夫波	$_{10}S_6$	203.5	内核 PKJKP
$_4T_{67}$	71.3	SH 波	$_{11}S_5$	197.1	内核 PKIKP
$_{10}T_{40}$	71.4	SH 波$_{衍射}$	$_{14}S_3$	184.9	地幔 ScS$_{SV}$
$_{13}T_7$	71.6	ScS$_{SH}$	$_1S_1$	19500	史立克特型振荡

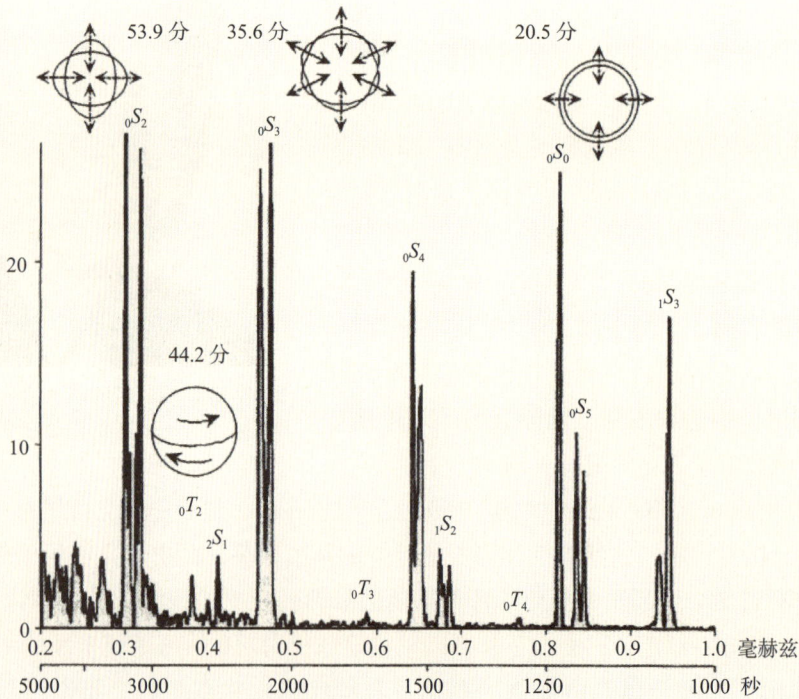

图 47.7 由 2004 年 12 月 26 日苏门答腊—安达曼 $M_W9.2$ 地震激发的地球自由振荡的频谱图

振型—射线双重性——地球自由振荡与地震面波

在讨论地球自由振荡时，我们把它当作一个整体来处理，用驻波法分析地球上每一点的振动情况；在讨论地震面波的传播时，我们则用行波法分析行进着的扰动在地球表面上的传播。驻波法和行波法两者都是用来描述地球的运动的，它们在本质上是一致的，两者的差别仅仅是表面的。可以证明，角阶数为 l 的地球自由振荡的简正振型（驻波）是波长为 λ 的、向极点汇聚与离开极点向外发散的行波的叠加（图 47.8）。波长 λ 和角阶数 l 的关系为 $\lambda=2\pi a/(l+\frac{1}{2})$，也就是说，角阶数为 l 的简正振型与波长为 $\lambda=2\pi a/(l+\frac{1}{2})$ 的行波是等效的。简正振型与行波的等效性称为振型—射线双重性（mode-ray duality）。

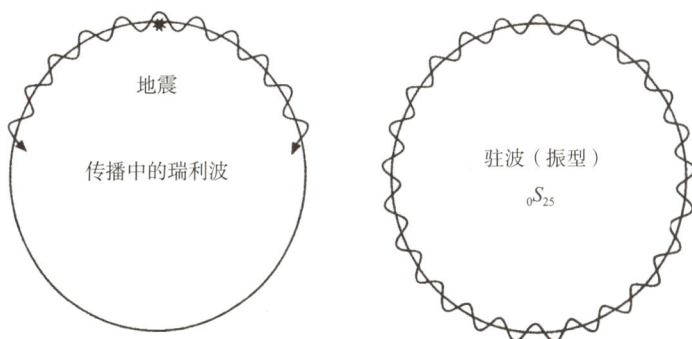

地震

传播中的瑞利波

驻波（振型）

$_0S_{25}$

图 47.8 驻波（简正振型）与行波的等效性

简正振型与行波的等效性或者说振型—射线双重性不但在理论上得到了证明，而且从观测中也得到了有力的检验。布龙（J. N. Brune）、纳菲（J. E. Nafe）和埃尔索普（L. E. Alsop）曾经用 $l>20$ 的观测资料证实了上式。布龙、伊文（William Maurice Ewing,1906–1974）和国际著名华裔地球物理学家郭宗汾（John T. Kuo, 1922– ）通过计算证实了用驻波法分析面波地震图和用行波法分析所得的结果的一致性。

根据前面提到的环型振荡和球型振荡的性质，很容易看出：当 l 很大时，环型振荡就是 SH 型面波（勒夫波）；球型振荡就是 P-SV 型面波（瑞利波）。当 l 相当小时，例如 $l<10$ 时，地球自由振荡周期大于 10 分钟，自由振荡主要取决于地球整体的性质。当 $10<l<100$ 时，周期大约在 10 分钟和 100 秒之间，振荡显著地依赖于地幔的结构。通常把这个周期范围内

图 47.9 国际著名华裔地球物理学家
郭宗汾（John T. Kuo, 1922– ）

的自由振荡分别称为"地幔勒夫波"和"地幔瑞利波"，以区别于半空间中的勒夫波和瑞利波。当周期小于 100 秒左右时，振荡主要取决于地球最外面 50 千米的结构。

地球的滞弹性

大地震激起的地球自由振荡常持续好几天，例如 1960 年 5 月 22 日智利地震激起的地球自由振荡至少就持续了 5 天。但是地球介质并非完全弹性，地球自由振荡终究都要衰减殆尽。地震波衰减又称地球介质的非完全弹性，即滞弹性（anelastisity），它使得地球自由振荡振幅随时间衰减，将地震波的能量转化为热能。既然地球自由振荡与地球内部的滞弹性有关，所以它成为研究地球内部滞弹性的一种重要手段。

地球介质的滞弹性可以用介质的品质因数 Q 表示。Q 值这个术语是从电机工程学借用过来的。$2\pi Q^{-1}$ 定义为在一个应力循环中，系统所损耗的能量与系统的应变达到极大时具有的弹性能量的比值。即一个振动在经过 Q/π 个周期（QT/π 时间）后，它的振幅减到原来的 e^{-1}，这里，e 是自然对数的底：e=2.71828…。Q 值愈高的振型愈可以余音缭绕，经久不息。地球自由振荡的 Q 值一般是 100 以上不等，也有上千、上万的，尤其是一些周期较长的，"余音"可以经久不息，少至数日，多至数周。

地球自由振荡的应用

传统上，地震学研究的问题有两个：一个是研究地震的震源，另一个是研究地球的结构。在研究地球内部结构和地震震源机制方面，地球的音乐学提供了一个完全异于传统的方法，为地震学研究打开一个崭新的局面，包括：①地球模式，②地球内部介质的滞弹性，以及③地震的震源机制等方面。

（1）地球模式

对比由各种地球模式计算得到地球自由振荡的频率与实际观测到的频率，可以检验和改善地球模式，增进对地球内部的认识。通过对地震体波走时的观测可以反演地球内部的速度分布。在这个基础上，可以进一步求得地球内部的密度 $\rho(r)$，弹性系数 $\lambda(r)$ 和 $\mu(r)$ 随地球径向距离 r 的变化。地球的自由振荡则提供了另一种确定地球内部的 $\rho(r)$，$\lambda(r)$ 和 $\mu(r)$ 的独立的方法，它与地震体波方法互为补充。

（2）地球内部介质的滞弹性

Q 值可由体波或面波观测确定。不过，用地震体波不容易测准 Q 值，原因是震源的性质、传播路径的差异、仪器的特性及台基等局部条件的影响都很难扣除。用地震面波则好一些，特别是如果运用绕地球转圈相差一圈的 G 波（如 G_1-G_3）或 R 波（R_2-R_4）便可消除仪器、频率和几何扩散等效应。用地球自由振荡资料确定地球介质的 Q 值便没有上述缺点。

测量结果表明，Q 值随着振型的阶数 l 而发生系统的变化：低 l 的振型 Q 值一般较高。在实验室里测定岩石样品的 Q 值在很宽的频率范围内一般与频率没有什么关系，为什么长周期（低 l）振型的 Q 值会比短周期（高 l）振型的 Q 值系统地偏高呢？这是因为地球内部的滞弹性随深度而变，较长周期的振型穿透了 Q 值较高的较深处介质之故。

对于球型振荡来说，从地面直到约 5000 千米处，Q 值都很低，约 80 ~ 100。在地幔，在 700 千米以下的深度有一个 Q 值较高（1000 ~ 2000）的区域。

$_nT_m^l$ 的 Q 值最小，在 100 ~ 300 间。$_0S^{12}$ 和 $_0S^2$ 的 Q 值较高，在 200 ~ 500 之间。径向振型 $_0S_0$ 的 Q 值极高，至少 12000。由此可见，地球的自由振荡的能量主要是从 $_nT_m^l$ 衰减掉的，相形之下，径向振型 $_0S_0^0$ 几乎没有衰减。

（3）地震的震源机制

通过对比地球自由振荡的振幅和相位的计算值和观测值，可以得到有关震源的讯息。给定某一地球模式，给定基本的震源参量（断层的走向、倾向、倾角、震源深度、断层面积、错距等），就可以计算自由振荡的振幅和相位。然后与相应的观测值对比，从而确定出震源参量。

聆听深锁着的地下宫殿不断地在地震仪上写下的乐章，解读那些神秘的地震波记录图，正是打开地下宫殿大门的一把密钥，也正是地震学家一展才华、应对挑战的广阔天地。

48 行星内部的行星——地球内核转动比地壳、地幔快

图 48.1 国际著名女地震学家丹麦莱曼
(Inge Lehmann, 1888–1993)

人类对地球的认识是从近地表逐渐深入到地球深部，由定性的认识到定量的描述。科学技术的进步及人类生存发展的需要，推动了人类对地球认识的发展。利用现代科学技术手段，地球科学家对地球及其内部复杂的结构、运动和演化现在已有了相当程度的了解。

从整体上看，地球是由不同状态、不同物质成分、相互作用着的分层结构，即由地壳、地幔和地核组成的（图 9.1）。在地球的历史中，液态铁质核的形成是非常早的。在地核形成的早期阶段，地球内部的物质在重力的作用下，分异成铁质地核与石质地幔。在液态铁质地核形成时，由于高温，地球中心部分呈液态；但是，在液态铁质地核形成后，当地球缓慢地冷却时，在 300 万大气压巨大的压强下，地球中心部分液态铁质地核逐渐凝固、生长，导致了固态内核的形成与增大。

地球内核是由国际著名的丹麦女地震学家莱曼（Inge Lehmann, 1888–1993，图 48.1）于 1936 年发现的。固态内核半径约 1217 千米，体积约为月球的 2/3。由于内核位于黏滞性非常低的、半径约 3482 千米的液态外核的中心，液态地球外核将内核与固态地幔隔开，于是内核在外力矩的作用下便有可能自由地、独立地旋转，犹如地球这颗行星内还有一颗行星。因而早在 1981 年，古宾斯（D. Gubbins）在研究产生地球磁场的发电机理论时即提出，导电的内核与液态外核之间产生的电磁力会引起内核的差异旋转。内核在其缓慢增大过程中提供了液态铁在内核边界凝固的能量来源，触发了外核中的对流，从而维持了产生地球磁场的发电机作用。

有关地球内核旋转的早期想法来自关于地磁场产生的地球动力学研究。1986 年，地震学家发现了地球内核具有各向异性，其各向异性的对称轴大致为南北向（与地球的旋转轴大约一致），但各向异性强度横向不均匀。如果地球的固态内核的自转速度跟地壳、地幔的不一样，当

地震波穿过各向异性的内核时，对于某一固定的震源和某一固定的地震台站来说，会受横向不同波速的影响，其传播走时就会发生变化。

1995 年美国格拉兹梅尔（G. A. Glatzmaier）和罗伯茨（P. H. Roberts）在进行三维自洽地球发电机计算机模拟时曾预测地球内核受电磁耦合驱动会以比地幔和地壳旋转来得快，每年约快几度。

图 48.2 国际著名的我国留美青年地球物理学家、地震学家宋晓东（1964— ）

图 48.3 国际著名地球物理学家、地震学家理查兹 (Paul Richards, 1943–)

1996 年，国际著名的我国留美青年地球物理学家、地震学家宋晓东（1964— ，图 48.2）和国际著名地球物理学家理查兹（Paul Richards,1943- ，图 48.3）发表了由地震观测得到的内核差异旋转的证据。他们采用的方法原理十分简单直观。他们选择一个固定的地震监测台，选择发生于同一地点、同一传播路径通过内核、但相隔 28 年（1967—1995）的两个地震的地震波进行比较。他们用的地震波是短周期（1 秒左右）的 PKP 波。PKP 波是指地震波先是穿过地壳、地幔（P），然后穿过地球外核（K），最后穿过地壳、地幔（P）到达地震台的纵波（图 48.4）。在震中距大约为 146°～ 154° 的范围内，有 3 条可能的 PKP 波的传播路径，即：通过内核折返的 PKP（DF）波；在外核底部折返的 PKP（BC）波；在外核中部折返的 PKP（AB）波。他们用 PKP（BC）波与 PKP（DF）波的到时差（简称 BC-DF 时间）来检验内核旋转。由于 PKP（BC）波与 PKP（DF）波在地壳、地幔以及液态内核的大部分中传播时，传播路径彼此挨得很近，因此，BC 减 DF 的时间（记为 BC-DF 时间）对于地震震源定位的不确定性以及对于沿射线路径地壳和地幔的三维非均匀体都比较不敏感。为了进一步消除地震定位和震中距微小差别的影响，以 BC-DF 时间的观测值减去由标准地球模型得到的预期的 BC-DF 时间，得到

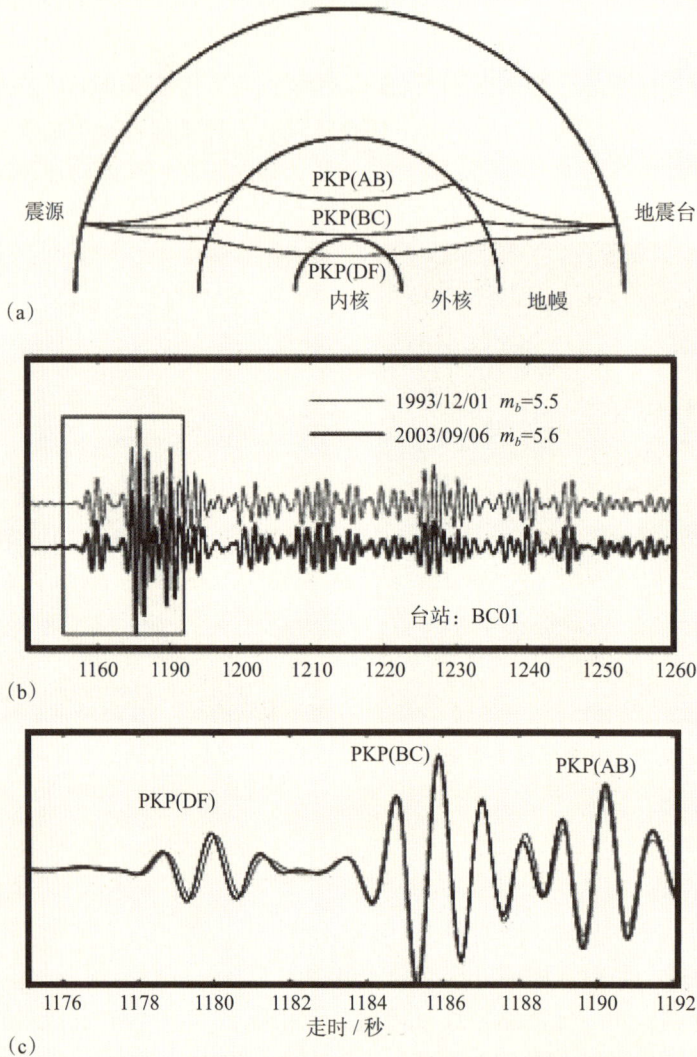

图 48.4 为检测经过地球内核的地震射线走时随时间变化而选取的 PKP 波射线
路径及波形相似的地震对（earthquake waveform doublet）

（a）3 条可能的 PKP 波的传播路径，即从内核折返的 PKP（DF）波；从外核底部折返的 PKP（BC）波；从外核中部折返的 PKP（AB）波；（b）阿拉斯加柯里奇（College）地震台记录到的南桑威奇群岛（South Sanwich Islands）附近发生的 2 次波形极为相似的地震对

差异时间 BC-DF 的残差。此外，都只经过液态外核的 PKP（AB）和 PKP（BC）之间差异时间的残差也用于核对地震震源定位可能引起的系统偏差。

宋晓东和理查兹发现，沿着某些路径，BC-DF 时间的残差在 28 年间存在系统的变化。特别是，由靠近南极的南大西洋南桑威奇群岛（South Sanwich Islands）附近发生的38次地震辐射的地震波穿过内核到达靠近北极的阿拉斯加的柯里奇（College）地震台的时间在1967—1995的28年期间快了大约0.3秒。由此直接从观测上证实了地球内核与地壳、地幔确实存在差速旋转。差速旋转速率估计每年大约快1.1°。也就是说，经过300～400年，地球内核就要比地壳、地幔的自转多转一圈！在内核的赤道面上，内核的自转速度与地壳自转速度的差相当于数量级为20千米/年的线速度，它比地球表面板块运动的线速度的最大值（约20厘米/年）快10万倍。我国另一位留美青年科学家苏维加和国际著名波兰—美国地震学家、克拉福特奖（Crafoord Prize）的获得者杰旺斯基（Adam Dziewonski,1936–2016）通过分析全球约2000个地震台的地震数据，也得出了类似的结论。按照他们的计算结果，内核自转速率还要快些，约为每年2°～3°。但后来，他们认为其方法不可靠，其结果有问题。地球磁场迄今已存在35亿年，磁场极性每隔10万至100万年就会发生倒转。地磁场是如何产生的？为什么地球磁场的极性会发生倒转？这些问题至今未得到解决。学术界认为，宋晓东等人的发现对地磁场的研究，特别是对地球的整个演化过程和地球内部运动规律的深入研究具有重大意义。

对自转速率的估计依赖于对产生由自转引起的随时间变化的内核的非球形结构的了解程度。现在已知内核是各向异性的（即地震波沿不同方向通过内核时速度不同）。各向异性大体上是轴对称的，P波沿地球自转轴方向的速度比沿赤道面的速度快大约3%。不过，各向异性侧向变化及其随深度的变化都相当大。观测到的BC-DF时间的残差随时间的变化最初（1996年）被宋晓东和理查兹解释为内核各向异性的快轴取向发生了变化，由此得出的差异旋转的速率为约每年1.1°。不过，后来倾向于解释为由于内核旋转引起的内核侧向速度梯度的漂移。由此得出差异旋转的速率约为每年几分之一度。由于内核侧向速度梯度的测量误差较大，因而得到的内核差异旋转的速率也有较大的误差。

在宋晓东和理查兹之后做的许多研究工作结果进一步支持了他们最早时得到的内核超速旋转的结论。所用的方法包括使用沿着另外一些路径的BC-DF时间、内核散射波、所谓的"地震波形相似的地震对（earthquake waveform doublet）"以及简正振型。可是，由于一些潜在的偏差，例如地震定位的误差，检测失误，以及所推出的旋转率不同等问题，内核差异旋转是否是真实的这一问题一直是个争论激烈的问题。

最重要的误差源于系统性的定位误差。由于用于定位的全球台站在不同年份并非严格地相同，所以走时的变化可能是台站分布人为变化造成的假象。为解决这一争论，争论双方以帕匹涅特（G. Poupinet）为一方，以宋晓东为另一方，在2004—2007年间直接合作开展研究工作。联合研究工作的完整结果于2006年出版。基本的结论是地震定位引起的误差很小，不足以解释资料中所观测到的时间变化，内核旋转的解释仍然是最佳选项。

对内核旋转可能最有力的支持来自"波形相似的地震对"的研究。"波形相似的地震对"

是指一对发生于不同时间、但空间位置实际上相同的地震。这点可由每一个地震台上记录到的、该两次地震的波形极为相似得到证实。2005年地震学家理查兹（Paul Richards）和宋晓东两个小组再度合作，结果由张坚和宋晓东等发表。他们观测到经过内核以外地区的波，其波形、不同震相相对到时等全都相同，只有当它们经过内核时才不同。这个变化有两大类：①最突出的是（经过内核的）PKP（DF）波走时系统性地随时间快大约每十年0.1秒；②PKP（DF）波本身形状随时间变化，这是一个内核运动的独立的标志。当自同一震源区发出的、波形相似的波使它们可以准确地测量微小的时间移动并精确地记下是什么地方发生了变化时，由南桑威治岛至科里奇路径BC-DF的差异时间随时间的变化可约束在0.0092秒/年，标准偏差0.0004秒/年。旋转速率的最佳估计为比地幔快每年0.3°～0.5°。随后的对波形相似地震对的研究表明，由内核边界反弹的波也显示出随时间的变化。

内核超速旋转的发现吸引了学术界和公众的注意。这一发现对理解地球内部地球发电机以及角动量的转换具有重要意义。地磁场的起源是现代物理学悬而未决的重大问题。内核自转的观测对地球中心处的地球发电机提供了一个独特的观测约束。

通过内核地震波随时间变化现在已被证明无疑，内核差异旋转的存在性也已被广泛地接受。仍有许多重要的问题尚待解决：内核结构随时间变化和内核运动的模式是什么？内核旋转速率可接受的范围到底有多大？旋转是否有变化？旋转是否曾改变方向？内核是否在某个范围内振荡？内核半球尺度变化与常速旋转的内核如何协调？内核具有半球尺度变化，这是一个难以与常速旋转的内核协调一致的问题：当内核由液态铁结晶生长起来时，可以预期以常速旋转的内核会平均掉在地质年代里内核侧向变化的结构。如果内核是旋转的或是振荡的，那么其时间尺度有多大？内核旋转的驱动力是什么？驱动力又是如何与地球发电机过程相联系的？2010年林德内（D. Lindner）等提出一种非参量模拟法，可以将地幔结构、内核结构和内核运动分离开来。他们的研究提出，内核旋转平均速率大约为每年0.39°，旋转在过去的55年间加速，由大约每年0.39°加速至每年0.56°。作用于内核的力矩最小值估计为1.19×10^{16}牛顿·米，这个力矩可以容易地由大得多的电磁力矩和万有引力的力矩平衡得出。2013年，Hrvoje Tkalčić等发现内核显轮换旋转模式，平均旋转速率为每年0.25°～0.48°，每十年浮动可到～1°/年数量级。随着高质量地震资料的不断积累，相信在未来对内核运动将会有新的认识。

49 汶川大地震解读

汶川大地震从 2008 年 5 月 12 日发生到现在已经过去了十余年。这次大地震夺去了将近 9 万同胞的生命，在经济上也造成了重大的损失。但是，在党中央的坚强领导下，全国人民众志成城，支援灾区人民。全国人民跟四川省人民，跟灾区人民在一起，英勇奋战，取得了抗震救灾的胜利。

汶川大地震为什么会在龙门山一带发生，它是如何发生的？汶川大地震为什么会造成如此巨大的损失？等等问题，都是大家所关心的。以下就上述几个问题做一些解读。

为什么会在龙门山断裂带发生大地震

为什么会发生汶川大地震？产生汶川大地震的构造背景到底是什么样的？

汶川大地震发生在龙门山断裂带的南部（图 49.1）。从地震之后根据全国与全球地震台网的记录数据，以及四川省地震台网的记录数据的综合分析、重新修订的结果可知：汶川大地震的发震时刻是 2008 年 5 月 12 日北京时间下午 2 时 27 分 57 秒；震中位置为 31.01° N，103.38° E，即现在称为都江堰（过去称为灌县）的映秀镇；震源深度 15 千米。地震的震级如果用不同的标度来度量，得出的数值常不尽一致。汶川地震的震级如果用"面波震级 M_S"来度量是 $M_S8.0$；如果用现在国际上提倡用的"矩震级 M_W"来度量，则是 $M_W7.9$。这次地震发生在我国地震活动主要区域（我国有西北地区、华北地区、东南沿海地区、西南地区、台湾地区等 5 个主要地震活动区）之一的西南地区。在这个地区中，有一条从东北向西南延展的地震带，叫龙门山地震带。这次地震就发生在龙门山地震带的南部。龙门山地震带的西南面有一个地块，通常称为川滇地块，因为这个地块包括四川和云南大部分地区，几何形状很像一个菱形，所以也称为川滇菱形地块。川滇地块是由西北向东南方向运动的，这次地震发生的地方，就是在川滇地块的东北面。川滇地块的边界，北是鲜水河断裂带，东是安宁河—小江断裂带，往南则是著名的红河断裂，红河断裂往南延伸，直到越南。川滇地块的边界以及其东北面的龙门山断裂带，在历史上都是地震非常活跃的地方。这种情况是和板块的相对运动与相互作用分不开的。

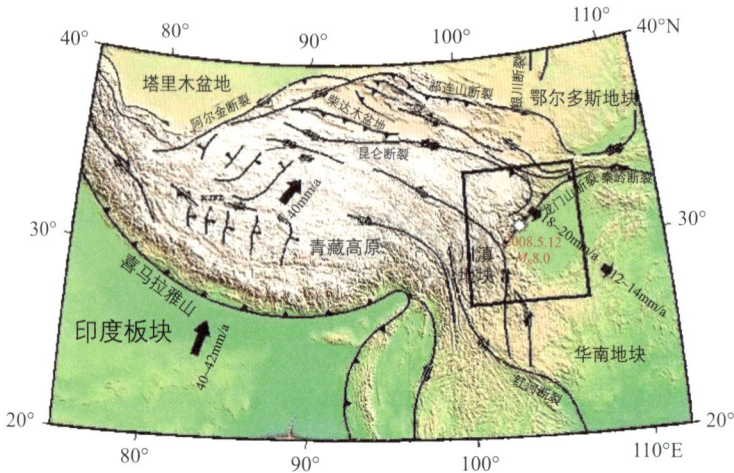

图 49.1 汶川大地震的震中位置与构造背景

按照板块大地构造学说，板块的相互作用是地震的基本成因。当两个板块相对运动的时候，当它们的相对运动在两个板块接触的地方得不到调整时，便会逐渐积累起应力，岩石内部的应力随着板块相对运动而逐渐增强，当积累到一定程度，达到了岩石再也承受不了的水平（强度）时就要发生破裂，即地震。地震时，破裂面两边的岩石便要反弹或者说回跳到它们的平衡位置。这就是说，地震是地下岩石中的"应变缓慢积累—快速释放"的"弹性回跳"过程（关于地震直接成因的弹性回跳理论）。

汶川大地震发生的基本原因，是因为印度板块朝北偏东的方向相对于欧亚板块运动。这个运动造成了喜马拉雅山与青藏高原。当喜马拉雅山升高到现在的8000多米、当青藏高原升高到现在的5～6千米的时候，便逐渐地慢了下来，不再像原来那样快地隆升。可是印度板块还继续向北偏东的方向运动，印度板块与喜马拉雅山的下地壳中可以缓慢流动的物质在北面受到昆仑山断裂带的阻挡，所以只能被迫改变方向，向东偏南方向运动，并且带动其上的地块向东偏南方向运动，速率大约是18～20毫米/年。地壳中这些缓慢流动的物质在朝东偏南方向运动时，在东面遇到了龙门山断裂带。龙门山断裂带是把它西面的松潘—甘孜地块（亦称巴颜喀喇地块）与东南部包括成都平原在内的华南地块分开的一条断裂带。当地壳中缓慢流动的物质带动其上的松潘—甘孜地块一起朝东偏南的方向缓慢地运动时，到了龙门山一带受到了阻挡，运动速率从原来的18～20毫米/年，降低为龙门山断裂带以东的华南地块的12～14毫米/年。松潘—甘孜地块以及华南地块都是朝同一个方向（东偏南的方向）运动的，但运动速率有明显的差别。松潘—甘孜地块以比较大的速率朝东偏南方向运动，而华南地块以比较小的速率朝同一个方向运动。两者的差别是18～20毫米/年与12～14毫米/年的差别；也就是说，松潘—甘孜地块与华南地块运动速率的差别是4～8毫米/年。龙门山断裂带东西两边地块运动速率不一样，相当于松潘—甘孜地块以 4～8 毫米/年的速率朝着华南地块、成都平原、四川盆地的运动受阻，于是应变能逐渐在龙门山断裂带的岩石内积累起来。岩石内逐渐积累起来的应变能，一旦快速释放出来就是地震。这种情况使得龙门山断裂带成为极具有地震危险性的活动构造。但是，如果考察历史地震的情况，便可以发现历史地震的情况与上述情况形成强烈反差，因为龙门山断裂带在历史上从来没有发生过 7 级以上大地震。

从图 49.2 可以看到大地震（白色八角星）与余震（红色圆点）震中位置、震中区的主要断裂（深紫色线）、历史地震（黄色圆点）和沿龙门山断裂带及其附近的主要城市（白色圆点）。这条断裂带大约 500 千米长。龙门山断裂带包含不只一条断裂，它包含西面的茂县—汶川断裂，中间的映秀—北川断裂，东面的彭县—灌县断裂。灌县就是现在的都江堰，是因为旅游目的而改名的。这三条主要的断裂构成了龙门山断裂带。尽管龙门山断裂带的地震活动也是非常活跃的，但截至汶川大地震发生时，历史上并没有发生大地震的记录。可是在龙门山断裂带附近，

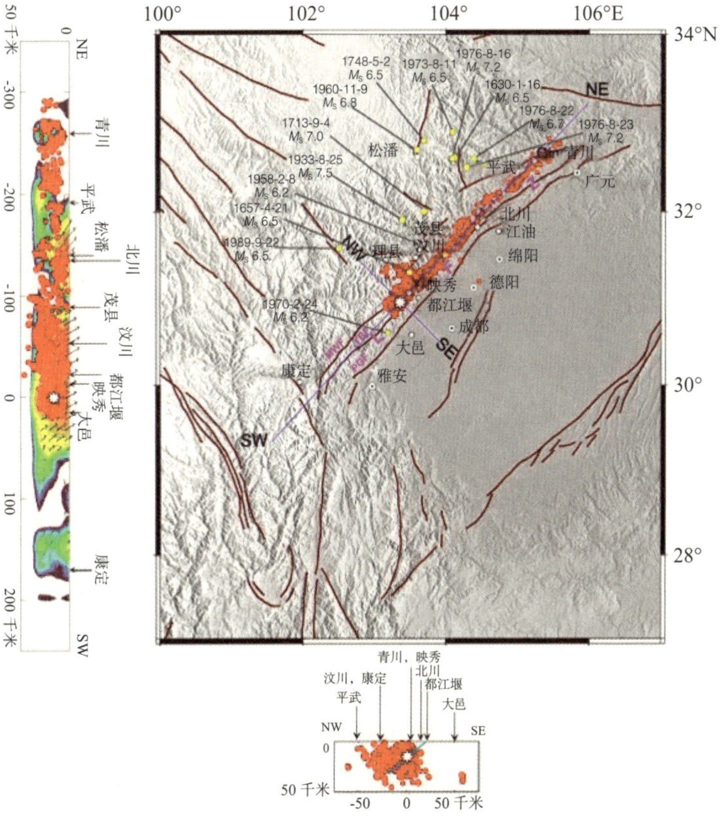

图 49.2 龙门山断裂带

龙门山断裂带主要由三条断裂组成，依照由西到东的顺序，分别是：茂县—汶川断裂，映秀—北川断裂，彭县—灌县断裂

在其西面的鲜水河断裂带，南面的安宁河断裂带，以及在龙门山断裂带周边的一些断裂带，地震是非常活跃的，历史上发生过多次 7 级及 7 级以上的大地震，比较近期的有 1976 年 8 月 16 日、8 月 23 日发生在松潘—平武的两次均为面波震级 $M_S7.2$ 的大地震。然而在龙门山断裂带上发生的地震，最大也不过是 6.2 级。对包括松潘—平武、龙门山断裂带在内的我国中西部地区的地震作精确定位的结果显示（图 49.3），在龙门山断裂带、鲜水河断裂带等断裂带上，地震是非常活跃的，虽然在龙门山断裂带没有发生特别大的地震。这个结果还表明，龙门山断裂带尽管没有特别大的地震活动，但它的中小地震分布在一条长度约 470 千米、宽度约 50 千米的地带上，使得龙门山断裂带成为非常具有地震危险性的一条断裂带（图 49.4）。

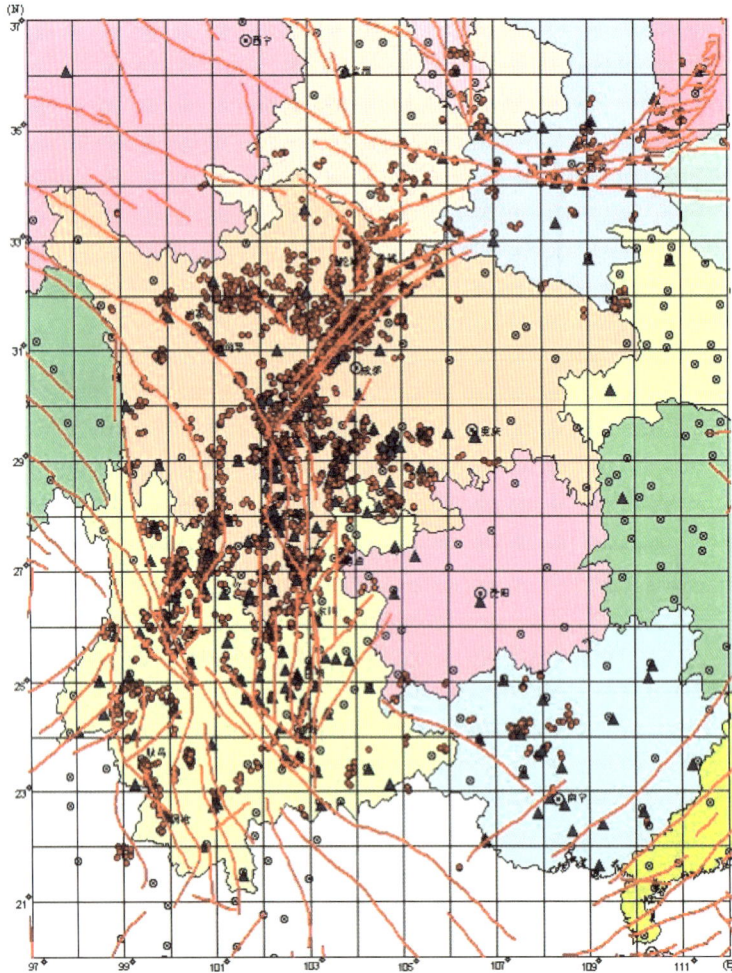

图 49.3 我国中西部地区的地震经精确定位后的结果

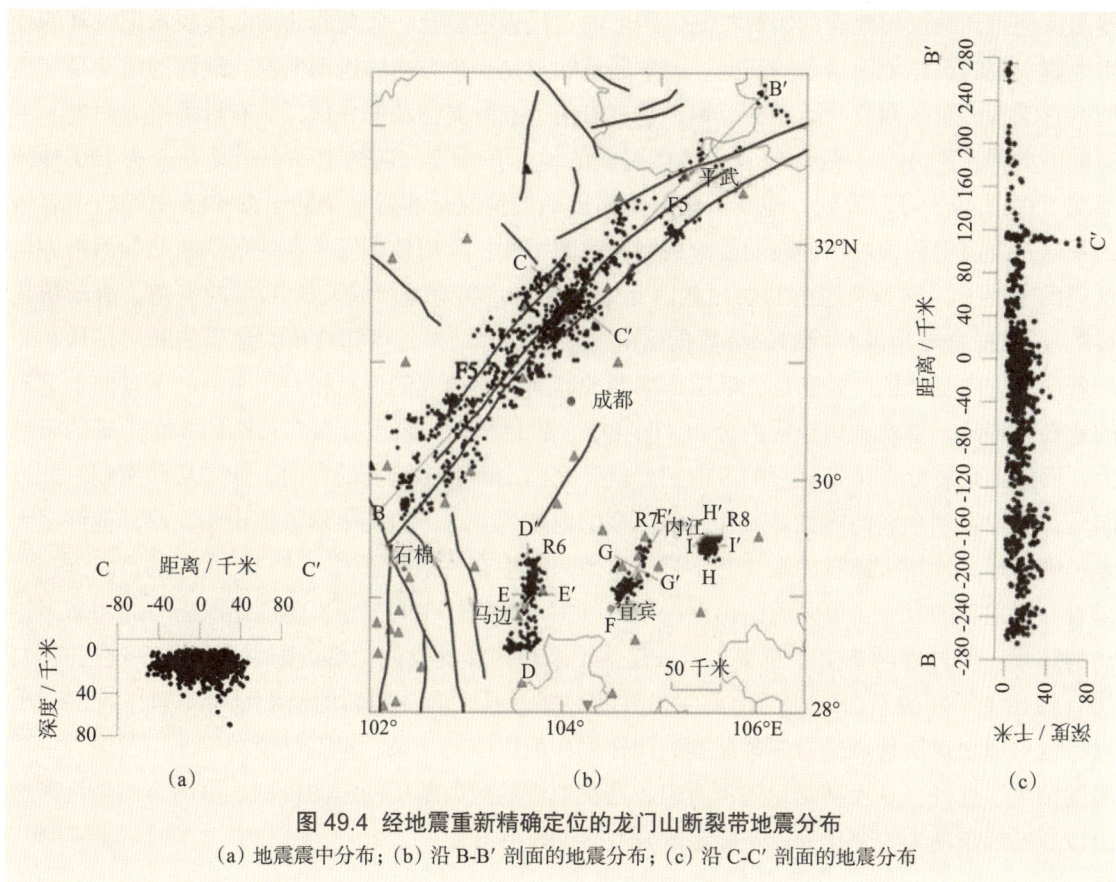

图 49.4 经地震重新精确定位的龙门山断裂带地震分布
(a) 地震震中分布；(b) 沿 B-B′ 剖面的地震分布；(c) 沿 C-C′ 剖面的地震分布

　　总之，发生汶川大地震的龙门山断裂带，尽管在历史上没有发生过 7 级及 7 级以上的大地震，但由于板块的运动与相互作用，由于地壳块体与地壳块体之间的运动得不到调整，在龙门山断裂带长期积累起应变能使它成为一条最具有地震危险性的活动构造。同时，这条断裂带很长，将近 500 千米长。汶川大地震就是发生在这样一条近 500 千米长的断裂带上的约 350 千米长的地带的一次大规模断裂。

汶川大地震的成因断层

　　汶川大地震发生在龙门山断裂带，龙门山断裂带主要由三条断裂组成。如图 49.2 所示。这三条断裂从西到东依次是：茂县—汶川断裂，映秀—北川断裂，以及彭县—灌县断裂。在这三条断裂中，到底是哪一条造成了这次大地震、是这次地震的成因断层呢？利用全球地震台网记录的数据，可以对此作出明确的解答。图 49.5 是由全球数字地震台网（GSN）记录的观测地震图反演得到的汶川地震的震源机制。图上的点代表地震台，弯弯曲曲的曲线表示记录到的汶川地震引起的台站地面运动的情况。图中展示的只是一个方向的运动情况。地面的运动是三维的，它既有沿东—西方向运动的分量，也有沿南—北方向运动的分量，又有沿垂直方向上—下运动的分量，图 49.5 只展示汶川大地震引起的地面在垂直方向的上—下运动在开头 150 秒的情况。由图 49.5 可以看到，地震引起的地面震动的情况是非常复杂的。图 49.5 中部的图表示的是通过反演得到的汶川地震的震源机制，由图可知：汶川地震发生在一条从东北朝西南方向延展的断层上，这条断层的断层面朝西北方向倾斜，和地面形成大约 39° 的夹角，滑动角是 117°。根据全球地震台网的记录数据反演得出的这个结果，可知汶川大地震的断层是从东北朝着西南方向延伸的一条断层，断层面向西北倾斜，是西北的上盘相对于东南的下盘向上运动的逆断层错动。这次地震余震的分布（图 49.2）告诉我们，余震分布在长达约 300 千米的条带上，而这条余震分布条带延展的方向正好就是龙门山断裂带延展的方向。如果从西南朝东北方向看，可以看到余震的震源分布在一条很宽的地带内。这一情况很形象地说明，跟其他许多大地震不一样，汶川大地震的发生并不是简单地只发生在一条断层上。从它的余震的空间分布可以看到，地震的发生主要是龙门山断裂带三条主干断裂的中间一条，也就是映秀—北川断裂错动的结果。但另外两条主干断裂，一条是主干断裂西面的龙门山后山断裂即茂县—汶川断裂，还有就是主干断裂东面的龙门山前主边界断裂即彭县—灌县断裂的错动也是不可忽视的。所以，也可以说这次地震是这三条断裂共同作用，但以中间一条、也就是映秀—北川断裂为主作用的结果。此外，从反演结果还可看出，这次地震的成因断层的震源机制，由南至北是逐渐地由以逆断层错动为主变化为以左旋走滑为主的（图 49.6）。

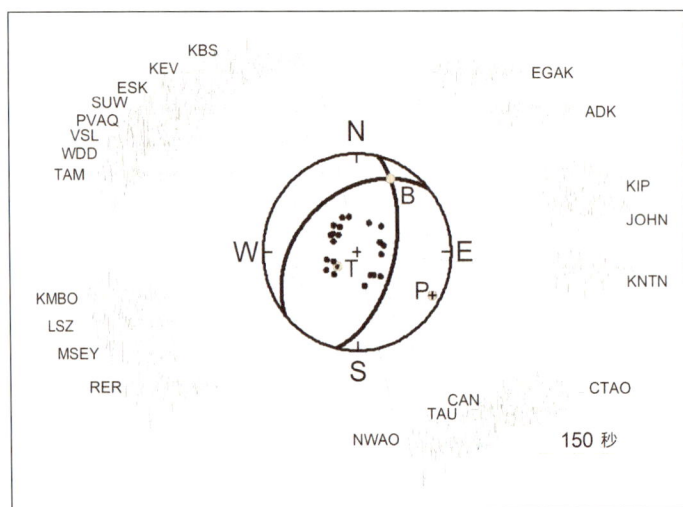

图 49.5　由全球数字地震台网 (GSN) 记录的观测地震图反演得到的汶川地震的震源机制

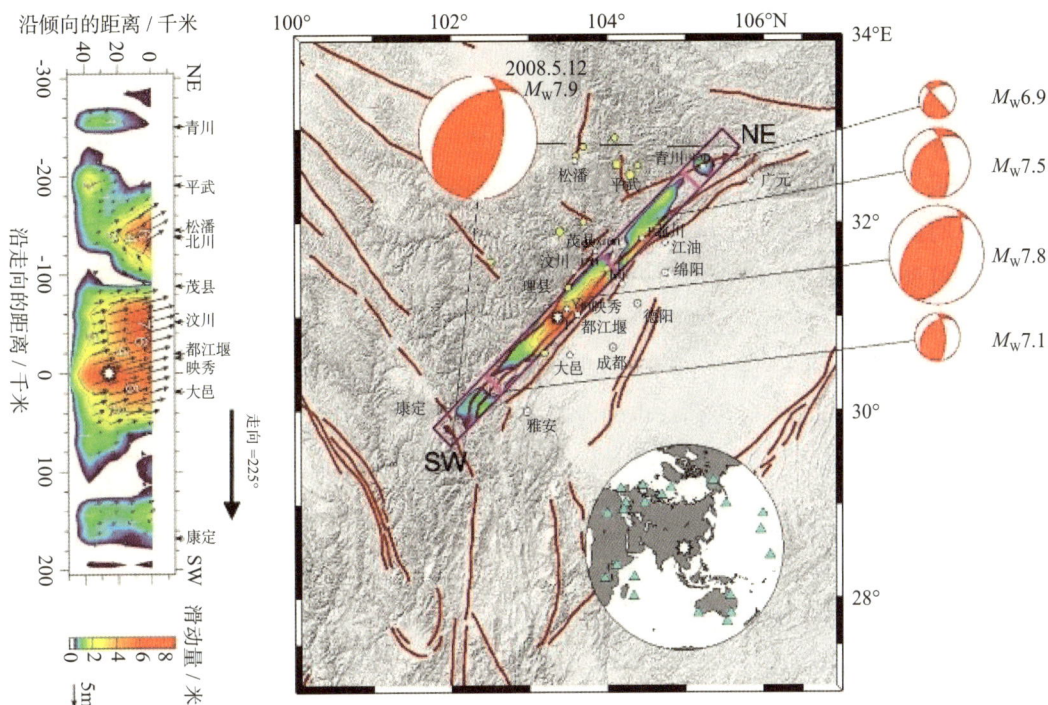

图 49.6 汶川大地震成因断层、震源机制与滑动量在断层面上的分布
图中还显示了这次地震的成因断层的震源机制自西南至东北由以逆断层为主逐渐地变化为以左旋为主

汶川大地震究竟是怎样发生的

　　作为一个地下岩石的破裂过程，汶川大地震究竟是怎么发生、发展的？ 要说明汶川大地震是怎么发生、发展的，还是要根据观测资料。通过反演可以得到这次地震的破裂过程。这次地震发生在一条长达 300 多千米的断层带上，图 49.6 上的紫色线表示汶川大地震的断层面和地面相交的线，即断层线，断层线的走向代表了我们在现场看到的、分布在地面上的破裂的总体走向。这幅图表示汶川大地震的断层面是朝西北方向倾斜的。汶川大地震的断层面在地面上的投影显示，它的规模非常之大，从东北到西南延展达 300 多千米长。图中的彩色图标代表地震发生时断层的错动距离即错距（滑动量）的大小。深红色代表滑动量最大的部分，滑动量最大达 8.9 米，它发生在映秀镇的下方；在映秀镇的地面上，滑动量最大达到 5 ～ 7 米。同时还可以看到，在北川，断层错动也贯穿到地面上来，其错距（滑动量）达到 6 米。这个反演结果是在地震之后根据全球地震台网的记录数据很快地得出并于地震发生后翌日凌晨上报上级部门并同时在网上公布的。它告诉我们，汶川大地震是一次规模宏大的地震，它的破裂面即断层面

长达 300 多千米，断层面以 39° 的倾角向西北倾斜，从地面斜向地下延伸，宽度将近 50 千米，错距最大达 8.9 米。从反演结果还可以看到，这次地震的发生不是一瞬间完成的。地震是地下的岩石发生破裂的过程。地震破裂最先发生的地点"破裂起始点"即震源。从图 49.7 看，这个破裂起始点即震源的位置就在都江堰映秀镇下方，然后分别朝着东北方向、西南方向扩展。反演得到的结果显示，汶川地震破裂朝东北方向扩展得要远一些、时间要长一些，朝西南方向扩展则不远、时间也不长；主要的破裂发生在东北方向。图中的彩色图标代表地震发生逆断层错动的幅度，红颜色代表滑动量（错距）超过 5 米的地方。可见这次地震破裂最大的地点就在映秀镇的下方，滑动量（错距）达到大约 8.9 米，错动一直贯穿到地面上来，在地面上最大达到 6.7 米，有的地方还达到 7.5 米，和后来在现场考察看到的情况非常一致。地震破裂从映秀镇的下方开始，它既朝着东北方向传播，也朝着西南方向传播，是所谓的"不对称双侧破裂"扩展方式。不过，朝着东北方向传播的时间长、范围大，所以表观上让人们感觉到地震好像是从震

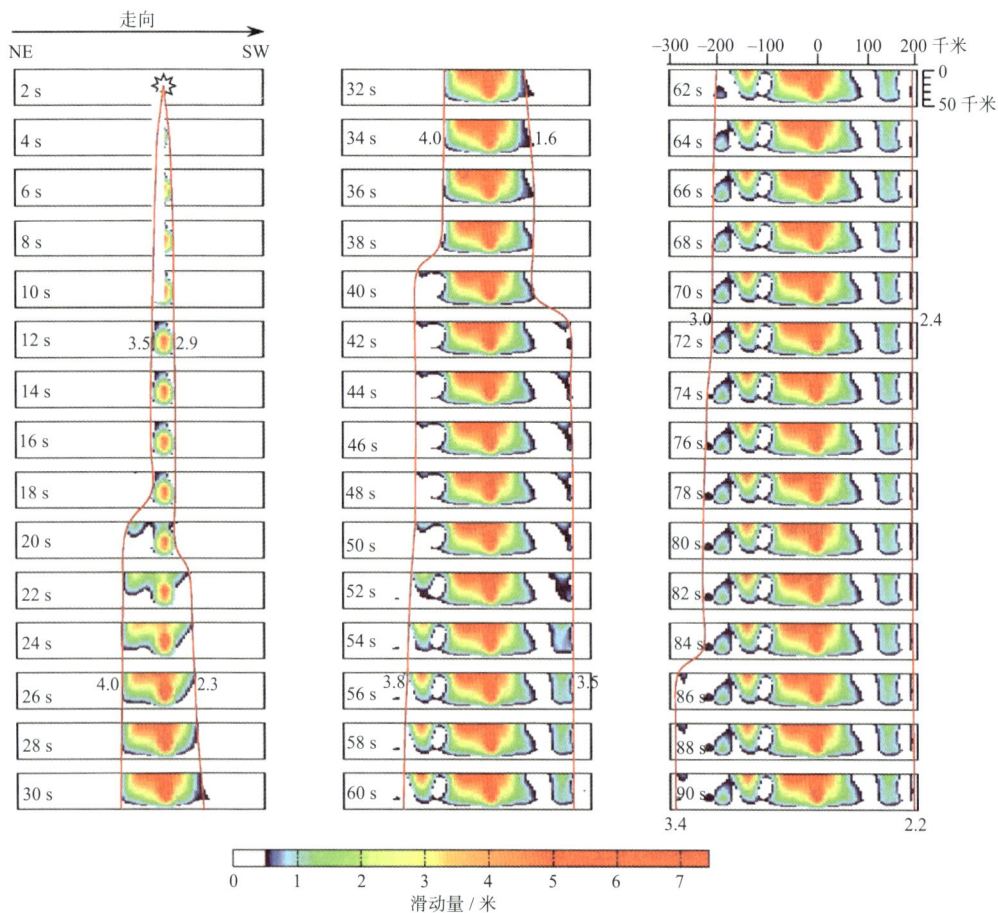

图 49.7 汶川地震的破裂过程

源开始朝东北方向传播的"单侧破裂"扩展方式。随着地震的发生，破裂面逐渐由映秀镇下方约 15 千米的深处向东北、西南两个方向传播，90 秒后破裂过程完成。在 90 秒的时间内，完成了这样一次长达 300 多千米的破裂。

为什么汶川大地震的震源在映秀镇的下方，但距震源相当远的北面的许多地点也感受到很强烈的震动？这是因为，我们用地震仪测定出来的"震源位置"是一个点，是地震破裂最先发生的地点，而整个汶川地震的"震源"实际上是长达 300 多千米、宽约 40 千米的破裂，是一个面，称为破裂面，并且汶川地震的破裂总体上是朝着东北方向扩展的，虽然也向西南方向扩展，但较弱。举例说，如果我们关注绵阳的地震动情况，我们可以看到绵阳离震中（破裂起始点即震源在地面的投影）映秀确实较远，但是它离地震破裂面即到断层的垂直距离却很近。这样我们就很容易理解，为什么在映秀北面的很多地点，表观上离震中或震源很远，但地震时却感受到很强烈的震动。我们还可以看到，地震破裂过程的发生与发展非常不均匀、不规则。它分为四个主要阶段，最主要的阶段是第二阶段。在第二阶段，在长达 300 千米的地带发生了大幅度的错动。

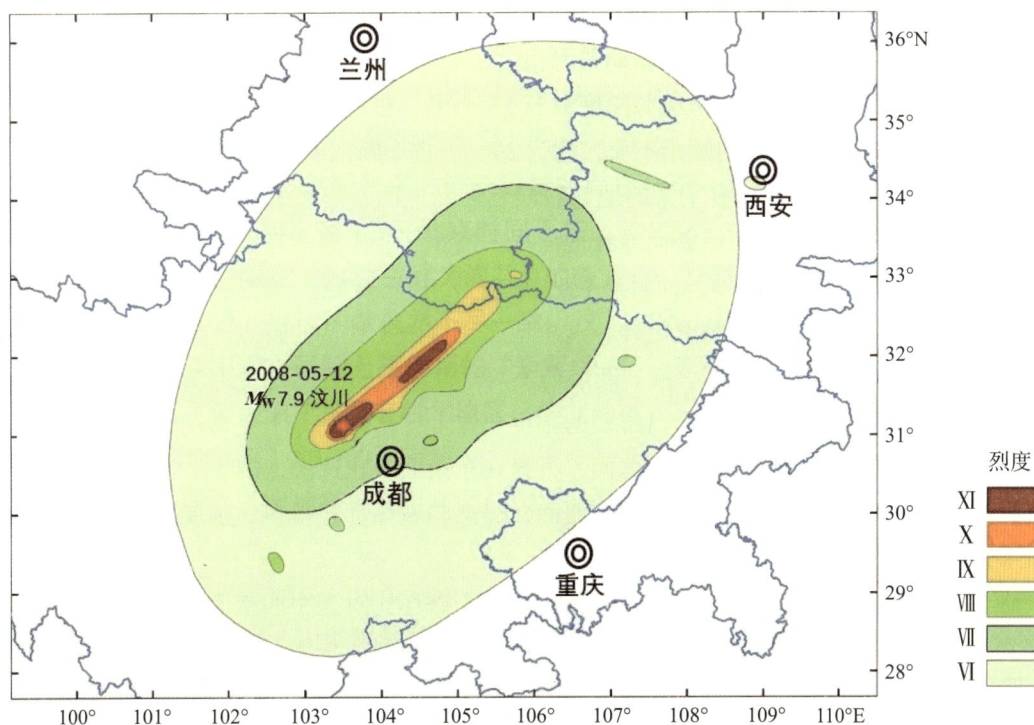

图 49.8 汶川地震烈度分布图

汶川大地震为什么会造成如此大的损失

为什么汶川大地震会造成如此巨大的损失和破坏？也就是说，汶川大地震致灾的原因和机理是什么？

由汶川大地震震后现场调查的结果可以看出，地面震动最激烈的地方以及受灾最严重的地方，主要分布在两个地区，也就是两个"极震区"。根据中国地震局考察队的现场考察结果，如汶川地震烈度分布图所表示的（图49.8），这次地震烈度最大的地区，也就是烈度高达 XI 度的地区有两个，一个在汶川—映秀—都江堰，另一个在北川—平武。这两个烈度最高的地区正是震后现场调查观察到地面滑动量最大的地区，也正是我们运用地震台网的数字地震资料反演得到的地面滑动量最大的地区。在汶川—映秀—都江堰一带现场调查观测到地面滑动量最大是6.6 米，反演得到的结果是 7.5 米；在北川—平武一带现场调查观察到的地面滑动量最大是 5.7 米，反演得到的结果是 6.7 米。对于这两个极震区，无论是极震区的地理分布还是地面滑动量的大小，反演得到的结果都跟现场调查结果非常一致。这说明，造成汶川大地震如此巨大的损失和破坏，最主要的原因是因为破裂面大范围地贯穿到地面上，且地面上错动的幅度非常之大，最大达到 5 ~ 6 米，甚至达到 7.5 米。就是说，汶川大地震造成这么巨大灾难的主要原因在于：① 地震规模很大。具体地说，就是地震的震级很大，达 $M_S 8.0$（$M_W 7.9$），断层长达 300 多千米，宽 40 多千米。而且断层的错动量也很大，平均是 2.5 米，最大达到 8.9 米。②震源很浅。通俗地说，"震源浅"指的是震源深度只有 15 千米，也就是破裂起始点距离地面的深度只有 15 千米。重要的是断层面的倾角不大，约为 39°，整个断层面是长达 300 多千米、宽 40 多千米的地震破裂面从地下 30 多千米的地方斜向延伸到地面，贯穿地面，在地面上的错动量达数米。因为如此大规模的地面错断而导致地面损失惨重。③破裂的持续时间长且破裂过程极不规则。破裂持续时间长达 90 秒，而且破裂时快时慢、极不规则，激烈的、极不规则的震动加重了地震对地面造成的破坏。除此之外，这次地震还有两个独特的特点。一个是断层的不对称性造成了上盘和下盘的破坏很不一样。断层的不对称性，即断层面以大约 39° 的倾角向西北方向倾斜，致使在断层的西北侧即上盘震动的幅度总体上比东南侧即下盘震动的幅度大得多。这次地震的上盘是在龙门山断裂带的西北面，下盘在东南面。在这次地震中，虽然在成都平原一带震感亦很强，但是相对于龙门山断裂带西面，震感与破坏都轻得多，这就是所谓的"断层上盘—下盘效应"。

在汶川大地震中，许多人对震中东北面的震感与破坏比对震中西南面的震感与破坏大得多有深刻的印象。陕西和甘肃在汶川大地震时的震感非常强烈。总体上，这个地震在震中东北面产生的震感与造成的损失，都远远地超过西南面。这是什么原因呢？原因主要是所谓的"地震多普勒效应（seismic Doppler's effect）"。因为地震破裂并不是在一瞬间完成的，而是在长达 300

多千米的范围内、在大约 90 秒时间内发生的。地震破裂的扩展速度是变化的，平均速度约 3.5 千米／秒，完成全部破裂的时间是 90 秒。地震破裂的扩展效应，好比是站在站台上听火车边鸣笛、边开过来或离去发出的声音。当火车边鸣笛、边开过来时，汽笛晚发出的信号需要走的路程比早发出的信号短，因此早发出的信号与晚发出的信号的时间间隔较短，结果汽笛声的周期比较短，频率比较高，音量比较大。反过来，如果在站台上看着火车边鸣笛边离我们远去，因为汽笛晚发出的信号需要走的路程比早发出的信号长，因此早发出的信号与晚发出的信号的时间间隔较长、汽笛声的周期比较长，频率比较低，音量比较小。这个效应在物理学中称为"多普勒效应（Doppler's effect）"。 在地震引起的波动中，以一定的速率朝某个方向传播的地震破裂好比是鸣笛的火车，"多普勒效应"也起类似的作用，称为"地震多普勒效应"。地震辐射的波有方向性，在有些方向比较强，而在有些方向则比较弱。"地震多普勒效应"导致在破裂传播方向的前方振动频率增高、幅度加强，而在破裂传播方向的后方振动频率降低、幅度减弱。如果破裂传播的速度与波的传播速度越接近，那么破裂传播速度与波传播速度的比值"地震马赫数（seismic Mach's number）"就越大，"地震多普勒效应"就越明显。特别是，地震造成的破坏主要是由横波引起的，由于横波的波速比纵波的波速小，横波的"地震多普勒效应"要比纵波的强得多，因此地震多普勒效应导致在破裂方向的前方地震动大大增强。这就是为什么地震发生的时候，处在汶川地震震中东北方的震感与破坏程度总体上要比在西南方的强得多的原因；也是为什么在汶川地震的时候，在成都平原的震感不但相对于震中西面、而且相对于震中东北方的许多地方都要小很多，所遭受的破坏也要小得多的原因。由于"地震多普勒效应"，震中东北方向所遭受的破坏一般都比较大。因此，在诸多的汶川地震的致灾因素中，"地震多普勒效应"也是一个重要的因素。

以上内容，包括汶川地震为什么会发生？究竟是如何发生的？为什么会带来这么巨大的损失、造成这么巨大的灾难？等等，是根据地震现场考察的数据和现代地震仪器记录的数据在地震发生后不久所做的初步分析。当然，关于汶川大地震，还有许多未解的问题需要做更多的深入的研究才能得到解决。

50 从预防与减轻地震灾害到减轻地震灾害风险

地震危险性

地震危险性（seismic hazard, earthquake hazard），简称"地震危险"，系指地震引发的可能引起生命伤亡、财产损失、社会与经济影响，或环境退化的可能破坏的物理事件、现象。就其原因和效应而言，可以是单个事件，也可以是序列事件，或者是组合事件。每一个事件都由其地点、强度、频次和概率表示。

地震灾害

地震灾害（seismic disaster, earthquake disaster），简称"震灾"，系指地震造成的自然环境、社会环境的破坏、损害引起的人畜伤亡与社会影响。

地震灾害风险

地震灾害风险（seismic risk, earthquake risk），简称"地震灾险"，系指由地震危险性与易损性条件相互作用产生的有害后果或生命伤亡、财产损失、社会、经济或环境退化等的概率。

地震危险性—地震灾害风险

过去，地震危险性（seismic hazard）与地震灾害风险（seismic risk, earthquake risk）这两个术语，无论是在英语中，还是在汉语中，常被混用，不加区分。随着对地震（或其他现象）危险性与地震灾害（或其他灾害）风险认识的逐渐深化，人们已经清楚地注意到，在评估地震（或其他现象）引起的潜在危险时应当将地震（或其他现象）发生的危险性与地震灾害（或其他灾害）风险严格地加以区分。地震危险性是地震及其产生的地面运动和其他效应的、固有的、自然发生的现象，而地震灾害风险则是地震危险性对于生命与财产的风险。因此，虽然地

272

震危险性是不可避免的地质现象，但地震灾害风险则是受到人类的行为即作用的影响的。由于人烟稀少，高地震危险 [性] 的地区可能是低地震灾害风险的地区；而由于人口稠密与建筑质量低劣，低地震危险 [性] 的地区倒有可能成为高地震灾害风险的地区。地震灾害风险是可以通过人类的行为予以减轻的，但地震危险 [性] 却是不可能通过人类的行为予以减轻的。严格地说，《美国政府减轻地震危险性计划》（US Government's National Earthquake Hazard Reduction Program）的名称是起错了的，因为地震危险性（earthquake hazard）是不可能通过人类的行为即作用予以减轻的。就该计划的本意来说，是要通过实施该计划减轻地震灾害风险而不是减轻地震危险性。从以往常混用地震危险性与地震灾害风险这两个术语，到认识到不但要预防与减轻地震灾害，而且要从源头做起，减轻地震灾害风险，充分体现了人类社会对于地震（或其他现象）危险性与地震灾害（或其他灾害）风险认识的逐渐深化。

从预防与减轻地震灾害到减轻地震灾害风险

人类生活在地球这颗充满生机的行星上，地震（还有海啸、洪水、干旱、台风、飓风、冰雹、滑坡、泥石流、野火、火山喷发、全球气候变化……）是地球这颗活动的行星的生动表现。在地球上，地震等现象的发生是不可避免的，但是，地震等灾害却是可以通过人类的行为即作用予以避免或减轻的，特别是地震或其他各种灾害的风险，是可以防范或减轻的。

地震并不一定必然导致地震灾害，认识到这一点是非常重要的。只有当人与自然不能和谐相处、对灾害认识不足、对人与自然的关系处理不当，才有可能形成灾害风险、并转化为灾害。

理论上，地震危险性（还有海啸、洪水、干旱、台风、飓风、冰雹、滑坡、泥石流、野火、火山喷发、全球气候变化……自然现象发生的危险性）对所有人的威胁都是一样的，但实际上，对于穷人和富人，对于发展中国家与发达国家，其影响大不相同，就其比例而言，是极不平等的。从全球来看，特别是对于发展中国家而言，人口与财富的增加、人口与财富向灾害高风险地区的集中和高灾害风险地区的开发利用，导致包括地震灾害风险在内的各种灾害风险剧增，各种灾害（包括地震灾害）及其造成的损失严重。联合国在 1990—1999 年实施的《联合国国际减灾十年》（UN International Decade for Natural Disaster Reduction, IDNDR）计划胜利结束时，因各种自然灾害造成的损失却是该计划实施前同期的 3 倍！这一冷酷的事实提醒人们，如果不是实施了该计划，全球自然灾害造成的损失不知要高出多少倍！它也警示人们，冰冻三尺，非一日之寒，单靠减灾十年的努力就想一劳永逸地解决多少年来积累下来的预防与减轻地震灾害存在的所有问题，是不现实的！对于发展中国家来说，预防与减轻各种自然现象产生的灾害（包括地震灾害），更是任重而道远。要努力把工作做在灾害发生之前，实现预防与减轻地震灾害的工作向减轻地震灾害风险转变。

参考文献

[日] 宇津德治 [主编],1990. 地震事典 . 李裕澈，卢振业，丁鉴海，李桂练 [译]，卢振恒 [校]. 北京：地震出版社 .1-596.

[日] 理論地震動研究会 [編著],1994. 地震動 . その合成と波形処理 . 東京：鹿島出版会 .1-256.

[日] 金森博雄 [編著],1991. 地震の物理 . 東京：岩波書店 .1-279.

Abercrombie, R., McGarr, A., Toro, G. D. and Kanamori, H. (eds.), 2006. *Earthquakes: Radiated Energy and the Physics of Faulting.* AGU Geophysical Monograph 170, Washington, DC: AGU. 1-327.

Ahrens, T. J. (ed.),1995. *Global Earth Physics*: *A Handbook of Physical Constants.* Washington, DC: AGU. 1-376.

Aki, K. and Richards, P. G., 1980. *Quantitative Seismology—Theory and Methods.* 1 & 2. San Francisco: W. H. Freeman. 1-932. 安芸敬一，P. G. 理查兹 [著], 1986. 定量地震学 . 第 1,2 卷 . 李钦祖、邹其嘉等 [译]. 北京：地震出版社 . 1-406, 1-620.

Bak, P., 1996. *How Nature Works. The Science of Self-Oganized Criticallity.* 1st ed., New York: Springer-Verlag. 1-226.

Bak, P., 1999. *How Nature Works. The Science of Self-Oganized Criticallity.* 2nd ed., New York: Copernicus. 1-212.

Balian, R., Kléman, M. and Poirier, J.-P. (eds.),1980.*Physics of Defects.* Amsterdam: North-Holland Publishing Company. 1-857.

Barton, C. C. and La Pointe, P. R. (eds.),1995. *Fractals in the Earth Sciences.* New York and London: Plenum Press. 1-265.

Båth, M., 1973. *Introduction to Seismology.* 1st ed., Basel: Birkhäuser Verlag.1-395.

Båth, M., 1979. *Introduction to Seismology.* 2nd rev. ed., Basel: Birkhäuser Verlag.1-428.

Ben-Menahem, A. and Singh, S. J.,1981. *Seismic Waves and Sources.* New York: Springer-Verlag. 1-1108.

Bolt, B. A.,1993. *Earthquake and Geological Discovery.* New York: Scientific American Library.1-229. [美] B. A. 博尔特 [著], 地震九讲 . 马杏垣，吴刚，余家傲，石芃 [译], 石耀霖，马丽，谭先锋 [校], 北京：地震出版社 . 1-167.

Bormann, P. (ed.), 2009. *IASPEI New Manual of Seismological Observatory Practice* (*NMSOP*-1; electronic edition). Potsdam: GeoForschungs Zentrum.1&2.1-1,250; 彼德 · 鲍曼 [主编], 2006. 新地震观测实践手册 . 第 1,2 卷 . 中国地震局监测预报司 [译], 金严、陈培善、许忠淮等 [校]. 北京：地震出版社 .1-572, 573-1003.

Brumbaugh, D. S., 2010. *Earthquakes: Science and Society.* 2nd ed., New York Pretice Hall. 1-264.

Bullen, K. E. 1953. *An Introduction to the Theory of Seismology.* 2nd ed., Cambridge：Cambridge University Press. 1-296. K. E. 布伦 [著], 1965. 地震学引论 . 朱传镇、李钦祖 [译]，傅承义 [校]. 北京：科学出版社 .1-336.

Bullen, K. E. and Bolt, B. A., 1985. *An Introduction to the Theory of Seismology.* 4th edition. Cambridge ：Cambridge University Press. 1-500. K. E. 布伦，B. A. 博尔特 [著], 1988. 地震学引论 . 李钦祖、邹其嘉 [译校]. 北京：地震出版社 . 1-543.

Burridge, R., 1976. *Some Mathematical Topics in Seismology.* Courant Institution of Mathematical Sciences. New York: New York University.1-317.

Cone, J., 1999. *When the Earth Moves. Seafloor Spreading and Plate Tectonics.*1-8. http://www.nationalacademics.org.

Dahlen, F. A. and Tromp, J., 1998. *Theoretical Global Seismology.* Princeton: Princeton University Press. 1-1025.

Duarte, J. C. and Schellart, W. P.(eds.),2016, *Plate Boundreies and Natureal Hazards.* New Jersey: John Wiley & Sons. 1-335.

Dziewonski, A. M. and Boschi, E. (eds.), *Physics of the Earth's Interior.* Amsterdam: North-Holland Publishing Company. 555-649.

Engdahl, R. and Villasenor, A. 2002. Global seismicity: 1900-1999. In: Lee, W. H. K., Kanamori, H., Jennings, P. C. and Kisslinger, C. (eds.), 2002. *International Handbook of Earthquake and Engineering Seismology.* Part B. Amsterdam: Academic Press. 665-690.

Ewing, M. M., Jardetzky, W. S. and Press, F., 1957. *Elastic Waves in Layered Media.* New York, Toronto, London: McGraw Hill. 1-380. W. M. 伊文，W. S. 贾戴茨基，F. 普瑞斯 [著], 刘光鼎 [译],1966. 层状介质中的弹性波 . 北京：科学出版社 .1-400.

Gupta, H. K., 2005. *Nature of Earthquakes.* New Delhi. 1-58.

Gutenberg, B. and Richter, C. F., 1954. *Seismicity of the Earth and Associated Phenomena.* 2nd edition, Princeton: Princeton University Press.1-310.

Howell, B. F. Jr., 1990. *An Introductionto Seismological Research: History and Development.* Cambridge ：Cambridge University Press, 1-193. [美] 小本杰明·富兰克林·豪厄尔 [著],1989. 柳百琪 [译], 赵仲和、孙其政 [校], 地震学史 , 北京：地震出版社 . 1-188.

IASPEI. Summary of Magnitude Working Group Recommendations on Standard Procedures for Determining Earthquake Magnitudes from Digital Data, Preliminary Version October 2005[EB]. [2018-03-09]. http://iaspei.org/commissions/commission-on-seismological-observation-and-interpretation#04，2005.

IASPEI. Summary of Magnitude Working Group Recommendations on Standard Procedures for Determining Earthquake magnitudes from Digital Data, Updated Version 27 March 2013[EB]. [2018-03-09]. http://iaspei.org/commissions/commission-on-seismological-observation-and-interpretation#04，2013.

Jacobs, J. A., 1974. A *Textbook on Geonomy.* London: Adam Hilger. 1-328. [英] 雅各布 [著], 1979. 地球学教程 , 吴佳翼、陈养正等 [译], 郑治真、孟桂芝等 [校], 北京：地震出版社 . 1-216.

James, D. (ed.), *The Encyclopedia of Solid Earth Geophysics.* New York: Van Nostrand-Reinhold. 1-1328.

Jeffreys, H., 1976. *The Earth*: *Its Origin, History, and Physical Constitution.* 6th edition.Cambridge: Cambridge University Press. 1-574. H. 杰弗里斯 [著], 1985. 地球：它的起源、历史和物理组成 . 张焕志、李致森 [译]. 北京：科学出版社 .1-437.

Kanamori, H. and Boschi, E. (eds.), *Earthquakes: Observation, Theory and Interpretation.* Amsterdam: North-Holland

Publishing Company.1-608. [美] 金森博雄、[意]E. 博斯基 [主编]，1992. 地震：观测、理论和解释 . 柳百琪、周冉等 [译]，陈运泰、谢礼立等 [校]. 北京：地震出版社 . 1-394.

Kárník, V., 1969. *Seismicity of European Area*. Part 1. Dordrecht, Holland: D. Reidel.1-364

Kárník, V., 1971. *Seismicity of European Area*. Part 2. Dordrecht, Holland: D. Reidel.1-218.

Kasahara, K., 1983. *Earthquake Mechanics*., Cambridge ：Cambridge University Press. 1-252. 笠原庆一 [著],1984. 地震力学 . 赵仲和 [译]. 北京：地震出版社 . 1-248.

Kawasaki, I.,2006.*What Are Slow Earthquake?* Tokyo: NHK Publising Inc. [日] 川崎一郎 [著]，2013. 何谓慢地震——探索巨大地震预报的可能性 . 陈会忠、黄伟、黄建平、卢振恒等 [译]，郑斯华 [校]，北京：地震出版社 . 1-132.

Keilis-Borok, V. I. and Soloviev, A. A. (eds.), 2003. *Nonlinear Dynamics of the Lithosphere and Earthquake Prediction*. Berlin Heiderberg New York: Springer-Verlag. 1-338.

Kious, W. J. and Tilling, R. I., 1996. *This Dynamic Earth*: *The Story of Plate Tectonics*.1-87.

Kostrov, B. V. and Das, S., 1988. *Principles of Earthquake Source Mechanics*. Cambridge: Cambridge University Press.1-286.

Kostrov, B. V., 1975. *The Mechanics of the Focus of Tectonic Earthquake* (in Russian). Moscow: Nauka Publisher. 1-176.

Kozák, J. and Wanick, I. (eds.), 1987. *Physics of Fracturing and Seismic Energy Release*. Basel: Birkhäuser. 1-973.

Lay, T. and Wallace, T. C., 1995. *Modern Global Seismology.* San Diego: Academic Press. 1-521.

Lee, W. H. K., Kanamori, H., Jennings, P. C. and Kisslinger, C. (eds.), 2002. *International Handbook of Earthquake and Engineering Seismology*. Part A. Amsterdam: Academic Press.1-936.

Lee, W. H. K., Kanamori, H., Jennings, P. C. and Kisslinger, C. (eds.), 2002. *International Handbook of Earthquake and Engineering Seismology*. Part B. Amsterdam: Academic Press. 937-1945.

Lomnitz, C. and Rosenblueth, E. (eds.), *Seismic Risk and Engineering Decisions*. New York: Elsevier.1-425.

Lowvie, W., 2007. *Fundamentals of Geophysics.* 2nd ed., Cambridge: Cambridge University Press. 1-381.

Lutgens, F. K. and Tarbuck, E. J., illustrated by Tasa, D., 2014. *Foundations of Earth Science,* 7th ed., New Jersey: Pearson Pretice Hall. 1-563.

Mandelbrot, B. B., 1977. *Fractals: Form, Chance and Dimension.* San Francisco: W. H. Freeman. 1-365.

Mandelbrot, B. B., 1982. *The Fractal Geometry of Nature.* New York: W. H. Freeman. 1-468.

Meyers, R. A. (ed.), 2009. *Encyclopedia of Complexity and Systems Science,* Vol.3. New York: Springer. 1-10398.

Nabarro, F. R. N. (ed.), *Dislocations in Solids*, Vol.3, *Moving Dislocations.* Amsterdam: North-Holland Publishing Company. 251-340.

Pruessner, G. 2012. *Self-orgarised Criticality: Theory, Models and Characterisation*. Cambridge: University Press.1-494.

Richter, C. F. *Elementary Seismology.* 1958. San Francisco: W. H. Freeman. 1-768.

Rundle, J. B., Turcotte, D. L. and Klein, W. (eds.), 2000. *GeoComplexity and the Physics of Earthquakes*. AGU Monograph 120, Washington, DC: Amer. Geophys. Union. 1-284.

Scholz, C. H., 2002. *The Mechanics of Earthquakes and Faulting.* 2nd edition. Cambridge: Cambridge University Press.

1-471.

Schubert, G. (editor-in-chief): *Treatise on Geophysics.* Vol. 4. Kanamori, H. (ed.), *Earthquake Seismology.* Amsterdam: North-Holland Publishing Company.1-675.

Shearer, P. M., 1999. *Introduction to Seismology.* Cambridge: Cambridge University Press. 1-260. [美] P.M.Sheaver[著],2008. 地震学引论 . 陈章立 [译], 赵翠萍、王勤彩、华卫 [校]. 北京：地震出版社 . 1-208.

Skinner, B. J.Porter, S. C. and Park, J., 2013. *Dynamic Earth.* 5th edition. New Jersey:John Wiley & Sons, 1-584.

Stein, S. and Wysession, M., 2003. *An Introduction to Seismology, Earthquakes, and Earth Structure.* Malden, MA: Blackwell Publishing. 1-498.

Takeuchi, H., Uyeda, S. and Kanamor, H., 1970. *Debate about the Earth: Approach to Geopysics through Analysis of Continental Drift.* Revised edition. Freeman Cooper & Co. 1-281. [日] 竹内均，上田诚也，金森博雄 [著], 牟维国 [译], 地壳运动假说——从大陆漂移到板块构造 . 北京：地质出版社 .1-224.

Tarbuck, E. J. and Lutgens, F. K., illustrated by Tasa, D., 2006. *Earth Science,* 11th ed., New Jersey: Pearson Pretice Hall. 1-726.

Teisseyre, R. and MaJewski, E. (eds.), 2001. *Earthquake Thermodynamics and Phase Transformations in the Earth's Interior.* Academic Press: New York. 1-674.

Turcotte, D. L., 1992. *Fractals and Chaos in Geology and Geophysics.* 1st edition. Cambridge: Cambridge University Press.1-221.

Udias, A., 1999. *Principles of Seismology.* Cambridge: Cambridge University Press.1-475.

Udias, A., Madariaga, R. and Bufon, E., 2014. *Source Mechnics of Earthquakes*: *Theory and Practice.* Cambridge: University Press.1-302.

Utsu, T., 2002. A list of deadly earthquakes in the world. In: Lee, W. H. K., Kanamori, H., Jennings, P. C. and Kisslinger, C. (eds.), 2002. *International Handbook of Earthquake and Engineering Seismology.* Part B. Amsterdam: Academic Press. 691-718.

Willie, P. J., 1975. *The Way the Earth Works: An Introduction to the New Global Geology and Its Revolutionary Development.* Chicago: University of Chicago. 1-296. [美]P. J. 怀利 [著]，地球是怎样活动的——新全球地质学导论及其变革性的发展 . 张崇寿等 [译]，吴佳翼 [校], 北京：地质出版社 .1-243.

Wilson, J. T., *et al.*, 1972. *Continents Adrift and Continents Aground.* Freeman. 1-230. [加] 图佐•威尔逊等 [著], 1975. 大陆漂移 . 北京：科学出版社 .1-182.

Бреховских, Л. M., 1957. Волны в Слоистых Средах. Москва: Издателвство《 Наука 》, AH CCCP.1-501. Л. M. 布列霍夫斯基赫 [著]，1960. 分层介质中的波 . 杨训仁 [译]. 北京：科学出版社 . 1-442.

Костров, Б. В., 1975. Механика Очага Тектонического Землетрясения. Москва: Издателвство《 Наука 》, AH CCCP. 1-176. Б. В. 科斯特罗夫 [著], 1979. 构造地震震源力学 . 冯德益、刘建华、汤泉 [译]. 北京：地震出版社 . 1-204.

Саваренский, Е. Ф. и Кирнос, Д. П., 1955. Элемены Сейсмологии и Сейсмометрии. Москова: Гос. Иэд. Технико-Теоретиеской Литературы,1-543. Е. Ф. 萨瓦连斯基，Д. П. 基尔诺斯 [著],1958. 地震学与测震学 . 中国科学院地球物理研究所地震组 [译]. 北京：地质出版社 .1-552.

陈运泰，1997. 走向 21 世纪的地震学 . 见：周光召，朱光亚（主编）. 共同走向科学——百名院士科技系列报告集（下）. 北京：新华出版社 . 304-326.

陈运泰，1999. 重视大中城市的防震减灾，保障 21 世纪的可持续发展 . 中外交流，10: 58-59.

陈运泰，1996. 走向 21 世纪的地震学（代前言）. 见：中国地震学会第六次学术大会论文摘要集，北京：地震出版社 .1-3.

陈运泰，2007. 活动的地球：板块大地构造学说简介 . 路甬祥（主编）. 科学与中国——院士专家巡讲团报告集第四辑，北京：北京大学出版社，17-60，北京：北京大学出版社，171-191.

陈运泰，杨智娴 .2000. 从集集地震和全球的震情与灾情看大中城市的防震减灾 .2000 科学发展报告 . 北京：科学出版社，168-172.

陈运泰，1996. 人类能攻克地震预测的难关吗？中国科技画报，1: 34-38.

陈运泰，1998. 跨世纪的中国地震学（代前言）. 中国地震学会第七次学术大会论文摘要集 . 北京：地震出版社 .1-6.

陈运泰，2012. 海啸与地震 . 白春礼（主编）. 科学与中国·十年辉煌 光耀神州·气候与灾害科学技术集 . 北京：北京大学出版社 .151-182.

陈运泰，2012. 活动的地球：板块大地构造与地震 . 白春礼（主编）. 科学与中国·十年辉煌 光耀神州·气候与灾害科学技术集，北京：北京大学出版社，91-128.

陈运泰，2015. 地震与防震减灾 . 白春礼（主编）. 科学与中国——院士专家巡讲团报告集（九辑）. 北京：科学出版社 .17-60.

陈运泰，等 ,2000. 地震的分类、发生和预测 . 见：中国地震学会普及工作委员会（编）. 院士专家谈地震 . 北京：地震出版社 .27-38.

陈运泰 [主编]，2003. 地震参数——数字地震学在地震预测中的应用 . 北京：地震出版社 .1-163.

陈运泰等，1998. 跨世纪的中国地震学，见：周光召（主编）. 科技进步与学科发展（上册）. 北京：中国科学技术出版社 .115-119.

陈运泰等 [编著]，2001. 地震学今昔谈 . 济南：山东教育出版社 .1-163.

陈运泰等 [著]，2000. 数字地震学 . 北京：地震出版社 .1-171.

陳運泰，2012. 汶川大地震解讀 . 聆聽大師 走近科學——澳門科技大學"大師講座"院士講演錄（第二輯）：176-202.

傅承义 [编译]，1972. 监视地下爆炸的地震方法 . 北京：科学技术情报研究所 .1-83.

傅承义 [编著]，1963. 地壳物理讲义 . 合肥：中国科学技术大学地球物理系 .1-134.

傅承义 [著]，1972. 大陆漂移、海底扩张和板块构造 . 北京：科学出版社 .1-69.

傅承义 [著]，1976. 地球十讲 . 北京：科学出版社 .1-181.

傅承义 [著]，1993. 地球物理学的探索及其他 . 北京：科学出版社 .1-69.

李善邦 [著]，1981. 中国地震 . 北京：地震出版社 .1-612.

李善邦 [著]，2018. 中国地震（第二版）. 北京：地震出版社 .1-612.

李四光 [著]，1977. 论地震 . 北京：地质出版社 .1-288.

刘瑞丰，陈运泰，任枭，徐志国，王晓欣，邹立晔，张立文 [著]. 震级的测定 . 北京：地震出版社 .2015：

1-154.

刘勇卫，陈运泰，1997. 地球内核的转动比地壳、地幔快 . 见：中国科学院（主编）.1997 科学发展报告 , 北京：
　　科学出版社 . 37-38.

路甬祥，2012. 地球科学的革命——纪念大陆漂移学说发表 100 周年 . 科学与社会 .2(2):1-12.

时振梁，张少泉，赵荣国 [主编]. 1990. 地震工作手册 . 北京：地震出版社 .1-633.

曾融生 , 陈运泰 [编著]. 2002. 探索地球内部的奥秘 . 北京：清华大学出版社，暨南大学出版社 . 1-120.

顾功叙（主编）. 1983. 中国地震目录（公元 1970—1979 年）. 北京：地震出版社 ,1-334.

国家地震局震害防御司（编），闵子群（主编）.1995. 中国历史强震目录（公元前 23 世纪—公元 1911 年）. 北京：
　　地震出版社 .1-514.

顾功叙（主编），1983. 中国地震目录（公元前 1831 年—公元 1969 年），北京：科学出版社 . 1-894.

谢毓寿，蔡美彪（主编），1985. 中国地震历史资料汇编 . 第一卷，北京：科学出版社 .1-227.

谢毓寿，蔡美彪（主编），1985. 中国地震历史资料汇编 . 第二卷，北京：科学出版社 .1-949.

谢毓寿，蔡美彪（主编），1987. 中国地震历史资料汇编 . 第三卷（上），北京：科学出版社 . 1-540.

谢毓寿，蔡美彪（主编），1987. 中国地震历史资料汇编 . 第三卷（下），北京：科学出版社 . 1-1427.

谢毓寿，蔡美彪（主编），1985. 中国地震历史资料汇编 . 第四卷（上），北京：科学出版社 . 1-729.

谢毓寿，蔡美彪（主编），1987. 中国地震历史资料汇编 . 第四卷（下），北京：科学出版社 . 1-258.

谢毓寿，蔡美彪（主编），1988. 中国地震历史资料汇编 . 第五卷，北京：科学出版社 . 1-782.

赵丰 ,1980. 地球的音乐——地震波趣谈 . 自然杂志 . 3(8):602-605/640.

中国地震学会普及工作委员会 [主编] , 2000． 院士专家谈地震 . 北京：地震出版社，1-151.

相关网址：

德国格拉芬堡地震观测中心（SZGRF）：https://www.szgrf.bgr.de/analysis-reports/index.html

地震学研究联合会（IRIS）数据管理中心（DMC）：http://ds.iris.edu/seismon/eventlist/index.phtml

俄罗斯科学院（RAS）：http://www.ras.ru/

国际地震中心（ISC）：http://www.isc.ac.uk/iscbulletin/search/catalogue/

美国国家地震信息中心（NEIC）：https://earthquake.usgs.gov/earthquakes/search/

欧洲地中海地震中心（EMSC）：http://www.emsc-csem.org/

全球矩心矩张量项目（GCMT）数据中心：http://www.globalcmt.org

日本东京大学地震研究所（ERI）：http://www.eri.u-tokyo.ac.jp/en/

日本气象厅（JMA）：http://www.jma.go.jp/en/quake

瑞士地震服务中心 (SED)：http://www.seismo.ethz.ch/en/home/

新西兰国家地震台网：https://quakesearch.geonet.org.nz/

索 引